普通高等教育"十一五"国家级规划教材

丛书主编　谭浩强

高等院校计算机应用技术规划教材

应用型教材系列

# 计算机网络与Windows教程

## （*Windows 2008*）

尚晓航　编著

U0323002

清华大学出版社

北京

## 内 容 简 介

本书从先进性和实用性出发,较全面地介绍了计算机网络技术所涉及的基本理论知识,以及在组网、建网、管网和用网等方面的技术。主要内容包括计算机网络概论、数据通信基础、计算机网络协议与体系结构、局域网的工作原理与组成、网络的硬件与互连设备、局域网实用组网技术、网络的软件系统与计算模型、实现工作组网络、实现域网络、DNS 服务与 TCP/IP 网络管理、安全技术,以及电子商务基础与应用。

本书层次清晰,概念简洁、准确,叙述通顺且图文并茂,实用性强。书中既有适度的基础理论知识介绍,又有比较详细的组网实用技术的指导,同时配有大量应用实例和操作插图,内容深入浅出。每章后面附有大量习题和思考题,需要实验的章节还附有实训项目的建议。

本书适用于各大专院校中的非网络专业、自考、成人高校、夜大等本科学生,以及网络专业的专科学生作为学习计算机网络基础、计算机网络技术、计算机网络与应用等课程的教材,还可以供计算机从业人员和爱好者使用。

**图书在版编目(CIP)数据**

计算机网络与 Windows 教程(Windows 2008)/尚晓航编著. —北京:清华大学出版社,2010.11
(2016.2 重印)

(高等院校计算机应用技术规划教材)

ISBN 978-7-302-22961-2

Ⅰ.①计… Ⅱ.①尚… Ⅲ.①计算机网络—高等学校—教材 ②窗口软件,Windows—高等学校—教材 Ⅳ.①TP393 ②TP316.7

中国版本图书馆 CIP 数据核字(2010)第 105488 号

责任编辑:谢　琛　薛　阳
责任校对:时翠兰
责任印制:李红英

出版发行:清华大学出版社
　　　　网　　　　址:http://www.tup.com.cn,http://www.wqbook.com
　　　　地　　　　址:北京清华大学学研大厦 A 座　　　　邮　　编:100084
　　　　社　总　机:010-62770175　　　　　　　　　　　邮　　购:010-62786544
　　　　投稿与读者服务:010-62795954,jsjjc@tup.tsinghua.edu.cn
　　　　质　量　反　馈:010-62772015,zhiliang@tup.tsinghua.edu.cn
印 装 者:虎彩印艺股份有限公司
经　　销:全国新华书店
开　　本:185mm×260mm　　　印　张:25.75　　　字　数:591 千字
版　　次:2010 年 11 月第 1 版　　　　　　　　　　印　次:2016 年 2 月第 2 次印刷
印　　数:4001~4300
定　　价:48.00 元

产品编号:036494-02

# 编辑委员会

## 《高等院校计算机应用技术规划教材》

# 《高等院校计算机应用技术规划教材》

进入21世纪,计算机成为人类常用的现代工具,每一个有文化的人都应当了解计算机,学会使用计算机来处理各种的事务。

学习计算机知识有两种不同的方法:一种是侧重理论知识的学习,从原理入手,注重理论和概念;另一种是侧重于应用的学习,从实际入手,注重掌握其应用的方法和技能。不同的人应根据其具体情况选择不同的学习方法。对多数人来说,计算机是作为一种工具来使用的,应当以应用为目的、以应用为出发点。对于应用型人才来说,显然应当采用后一种学习方法,根据当前和今后的需要,选择学习的内容,围绕应用进行学习。

学习计算机应用知识,并不排斥学习必要的基础理论知识,要处理好这二者的关系。在学习过程中,有两种不同的学习模式:一种是金字塔模型,亦称为建筑模型,强调基础宽厚,先系统学习理论知识,打好基础以后再联系实际应用;另一种是生物模型,植物并不是先长好树根再长树干,长好树干才长树冠,而是树根、树干和树冠同步生长的。对计算机应用型人才教育来说,应该采用生物模型,随着应用的发展,不断学习和扩展有关的理论知识,而不是孤立地、无目的地学习理论知识。

传统的理论课程采用以下的三部曲:提出概念—解释概念—举例说明,这适合前面第一种侧重知识的学习方法。对于侧重应用的学习者,我们提倡新的三部曲:提出问题—解决问题—归纳分析。传统的方法是:先理论后实际,先抽象后具体,先一般后个别。我们采用的方法是:从实际到理论,从具体到抽象,从个别到一般,从零散到系统。实践证明这种方法是行之有效的,减少了初学者在学习上的困难。这种教学方法更适合于应用型人才。

检查学习好坏的标准,不是"知道不知道",而是"会用不会用",学习的目的主要在于应用。因此希望读者一定要重视实践环节,多上机练习,千万不要满足于"上课能听懂、教材能看懂"。有些问题,别人讲半天也不明白,自己一上机就清楚了。教材中有些实践性比较强的内容,不一定在课堂上由老师讲授,而可以指定学生通过上机掌握这些内容。这样做可以培养学生的自学能力,启发学生的求知欲望。

全国高等院校计算机基础教育研究会历来倡导计算机基础教育必须坚持面向应用的正确方向，要求构建以应用为中心的课程体系，大力推广新的教学三部曲，这是十分重要的指导思想，这些思想在《中国高等院校计算机基础课程》中作了充分的说明。本丛书完全符合并积极贯彻全国高等院校计算机基础教育研究会的指导思想，按照《中国高等院校计算机基础教育课程体系》组织编写。

这套《高等院校计算机应用技术规划教材》是根据广大应用型本科和高职高专院校的迫切需要而精心组织的，其中包括 4 个系列：

（1）基础教材系列。该系列主要涵盖了计算机公共基础课程的教材。

（2）应用型教材系列。适合作为培养应用型人才的本科院校和基础较好、要求较高的高职高专学校的主干教材。

（3）实用技术教材系列。针对应用型院校和高职高专院校所需掌握的技能技术编写的教材。

（4）实训教材系列。应用型本科院校和高职高专院校都可以选用这类实训教材。其特点是侧重实践环节，通过实践（而不是通过理论讲授）去获取知识，掌握应用。这是教学改革的一个重要方面。

本套教材是从 1999 年开始出版的，根据教学的需要和读者的意见，几年来多次修改完善，选题不断扩展，内容日益丰富，先后出版了 60 多种教材和参考书，范围包括计算机专业和非计算机专业的教材和参考书；必修课教材、选修课教材和自学参考的教材。不同专业可以从中选择所需要的部分。

为了保证教材的质量，我们遴选了有丰富教学经验的高校优秀教师分别作为本丛书各教材的作者，这些老师长期从事计算机的教学工作，对应用型的教学特点有较多的研究和实践经验。由于指导思想明确、作者水平较高，教材针对性强，质量较高，本丛书问世 7 年来，愈来愈得到各校师生的欢迎和好评，至今已发行了 240 多万册，是国内应用型高校的主流教材之一。2006 年被教育部评为普通高等教育"十一五"国家级规划教材，向全国推荐。

由于我国的计算机应用技术教育正在蓬勃发展，许多问题有待深入讨论，新的经验也会层出不穷，我们会根据需要不断丰富本丛书的内容，扩充丛书的选题，以满足各校教学的需要。

本丛书肯定会有不足之处，请专家和读者不吝指正。

全国高等院校计算机基础教育研究会会长　谭浩强
《高等院校计算机应用技术规划教材》主编

2008 年 5 月 1 日于北京清华园

前言

本书的第一版是 1999 年出版的《计算机局域网与 Windows NT》，第二版是《计算机网络与 Windows 2000 实用教程》。这两版图书自出版以来，经数十次重印，受到许多院校师生的欢迎。重印数量在 10 万册以上。作者结合近几年的课程教学改革的实践和广大读者的反馈意见，在保留原书特色的基础上，对教材进行了全面的修订，这次修订的主要工作如下：

- 修改与完善了计算机网络技术基础的理论部分，如增加了 PCM 等。
- 删除了已经过时的组网技术，如 10Base-2/5 等低速以太网技术。
- 增加了新的网络技术，如 VLAN、WLAN 等主流组网技术。
- 增加了子网划分技术。
- 增加了电子商务基础与应用。
- 在兼顾 Windows 低版本的前提下，将网络操作系统的版本升级为 Windows Server 2008 和 Windows 7。
- 改写了部分实训题目，新增了多个实训题目。
- 对本书前面两版中的部分章节进行了完善，对存在的一些问题进行了校正。

修订后，本教材从先进性和实用性出发，较全面地介绍了计算机网络技术所涉及的基本理论知识，以及在组网、建网、管网和用网等方面的必要知识、实用技术与应用技能。本书的主要内容涵盖以下两个主要部分。

网络技术基础：包括计算机网络的基本概念、数据通信基础、计算机网络协议、计算机网络体系结构、局域网组网原理，以及局域网实用组网技术；涵盖了最新高速、交换式以太网、无线局域网等实用技术、网络互联概念与互连设备等方面的基本知识与实用组网技术。

网络管理与应用：网络的软件系统与计算模型、实现工作组网络、实现域网络、DNS 服务与 TCP/IP 网络管理、安全技术，以及电子商务基础与应用等建网、管网和用网方面的基础理论与应用技术。

本书层次清晰，概念简洁、准确，叙述通顺、图文并茂，内容安排深入浅出、符合认知规律，实用性强。书中既有适度的基础理论的介绍，又有比较详细的组网、管网和用网方面的实用技术。每章后面附有大量习题和思考题，需要实验的章节还附有实训环境、目标和主要内容方面的建议。

目前，计算机网络正在广泛应用于计算机应用、办公自动化、企业管理、生产过程控制、金融与商业的信息化、军事、科研、教育、信息服务产业、医疗等各个领域。因此，本书适合作为计算机网络技术与应用、网络技术基础、计算机网络原理、计算机网络技术、计算机通信与网络等课程的教材。

总之，计算机网络课程是计算机应用、电子工程、信息工程、办公自动化、自动化、计算机网络等专业的基础课程；其先修课程为计算机基础、计算机结构与组成、操作系统等。当然，由于本书的两个层次相对独立，因此，也可以根据专业、学时的不同进行内容的选择和组合。

学习本课程的学生应当注意：首先，不应当将其作为一门纯粹的理论课程学习，而应当将其当做一门技术应用课程学习；其次，网络设备和各种局域网组建技术只有与相应的理论密切结合，才能更好地体会和应用到实际网络中；最后，在管网和用网的过程中，只有将理论与实践紧密结合，才能取得事半功倍的效果。

**推荐的学时分配表**

| 序　号 | 授课内容 | 学时分配 | |
| --- | --- | --- | --- |
| | | 讲课 | 实践 |
| 第 1 章 | 计算机网络概论 | 2 | |
| 第 2 章 | 数据通信基础 | 8 | |
| 第 3 章 | 计算机网络协议与体系结构 | 4 | |
| 第 4 章 | 局域网的工作原理与组成 | 8 | |
| 第 5 章 | 网络的硬件与互连设备 | 8 | 6 |
| 第 6 章 | 局域网实用组网技术 | 8 | 6 |
| 第 7 章 | 网络的软件系统与计算模型 | 2 | |
| 第 8 章 | 实现工作组网络 | 2 | 2 |
| 第 9 章 | 实现域网络 | 4 | 4 |
| 第 10 章 | DNS 服务与 TCP/IP 配置管理 | 6 | 4 |
| 第 11 章 | 安全技术 | 4 | 4 |
| 第 12 章 | 电子商务基础与应用 | 4 | 4 |
| 合　计 | | 60 | 30 |

本教材由北京联合大学的尚晓航担任主编，尚晓航、陈明坤和郭正昊参与了第 1、2、3、4、5、6、10 和 12 章的编写，安继芳负责第 11 章的编写，此外，马楠、张姝、孙澄澄、安继芳、周宁宁、陈鸽、郭利民、余洋、常桃英、余学生等参与

了其他章节的编写或其他辅助工作；此外，尚晓航还负责全书的主审与定稿任务。

在本教材的编写和出版过程中，清华大学出版社提供了大力的支持与帮助，在此表示诚挚的感谢！

由于计算机网络技术发展迅速，作者的学识和水平有限，时间仓促，书中难免存在不妥之处，恳请广大读者批评指正。

编　者
2010 年 3 月

## 计算机网络概论

　　计算机网络是计算机和通信技术这两大现代技术密切结合的产物,它代表了当代计算机体系结构发展的一个极其重要的方向。计算机网络技术包括了硬件、软件、网络体系结构和通信技术。计算机网络对计算机、信息、电子商务等基于网络的产业的发展产生了巨大的影响。那么计算机网络是如何形成与发展的? 计算机有哪些主要功能? 计算机网络是如何定义的、又有哪些典型应用? 什么是计算机网络的拓扑结构? 这些都是本章将要解决的问题。

**本章内容与要求:**

- 了解计算机网络的形成与发展。
- 掌握计算机网络的定义、功能、分类、组成和网络拓扑结构。
- 了解计算机网络的典型应用。
- 掌握计算机网络的拓扑结构。

## 1.1 计算机网络的形成与发展

　　20 世纪 60 年代,随着计算机技术和信息技术的普及与发展,计算机的应用逐步渗透到各个领域和整个社会的各个方面,从而促进了当代计算机技术与现代通信技术的发展,并密切结合形成了一个崭新的技术领域——计算机网络。

### 1.1.1 计算机网络的发展历程

　　追溯历史,在 20 世纪 50 年代中期,美国的半自动地面防空系统(SAGE)是计算机技术和通信技术相结合的最初尝试。而世界上公认的第一个最成功的远程计算机网络是在 1969 年,由美国高级研究计划局(Advanced Research Project Agency,ARPA)组织和成功研制的 ARPAnet。美国高级研究计划局的 ARPAnet 在 1969 年建成了具有 4 个节点的试验网络,1971 年 2 月建成了具有 15 个节点、23 台主机的网络并投入使用。这就是世界上出现最早的计算机网络,现代计算机网络的许多概念和方法都来源于它。目前,人们通常认为它就是网络的起源,同时也是 Internet 的起源。一般,可将计算机网络的形成与发展进程分为 4 代。

**1. 第 1 代：面向终端的计算机网络**

第 1 代计算机网络的发展阶段是从 20 世纪 50 年代中期至 20 世纪 60 年代末期,计算机技术与通信技术初步结合,形成了计算机网络的雏形。此时的计算机网络,是指以单台计算机为中心的远程联机系统。这种计算机网络为计算机网络的发展奠定了理论基础。

**2. 第 2 代：初级计算机网络**

第 2 代计算机网络也被称为"计算机-计算机"网络。该阶段是从 20 世纪 60 年代末期至 20 世纪 70 年代中后期,计算机网络在单处理机联机网络互联的基础上,完成了计算机网络体系结构与协议的研究,形成了初级计算机网络。这时的典型网络 ARPAnet,首先将计算机网络划分为"通信子网"和"资源子网"两大部分。因此,ARPAnet 被认为是计算机网络技术发展的里程碑,也被认为是 Internet 的起源。总之,这一段的研究成果为计算机网络进一步的形成与发展奠定了理论基础。

**3. 第 3 代：开放式的标准化计算机网络**

第 3 代是指从 20 世纪 70 年代初期至 20 世纪 90 年代中期的发展阶段。在这个阶段中,解决了计算机网络互联标准化的问题,ISO(国际标准化组织)提出了开放系统互连参考模型,即 OSI(开放式系统互连)体系结构,从而促进了符合国际标准化的计算机网络技术的发展。在符合国际标准的开放式网络中,所有的计算机和通信设备都遵循着共同认可的国际标准,从而可以保证不同厂商的网络产品可以在同一网络中顺利地进行通信。从 OSI 模型诞生之日起,它就面临着有着"事实上的国际标准"美称的 TCP/IP 体系结构的不断挑战。

**4. 第 4 代：新一代的综合性、智能化、宽带、无线等高速安全网络**

第 4 代是指 20 世纪 90 年代中期至 21 世纪初期这个阶段,计算机网络与 Internet(即因特网)向着全面互联、高速、智能化发展,并得到了广泛的应用。此外,为保证网络的安全,防止网络中的信息被非法窃取,网络中要求更强大的安全保护措施。目前正在研究与发展着的计算机网络将由于因特网(Internet)的进一步普及和发展,所面临的带宽(即网络传输速率和流量)限制问题会更加突出,网上安全问题必将日益增加,多媒体信息(尤其是视频信息)传输的实用化和因特网上 IP 地址紧缺等各种困难也将逐步显现。因此,新一代计算机网络应满足高速、大容量、综合性、数字信息传递等多方位的需求。随着高速网络技术的发展,目前一般认为,第 4 代计算机网络是以 ATM 技术、帧中继技术、波分多路复用等技术为基础的宽带综合业务数字化网络为核心来建立的。为此,ATM 技术已经成为 21 世纪通信子网中的关键技术。

目前,计算机网络的发展正处于第 4 个阶段,随着信息高速公路建设的提速与发展,各种计算机、网络都面临着全面互连与接入 Internet。Internet、高速网络与各种基于 Web 和 Internet 的技术应用正在对世界的经济、政治、军事、教育和科技的发展产生着更大的影响,并全面进入到人们的社会生活中。

## 1.1.2 计算机网络在我国的发展

### 1. 计算机网络在中国的发展

1989 年 11 月我国建成了第一个公用分组交换网 CNPAC,从此进入了我国网络发展的新时代。20 世纪末期,我国的公安、银行、军队和科研机构相继建立起自己的专有计算机局域网和广域网。这些网络的建成,形成了更大规模的信息资源共享,从而进一步推进了我国网络技术的发展、全面互连与应用。

### 2. Internet 在中国的形成与发展

1994 年 4 月,我国首条 64Kbps 的专线正式接入了国际互联网,从此拉开了我国互联网发展的序幕。

(1) Internet 在我国的发展阶段

回顾 Internet 在我国发展的历史,可以粗略地划分为以下两个阶段:

第一阶段为 1987—1993 年。在这一阶段中,我国的一些科研部门初步开展了与 Internet 连网的科研课题和科技合作工作,通过拨号 X.25 实现了和 Internet 电子邮件转发系统的连接;此外,还在小范围内为国内的一些重点院校、研究所提供了国际 Internet 电子邮件的服务。

第二阶段从 1994 年开始到现在。在这一阶段中,Internet 在我国得到了迅速的发展,不但实现了与 Internet 的 TCP/IP 方式的互联,还开通了 Internet 的各种功能的全面服务;进入了全面互联的长足和快速发展的阶段。

(2) 中国 Internet 的主干网

中国国际出口带宽反映了中国与其他国家或地区互联网连接的能力。在目前网络应用日趋丰富,各种视频应用快速发展的情况下,只有国际出口带宽持续增长,网民的互联网连接质量才会改善。目前,由国家投入大量资金开通多路国际出口通路,分别连接到美国、加拿大、澳大利亚、英国、德国、法国、日本、韩国等国家。我国已建成和正在建设中的骨干网络的出口带宽和负责单位如表 1-1 所示。

① 中国公用计算机互联网(CHINANET):由原邮电部电信总局与美国 Sprint 公司共同负责建立,在全国范围内提供高速 Internet 服务。

② 宽带中国(中国网通)CHINA169 网:是以原中国电信中国宽带互联网 CHINANET 北方 10 省区市的互联网络为基础,经过大规模的扩建而形成的一个全新结构的、可以大力疏通宽带业务、具有丰富内容和应用服务、接入灵活、可为大客户和集团提供定制 VPN 专网服务的全新网络。

③ 中国科学技术计算机网(CSTNET):由中国科学院主管,并由中国科学院网络中心承担的国家域名服务功能。

④ 中国教育与科研计算机网(CERNET):由国家教育部主管,负责连接和管理以"edu"为后缀的国内 500 多所高校和科研单位的网络。

表 1-1　8 大骨干网的国际出口带宽

| 骨干网络名称 | 国际出口带宽数（Mbps） |
| --- | --- |
| 原中国公用计算机互联网（CHINANET） | 337 564.17 |
| 原宽带中国 CHINA169 网 | 243 956.5 |
| 中国科学技术计算机网（CSTNET） | 10 010 |
| 中国教育与科研计算机网（CERNET） | 9 932 |
| 原中国移动互联网（CMNET） | 29 860 |
| 原中国联通互联网（UNINET） | 4 319 |
| 原中国铁通互联网（CRNET） | 4 643 |
| 中国国际经济贸易互联网（CIETNET） | 2 |
| 合　　计 | 640 286.67 |

⑤ 中国移动互联网（CMNET）：是在原中国电信总局移动通信资产整体剥离的基础上新组建的国有重要骨干企业。这是一个全国性的、以宽带 IP 为技术核心，同时提供话音、传真、数据、图像、多媒体等服务的电信基础网络，其接入号是 172。

⑥ 中国联通互联网（UNINET）：是中国联通公用计算机互联网的网络名称；该网络是经国务院批准的、可以直接进行国际连网的、面向公众经营的计算机互联网；其拨号上网的接入号码为 165。它具有高带宽、大容量、全新 IPATM 的组网模式、全业务、全互联的特点。

⑦ 中国铁通互联网（CRNET）：是中国第一个统一管理、统一接入的大型 IP/MPLS 宽带运营网络，带宽为 10Gbps。铁通网络（CRNET）是以高速光纤骨干网为基础的，根据最终用户带宽和服务需求，可以提供光纤、DDN、ADSL、拨号、微波无线、卫星等多种接入手段的电信级综合接入网络。面向集团用户和中、小企业用户提供高速互联网接入，接入带宽为 64Kbps～2.5Gbps。

⑧ 中国国际经济贸易互联网（CIETNET）：是经国务院和信息产业部于 2000 年 1 月 18 日正式下文批准组建的网络。中国国际电子商务中心负责组建中国国际经济贸易网，并成为中国计算机网络可以直接接入国际连网的单位。中国经贸网将主要向企业用户、特别是中小企业提供网络专线接入和安全的电子商务解决方案，同时提供虚拟专网（VPN）和数据中心（Data Center）业务。

**3. 中国互联网的发展状况**

中国互联网络信息中心（CNNIC）在京发布《第 23 次中国互联网络发展状况统计报告》。数据显示，截至 2008 年 12 月 31 日，我国网民总人数达到 2.98 亿人，网民规模跃居世界第一位。该报告调查和总结的部分数据如下：

① 网民发展：中国网民规模继续呈现持续快速发展的趋势，截至 2008 年 12 月底，中国网民数量达到 2.98 亿人，较 2007 年增长 41.9％，互联网普及率达到 22.6％，略高于全球平均水平（21.9％）。继 2008 年 6 月中国网民规模超过美国以后中国网民的规模已跃

居世界第一位。

② 国际出口带宽的发展：目前中国的国际出口带宽已经达到 640 286.67 Mbps,较
2007 年增长 73.6%,其增速超过了网民的增速,使得中国网民访问国外网站的速度有所
提升。

③ 网站的发展：截至 2008 年底,中国的网站数,即域名注册者在中国境内的网站数
(包括在境内接入和境外接入)达到 287.8 万个,较 2007 年增长 91.4%,是 2000 年以来
增长最快的一年。网站数量的迅速增加表明我国互联网信息资源更为丰富。

④ IP 地址资源的发展：IP 地址作为互联网中最基础的地址资源,也是互联网发展的
基础地址资源。IP 地址分为 IPv4 和 IPv6 两种,目前主流应用是 IPv4。我国的 IPv4 地
址资源依然保持着快速增长的势头,2008 年达到 181 273 344 个,较 2007 年增长了 34%。
有专家预测 IPv4 地址将会在 2012 年前后耗尽。随着 IPv4 资源的短缺形势越来越严峻,
向 IPv6 的过渡已经成为大势所趋。

⑤ 域名的发展：截至 2008 年底,中国的域名总量达到 16 826 198 个,较 2007 年增长
41%,其中 CN 域名的市场份额已经由 2006 的 43.9% 上升到 80.7%。

## 1.2 计算机网络的定义与功能

人们通常将计算机网络简单定义为"以资源共享为目的而互连起来的自治计算机系
统的集合"。其较为详细的定义如下：

**1. 计算机网络的定义**

为了实现计算机之间的通信交往、资源共享和协同工作,利用各种通信设备和线路将
地理位置分散的、各自具备自主功能的一组计算机有机地联系起来,并且由功能完善的网
络操作系统和通信协议进行管理的计算机复合系统就是计算机网络。

从这个定义可以看出,计算机网络涉及以下 3 个要点。

(1) 自主性

一个计算机网络可以包含有多台具有"自主"功能的计算机。"自主"是指这些计算机
离开计算机网络之后,也能独立地工作和运行。通常,将这些自主计算机称为"主机"
(host),在网络中又叫做节点。在网络中的共享资源,即硬件资源、软件资源和数据资源,
一般都分布在这些计算机中。

(2) 通信手段有机连接

人们构成计算机网络时需要采用通信的手段,把有关的计算机(节点)"有机地"连接
起来。"有机"地连接是指连接时彼此必须遵循所规定的约定和规则。这些约定和规则就
是通信协议。每一个厂商生产的计算机网络产品都有自己的许多协议,这些协议的总体
就构成了协议集。

(3) 网络组建的 3 个目的

建立计算机网络的主要目的是：实现计算机分布资源的共享、通信的交往或协同工
作。一般将计算机资源(硬件、软件和数据信息)共享作为网络的最基本特征。

例如,连网后,网络上所有贵重的硬件和软件资源都可以进行共享,为了提高工作效率,多个计算机的用户还可以联合开发或运行大型程序。

**2. 计算机网络的基本功能**

从计算机网络组建的目的看,计算机网络应当具有以下 3 个基本功能。

(1) 数据交换和通信

数据交换和通信是指计算机之间、计算机与终端之间或者计算机用户之间能够实现快速、可靠和安全的通信交往,例如,进行文件的传输(FTP)或通信(Email)。

(2) 资源共享

资源共享的主要目的在于充分利用网络中的各种资源,减少用户的投资,提高资源的利用率。这里的资源主要指计算机中的硬件资源、软件资源和数据与信息资源。例如,大型绘图仪、高速激光打印设备等硬件资源,各种软件资源,以及数据、信息资源,如企业的大型数据库等都是网络中可以共享的资源。

(3) 计算机之间或计算机用户之间的协同工作

面对大型任务或网络中某些计算机负荷过重时,可以将任务化整为零,由多台计算机共同完成这些复杂和大型的计算任务,以达到均衡负荷的目的。例如建筑设计院在设计大型桥梁或建筑时,就常常采用多计算机协同工作的方式。

在上述 3 种基本功能中,资源共享是网络最基本的功能,并由此引申出网络信息服务等许多重要的应用。

# 1.3 计算机网络的分类

用于对计算机网络进行分类的标准很多,可以按网络作用范围的长短、按网络用户的性质、按网络的拓扑结构、按网络使用的协议、按信道访问的方式、按传输的技术类型等分类。各种分类标准一般只能给出网络某一方面的特征。

## 1.3.1 按计算机网络的作用范围分类

本节选择并按照一种能反映网络技术本质特征的分类标准,即按计算机网络的作用范围进行分类。按照网络作用分布距离的长短,可以将计算机网络分为:局域网(LAN)、城域网(MAN)、广域网(WAN)和因特网(Internet),它们所具有的特征参数如表 1-2 所示。

在表 1-2 中,大致给出了各类网络的传输速率范围。总的规律是距离越长,速率越低。局域网距离最短,传输速率最高。一般来说,传输速率是关键因素,它极大地影响着计算机网络硬件技术的各个方面。例如,广域网一般采用点对点的通信技术,而局域网一般采用广播式通信技术。在距离、速率和技术细节的相互关系中,距离影响速率,速率影响技术细节。这便是按分布距离划分计算机网络的原因之一。

表 1-2  各类计算机网络的特征参数

| 网络分类 | 缩写 | 分布距离大约 | 处理机位于同一 | 传输速率范围 |
|---|---|---|---|---|
| 局域网 | LAN | 10m | 房间 | 10Mbps～10Gbps |
|  |  | 100m | 建筑物 |  |
|  |  | 1km | 校园 |  |
| 城域网 | MAN | 10～100km | 城市 | 50Kbps～10Gbps |
| 广域网 | WAN | 100～1000km | 国家 | 9.6Kbps～10Gbps |

### 1. 局域网

局域网(Local Area Network，LAN)就是局部区域内通过高速线路互连而成的较小区域内的计算机网络。在局域网中,所有的计算机及其他互连设备的分布范围一般在有限的地理范围内,因此,局域网的本质特征是分布距离短、数据传输速度快。

局域网的分布范围一般在几千米以内,最大距离不超过 10km,它是一个部门或单位组建的网络。LAN 是在小型计算机和微型计算机间大量推广使用之后才逐渐发展起来的计算机网络。一方面,LAN 容易管理与配置;另一方面,LAN 容易构成简洁整齐的拓扑结构。局域网速率极高(通常为 10Mbps、100Mbps、1000Mbps,甚至更高),延迟小并具有成本低、应用广、组网方便和使用灵活等特点。因此,深受广大用户的欢迎,LAN 是目前计算机网络技术中,发展最快也是最活跃的一个分支。

### 2. 广域网

广域网(Wide Area Network ,WAN)也称远程网。计算机广域网一般是指将分布在不同国家、地域,甚至全球范围内的各种局域网、计算机、终端等互连而成的大型计算机通信网络。广域网是 Internet 网络的核心。WAN 的特点是采用的协议和网络结构多样化,速率较低,延迟较大。通信子网通常归电信部门所有,而资源子网归大型单位所有。广域网覆盖的地理范围可以从几十千米直到成百上千,甚至上万千米,因此,可跨越城市、地区、国家甚至洲。WAN 往往是以连接不同地域的大型主机系统或局域网为目的。例如,国家级信息网络、海关总署、IBM 或惠普等大型跨国公司等都拥有自己的广域网;其中,网络之间的连接大多租用电信部门的专线。

### 3. 城域网

城域网(Metropolitan Area Network,MAN)原本指的是介于局域网与广域网之间的一种大范围的高速网络,覆盖的地理范围可以从几十千米到几百千米。城域网通常由多个局域网互连而成,并为一个城市的多家单位拥有。由于各种原因,城域网的特有技术没能在世界各国得到迅速的推广;反之,在实践中,人们通常使用 LAN 或 WAN 的技术去构建与 MAN 目标范围、大小相当的网络。这样反而显得更加方便与实用。因此,本书将不对 MAN 进行更为详细的介绍。

### 1.3.2 按网络归属进行分类

按照计算机网络的归属和网络使用者的不同,可以分为以下两类。

#### 1. 公用网

公用网(public network)通常是指所有用户可以租用的网络,如公用电话网、公用电视网等;这类网络的特点是都是由电信公司等大型单位出资建设的大规模网络,因此,归属于国家或大型单位所有。"公用"的含义是所有公众只要愿意出资都可以使用,因此又被称为"公众网"。

#### 2. 专用网

专用网(private network)通常是指单位用户自行构建的网络,如军队、学校、研究机构、电力、铁路等网络。这类网络的特点是都是由单位用户出资建设,因此,网络归属于其建设者,不向本单位以外的用户提供服务。

## 1.4 现代计算机网络的结构与 Internet

随着微型计算机的广泛应用,现代网络的实际结构与早期网络的结构有了明显的变化。早期那种个人用户通过终端、各种大中型计算机接入网络的份额已经逐步减少,更多的个人计算机通过局域网、电话网、电视网、电力网或无线网等连入广域网,进而接入Internet。

在现代网络中,Internet 占有重要的地位,各种网络都需要接入 Internet。例如,局域网与局域网、局域网与广域网、广域网与广域网等都可以通过路由器进行互相连接。在Internet 中,用户计算机往往是先通过校园网、企业网或 ISP(Internet 服务商)的网络,进而接入地区主干网的;地区主干网再通过国家主干网连入国家间的高速主干网。这样的逐级连接后,就形成了如图 1-1 所示的由路由器和 TCP/IP 协议互连而成的大型、层次结构的 Internet 网络结构示意图。现代网络的实际结构是非常复杂的,为了便于用户的理解,因此用图 1-1 来示意 Internet 的网络系统结构。

#### 1. Internet 的名称与定义

Internet 的中文译名为因特网,也被称为国际互联网。Internet 是世界上最大的网络,它覆盖了全球,是全球信息高速公路的基础。因此,Internet 是当今社会中最大的一个网络,也是拥有最多信息资源的宝库。

Internet 的简单定义为:Internet 就是由多个不同结构的网络,通过统一的协议和网络设备(即 TCP/IP 协议和路由器等)互相连接而成的、跨越国界的、世界范围的大型计算机互联网络。Internet 可以在全球范围内,提供电子邮件、WWW 信息浏览与查询、文件传输、电子新闻、多媒体通信等服务功能。

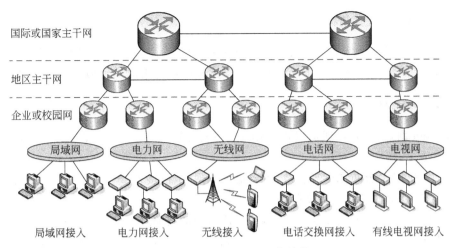

中省略——保留图中文字

国际或国家主干网

地区主干网

企业或校园网

局域网　电力网　无线网　电话网　电视网

局域网接入　电力网接入　无线接入　电话交换网接入　有线电视网接入

图 1-1　Internet 的网络系统结构

### 2. 为什么要建立 Internet?

建立 Internet 的最主要目的就是在世界范围内进行计算机之间的信息交换和资源共享,例如,通过 Internet 浏览、检索、传递信息与文件,进行网上交流和购物等。因此,Internet 是当今世界上最大的信息数据库,也是最经济、最快捷的联络沟通途径。

### 3. Internet 的语言——TCP/IP 协议

TCP/IP 协议及其包含的各种实用程序,为 Internet 上的各种不同用户和计算机提供了互连和互相访问的能力。因此,若要充分利用 Internet 上的各种资源,必须熟练掌握该协议的安装、配置、检测和使用技术。

### 4. Internet 的技术特点

① Internet 提供了当今时代广为流行的、建立在 TCP/IP 协议基础之上的 WWW (World Wide Web)浏览服务。

② 在 Internet 上采用了 HTML、SMTP 以及 FTP 等各种公开标准。其中,HTML 是 Web 的通用语言;SMTP 是电子邮件使用的协议;FTP 是文件传输协议。

③ Internet 采用的 DNS 域名服务器系统,巧妙地解决了计算机和用户之间的"地址"翻译问题。

### 5. Internet 的组成结构

Internet 是多层次的网络结构,在美国、中国等许多国家的 Internet 均为三层网络结构,参见图 1-1。

① 主干网:是 Internet 的基础和支柱,一般由不同国家提供的多个主干网络互联而成。

② 中间层网:由地区网络和商业网络构成,如北京、上海等。

③ 低层网:主要由基层的大学、企业等网络构成。

### 6．Internet 的硬件结构

Internet 的结构如图 1-1 所示,根据 Internet 的定义,它是由分布在世界各地的、各种不同规模、不同物理网络技术通过路由器等网络互连设备组成的大型综合信息网络。

### 7．Internet 的组成

Internet 由通信网络、通信线路、路由器、主机等硬件,以及分布在主机内的软件和信息资源组成。

① 通信网络:分布在世界各地,主要指局域网、主机接入 Internet 时使用的各种广域网,如 X.25、帧中继、DDN、ISDN 等。

② 通信线路:主要指主机、局域网接入广域网的线路,以及局域网的连接介质。

③ 路由器:是指连接世界各地局域网和 Internet 的互连设备。由于 Internet 是分布在世界各地的复杂网络,在信息浏览时,目的主机和源主机之间的可能路径会有多条,因此,路由器的路选功能是 Internet 中必不可少的。所以,路由器是使用最多的局域网与通信网络或局域网和 Internet 的连接设备。

④ 主机:不但是资源子网的主要成员,也是 Internet 上各节点的主要设备。主机不但担负着数据处理的任务,还是 Internet 上分布信息资源的载体,以及各种服务的提供者。主机的硬件可以是用户的普通 PC,也可以是从小型机到大型机的各类计算机系统。此外,根据作用不同,主机又被分为服务器和客户机两类。

⑤ 信息资源:Internet 不但为广大互联网用户提供了便利的交流手段,更是一座丰富的信息资源宝库。它的信息资源可以是文本、图像、声音、视频等多种媒体形式,用户通过自己的浏览器(如 IE)以及分布在世界各地的 WWW 服务器来检索和使用这些信息资源。随着 Internet 的普及,信息资源的发布和访问已经成为局域网和个人 PC 必须考虑和解决的首要问题之一。

### 8．使用 Internet 技术的网络

使用 Internet 技术构建的网络主要有 3 种:Internet、Intranet 和 Extranet。

(1) 内联网(Intranet)

① Intranet 的定义:Intranet 由于在局域网内部网中采用了 Internet 技术而得名。Intranet 的中文名称为"企业内部互联网",简称企业内联网。虽然,它并非只用于企业,但却被称为"企业网"。因此,可以将由私人、公司或企业等利用 Internet 技术,及其通信标准和工具建立的内部 TCP/IP 信息网络定义为 Intranet。

② Intranet 的基本特点是:Intranet 是一种企业内部的计算机信息网络,它是利用 Internet 技术开发的开放式计算机信息网络;它使用了统一的、基于 B/S 技术开发的客户端软件;因此,它能为用户提供友好的、统一的信息浏览界面,其访问方式也与 Internet 类似;其文件格式具有一致性,更加有利于系统间的交换;它一般都具有安全防范措施。

(2) 外联网(Extranet)

① Extranet 的定义:Extranet 一词来源于 extra 和 network,这两个单词组合之后定

义的中文名称为"外联网"。Extranet 是一种使企业与客户、企业与企业互连而成的,为了完成共同目标的合作网络。它将企业的 Intranet 进一步扩展到合作伙伴,从而形成了企业之间相关信息共享、信息交流和相互通信的介于 Internet 与 Intranet 之间的网络。

② Extranet 的技术特点：Extranet 使用的技术与 Internet/Intranet 一致,但它的地理分布范围介于两者之间。从本质上说,Extranet 更像是一种思想和概念,它扩展和延伸了企业组织与管理的含义,而不仅仅是一种技术。

## 1.5 计算机网络的组成

计算机网络的组成结构主要针对广域网,因此将局域网划在资源子网。计算机网络主要完成数据处理和数据通信。因此,计算机网络对应的基本结构也可以分成相应的两个部分。其一,负责数据处理的计算机与终端设备;其二,负责数据通信的路由器和通信线路。

计算机网络按其逻辑功能不同可以分为资源子网和通信子网两部分,图 1-2 表示了计算机网络的实际组成结构。

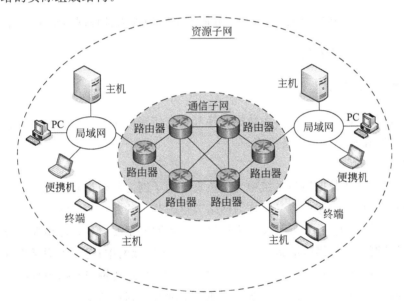

图 1-2　计算机网络实际组成结构示意图

### 1.5.1 计算机资源子网

**1. 资源子网的组成**

如图 1-2 所示,资源子网由拥有资源的主机系统、请求资源的用户终端、终端控制器、通信子网的接口设备、软件资源、硬件共享资源和数据资源等组成。

（1）主机

在计算机网络中的"主机"可以是大型机、中型机、小型机、工作站或者 PC。主机是资源子网的主要组成单元,它通过高速线路与通信子网的通信控制处理机相连接。普通的用户终端机通过主机连接入网。主机还为本地用户访问网络的其他计算机设备和共享资源提供服务。随着 PC 的飞速发展和普及,连入网络中的 PC 与日俱增,它既可以作为主机的一种类型通过通信控制处理机直接连入网中,也可以通过各种大、中、小型计算机间接地连入网中。

（2）终端

终端是用户访问网络的界面装置。终端一般是指没有存储与处理信息能力的简单输入、输出终端设备;但有时也指带有微处理机的智能型终端。智能型终端除了具有输入、输出信息的基本功能外,本身还具有存储与处理信息的能力。各类终端既可以通过主机连入网中,也可以通过终端控制器、报文分组组装/拆卸装置或通信控制处理机连入网中。

（3）网络中的共享设备

网络共享设备一般是指计算机的外部设备,例如高速网络打印机、高档扫描仪等。

**2. 资源子网的基本功能**

资源子网负责全网的数据处理业务,并向网络客户提供各种网络资源和网络服务。

## 1.5.2　计算机通信子网

**1. 通信子网的组成**

通信子网按功能分类可以分为数据交换和数据传输两个部分;从硬件角度看,是由路由器、通信线路和其他通信设备组成。

（1）路由器

路由器是一种在数据通信系统中专门负责不同子网之间数据转发、通信、传输和控制的设备。在网络拓扑中路由器又被称为网络节点。其中的路由器（Router）是实现多个网络之间互联的设备,也是局域网、大型主机接入广域网的主要设备。路由器一方面作为资源子网中局域网、主机、终端的接口节点,将它们连入广域网中;另一方面又作为通信子网中的网络节点,担负着通信子网中的报文分组的数据通信、传输、控制、最佳路径的选择任务,从而将源主机的报文、分组快速地通过通信子网发送到目的主机。

（2）通信线路

通信线路,即通信介质,它为各子网之间提供数据通信的通道。通信线路和网络上的各种通信设备一起组成了通信信道。计算机网络中采用的通信线路的种类很多。例如,可以使用架空明线、双绞线、同轴电缆、光导纤维电缆等有线通信线路组成通信信道;也可以使用无线通信、微波通信和卫星通信等无线通信线路组成通信信道。

（3）信号变换设备

信号变换设备的功能是根据不同传输系统的要求对信号进行变换。例如,实现数字信号与模拟信号之间变换的调制解调器;无线通信的发送和接收设备;以及光纤中使用的光-电信号之间的变换和收发设备等。

**2. 通信子网的基本功能**

通信子网提供网络通信功能，完成全网主机之间或 LAN 与 LAN 之间的数据传输、交换、控制和变换等通信任务，负责全网的数据传输、转发及通信处理等工作。

# 1.6  计算机网络拓扑结构

## 1.6.1  计算机网络拓扑的定义

**1. 拓扑结构**

对于复杂的网络结构设计，人们引入了拓扑结构的概念。拓扑结构先把实体抽象为与其大小、形状无关的"点"，并将连接实体的线路抽象为"线"，进而研究点、线、面之间的图形关系。

**2. 网络拓扑的定义**

通常，人们将网络中的计算机主机、终端和其他设备抽象为节点，通信线路抽象为线路，而将节点和线路连接而成的几何图形称为网络的拓扑结构。计算机网络拓扑就是通过计算机网络中各个节点与通信线路之间的几何关系来表示网络结构，并反映出网络中各实体之间的结构关系。

**3. 网络拓扑的用途**

为了进行复杂的计算机网络结构设计，人们在网络设计中，引用了拓扑结构的概念，通常，网络拓扑的设计选型是计算机网络设计的第一步。因为拓扑结构是影响网络性能的主要因素之一，也是实现各种协议的基础，所以，网络拓扑结构的选择将直接关系到网络的性能、系统可靠性、通信和投资费用等因素。

## 1.6.2  通信子网与拓扑结构的类型

网络拓扑结构通常是指计算机网络通信子网的拓扑结构。

**1. 通信子网的分类**

计算机网络拓扑结构是根据其通信子网的通信信道类型确定的。通信子网根据其使用技术的不同可以分为两类：广播信道通信子网和点对点线路通信子网。在局域网中常常采用广播式的通信子网，而在广域网中却常常采用点对点式的通信子网。

（1）广播式的通信子网

在采用广播式的通信子网中，一个公共通信信道被多个节点使用。在任一时间内只允许一个节点使用公共通信信道，当一个节点利用公共通信信道"发送"数据时，其他节点只能"收听"正在发送的数据。其中最典型的代表就是总线型拓扑结构，如图 1-3(a) 所示。

在利用广播通信信道完成网络通信任务时,必须解决以下两个基本问题:

① 确定谁是通信对象。

② 解决多节点争用公用通信信道的问题。

采用广播式通信子网的常见拓扑构型有:总线型、无线通信型与卫星通信型等。

（2）点对点式的通信子网

在点对点式的通信子网中,每条物理线路连接一对节点。如果两个节点之间没有直接连接的物理线路,则它们之间的通信只能通过其他节点转接。采用点对点式的通信子网时,在通信的两点之间可能有多条路径,因此,如何解决和选择路径是需要解决的重要问题。采用点对点式通信子网的常见拓扑构型有:星型、环型、树型和网状等。

**2. 基本拓扑结构类型**

常见的基本拓扑结构有总线型、星型、环型、树型和网状等,如图 1-3 所示。

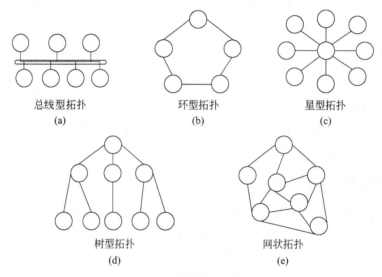

图 1-3 计算机网络基本拓扑结构

（1）总线型拓扑结构

总线型拓扑结构如图 1-3(a)所示。在总线型拓扑结构中,使用单根传输线路(总线)作为传输介质,所有网络节点都通过接口,串接在总线上。在总线型拓扑结构中,每一个节点发送的信号都在总线中传送,并被网络上其他节点所接收,但是,任何时刻只能由一个节点使用公用总线传送信息。一个网络段之内的所有节点共享总线的带宽和信道。因而总线的带宽成为网络的瓶颈,网络的效率也随着节点数目的增加而急剧下降。

（2）环型拓扑结构

环型拓扑结构如图 1-3(b)所示。在环型拓扑结构中,各个节点通过点到点的通信线路首尾相接,形成闭合的环型。环路中的数据沿一个方向传递。由于信号单向传递,因此,适宜使用光纤,可以构成高速网络。环型拓扑结构简单,传输延迟固定;环中的任何一个节点发生故障,都会导致全网瘫痪,因此各个节点都可能成为网络的瓶颈;环节点的加入和撤出的过程都很复杂,网络扩展和维护都不方便。

（3）星型拓扑结构

星型拓扑结构如图1-3(c)所示。在星型拓扑结构中,每个节点都由一个单独的通信线路连接到中心节点上。中心节点控制全网的通信,任何两个节点的相互通信,都必须经过中心节点。因此,中心节点的负荷较重,是网络的瓶颈,一旦中心节点发生故障,将导致全网瘫痪。星型拓扑属于集中控制式网络。

（4）树型拓扑结构

树型拓扑结构如图1-3(d)所示,若只有两层,则演变为星型,因此,树型拓扑结构也可以看成是星型拓扑结构的扩展。树型拓扑结构采用了层次化的结构,具有一个根节点和多层分支节点。树型网络中除了叶节点之外,所有的根节点和层分支节点都是转发节点。它的各个节点按层次进行连接,信息的交换主要在上下节点间进行,相邻的节点之间一般不进行数据交换或者数据交换量很小。树型拓扑属于集中控制式网络,适用于分级管理的场合,或者是控制型网络。

（5）网状拓扑结构

网状型拓扑结构如图1-3(e)所示。网状结构的网络,由分布在不同地理位置的计算机经传输介质和通信设备连接而成。在网状拓扑结构中,节点之间的连接是任意的、无规律的,每两个节点之间的通信链路可能有多条,因此,必须使用"路由选择"算法进行路径选择。网状结构的优点是系统可靠性高,缺点是结构复杂。目前,大型广域网和远程计算机网络大都采用网状拓扑结构。其目的在于,通过邮电部门提供的线路和服务,将若干个不同位置的局域网连接在一起。

（6）卫星通信网络的拓扑结构

在卫星通信网中,通信卫星就是一个中心交换站,通过分布在不同地理位置的地面站与各地区网络相互连接。地区网络可以采用上述任何一种拓扑结构。

在实际的网络应用中,网络拓扑结构往往不是单一类型的,而是上述几种基本类型混合而成的。例如,有的网络主干线是环型的,但支线却采用了总线型、树型或星型。

# 1.7　计算机网络的典型应用

由于计算机网络具有通信交往、资源共享和协同工作等3大基本功能,因而成为信息产业的基础,并得到了日益广泛的应用,下面将列举一些常用的计算机网络应用系统。

## 1. 管理信息系统

管理信息系统(Management Information System,MIS)是基于数据库的应用系统。人们建立计算机网络,并在网络的基础上建立管理信息系统,这是现代化企业管理的基本前提和特征。因此,现在MIS被广泛地应用于企事业单位的人事、财会和物资等的科学管理。例如,使用MIS,企业可以实现市场经营管理、生产制造管理、物资仓库管理、财务与审计管理和人事档案管理等,并能实现各部门动态信息的管理、查询和部门间的报表传递。因此,可以大幅度改进并提高企业的生产管理水平和工作效率,同时为企业的决策与规划部门及时提供决策依据。

### 2. 办公自动化

办公自动化(Office Automation,OA)系统可以将一个机构的办公用的计算机和其他办公设备(如传真机和打印机等)连接成网络,这样可以为办公室工作人员和企事业负责干部提供各种现代化手段,从而改进办公条件,提高办公业务的效率与质量,及时向有关部门和领导提供有用的信息。

办公自动化系统通常包括文字处理、电子报表、文档管理、小型数据库、会议演示材料的制作、会议与日程安排、电子邮件和电子传真、公文的传阅与审批等。

### 3. 信息检索系统

随着全球性网络的不断发展,人们可以方便地将自己的计算机连入网络中,并使用信息检索系统(Information Retrieve System,IRS)检索与查询向公众开放的信息资源。因此,IRS是一类具有广泛应用的系统。例如,各类图书目录的检索、专业情报资料的检索与查询、生活与工作服务的信息查询(如气象、交通、金融、保险、股票、商贸、产品等),以及公安部门的罪犯信息和人口信息查询等。IRS不仅可以进行网络上的查询,还可以实现网络购物、股票交易等网上贸易活动。

### 4. 电子收款机系统

电子收款机系统(Point Of Sells,POS)被广泛地应用于商业系统,它以电子自动收款机为基础,并与财务、计划、仓储等业务部门相连接。POS是现代化大型商场和超级市场的标志。

### 5. 分布式控制系统

分布式控制系统(Distributed Control System,DCS)广泛地应用于工业生产过程和自动控制系统。使用DCS可以提高生产效率和质量,节省人力和物力,实现安全监控等目标。常见的DCS如:电厂和电网的监控调度系统,冶金、钢铁和化工生产过程的自动控制系统,交通调度与监控系统。这些系统连网之后,一般可以形成具有反馈的闭环控制系统,从而实现全方位的控制。

### 6. 计算机集成与制造系统

计算机集成与制造系统(Computer Integrated Manufacturing System,CIMS)实际上是企业中的多个分系统在网络上的综合与集成。它根据本单位的业务需求,将企业中各个环节通过网络有机地联系在一起。例如,CIMS可以实现从市场分析、产品营销、产品设计、制造加工、物料管理、财务分析到售后服务以及决策支持等的一个整体系统。

### 7. 电子数据交换系统

电子数据交换系统(Electronic Data Interchange system,EDI),也称为电子商务系统

（Electronic Business，EB 或者 Electronic Commerce，EC），其主要目标是实现无纸贸易，目前，已开始在国内的贸易活动中流行。在电子数据交换系统中，涉及海关、运输、商业代理等相关的许多部门，所有的贸易单据都以电子数据的形式在网络上传输，因此，要求系统具有很高的可靠性与安全性。电子商务系统是 EDI 的进一步发展，例如，EDI 可以实现网络购物和电子拍卖等商务活动。

### 8. 信息服务系统

随着 Internet 的发展和使用，信息服务业也随之诞生，并迅速发展，而信息服务业是以信息服务系统为基础和前提的。广大网络用户希望从网上获得各类信息服务。例如，信息服务系统可以实现在浏览器上采集各种信息、收发电子邮件、从网络上查找与下载各类软件资源、欣赏音乐与电影以及进行连网娱乐游戏等。

## 习题

1. 计算机网络的发展进程可以划分为几个阶段？每个阶段的特点是什么？
2. 计算机网络由几部分组成？各部分的功能如何？每部分包含什么主要部件？
3. 什么是计算机网络？它是如何定义的？又有哪些基本功能？
4. 为什么要建立计算机网络？计算机网络的基本功能如何？
5. 网络资源共享功能指什么？试举例说明资源共享的功能。
6. 按网络覆盖的地理范围可以将计算机网络分为几种？
7. 按网络的归属可以将计算机网络分为几类？请举例说明什么是公用网。
8. 计算机局域网和广域网的基本特征各是什么？
9. 按计算机网络的应用管理范围将计算机网络分为几种？其名称各是什么？
10. 什么是 Internet？其主要技术特点是什么？
11. 使用 Internet 技术构建的网络有几种？
12. Internet 是由哪些部分组成的？画出 Internet 的基本组成结构示意图。
13. 什么是 Intranet？Intranet 的核心技术是什么？它的技术特点是什么？
14. 什么是 Extranet？它与 Internet 和 Intranet 有什么联系和区别？
15. 计算机网络的典型应用有哪些？OA 和 MIS 的中文名称是什么？
16. 计算机网络的拓扑结构是指其资源子网的类型？还是通信子网的类型？
17. 什么是计算机网络的拓扑结构？它有什么作用？
18. 常见的网络拓扑结构有哪些？各自的特点如何？

# 第2章

## 数据通信基础

在计算机网络中,通信的目的是在两台计算机之间进行数据交换,其本质上是数据通信的问题。在数据通信过程中,传输介质中传输什么样的信号?这些信号怎样才能表示打算传输的信息?计算机网络中常用的性能指标有哪些?如何在一根电话线上同时传递多路数据?怎样解决收发双方传输速率不一致的问题?传输过程中产生了差错应当怎么办?在学习或应用网络时,一定会涉及数据通信中的这些基本问题。

**本章内容与要求:**
- 了解数据通信的基础知识。
- 了解数据传输方式的类型和特点。
- 掌握数据传输的类型及相应的编码方法。
- 掌握多路复用技术的分类和适用场合。
- 了解数据通信中的同步技术。
- 了解广域网中的数据交换技术。
- 掌握差错控制技术的类型和方法。

## 2.1 数据通信的基本概念

为了使用户更好地理解网络的原理,下面将用比较通俗的方式集中介绍一些数据通信方面的基础概念。

### 1. 信息和编码

信息的载体是文字、语音、图形和图像等。计算机及其外围设备产生和交换的信息都是由二进制代码表示的字母、数字或控制符号的组合。为了传送信息,必须对信息中所包含的所有字符进行编码。因此,用二进制代码来表示信息中的每一个字符就是二进制编码。

### 2. 二进制编码标准

在数据通信过程中,进行编码之前,必须确定所用的编码标准。目前,最常用的二进制编码标准为美国标准信息交换码（American Standard Code for Information Interchange，ASCII），它已被国际标准化组织（International Standards Organization，ISO）和国际电报电话咨询委员会（Consultative Committee International Telegraph and Telephone，CCITT）采纳，并已经发展为国际通用的标准交换代码。因此，ASCII 不但是计算机内码的标准，也是数据通信的编码标准。ASCII 用 7 位二进制数字表示一个字母、数字或符号，如英文字母"A"的 ASCII 码是"1000001"，数字"1"的 ASCII 码是"0110001"。信息中的每一个字符（含控制字符）经编码后，都可以形成二进制代码。

### 3. 数据和信号

网络中传输的二进制代码被统称为数据。数据与信息的区别在于，数据仅涉及事物的表示形式，而信息则涉及这些数据的内容和解释。

对于计算机系统来说，它关心的是用什么样的编码标准（体制）来表示信息，例如，用 ASCII 标准还是用其他编码标准来表示字符、数字、符号、汉字、图形、图像和语音等；而对于数据通信系统来说，它关心的是数据的表示方式和传输方法，例如，如何将各类信息的二进制比特序列通过传输介质，在计算机和计算机之间进行传递。

信号（signal）是数据在传输过程中的电磁波表示形式。数据的表示方式有数字信号和模拟信号两种。从时间域来看，图 2-1(a)所示的数字信号是一种离散信号；而图 2-1(b)所示的模拟信号是一种连续变化的信号。

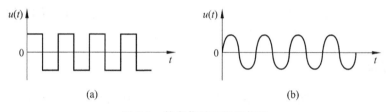

图 2-1　数字信号和模拟信号

### 4. 信道及信道的分类

（1）信道

信道是数据信号传输的必经之路，它一般由传输线路和传输设备组成。

（2）物理信道和逻辑信道

在计算机网络中，有"物理信道"和"逻辑信道"之分。

① 物理信道：是指用来传送信号或数据的物理通路。它由信道中的实际传输介质与相关设备组成。

② 逻辑信道：也是网络上的一种通路，它是指在信号的接收端与发送端之间的物理信道上同时建立的多条逻辑上的"连接"。人们将在物理信道基础上，通过节点内部建立的多条连接称为逻辑信道。例如，在同一条 ADSL 的电话线路上，可以同时建立起上网和打电话两个逻辑上的连接。这就是说，在 1 条电话线的物理信道上建立起 2 个逻辑信道。

由此可见,在一条物理信道(如通话信道)上,可以建立多条逻辑信道,而在每一条逻辑信道上,只允许一路信号通过。

（3）有线信道和无线信道

根据传输介质是否有形,物理信道可以分为有线信道和无线信道。有线信道使用电话线、双绞线、同轴电缆、光缆等有形传输介质;而无线信道使用无线电、微波、卫星通信信道与远红外线无形传输介质,这些介质中的信号均以电磁波的形式在空间中传播。

（4）模拟信道和数字信道

按照信道中传输的数据信号的类型来分,物理信道又可以分为模拟信道和数字信道。通常,在模拟信道中传输的是连续的模拟信号,而在数字信道中传输的是离散的数字脉冲信号。如果要在模拟信道上传输计算机直接输出的二进制数字脉冲信号,就需要在信道两边分别安装调制解调器,对数字脉冲信号和模拟信号进行转换(调制或解调)。反之,如果要在数字信道上传递模拟信号,也要安装相应的信号转换设备。

（5）专用信道和公共交换信道

如果按照信道的使用方式来分,又可以分为专用信道和公共交换信道。

专用信道又称为专线,它是一种连接用户之间设备的固定线路。专线可以是自行架设的专门线路,也可以是向电信部门租用的专用线路。专用线路一般用在距离较短或者是数据传输量较大、安全性要求较高的场合。

公共交换信道是一种通过公共网络,为大量用户提供服务的信道。采用公共交换信道时,用户与用户之间通过电信部门的公共交换机到交换机之间的线路转接信息。例如,公共电话交换网和公共电视网等都属于公共交换信道。

**5. 数据单元**

在数据传输时,通常将较大的数据块(如报文)分割成较小的数据单元(如分组),并在每一段数据上附加一些信息。这些数据单元及其附加的信息在一起被称为数据单元,其中附加的信息通常是序号、地址及校验码等。

在实际传输时,可能还要将数据单元分割成更小的逻辑数据单位(如数据帧)。网络中使用的报文、分组(数据包)和帧等都是数据传输过程中所使用的数据单元的逻辑称谓。

## 2.2 通信系统的主要技术指标

计算机网络的性能一般由其重要的性能指标来描述。例如,当用户选择 ADSL 线路接入 Internet 时,会选择 512Kbps、1Mbps 或 2Mbps 等指标。下面将介绍一些重要的性能指标。

**1. 传输速率 $S$（比特率）**

在局域网中,计算机与计算机在直接通信时,通常传输的信号为数字信号,其传输速率用"$S$"表示。$S$ 是指在信道的有效带宽上,单位时间内所传送的二进制代码的有效位

(bit)的数目。$S$ 的单位为：bps、千比特每秒 kbps($1 \times 10^3$ bps)、兆比特每秒 Mbps($1 \times 10^6$ bps)、吉比特每秒 Gbps($1 \times 10^9$ bps)或太比特每秒 Tbps($1 \times 10^{12}$ bps)等。

说明：在计算机领域与通信领域中的"千"、"兆"、"吉"和"太"等的含义有所不同，例如，在计算机领域中用大写的 K 表示 $2^{10}$，即 1024；而在通信领域中用小写的 k 表示 $10^3$，即 1000。而有些书大写的 K 既表示 1024 也表示 1000。由于没有统一，因此并不是很严格。

**2. 波形调制速率 $B$（波特率）**

在远程计算机之间传递信号时，计算机产生的数字信号会经过 Modem（调制解调器）变化为模拟信号再进行传输，如图 2-2 所示。因此，在计算机输出端的传输速率用 $S$ 表示，而经过 Modem 变化后的模拟信号，人们用波特率"$B$"表示。

波特率是一种调制速率，又称为**波形速率**或**码元速率**。因此，$B$ 是指数字信号经过调制后的模拟信号的速率，指模拟信号的波形每秒钟变化的次数，其含义是每秒钟载波调制状态改变的次数。在数据传输过程中，波特率的单位为 Baud/s。

1Baud/s 就表示每秒钟传送一个码元或一个波形。数字信号经过调制后成为模拟信号，若以 $T$(s)来表示每个波形的持续时间，则调制速率 $B$ 可以表示为：

$$B = \frac{1}{T} \quad （波特率：Baud/s） \tag{2-1}$$

**3. 比特率和波特率之间的关系**

比特率和波特率之间的关系可以表示为式(2-2)：

$$S = B \log_2 n \quad （比特率：bps） \tag{2-2}$$

其中，$n$ 为一个脉冲信号所表示的有效状态数。在二进制中，一个脉冲的"有"和"无"表示 0 和 1 两种状态。对于多相调制来说，$n$ 表示相的数目。例如，在二相调制中，因为 $n=2$，故 $S=B$，即比特率与波特率相等。但在多相调制($n>2$)时，$S$ 与 $B$ 就不相同了，比特率和波特率之间的关系如表 2-1 所示。

表 2-1 比特率和波特率之间的关系

| 波特率 $B$ Baud/s | 1200 | 1200 | 1200 | 1200 |
|---|---|---|---|---|
| 多相调制的相数 | 二相调制($n=2$) | 四相调制($n=4$) | 八相调制($n=8$) | 十六相调制（$n=16$） |
| 比特率 $S$ bps | 1200 | 2400 | 3600 | 4800 |

波特率(调制速率)和比特率(数据传输速率)是两个最容易混淆的概念，但它们在数据通信中却很重要。为了使读者便于理解，表 2-1 给出了两者之间的数值关系。两者在实际应用中的区别与联系，如图 2-2 所示。

**4. 带宽**

对于模拟信道，带宽(bandwidth)是指某个信号或者物理信道的频带宽度，其本来的意思是指信道允许传送信号的最高频率和最低频率之差，单位为：赫兹（Hz）、千赫

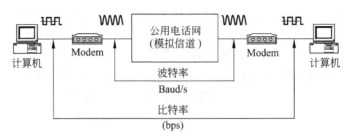

图 2-2 比特率和波特率的区别与联系

(kHz)、兆赫(MHz)等,例如,电话语音信号的标准带宽是 3.1kHz(300～3400Hz)。

在计算机网络中,带宽常用来表示网络中通信线路所能传输的数据能力。因此,人们在描述网络时所说的"带宽"实际上是指在网络中能够传送数字信号的最大传输速率 $S$。因此,此时的带宽单位就是比特每秒(bps),表示为: bps、Kbps、Mbps、Gbps、Tbps 等。

### 5. 信道容量

信道容量是一个极限参数,一般是指物理信道上能够传输数据的最大能力。当信道上传输的数据速率大于信道所允许的数据速率时,信道就不能用来传输数据了。1948年,香农经研究得出了著名的香农定理。该定理指出,信道的带宽和信噪比越高,则信道的容量就越高。因此,在网络设计中,数据传输速率一定要低于信道容量(极限数据速率)所规定的数值。此外,由于信道的数据传输速率受到信道容量的限制,因此,要提高数据传输速率,无论采用什么方法,都无法超越信道容量所规定的数据极限速率值。基于上述原因,在实际应用中,高传输速率的通信设备常常被通信介质的信道容量所限制,而得不到充分利用。

### 6. 带宽、数据传输速率和信道容量的关联

由于带宽、$B$ 与 $S$ 这几个术语都是用来度量信道传输能力的指标。现在,一个物理信道常常既可以作为模拟信道,又可以作为数字信道,例如,人们使用电话线(模拟信道)既可以传递语音模拟信号,也可以直接传递二进制表示的数字信号。另外,香农的信道容量计算公式指出数据的最大传输速率与信道带宽之间存在着明确的关系,所以人们既可以使用"带宽",也可以使用"速率"来描述网络中信道的传输能力。

综上所述,由于历史的原因,在一些论述计算机网络的中外文书籍中,$B$、$S$ 和带宽这几个词经常被混用,并且都被用来描述网络中的数据传输能力。但是,从技术角度看,它们是不同的;为此,读者应当注意区别这几个不同而又相互关联的概念。

### 7. 误码率

(1) 误码率 $P_e$ 的定义

误码率是指二进制码元在数据传输中被传错的概率,也称为出错率,$P_e$ 的定义式如式(2-3)所示。

$$P_e \approx \frac{N_e}{N} \qquad\qquad (2\text{-}3)$$

其中：$N$ 为传输的二进制码元总数；$N_e$ 表示在接收码元中被传错的码元数。

（2）误码率的性质、获取与实用意义

① 性质：误码率 $P_e$ 是数据通信系统在正常工作状况下，传输的可靠性指标。

② 获取：在实际数据传输系统中，人们通过对某种通信信道进行大量重复测试，才能求出该信道的平均误码率。

③ 采用差错控制技术的意义：根据测试，在电话线路上，以 300～2400bps 速率传输时的平均误码率在 $10^{-4}$～ $10^{-6}$ 之间，在 2400～9600bps 速率传输时的平均误码率在 $10^{-2}$～ $10^{-4}$ 之间；而且，使用的数据传输速率越高，平均误码率就越高。而计算机网络通信系统中对平均误码率的最低要求是低于 $10^{-6}$，即平均每传送 1 兆二进制位，才允许错一位。可见，在使用普通通信信道传输数据时，物理信道本身的平均误码率不满足可靠性指标的要求，因此，必须采用差错控制技术才能满足计算机通信系统对可靠性指标"误码率"的要求。

**8. 时延**

时延（delay 或 latency）是信道或网络性能的另一个参数，其数值是指数据（报文、分组、比特）从网络的一端传送到另一端所需要的时间，其单位是 s、ms、μs 等。时延是由传播时延、发送时延和排队时延等 3 部分组成的。

**9. 吞吐量**

① 定义：吞吐量（throught）是在一个给定的时间段内介质能够传输的数据量。严格地说，吞吐量是指在没有帧丢失的情况下，能够接受的最大速率。通俗地说，吞吐量表示在单位时间中，单位时间内能够通过某个网络（信道、接口、设备）的数据量。由此可见，带宽往往是指网络的设计能力，而吞吐量是指网络的实际传输能力。

② 吞吐量与带宽的区分：由于这两者的单位是相同的，因此是很容易混淆的两个术语。例如，对于一个低速以太网，可以说其设计的带宽或传输速率是 10Mbps。但在运行时，网络会受到各种因素的影响，因此，这个以太网中的某对计算机的链路连接之间可能只能达到 2Mbps 的吞吐量。这就意味着，这两台主机之间仅能够实现 2Mbps 速率的数据传输。为此，在网络设备的选择中，"吞吐量"是一个非常关键的参数。

## 2.3　数据通信过程中涉及的主要技术问题

网络中任意两台计算机的通信过程需要解决哪些技术问题呢？

例如，资源子网中的计算机主机 $H_A$ 发送信息"A"给计算机主机 $H_B$。在计算机网络的数据通信系统中，必须面对和解决好以下一些基本问题。

① 二进制编码：在主机 $H_A$ 中，用 ASCII 对信息"A"进行二进制编码，结果得到二进制的数据 1000001。

② 传输的信号类型：是指在数据通信过程中,信号的表示方式,即是以数字信号表示,还是以模拟信号表示。当传输的是数字信号时,由编码器将二进制数据转换为相应的"数字信号";当传输的是模拟信号时,由调制器将二进制数据转换为相应的"模拟信号"。

③ 数据传输与通信方式：在数据通信过程中,是采用串行通信方式还是并行通信方式?是采用单工通信、半双工方式,还是采用全双工通信方式?

④ 同步技术：在通信时是采用的同步通信方式,还是异步通信方式?

⑤ 多路复用技术：是指在通信的过程中,是否为了提高物理信道的利用率,采取了复用信道的技术。例如,在同一电话线(物理信道)上,是传送一路信号,还是多路信号?

⑥ 广域网数据交换技术：是指当使用远程网络连接时,采用什么样的数据交换技术?例如,是采用线路交换方式,还是选择存储转发技术?是采用报文交换,还是分组交换?是数据报方式还是虚电路方式?

⑦ 差错控制技术：实际的物理通信信道是有差错的,为了达到网络规定的可靠性技术指标,必须采用差错控制技术。因此,在差错控制技术中采用了什么检测和纠错技术?

综上所述,学习数据通信技术基础知识应当包括：数据通信的基本概念和术语、数据通信过程中采用的传输类型与相应的编码或调制技术、数据通信的方式、数据在通信子网中的交换方式、差错控制的内容与方法,以及数据通信中使用的主要技术指标等。

# 2.4  数据传输类型及相应技术

数据通信专指信源(发送信息的一方)和信宿(接收数据的一方)中信号的形式均为数字信号的通信方式。因此,可以将"数据通信"定义为：在不同的计算机和数字设备之间传送二进制代码 0、1 对应的比特位信号的过程。这些二进制信号表示了信息中的各种字母、数字、符号和控制信息。计算机网络中的数据传输系统大都是数据通信系统。

在数据通信过程中,传输的数据信号的类型不同,使用的技术就不同。在计算机网络中,传输的信号分为数字信号和模拟信号两种,因此,在数据传输过程中,分别对应了不同的编码技术或调制技术。为此,数据传输系统有基带传输和频带传输两种传输方式。

## 2.4.1  基带传输与数字信号的编码

### 1. 基带、基带信号和基带传输

在数据通信系统中,由计算机、终端等发出的信号都是二进制的数字信号。这些信号是典型的矩形脉冲信号,其高、低电平可以用来代表数字信号的"0"或"1"。

数字信号的频谱中包含直流、低频和高频等多种成分,人们把数字信号频谱中从直流(零频)开始到能量集中的一段频率范围,称为基本频带(或固有频带),简称为基带。因此,数字信号也被称为数字基带信号,简称为基带信号。

在线路上直接传输基带信号的方法称为基带传输方法。在基带传输中,必须解决两个基本问题：其一,基带信号的编码问题;其二,收发双方之间的同步问题。

**2. 数字信号的编码**

在基带传输中,用不同极性的电压、电平值代表数字信号 0 和 1 的过程,称为基带信号的编码;其反过程称为解码。在发送端,编码器将计算机等信源设备产生的信源信号,变换为用于直接传输的基带信号;在接收端,解码器将接收到的基带信号,恢复为与发送端相同的、计算机可以接收的信号。

在基带传输中,可以使用不同的电平逻辑,例如,用负电压,如$-5V$,代表数字"0";用正电压,如$+5V$,代表数字"1"。当然,也可以使用其他的电平逻辑来表示二进制数字。

下面介绍 3 种基本的编码方法。

(1) 非归零(Non-Return to Zero,NRZ)编码

① 编码规则:NRZ 编码方法的示例如图 2-3(a)所示。图中的 NRZ 编码规则定义为:用负电压代表数字"0",正电压代表数字"1";当然,也可以采用其他的编码定义方法,如用负电压代表数字"1",用正电压代表数字"0"。

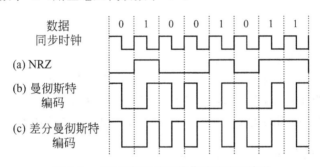

图 2-3　二进制数据的基带信号的编码波形

② 特点:NRZ 编码的优点是简单、容易实现;缺点是接收方和发送方无法保持同步。

③ 位同步:为了保证收、发双方的按位同步,必须在发送 NRZ 编码的同时,用另一个信道同时发送同步时钟信号,如图 2-3(a)所示。

④ 应用:计算机串口与调制解调器之间使用的就是基带传输中的非归零编码技术。

(2) 曼彻斯特(Manchester)编码

① 编码规则:

• 每比特的周期 $T$ 分为前后两个相等的部分。

• 前半周期为该位值"反码"对应的电平值,后半周期为该位值的"原码"所对应的电平值。

• 中间的电平跳变作为双方的同步信号。

根据编码规则,当值为 1 时,前半部分为反码 0(低电平,$-5V$);后半部分为原码 1(高电平,$+5V$);中间有一次由低电平向高电平的跳跃。当值为"0"时,前半部分为反码 1(高电平,$-5V$);后半部分为原码 1(低电平 $-5V$);每位中间的由高电平向低电平跳跃作为同步信号。曼彻斯特编码波形的示例,如图 2-3(b)所示。

② 曼彻斯特编码的特点和同步信号:曼彻斯特编码中的中间电平跳跃,既代表了数

字信号的取值,也作为自带的时钟信号。因此,这是一种自含时钟的编码方法。

③ 特点:曼彻斯特编码的优点是收发信号的双方可以根据自带的时钟信号来保持同步,无须专门传递同步信号的线路,因此成本较低;曼彻斯特编码的缺点是效率较低。

④ 应用:曼彻斯特编码是应用最多的编码方法之一。典型的 10Base-T、10Base-2、和 10Base-5 低速以太网使用的就是曼彻斯特编码技术。

(3) 差分曼彻斯特(De-manchester)编码

① 编码规则:简言之,差分曼彻斯特编码的规则是:遇 0 跳变,遇 1 保持,中间跳变。详细的差分曼彻斯特编码规则如下:

- 每位值无论是 1 还是 0 中间都有一次电平跳变,这个跳变为同步之用。
- 若本位值为 0,则其前半个波形的电平与上一个波形的后半个的电平值相反。若本位值为 1,则其前半个波形的电平与上一个波形的后半个电平值相同。

差分曼彻斯特编码是对曼彻斯特编码的改进,其示例的波形如图 2-3(c)所示。由图可知,若本位值为"0",开始处出现电平跳变;反之,若本位值为"1",则开始处不发生电平跳变。

② 特点:差分曼彻斯特编码的优点是自含同步时钟信号、抗干扰性能较好;缺点是实现的技术复杂。

③ 同步信号:中间的电平跳变作为同步时钟信号。

总之,基带传输的优点是:抗干扰能力强、成本低。缺点是:由于基带信号频带宽,传输时必须占用整个信道,因此通信信道利用率低;占用频带宽,信号易衰减;只能使用有线介质传输,限制了使用的场合。在局域网中经常使用基带传输技术。

### 2.4.2 频带传输与模拟信号的调制

**1. 调制、解调与频带传输**

在频带传输中,常用普通电话线作为传输介质,因为它是当今世界上覆盖范围最广、应用最普遍的一类通信信道。传统的电话通信信道是为传输语音信号而设计的,它本来只用于传输音频范围(300～3400Hz)的模拟信号,不适于直接传输频带很宽、又集中在低频段的计算机产生的数字基带信号。为了利用电话交换网实现计算机之间的数字信号传输,必须先将计算机产生的数字信号转换成模拟信号再进行传输。为此,在发送端,需要选取音频范围的某一频率的正(余)弦模拟信号作为载波,用它运载所要传输的数字信号,并通过电话信道将其送至另一端;在接收端再将数字信号从载波上分离出来,恢复为原来的数字信号波形。这种利用模拟信道实现数字信号传输的方法称为**频带传输**。

在发送端将数字信号转换成模拟信号的过程称为**调制**(modulation),相应的设备称为**调制器**(modulator);在接收端把模拟信号还原为数字信号的过程称为**解调**(demodulation),相应的设备称为**解调器**(demodulator);而同时具有调制与解调功能的设备被称为**调制解调器**(modem)。Modem 就是数字信号与模拟信号之间的变换设备。

**2. 数字数据(信号)的调制**

为了利用模拟信道实现计算机数字信号的传输,必须先对计算机输出的数字数据(信号)进行调制。在调制过程中,运载数字数据的载波信号可以表示为:

$$u(t) = A(t)\sin(\omega t + \phi) \tag{2-4}$$

其中:振幅 $A$、角频率 $\omega$、相位 $\phi$ 是载波信号的 3 个可变电参量,它们是正弦波的控制参数,也称为调制参数,它们的变化将对正弦载波的波形产生影响。人们通过改变这 3 个参量实现对数字数据(信号)的调制,其对应的调制方式分别为幅度调制、频率调制和相位调制。在应用时,须注意的是每次只变化一个电参量,固定另外两个电参量。

**3. 幅度调制 ASK**

① ASK 调制规则:幅度调制又称为振幅键控(Amplitude-Shift Keying, ASK)。在幅度调制中,频率和相位都是常数,振幅为变量,即载波的幅度随发送的数字信号的值而变化。例如,可以用具有 $A_m$ 幅度的载波信号表示二进制数字"1",用幅度为 0 的载波信号表示二进制数字"0"。当然,也可以使用具有幅度 $A_1$ 和 $A_2$ 的同频率载波信号,分别表示二进制数字"1"和"0"。其数学表达式为:

$$\begin{cases} u(t) = A_m \times \sin(\omega_0 t + \phi_0) \to 数字\ 1 \\ u(t) = 0 \times \sin(\omega_0 t + \phi_0) \to 数字\ 0 \end{cases} \tag{2-5}$$

图 2-4(a)表示的是具有二进制数字 0 和 1 两种载波幅度值的调幅波形(二元制调幅波),其中 $\phi_0 = 0$。为了提高传输速度,还可以采用多幅度调制。

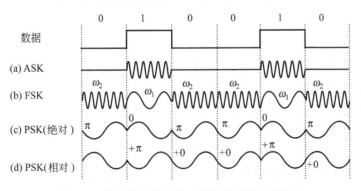

图 2-4  模拟数据信号的二相调制(编码)波形图

② ASK 的特点:幅度调制的技术比较简单,信号容易实现,但抗干扰的能力较差。

**4. 频率调制 FSK**

① FSK 调制规则:频率调制又称为移频键控(Frequency-Shift Keying, FSK)。在频率调制中,把振幅和相位定为常量,频率为变量。其数学表达式为:

$$\begin{cases} u(t) = A_{m0}\sin(\omega_1 t + \phi_0) \to 数字\ 1 \\ u(t) = A_{m0}\sin(\omega_2 t + \phi_0) \to 数字\ 0 \end{cases} \tag{2-6}$$

在二元制中,分别用两种不同频率的波形来表示二进制数字"0"和"1"。例如,用频率 $F_2(\omega_2)$ 的波形表示数字"0",用频率 $F_1(\omega_1)$ 的波形表示数字"1"的调制波形,如图 2-4(b) 所示,其中 $\phi_0 = 0$。

② FSK 的特点:频率调制的电路简单,抗干扰能力强,但频带的利用率低,适用于传输速率较低的数字信号。

### 5. 两相相位调制 PSK

PSK(Phase-Shift Keying),相位调制又称为移相键控。在相位调制中,把振幅和频率定为常量,初始相位定为变量。在二元制情况下,分别用不同的初始相位的载波信号波形表示二进制数字"0"和"1"。相位调制可以进一步分为绝对调相、相对调相等。

① PSK 绝对调相:其调制规则为,在二元制中,用相位的绝对值表示数字信号"0"和"1"。

例如,用初始相位 $\phi_0 = 0$ 表示数字 1,$\Phi_0 = \pi$ 表示数字 0,则数学表达式为:

$$\begin{cases} u(t) = A_{m0}\sin(\omega_0 t + 0) \rightarrow 数字\ 1 \\ u(t) = A_{m0}\sin(\omega_0 t + \pi) \rightarrow 数字\ 0 \end{cases} \tag{2-7}$$

其对应的绝对调相编码波形如图 2-4(c)所示。

② PSK 相对调相:其编码规则为用当前波形的初始相位,相对于"前一个波形"的初始相位的偏移值来表示数字信号 0 和 1。例如,用当前波形的初始相位相对于前一波形初始相位 $\phi_0$ 的偏移量"+0"(变化 0°)表示数字信号 0;偏移量为"+$\pi$"(变化 180°)表示数字信号 1,其对应的相对调相编码波形如图 2-4(d)所示。

### 6. 多相调相

在两相($n=2$)调制方法中,通过两种不同的相位波形,分别表示二进制的数据"0"和"1"。在数据通信系统中,为了提高数据的传输速率,人们经常采用多相调制的方法。与两相相位调制类似的是多相相位调制也有相对调相和绝对调相两种。多相调制的状态数 $n$ 与每次传输的二进制比特位的数目 $m$ 的关系如下:

$$n = 2^m$$

其中:$m$ 为波形每变化一次传递的二进制数字的比特位数;$n$ 为波形的所有不同状态数目。

例如,在图 2-5 所示的四相调相中,每次传递两个($m=2$)比特位,共有 4 种($n=2^2=4$)状态。在待发送的数字信号中,按两比特为一组进行编组,所有可能的组合有 4 种,即 00、01、10、11。因此,为了表示每一个双比特码元,应分别使用具有不同相位偏移值的波形,如表 2-2 所示。在调相信号的传输过程中,相位波形每改变一次,便传送两个比特的数据。同理,在八相调相中,如果将待发送的数字信号按每 3 个比特组成一组,那么一共有 8 种组合。这样,载波调制波形的状态每改变一次,便传送 3 个比特的数据。四相调相、八相调相、十六相调相中,各种相位的数据表示如表 2-2、表 2-3 和表 2-4 所示。

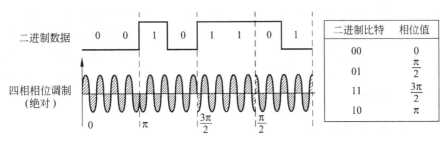

图 2-5 四相相位调制(绝对)波形图

表 2-2 四相调相的相位变化值

| 比特位 | 相对相位的偏移量 | 比特位 | 相对相位的偏移量 |
|---|---|---|---|
| 00 | 0° | 10 | 180° |
| 01 | 90° | 11 | 270° |

表 2-3 八相调相的相位变化值

| 比特位 | 相对相位的偏移量 | 比特位 | 相对相位的偏移量 |
|---|---|---|---|
| 000 | 0° | 100 | 180° |
| 001 | 45° | 101 | 225° |
| 010 | 90° | 110 | 270° |
| 011 | 135° | 111 | 315° |

表 2-4 十六相调相的相位变化值

| 比特位 | 相对相位的偏移量 | 比特位 | 相对相位的偏移量 |
|---|---|---|---|
| 0000 | 0° | 1000 | 180.0° |
| 0001 | 22.5° | 1001 | 202.5° |
| 0010 | 45.0° | 1010 | 225.0° |
| 0011 | 67.5° | 1011 | 247.5° |
| 0100 | 90.0° | 1100 | 270.0° |
| 0101 | 112.5° | 1101 | 292.5° |
| 0110 | 135.0° | 1110 | 315.0° |
| 0111 | 157.5° | 1111 | 337.5° |

总之,相位调制技术占用频带较窄,抗干扰性能好,其中的相对调相则具有更高的抗干扰性能,在实际中经常使用。若希望得到较高的信息传输速率,必须采用在技术上更为复杂的多元振幅、相位混合调制方法。

## 2.4.3 脉冲编码调制方法

早在 1937 年,英国人 A. H. 里夫斯提出用脉冲的有无组合来传递话音信息的方法。

他发明的脉冲编码调制(即 PCM)技术于 1939 年获得专利,并为现代数字电信网的建设奠定了基础。当前,各种信息的数字化已经成为网络发展的必然趋势。在现代通信技术中,除了在局域网中大量应用基带传输技术外;在语音、图像、视频等很多模拟应用场合大都使用了 PCM 技术。这是因为模拟数据在数字信道传递时,必须通过 PCM 进行模拟数据到数字数据的转换。

### 1. 脉冲编码调制概述

脉冲编码调制(Pulse Code Modulation, PCM)是模拟数据信号数字化采用的主要方法。

由于数字信号传输失真小、误码率低、数据传输速率高,因此,语音、图像等信息的数字化已经成为必然,但是这些信号必须经过数字化才能被计算机接收和处理。

(1) PCM 的主要优点

PCM 抗干扰能力强、失真小、传输特性稳定;PCM 技术可以采用压缩编码、纠错编码和保密编码等来提高系统的有效性、可靠性和保密性;另外,PCM 还可以在一个物理信道上使用时分复用技术传输多路信号。

(2) PCM 典型的应用——语音数字化

PCM 典型的应用是语音系统的数字化传输。人们通话时的声音,经过电话机转变为模拟信号。模拟的语音信号通过电话线(模拟信道)传递到电话交换网。在现代电话交换网中,在发送端,先使用 PCM 技术将其转换为数字信号,再进行基带传输或信号交换;在接收端,再将数字信号还原为语音信号传递给终端的语音用户。

在图 2-6 所示的语音数字化过程中,在发送端通过 PCM 编码器将语音数据变换为数字化的语音信号,通过通信信道传送到接收方;接收方再通过 PCM 解码器还原成模拟语音信号。

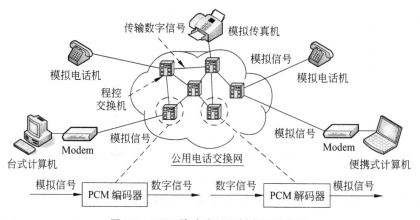

图 2-6  PCM 脉冲编码调制应用示意图

数字化语音数据传输速率高、失真小,可以存储在计算机中,进行必要的处理。因此,在网络与通信的发展中,语音数字化成为重要的部分。

**2. PCM 的工作原理**

脉冲编码调制包括 3 部分：采样、量化和编码，如图 2-7 所示。

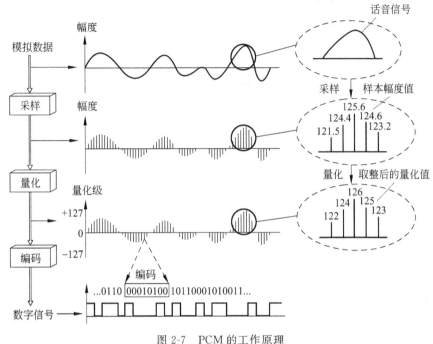

图 2-7　PCM 的工作原理

（1）采样

模拟信号数字化的第一个步骤就是采样。模拟信号是电平连续变化的信号，为了将其数字化而采用了 PCM 技术，在模拟信号数字化中的第一个步骤就是"采样"。采样是指每隔一定的时间间隔，就采集模拟信号的一个瞬时电平值作为样本。这个样本就代表了模拟数据在这一区间随时间变化的值。这个时间间隔由采样频率 $F_s$ 决定。

脉码调制技术是以采样定理为基础的。经研究表明，当利用大于或等于信号最高频率或带宽 2 倍的采样频率，对连续变化的模拟信号进行周期性采样时，其样本就可以包含重构原模拟信号需要的所有信息。

满足从采样样本中，重构原始信号的采样定理表达公式如式（2-8）所示：

$$F_s(=1/T_s) \geqslant 2F_{\max} \quad \text{或} \quad F_s \geqslant 2B_s \tag{2-8}$$

其中：$T_s$ 为采样周期，单位为 s；$F_s$ 为采样频率，单位为样本/秒（次/秒）；$F_{\max}$ 为原始信号的最高频率，单位为 Hz；$B_s(=F_{\max}-F_{\min})$ 为原始信号的带宽，单位为 Hz。

例如，语音信道的带宽近似为 4kHz，则需要的采样频率应 $\geqslant 8000$ 样本/秒。

（2）量化

量化是指将取样样本的幅度，按量化级决定采样样本的取值过程，简言之，就是取整等级。经过量化，将模拟信号采样后的样本值，取整后变为时间轴上的离散值（整数），例如，在图 2-7 中，将采样值 121.5、124.4、125.6 等分别量化为 122、124、126 等。量化级可以分为 8 级、16 级、32 级…128 级等量化级，主要取决于系统精确度的要求。

（3）编码

编码就是量化后的整数变成一定位数的二进制代码；也可以说，是用一定位数的二进制代码表示量化后的采样样本的量级。

当有 $L$ 个量化级时，则二进制的位数为 $m=\log_2 L$。例如，$L=16$ 时，则 $m=\log_2 16=\log_2 2^4=4\log_2 2=4$，则二进制编码的位数为 4；又如，PCM 用于数字化语音系统时，将声音分为 128 个量化级；就采用 7 位二进制编码表示，再使用 1 个比特位进行差错控制；这样，采样速率为 8000 样本/秒时，一路话音的数据传输速率为 $8\times8000$bps$=64$Kbps。

## 2.5 数据传输方式

在进行数据信号的传输时，有并行传输和串行传输两种方式。

### 2.5.1 并行传输

并行传输是指二进制的数据流以成组的方式，在多个并行信道上同时传输的方式。

并行传输可以一次同时传输若干比特的数据，因此，从发送端到接收端的物理信道要安装多条，如采用多根传输线路及设备。常用的并行方式是将构成一个字符代码的若干位分别通过同样多的并行信道同时传输。例如，如图 2-8 所示，计算机的并行端口常用于连接打印机，一个字符分为 8 位，每次并行传输 8 比特信号。并行传输的速率高，但传输线路和设备都需要增加若干倍；因此，一般适用于短距离、传输速度要求高的场合。

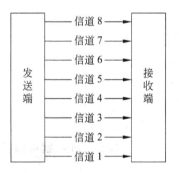
图 2-8　并行数据传输方式

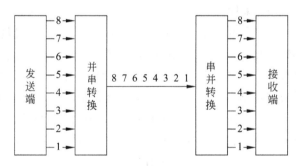
图 2-9　串行数据传输

### 2.5.2 串行传输

串行传输是指通信信号的数据流以串行方式，一位一位地在信道上传输，因此，从发送端到接收端只需一条传输线路。在串行传输方式下，虽然，传输速率只有并行传输的几分之一，例如，图 2-9 中所示的 1/8。然而，由于在串行通信时，在收发双方之间，理论上只需要一条通信信道，因此，可以节省大量的传输介质与设备；为此，串行传输方式大量用于远程传输的场合。此外，串行传输具有易于实现的特点，因而是当前计算机网络中普遍采用的传输方式。

**注意**：由于计算机内部总线采用的是并行传输方式，因此，在采用串行传输时，计算机的发送端，要使用并/串转换装置，将计算机输出的并行数据位流变为串行数据位流；然后，通过串行信道传输到接收端。在接收端，则需要通过串/并转换装置将串行数据位流还原成并行数据位流后，再传输给计算机。

串行传输又有 3 种不同的方式，即单工通信、半双工通信和全双工通信。

#### 1. 单工通信

在单工通信(single-duplex communication，双线制)中，信号在信道中只能从发送端 A 传送到接收端 B。因此，理论上应采用"**单线制**"，而实际采用"**双线制**"。因为在实际中，需要用两个通信信道，一个用来传送数据，一个传送控制信号，简称为二线制，如图 2-10 所示。例如，BP 机只能接收寻呼台发送的信息，而不能发送信息给寻呼台。

#### 2. 半双工通信

在半双工通信(half-duplex communication，双线制＋开关)中，允许数据信号有条件双向传输，但不能同时双向传输。如图 2-11 所示，该方式要求 A、B 端都有发送装置和接收装置。若想改变信息的传输方向，则需利用开关进行切换。因此，理论上应采用"**单线制＋开关**"，而实际采用"**双线制＋开关**"。例如，使用无线电对讲机在某一时刻只能单向传输信息，当一方讲话时，另一方就无法讲，要等其讲完，另一方才能讲。

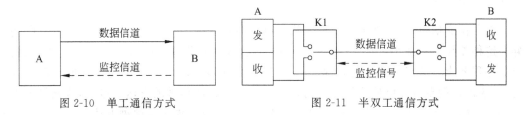

图 2-10 单工通信方式　　　　图 2-11 半双工通信方式

#### 3. 全双工通信

在全双工通信(full-duplex communication，四线制)中，允许双方同时在两个方向进行数据传输，它相当于将两个方向相反的单工通信方式组合起来。因此，理论上应采用"**双线制**"，而实际采用"**四线制**"，如图 2-12 所示。例如，日常生活中使用的电话或移动式电话，双方在讲话的同时，还可以收听电话。全双工通信效率高，控制简单，但造价高，适用于计算机之间的通信。

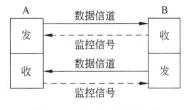

图 2-12 全双工通信方式

需要设置通信方式的设备有网卡、声卡。例如，打开网卡对应的"本地连接"的属性对话框，在"本地连接属性"对话框中，选择"常规"选项卡；单击"配置"按钮，在打开的对话框的"高级"选项卡中，可以设置网卡的通信方式，如，依次选择 Connection type→100BaseTx Full Duplex 选项，表示将网卡设置为 100Mbps 速率的全双工通信方式。

## 2.6 数据传输中的同步技术

在网络通信过程中,通信双方要交换数据,需要高度的协同工作。网络中收发双方用介质连接起来之后,双方怎样才能彼此理解?比如发送方将数据的各位发送出去后,对方如何识别这些位数据,并将其组合成字符,进而形成有用的信息数据呢?这是靠交换数据的设备之间的定时机制实现的。这个定时机制就是专家所说的同步技术。同步技术需要解决的主要问题如下:

- 何时开始发送数据?
- 发送过程中双方的数据传输速率是否一致?
- 持续时间的长短是多少?
- 发送时间间隔的大小是多少?

接收方根据双方所使用的同步技术,得以知道如何接收数据。也就是说,当发送端以某一速率,在一定的起始到终止时间段内发送数据时,接收端也必须以同一速率在相同的某一时间段内接收数据。否则,接收端与发送端就会产生微小误差,随着时间的增加,误差将逐渐积累,并造成收发的失步(不同步),从而出现错误。为了避免收端与发端的失步,收端与发端的动作必须采取严格的同步措施。

### 2.6.1 位同步

在数据通信过程中,即使两台计算机标称的时钟频率值相同,其时钟频率仍会有所差异。这种差异虽然微小,但随着不断的积累,仍会造成彼此每位周期的失步。因此,数据通信过程要求有严格的时序与时钟,以保证连续传输数据的每一位都能正确地传输。为此,要求传输的双方能够使用同一个时钟信号进行二进制信号的发送与接收,这就是术语"位同步"的含义。实现时钟信号位同步的技术有**外同步**和**内同步**两种方法。

#### 1. 外同步——采用单独的数据线传输时钟信号

在传输的双方,除了使用一根数据传输线外,还需要使用一根专门的时钟传输线。这样,在数据线上传递每一位信号时,在时钟线上同时传递的同步时钟信号会进行每位时间周期的同步,这种采用单独同步线的方法就被称为**外同步**。其工作原理是将发送端的时钟作为基本时钟信号,通过时钟传输线传输到接收端;而接收端以此为依据,校正本地时钟,来接收数据,完成按位接收数据信号的工作;当然,也可以采用相反的方法,将接收端的时钟信号通过时钟线传回发送端,而发送端则按此时钟信号的频率向接收端发送数据信号,以达到按位同步的目的。这种方法适用于短距离、高速传输的场合。

#### 2. 内同步——采用信号编码的方法传输时钟信号

当数据传输距离较远时,为了降低投资,除数据传输线外,不再专门铺设专用的时钟传输线路;而采用在传输数据信号时,同时传递位同步信号的方法,这种方法就是**内同步**法。其工作原理是把时钟信号与数据信号一起编码,形成一个新的代码发送到接收端;接收端在收到编码的信号后,进行解码,从中不但可以分离出有用的数据信号,还会分离出作为位同步用的时钟信号。接收端使用分离出来的这个时钟信号作为接收端的工作时钟,以达到信号位同步的目的。这种方法常用在基带局域网的数据传输中。例如,在基带传输中,发送端的数字信号使用曼彻斯特码或差分曼彻斯特编码形式发送;接收端接收信号之后,从中提取出信号中的"中间跳变"作为位同步的时钟信号。

## 2.6.2 异步传输与同步传输

在数据通信的过程中,为了解决何时开始发送和接收信号的问题,除了需要解决收发双方的位同步外,还要解决双方的字符接收同步问题。为此,在数据通信中,采用的字符同步技术,用来保证收发双方能够正确传输每个字符或字符块。因此,通常将在同步过程中,采用的协调接收端与发送端收发动作的技术措施称为字符同步技术。字符同步技术有异步传输和同步传输两种典型技术,它们分别采用了起始位/停止位和起始同步字符/终止同步字符两种字符同步方式。

### 1. 异步传输方式

如图 2-13 所示,通过在被传送的字符前后加起止位实现的同步传输方式,被称为异步(也称起止式)传输方式。异步传输的特点是以一个个的字符为单位进行数据传输的。每个字符及字符前后附加的起始位和停止位共同组成字符数据帧,其中的标记数据起止的位就叫做成帧信息。

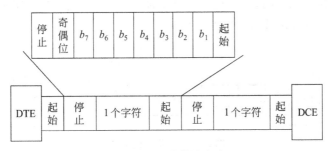

图 2-13　异步传输方式

**注意**:图 2-13 中的在计算机数据传输中,数据终端设备(DTE)就是计算机的 RS-232C 接口,例如,计算机的串口 com1,计算机正是使用这个接口来与调制解调器或者其他串行设备交换数据的。而其中的 DCE 表示数据通信设备,如 Modem(调制解调器)。

异步传输的每个字符前有一个起始位,它的作用是表示字符开始传递,平时没有信号时,线路上处于"空号",即高电平状态。一旦接收端检测到传输线从高电平跳向低电平,也即接收端收到起始位,说明发送端已开始传输数据。接收端便利用传输线这种电平的跳变,启动内部时钟,使其对准接收信息的每一位进行采样,以确保正确地接收。当接收端收到停止位时,标志着传输结束。前面的一个起始位与后边的 1~1.5 个停止位组成成帧信息位。

(1)异步传输的工作特点

异步传输是指发送信息的一端可以在任何时刻向信道发送信息,而不管接收方是否准备好。接收方在收到"起始位"后，即可开始接收信息。

① 各个位以串行方式发送，并附有"起止位"作为识别符。

② 字符之间通过"空号"来分割。

（2）异步传输的应用特点

① 优点：收、发双方不需要严格的位同步；因此，使用异步传输技术的设备简单，技术容易，设备低廉。

② 缺点：由于每传输一个字符，都需要 2～3 位的附加位（成帧信息），浪费了传输时间，占用了信道的带宽；因此，具有传输速率低、开销大、效率低的特点。例如，传送一个由 7 位二进制位组成的字符，加上起始位、奇偶校验位和停止位，一共需要 10 位。当选择的传输速率为 2.8Kbps 时，则每秒钟只能传送 280 个字符。

（3）异步传输的应用场合

由于异步传输过程的辅助开销过多，所以传输速率较低；为此，异步传输方式只适用于低速通信设备和低速（如 10～1500 字符/每秒）通信的场合。例如，常用在分时终端与计算机的通信，低速终端与主机之间的通信和对话等低速数据传输的场合。

**2. 同步传输方式**

同步传输是高速数据传输过程中所用的一种同步技术方式。在同步传输过程中，大的数据块是一起发送的，在数据块的前后使用一些特殊的字符作为成帧信息。这些特殊字符在发送端与接收端之间，建立起一个同步的传输过程，如图 2-14 所示。另外，这些成帧信息还用来区分和隔离连续传输的数据块。

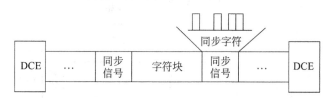

图 2-14　同步传输方式

（1）同步传输的工作特点

由于同步传输是大的字符块一起传送，因此，接收端和发送端的步调必须保持高度一致。因而，在同步传输中，不仅字符内部需要"位同步"来保证每位信号的严格同步，还要采用字符同步技术，以便在收发双方之间保持同步传输。同步传输的工作特点如下：

① 在同步传输中，信息不是以单个字符，而是以大的数据块的方式一起传输的。

② 使用同步字符（字节）传输前，双方需要进行同步测试和准备。

③ 用于同步传输的成帧信息（同步信号）的位数较异步方式少，因此同步传输的效率比异步传输高。

④ 为了实现通信双方的每一个比特都能够精确对位，在传输的二进制位流中采用"位同步（外同步或内同步）"技术来保证每位具有严格的时序。"位同步"技术用来确保接收端能够严格按照发送端发送的每位信息的时间间隔来接收信息，以实现每个字符内部的每一位的真正同步传输。

（2）同步传输的应用特点

① 优点：由于同步传输以数据块的方式传输，因此，同步传输的效率比异步传输高，也因此而获得了较高的传输速度。

② 缺点：由于同步传输以数据块的方式传输，线路效率较高，也因此加重了DCE（数据通信设备）的负担。另外，实现起来较复杂，需要精度较高的时钟装置。为此，同步装置比异步装置要贵很多。例如，同步调制解调器就比异步调制解调器贵得多。

（3）同步传输的应用场合

同步传输方式通常主要用在计算机与计算机之间的通信，智能终端与主机之间的通信，以及网络通信等高速数据通信的场合。

### 3. 同步与异步传输的区别

从工作角度看，异步传输方式并不要求发送方与接收方的时钟高度一致，其字符与字符间的传输是异步的。而在同步传输方式中，发送方和接收方的时钟是统一的，由于大的数据块一起传输，因此，字符与字符间的传输是同步的，而且是无间隔的。两者的区别如下：

① 异步传输是面向字符传输的，而同步传输是面向比特传输的。

② 异步传输的单位是单个字符，而同步传输的单位是大的数据块。

③ 异步传输通过传输字符的"起止位"和"停止位"而进行收发双方的字符同步，但不需要每位严格同步；而同步传输不但需要每位精确同步，还需要在数据块的起始与终止位置，进行一个或多个同步字符的双方字符同步的过程。

④ 异步传输对时钟精度要求较低，而同步传输则要求高精度的时钟信号。

⑤ 异步传输相对于同步传输有效率较低、速度低、设备便宜、适用低速场合等特点。

## 2.7 多路复用技术

多路复用技术（multiplexing technique）是当前研究的热点，也是网络的基本技术之一。

### 2.7.1 多路复用技术概述

多路复用是指两个或多个用户共享公用信道的一种机制。

#### 1. 多路复用技术的定义

多路复用技术是指在同一传输介质上"同时"传送多路信号的技术。因此，多路复用技术就是指在一条物理线路上，同时建立多条逻辑上的通信信道的技术。在多路复用技术的各种方案中，被传送的各路信号，分别由不同的信号源产生，信号之间必须互不影响。

#### 2. 多路复用技术的实质和研究目的

多路复用技术的实际应用目标就是：如何在现有的通信介质和信道上提高利用率。

（1）研究多路复用技术的原因与目的

• 通信工程中用于通信线路铺设的费用相当高。

• 无论在局域网还是广域网中传输介质许可的传输速率（带宽）都超过单一信道需
  要的速率（带宽）。

基于上述原因，人们研究多路复用技术的目的就在于充分利用已有传输介质的带宽
资源，减少新建项目的投资。

（2）多路复用技术的实质与工作原理

多路复用技术的实质就是共享物理信道，更加有效地利用通信线路带宽资源。多路
复用技术的组成结构如图 2-15 所示，其工作原理如下所述：

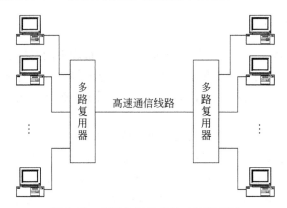

图 2-15　多路复用技术的工作原理图

在发送端，将一个区域的多路用户信息，通过多路复用器（MUX）汇集到一起；然后，
将汇集起来的信息群，通过同一条物理线路传送到接收设备的复用器。

在接收端，通过多路复用器（MUX），接收到信息群，并负责分离成单个的信息，并将
其一一发送给多个用户。

这样，人们利用一对多路复用器和一条物理通信线路，替代了多套发送和接收设备与
多条通信线路，从而大大地节约了投资。

**3. 多路复用技术的分类**

① 频分多路复用（Frequency Division Multiplexing，FDM）。

② 时分多路复用（静态）（Time Division Multiplexing，TDM），又称为同步时分多路
复用。

③ 波分多路复用（Wavelength Division Multiplexing，WDM）。

④ 异步时分多路复用（动态）（Asynchronous Time Division Multiplexing，ATDM），
又称为统计时分多路复用。

⑤ 码分多址（Code Division Multiple Access，CDMA）。

⑥ 空分复用（Space Division Multiplexing，SDM）。

在上述的多种复用技术中，以下只对 FDM、TDM、WDM 几种基本的技术进行介绍。

### 2.7.2 频分多路复用

在实际通信中,FDM 技术常用在多路模拟信号同时传递的场合。

**1. FDM 工作原理**

在发送端,通过复用器将多路不同频率的模拟信号汇聚在一起;之后,在一条物理信道上传输;在接收端,通过复用器接收信号后,再将使用不同频率的多路模拟信号一一分离出来,并传输到相应的用户端。

FDM 技术将物理信道按频率划分为多个逻辑上的子信道,每个子信道用来传送一路信号,如图 2-16 所示。因此,对于使用 FDM 技术的网络来说,频带越宽,在频带宽度内所能划分的子信道就越多。

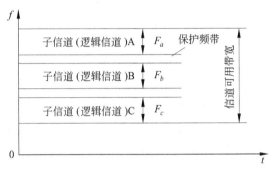

图 2-16　FDM 原理图

在实际应用时,FDM 技术通过调制技术将多路信号分别调制到各自不同的正弦载波频率上,并在各自的频段范围内进行传输。

在图 2-16 所示的系统中,第一,将物理信道划分为 3 路带宽,分别用来传输数据、语音和图像等不同信息;第二,将每路信号分配到 3 个不同的频率段 $F_a$、$F_b$、$F_c$ 中。在发送时,分别将它们调制到各自频段的中心载波频率 $f_{a0}$、$f_{b0}$、$f_{c0}$ 上;第三,在各自的信道它们被传送至接收端,由解调器恢复成原来的波形。为了防止相互干扰,各子信道之间由保护频带隔开。例如,ADSL 使用的就是这样一种复用技术。

**2. FDM 逻辑信道与物理信道**

在应用 FDM 技术时,其"物理信道"是指实际复用的真实信道,而"逻辑信道"是指划分出来的每个子信道。因此,在图 2-16 所示的网络中,共有 3 个逻辑信道,1 个物理信道。FDM 将具有较大带宽的线路带宽划分为若干个频率范围,每个频带之间应当留出适当的频率范围,作为保护频带,以减少各段信号的相互干扰。

在使用 FDM 技术时,单个信道的带宽与信道总带宽之间的关系式如下所示。

① 单个信道的带宽:

$$F_i = F_m + F_g \qquad\qquad (2\text{-}9)$$

② 多路复用系统的总带宽：

$$F = N \times F_i = N \times (F_m + F_g) \tag{2-10}$$

其中：$F_g$ 为警戒信道带宽，又称为保护信道带宽；$F_m$ 为单个信道的带宽；$N$ 为频分多路复用信道的个数。

**3. FDM 应用条件**

在实际通信系统中，物理信道的可用带宽往往大于单个给定信号所需的带宽，FDM 技术正是利用了这一特点。因此，FDM 的应用条件是单个信号源所需的带宽远远小于物理信道总带宽。

**4. FDM 的应用特点**

在采用 FDM 技术时，所有用户在同一个时刻，占用了不同频带的带宽资源。由于是按照频带划分信道，因此，FDM 适用于传输占用带宽较窄的模拟信号，而不适合传输占用带宽很宽的基带信号。

例如，载波电话通信信道的总带宽为 $F$，在使用频分多路复用技术时，每一路电话所需要的带宽为 $F_i = f_m + f_g$（$f_m$ 为一路语音需要的频带宽度 3400Hz，$f_g$ 为保护频带宽度 600Hz），则传输一路电话信号的 $F_i$ 频带带宽为 4kHz。而常见的同轴电缆、双绞线、光纤等物理信道允许的频带宽度，远远大于 4kHz。因此，采用频分多路复用技术可以极大地提高同时通话的用户数。例如，在使用光缆作为传输介质时，使用频分多路复用技术可以同时传输上千路电话。

## 2.7.3　时分多路复用

在实际通信中，物理信道所允许的传输速率，往往大于单个信号源所需要的传输速率，TDM 技术正是利用了这一特点。时分多路复用技术，实质上是分时使用物理信道。

**1. TDM 工作原理**

当信道允许的传输速率大大超过每路信号需要的传输速率时，就可以采用时分多路复用 TDM 技术。工作时，先将每路信号都调整到比需要的传输速率高的速率上，于是每路信号就可以按较高的速率进行传输。这样，每单位时间内多余出的时间，就可以用来传输其他路的信号。

**例 2-1**　在图 2-17 中，表示了 A、B、C 这 3 个信号源。假定 3 个都是基带信号源，每个信号源都要求 9.6Kbps 的传输速率，并且要求独占物理信道。那么，在图中，容量为 28.8Kbps 的物理信道，如何可以满足同时传输 3 路基带信号的要求？

**分析**：每次按原来的 9.6Kbps 速率传递信号，显然不能满足要求。

**解决方法**：先将各路信号各自的传输速率都调整到 28.8Kbps。这样，在第一秒的第一个 1/3 秒即 $t_1$ 内，传输了 A 信号源的数据量 9.6Kb；在第二个 1/3 秒即 $t_2$ 内，传输了 B 信号源的数据量 9.6Kb；在最后一个 1/3 秒即 $t_3$ 内传输了 C 信号源的数据量 9.6Kb。接下来，传递 A、B、C 这 3 个信号源在第 2 秒的数据……这就是 TDM 技术的应用。

**2. TDM 逻辑信道与物理信道**

在应用 FDM 技术时,其"物理信道"是指实际复用的真实信道;而"逻辑信道"是指从宏观上看的每个子信道。例如,图 2-17 中的 A、B、C 这 3 个复用信号,分别在 $t_1$、$t_2$、$t_3$ 这 3 个"时隙"内占用物理信道。工作时,在 $t_1$ 时间内,传送信号 A;$t_2$ 时间内,传送信号 B;$t_3$ 时间内,传送信号 C。此处,专门用于某个信号的"时隙"序列,就称为该信道的逻辑信道,因此,图 2-17 所示系统有 A、B、C 共 3 个逻辑信道。

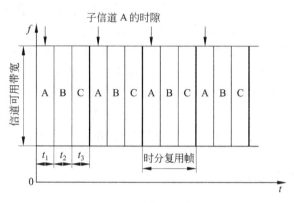

图 2-17  时分多路复用

通常将多个时隙组成的数据帧,称为时分复用帧。这样,就可以使多路输入信号在不同的时隙内轮流、交替地使用物理信道进行传输,如图 2-17 所示。

所有用户在不同的时间里,占用同样的频带宽度,即物理信道的整个带宽。

**3. TDM 应用条件**

TDM 的应用条件是单个信号源所需的传输速率远远小于物理信道允许的传输速率。

**4. TDM 应用特点**

TDM 不像 FDM 那样同时传送多路信号,而是分时使用物理信道。每路信号使用每个时分复用帧的某一固定序号的时隙组成一个子信道,但是每个子信道占用的带宽都是一样的(通信介质的全部可用带宽),每个时分复用帧所占用的时间也是相同的。由于在 TDM 中每路信号可以使用信道的全部可用带宽,因此,时分多路复用技术更加适用于传输占用信道带宽较宽的数字基带信号,所以 TDM 技术常用于基带网络中。

## 2.7.4  波分多路复用技术

目前,光纤技术的应用越来越普遍,基于光信号传输的多路复用技术愈来愈得到重视,并且在不断的发展中;但是光纤的铺设和施工的费用都是很高的。

**1. 什么是波分复用技术**

波分复用技术是指在一根光纤上使用不同的波长,同时传送多路光波信号的一种技术。

**2. WDM 的工作原理**

波分复用系统中的波的合波器与分波器,分别置于光纤两端,以实现输入信号光波的耦合与接收信号的分离。在发送端,利用波分复用设备将不同信道的信号调制成不同波长的光,并复用到光纤信道上;在接收方,采用波分设备分离不同波长的光。

实际上波分复用就是光的频分复用。WDM 所用的技术原理、特点与前面介绍的FDM 技术大致相同。WDM 技术的工作原理如图 2-18 所示。由图可见,通过光纤 1 和光纤 2 传输的两束光的频率是不同的,它们的波长分别为 $W_1$ 和 $W_2$。当这两束光进入光栅(或棱镜)后,经处理、合成以后,就可以使用一条共享光纤进行传输;合成光束到达目的地后,经过接收方光栅的处理,重新分离为两束光,并通过光纤 3 和光纤 4 传送给用户。在图 2-18 所示的波分多路复用系统中,由光纤 1 进入的光波信号传送到光纤 3,而从光纤 2 进入的光波信号被传送到光纤 4。

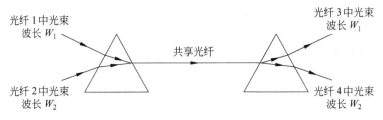

图 2-18　波分多路复用

**3. WDM 的适用场合**

对于使用光纤通道(Fiber Optic Channel)的网络,波分多路复用技术是其适用的多路复用技术。波分多路复用技术的实质是充分利用了光具有不同波长的特征。

**4. WDM 的应用特点**

① 光纤设备具有灵敏度高、稳定性好、抗电磁干扰、功耗小、体积小、重量轻、器件可替换性强的优点。

② 可灵活增加光纤传输容量。

③ 同时传输多路信号。

④ 可靠性高,应用广泛。

综上所述,WDM 与 FDM 使用的技术原理是一样的,只要每个信道使用的频率(即波长)范围各不相同,它们就可以使用波分多路复用技术,通过一条共享光纤进行远距离的传输。与电信号使用的 FDM 技术不同的是,在 WDM 技术中,是利用光学系统中的衍射光栅,来实现多路不同频率光波信号的合成与分解。

# 2.8　广域网中的数据交换技术

在计算机的远程网络或广域网中,通常使用公用通信信道进行数据交换。这里"交换"的含义就是"转接"。在通信子网中,从一台主机到另一台主机传送数据时,会经历由多个节点组成的路径。人们将数据在通信子网中节点间的数据转接过程,统称为数据交换(switch),其对应的技术为数据交换技术。

数据通过通信子网的交换技术有线路(电路)交换和存储转发交换两种;其中的存储转发技术又可分为报文交换和分组交换(包)。因此,常用的交换技术有3种。

## 2.8.1　线路交换

在"电话通信"问世的一百多年来,经过了多次改革和更新,已经从传统的电话交换机的人工转接,发展到了现代的程控交换机的自动转接。

线路交换(circuit switching)又称为电路交换,其工作方式与电话交换的工作过程十分相似。图 2-19 给出了两台计算机之间通过通信子网进行的线路交换的工作原理。

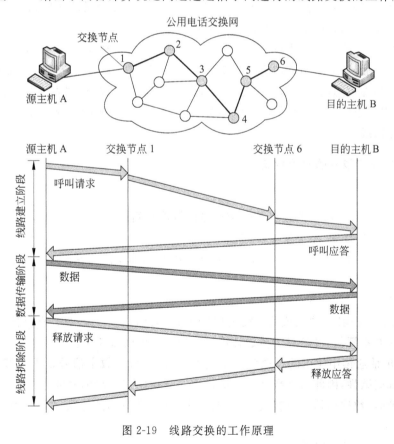

图 2-19　线路交换的工作原理

在线路交换和转接的过程中,通信的双方必须先通过网络中的交换节点,建立起专用的通信信道,也就是在两个交换节点之间,建立起实际的物理线路连接;然后,通信的双方使用这条建立好的物理线路进行数据传输。

**1. 线路交换技术的工作过程**

线路交换的工作过程分为:线路建立阶段、数据传输阶段和线路拆除阶段这 3 个阶段。

(1) 线路建立

在交换网中,通过源节点(如计算机 A)发出连接建立的请求,并依次完成从源主机 A 到目的主机 B 的每个节点的物理连接过程。这个过程结束后,将建立起一条由源节点到目的节点的专用传输通道。

(2) 数据传输

线路建立完成后,所有数据将使用这条临时建立的专用线路进行传输。数据的传输通常采用全双工的方式进行。

(3) 线路拆除

在完成数据传输后,源节点发出释放连接的请求信息,请求终止通信;如果目的节点接受源节点的释放连接的请求,则发回释放应答信息。在线路拆除阶段,各节点依次拆除该线路的对应连接,释放由该线路占用的节点与信道资源。

综上所述,线路交换在进行通信时,先有两个节点的物理线路连接,才能有数据的传输过程。连接后,双方通信的内容不受交换机的约束,即传输信息的符号、编码、格式以及通信控制规程等均随用户的需要决定。由此可见,线路交换的外部表现是通信双方一旦接通,便独占一条实际的物理线路。线路交换的实质是在交换设备内部,由硬件开关接通输入线与输出线。

**2. 线路交换技术的应用特点**

(1) 优点

① 传输延迟小,唯一的延迟是电磁信号的传播时间。

② 线路一旦接通,不会发生冲突。

③ 对于占用信道的通信节点来说,数据以固定的速率进行传输,可靠性和实时响应能力都很好。

(2) 缺点

① 在线路交换时,建立线路所需的时间较长,有时需要 10～20s 或更长。这对于电话通信来说并不算长,可是对于传送计算机的数据来说就太长了。

② 与电话通信中使用的模拟信号不同的是,计算机的数字信号是不连续的,并且具有突发性和间歇性,因此数字数据在传送过程中真正使用线路的时间不过 1%～10%,而在线路交换时,数据通信一旦接通,双方便独占线路,造成信道浪费,因此,系统消耗费用高,利用率低。

③ 对于计算机通信系统来说,可靠性的要求是很高的,而线路交换系统不具备差错

控制的能力,无法发现并纠正传输过程中的错误。因此,线路交换方式达不到计算机通信系统要求的指标。

④ 线路交换方式不具有数据存储能力,不能改变数据的内容,因此,很难适应具有不同类型、规格、速率和编码格式的计算机之间,或计算机与计算机终端之间的通信。

**3. 线路交换技术的应用场合**

线路交换适用于高负荷的持续通信和实时性要求强的场合,尤其适用会话式通信、语音、图像等交互式类通信;不适合传输突发性、间断型数字信号的计算机与计算机、计算机与终端之间的通信。

## 2.8.2 存储转发交换

由于线路交换方式不适宜计算机之间的通信,因此,必须使用其他合适的交换技术,才能符合计算机网络的发展。1964 年 8 月,巴兰(Baran)首先提出了使用存储转发交换(Store-and-Forward Exchanging)技术的分组交换的概念;1969 年 12 月,美国的分组交换网络 ARPANet 投入运行,从此计算机网络技术的发展进入了一个新的时代,并标志着现代电信时代的开始。本节将介绍存储转发技术的主要特点。

**1. 存储转发交换方式与线路交换方式的两个主要区别**

① 拟发送的数据与目的地址、源地址、控制信息等一起,按照一定的格式组成一个数据单元(报文或报文分组)进入通信子网。

② 作为通信子网交换节点的专用计算机(通信控制处理机)或路由器等,负责完成数据单元的接收、存储、差错校验、路径选择和转发工作。

**2. 存储转发交换方式的应用特点**

① 网络节点具有存储功能,因此多个报文(或报文分组)可以共享通信信道,线路的利用率高。

② 网络节点具有路径选择功能,因此可以动态地选择报文(或报文分组)通过通信子网的最佳路径,同时可以平滑通信量,提高通信效率。

③ 网络节点具有差错检查和纠错功能,因此可以减少差错,提高系统的可靠性。

④ 通过网络节点可以进行不同线路之间的不同通信速率的转换,还可以进行不同数据格式之间的变换。

⑤ 正是由于存储转发交换技术具有上述明显优点,它才在计算机网络中得到了广泛的应用和发展。

**3. 存储转发交换方式的分类**

利用存储转发交换原理传送数据时,被传送的数据单元可以分为报文和分组两类,因此对应的交换方式可以分为报文交换(message switching)和分组交换(packet switching)两类。无论哪种存储转发式交换,其工作原理都是接收后先存储,再寻径,最后,沿选择的路径,转发数据单元(报文或分组)。

(1)报文交换

在报文交换方式中,两个节点之间无需建立专用通道。当发送方有数据块要发送时,它把数据块(无论尺寸的大小)加上目的地址、源地址与控制信息作为一个整体,按一定格式打包组成为报文,交给交换节点(接口信息处理机)。交换节点便根据报文的目的地址,选择一条合适的空闲输出线,将报文传送出去。在这个过程中,交换设备的输入线与输出线之间不必建立物理连接。与线路交换一样,报文在传输过程中,也可能经过若干交换设备。在每一个交换设备处,报文首先被存储起来,并且在待发报文登记表中进行登记,等待报文前往的目的地址的路径空闲时再转发出去。所以报文交换技术是一种存储转发(store-and-forward)技术。

报文交换适用于长报文、无实时性通信要求的场合,不适合会话式通信。报文交换是我国公用电报网中采用的交换技术。

(2)分组交换

分组交换又称为包交换,其工作原理如图 2-20 所示。

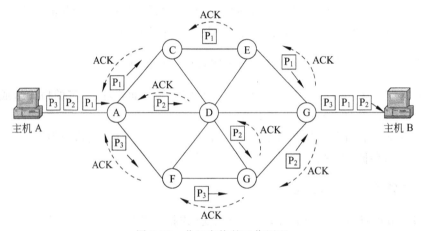

图 2-20   分组交换的工作原理

在报文交换中,由于其对传输数据块(报文)的大小不加限制;因此,对某些大报文的传输,接口信息处理机必须利用磁盘进行缓存;由此导致的是,单个报文占用一条节点-节点间的线路的时间就可能高达几分钟。这样,显然不适合交互式通信。分组交换技术很好地解决了这个问题。在分组交换中,发送端将用户的大报文分成若干个报文分组(包,packet),并以报文分组为单位在网络中传输。每一个报文分组均含有数据和目的地址,同一个报文的不同分组可以在不同的路径中传输,到达终点以后,再将它们重新组装成完整的报文。

由于报文分组交换技术严格限制报文分组大小的上限,使分组可以在交换节点计算机的内存中存放,从而保证了任何用户独占线路的时间都小于几十毫秒,因此非常适合于交互式通信。另外,在具有多个分组的报文中,各分组不必全部到齐,可以单独传送,这样减少了时间延迟,提高了交换节点计算机的吞吐率,这是分组交换的另一个优点。当然分组交换技术也存在一些问题,例如,拥塞、大报文分组与重组、分组损失或失序等。

分组交换在实际应用中有两种类型。

① 数据报方式(Data Gram,DG)。

② 虚电路方式(Virtual Circuit,VC)。

数据报方式是面向无连接的交换方式,而虚电路方式是面向连接的交换方式。

分组交换技术是我国邮电公用数据网(PDN)、中国分组交换网(CHINAPAC),以及美国的 TELENET、YMNET 等网络中广泛采用的主要技术之一。

综上所述,数据交换方式中的交换,其实质是在交换设备内部将数据从输入线切换到输出线的方式。线路交换方式是静态分配线路,存储转发方式则是动态分配线路。局域网一般不采用报文分组式存储转发技术。

# 2.9 差错控制技术

### 1. 什么是差错?

人们总是希望,在通信线路中能够正确无误地传输数据。但是,由于来自信道内外的干扰与噪声,数据在传输与接收的过程中,难免会发生错误。通常,把通过通信信道接收到的数据与原来发送的数据不一致的现象称为传输差错,简称为差错。由于差错的产生是不可避免的,因此,在网络通信技术中必须提供差错控制技术。为了解决传输差错的问题,需要研究几方面的问题,即差错是否产生,产生的原因,以及差错的纠正方法等。这些问题也是数字通信系统不断研究的重要课题。

### 2. 差错的分类与差错出现的可能原因

(1) 热噪声差错

热噪声差错是指由传输介质的内部因素引起的差错,如噪声脉冲、衰减、延迟失真等引起的差错。热噪声的特点是:时刻存在、幅度较小、强度与频率无关,但频谱很宽。因此,热噪声是随机类噪声,其引起的差错被称为随机差错。

(2) 冲击噪声差错

冲击噪声差错是指由外部因素引起的差错,如电磁干扰、太阳噪声、工业噪声等引起的差错。与热噪声相比,冲击噪声具有幅度大、持续时间较长等特点,因此,在传输差错中,冲击噪声是产生差错的主要原因。由于冲击噪声可能引起多个相邻数据位的突发性错误,因此,它引起的传输差错被称为突发差错。

综上所述,在通信过程中产生的传输差错,是由随机差错与突发差错共同组成的。计算机网络通信系统中对平均误码率的要求是低于 $10^{-9} \sim 10^{-6}$,若要达到这项要求,必须解决好差错的自动检测,以及差错的自动校正问题。

### 3. 无差错传输通常采用的两种控制技术

在差错控制技术中,通常包括差错的检查和差错的纠正两个主要内容。差错控制技术主要分为检错法和纠错法两类。目前,常用的是检错法技术。

(1) 检错法

① 检错法与检错码：就是在发送方的数据中增加一些用于检查差错的附加位,这些用于检查差错的附加位被称为检错码。当接收方根据接收到的检错码检测到差错时,就会通知对方进行重发。这就是经典的肯定应答/否定应答(ACK/NAK)式的差错控制技术。其工作原理是：发送方发送带有检错码的数据;接收方收到数据后,根据检错码检错;当检测无误时,向发送方发回的是肯定应答;当检测有误时,向发送方返回的是否定应答。

② 常用的检错码有：奇偶校验码、方块码和循环冗余码校验(CRC)码等。

③ 检错法的特点：通过检错码检错,通过重传机制达到纠正差错的检错法技术具有原理简单、容易实现、编码和解码的速度较快的特点,因此,被广泛应用于计算机通信网络。

(2) 纠错法(正向纠错法)

① 纠错法与纠错码：指在待发送数据中增加足够多的附加位,从而使得接收方能够准确地检测到差错,并且可以自动地纠正差错。这些足以使接收方发现错误的冗余信息被称为纠错码。

② 纠错法的特点：在使用纠错法时,要发送的数据中会含有大量的附加位(又称为非信息位),因此,传输效率较低。纠错法虽然有其优越性,但是,实现起来复杂、编码和解码的速度慢、造价高且费时,因此,一般通信场合不易使用。如汉明码使用的就是一种正向纠错法技术。

③ 适用场合：第一,没有反向信道,无法发回 ACK 或 NAK 信息的场合,如单线制的单工传输;第二,线路传输时间长,要求重发不经济的场合,例如,在卫星通信时延迟较大(可高达 0.5s),而且重发费用较高。

本节主要介绍的是在计算机网络中,常采用的基于检错法的各种差错检测和控制技术。

## 2.9.1　奇偶校验

### 1. 奇校验和偶校验

奇偶校验的英文简称为 VRC,也被称做垂直冗余校验,这是一种以字符为传输单位的校验方法。一个字符由 8 位组成,低 7 位是信息字符的 ASCII 码,最高位(附加位)为奇偶校验的校验位,接收方使用这个附加位来检验传输的正确性。

奇偶校验分为奇校验和偶校验两种。在偶校验时,必须保证传输的 8 位字符代码中,"1"的个数为偶数个。当传输字符的 7 位编码中,有奇数个"1"时,则其校验位的值应当为"1",从而使得整个 8 位中的"1"的个数为偶数;同理,对于同一个字符,在奇校验时,这个校验位(附加位)就为"0"。总之,奇偶校验就是通过其附加位的设置,来保证传输数据中"1"的个数为"奇数"个或者是"偶数"个。

例如,在表 2-5 所示的偶校验和奇校验的示例中,ASCII 字符"Y"的 7 位代码为1011001,其中有 4 个"1"(偶数个);所以,在采用偶校验时,校验位的值应为"0",以保证整个字符中的"1"的个数为偶数;为此,被发送的字符应当为01011001。同理,在采用奇校验时,为保证整个字符中的"1"的个数为奇数个,则校验位应为"1",即被发送的字符应当为11011001。

表 2-5  奇偶校验位的设置

| 校验方式 | 校验位 | ASCII 代码位 | | | | | | | 字符 | ASCII 代码十进制 |
|---|---|---|---|---|---|---|---|---|---|---|
| | 8 | 7 | 6 | 5 | 4 | 3 | 2 | 1 | | |
| 偶校验 | 0 | 1 | 0 | 1 | 1 | 0 | 0 | 1 | Y | 89 |
| 奇校验 | 1 | 1 | 0 | 1 | 1 | 0 | 0 | 1 | Y | 89 |

**2. 奇偶校验的工作原理**

接收方在收到含有附加位的数据后,会对收到的数据做与发送端一致的奇校验或偶校验,并将结果与原来的奇偶校验位核对,如果有错,就要求对方重发。

由表 2-6 可知,在第 2 种方式(传输过程只有一位出错时)时,接收方可以正确检测出差错,要求重复该数据;而在第 3 种方式(传输过程只有两位出错)时,由于奇偶校验正确,接收方将会错误地接收数据。

表 2-6  奇偶校验位的工作方式

| 方式序号 | 发送方 | 接收方 | 奇校验结果 |
|---|---|---|---|
| 第 1 种方式 | 11000001 | 11000001 | 奇数个"1",检验正确 |
| 第 2 种方式 | 11000001 | 10000001 | 一位出错,偶数个"1",检验错误 |
| 第 3 种方式 | 11000001 | 10000011 | 两位出错,奇数个"1",检验正确 |
| 第 4 种方式 | 11000001 | 10000111 | 三位出错,偶数个"1",检验错误 |

综上所述,奇偶校验虽然十分简单,但并不是一种安全的差错控制方法。一般在低速、线路可靠的前提下,出错概率较低,奇偶校验的效果还是令人满意的。然而,当传输数据速率很高时,噪声脉冲很可能破坏一位以上的数据位。这时,由表 2-6 中的示例可知,差错检验的结果很可能是错误的。

**3. 奇偶校验的特点与适用场合**

奇偶校验法常用在低速通信的场合。例如,在通过普通电话、普通 Modem 与 ISP (Internet 服务商)连接时,由于其通信速率很低,因而采用了使用奇偶校验法的异步传输方式。在高速数据传输时,则应当采用更复杂的差错控制方法。

## 2.9.2  方块校验

**1. 方块校验**

方块校验的英文简称为 LRC,也被称做水平垂直冗余校验,其工作原理的实质仍然是奇偶校验。在 LRC 中,将传送的一批字符(7 个)组成一个方块,在数据方块的后边,增加一个被称为"方块校验字符"的检验字符。由于 LRC 对方块的行与列都进行奇偶校验,因此,大大地提高了检错率。

### 2. LRC 的工作原理

LRC 的工作原理与 VRC 类似,其 LRC 字符在发送端产生并传输;接收方也产生同样的校验字符,并与从发送端收到的校验字符相比较,如果相同,就认为传输正确;否则通知对方重发。

例如,传送 7 个字符代码及每个字符的偶校验位,以及 LRC 检验字符的偶检验结果均表示在表 2-7 中。由表 2-7 可知,采用这种校验方法,如果有两位传输出错,则不仅可以从每个字符的 VRC 校验位中反映出来,还可以在 LRC 校验字符中反映出来。

表 2-7　LRC 的工作方式

| 字符 | N 字符 1 | E 字符 2 | T 字符 3 | W 字符 4 | O 字符 5 | R 字符 6 | K 字符 7 | LRC 字符 (偶) |
|---|---|---|---|---|---|---|---|---|
| 位 1 | 1 | 1 | 1 | 1 | 1 | 1 | 1 | 1 |
| 位 2 | 0 | 0 | 0 | 0 | 0 | 0 | 0 | 0 |
| 位 3 | 0 | 0 | 1 | 1 | 0 | 1 | 0 | 1 |
| 位 4 | 1 | 0 | 0 | 0 | 1 | 0 | 1 | 1 |
| 位 5 | 1 | 1 | 1 | 1 | 1 | 0 | 0 | 1 |
| 位 6 | 0 | 1 | 0 | 1 | 1 | 1 | 1 | 1 |
| 位 7 | 0 | 1 | 0 | 0 | 0 | 1 | 0 | 0 |
| 校验位(偶) | 0 | 1 | 1 | 1 | 1 | 1 | 0 | 1 |

总之,LRC 方法有较强的检错能力,基本上能发现所有一位、两位或三位的错误;与 VRC 相比,误码率降低了 2～4 个数量级。因此,被广泛地用在计算机通信和某些计算机外设的数据传输中。

### 2.9.3　循环冗余校验

目前,最精确和最常用的差错控制技术是循环冗余校验(Cyclic Redundancy Check,CRC)。CRC 是一种较复杂的校验方法,它是一种通过多项式除法检验差错的方法。

### 1. CRC 的工作过程

(1) CRC 码的工作原理

CRC 码的工作过程:发送方用生成多项式 $G(x)$ 做多项式除法,求出余数多项式 CRC 校验码,并在发送数据的末尾加上 CRC 校验码,组成数据帧;发送方将数据帧通过传输信道发给接收方。接收方收到带有校验码的数据帧后,用约定好的与发送方相同的 $G(x)$ 做多项式除法,若能够除尽,则表明传输无错;否则,若除不尽有余数,则表示传输有错;接收方将通知发送方重传数据。

（2）发送方的处理

① 将要发送的二进制数据比特序列当作一个多项式 $F(x)=b_0 x^r+b_1 x^{r-1}+\cdots+b_{r-1}x^1+b_r \cdot x^0$ 的系数，其中，$b_0 b_1 \cdots b_{r-1}$ 的取值为 0 或 1，最高项指数为 $r$。如果 $b_0 b_1 \cdots b_r$ 中的 $x^i$ 项存在，则其对应的 $b_i$ 值为 1；反之，值为 0。

② 选择一个标准的生成多项式：$G(x)=a_0 x^k+a_1 x^{k-1}+\cdots+a_{k-1}x^1+a_k \cdot x^0$，其中，最高指数为 $k$；$a_0 a_1 \cdots a_k$ 的值为 0 或 1，取值方法同①，要求 $0<k<r$。

③ 计算 $x^k F(x)$，对于二进制乘法来说，即左移 $k$ 位，形成被除式的比特序列。

④ 做模二除法，求出余数多项式 $R(x)$ 的 $k$ 位比特序列，即 CRC 检验码的比特序列。

⑤ 形成发送数据的比特序列：将上述余数多项式 $R(x)$，加到数据多项式 $F(x)$ 之后发送到接收端。

（3）发送形成的比特序列

通过通信信道将生成的待发数据发送至接收方，即发送含有 $F(x)$ 和 $R(x)$ 的 $T(x)$ 比特序列。

（4）接收方的处理

接收端使用收发双方预先约定好的、同样的生成多项式 $G(x)$ 的比特序列，去除接收到的比特序列，若能被其整除，则表示传输无误；反之，表示传输有误，通知发送端重发数据，直至传输正确为止。

**2. CRC 的工作示例**

**例 2-2** 试通过计算求出 CRC 校验码，并写出实际传输的比特序列。

条件：① CRC 校验的生成多项式为：$G(x)=x^4+x+1$；生成多项式比特序列为 10011，$k=4$。

② 要发送的二进制信息多项式为：$F(x)=x^4+x^2+x$；相应的比特序列为 10110，$r=4$。

**解**：根据上述的步骤进行模二除法，如图 2-21 所示。

① $x^k F(x)$ 的比特序列为 10110 0000。

② 余数多项式 $R(x)$ 的比特序列为 1111。

③ 发送且经通信信道传输的数据比特序列为 10110 1111，它由以下两个部分组成：

| 要发送的二进制信息比特数据 | CRC 校验码比特序列 |
|---|---|
| 10110 | 1111 |

④ 接收验证：假定接收到的数据为 101101111。

⑤ 验证计算：如图 2-22 所示。

⑥ 验证结果为："0"，表示传输正确。

**注意**：如果求出的值余数 $R(x)$ 不足 $k$ 位，应在余数值之前补 0～$k$ 位，生成 $k$ 位 CRC 码；例如，当 $k=5$ 时，如果计算出的 $R(x)$ 的系数为 110，则 CRC 检验码应为 00110。

CRC 选用的生成多项式 $G(x)$ 由协议规定，目前已有多种生成多项式列入了国际标

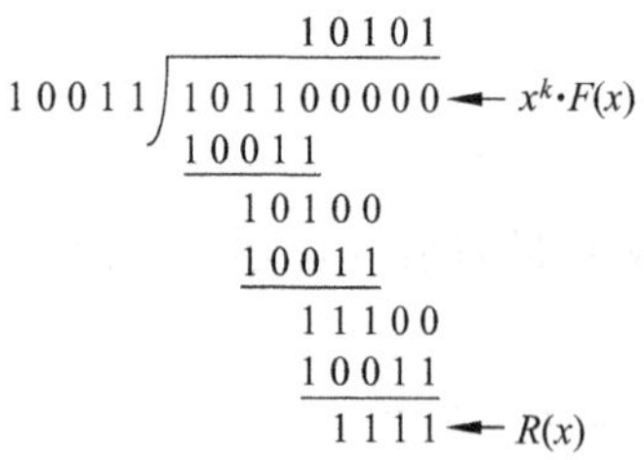

```
            10101
10011 )101100000 ← x^k·F(x)
       10011
       10100
       10011
        11100
        10011
         1111 ← R(x)
```

```
            10101
10011 )101101111
       10011
       10111
       10011
        10011
        10011
            0
```

图 2-21 CRC 校验码的计算 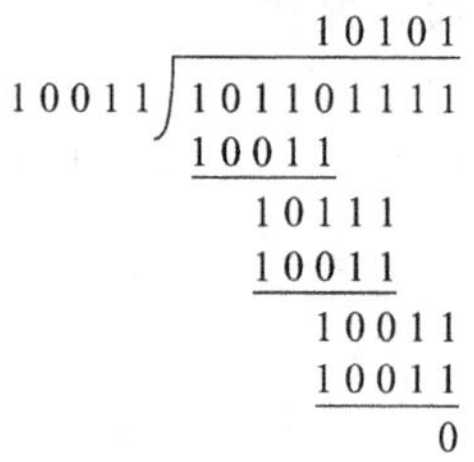          图 2-22 CRC 校验码的接收验证

准。在实际网络应用中,CRC 校验码的生成与校验过程可以用硬件或软件的方法实现。

CRC 码检错能力强,容易实现,是目前最广泛的检错码编码方法之一。这种方法的误码率比起"方块码 LRC"又可以降低 1～3 个数量级;因此,在当前的计算机网络应用中,CRC 校验码得到了广泛的应用。

### 2.9.4 差错控制机制

在检错法中,可以通过检错码对接收到的数据进行检查。当发现传输错误时,通常采用差错控制机制进行纠正。在无差错传输过程中,通常采用两种差错控制机制来实现纠错的目的;其中最常用的是自动反馈重发(Automatic Request for Repeater,ARQ)机制。ARQ 有停止等待方式和连续工作方式两种。

#### 1. 停止等待 ARQ 协议

在停止等待 ARQ 方式中,发送方在发送完一个数据帧后,要等待接收方的应答帧的到来。正确的应答帧表示上一帧数据已经被正确接收,发送方在接收到正确的应答帧(ACK)信号之后,就可以发送下一帧数据。如果收到的是表示出错的应答帧信号(NAK)则重发出错的数据帧,工作过程如图 2-23 所示。

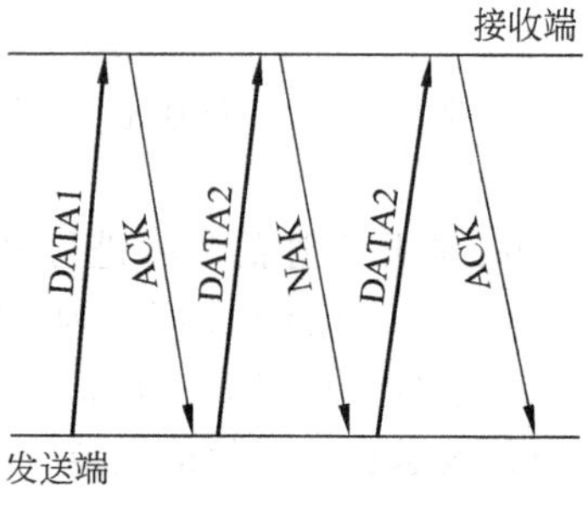

#### 2. 连续的 ARQ 协议方式

实现连续 ARQ 协议的方式有 2 种:拉回方式与选择重发方式。

图 2-23 停止等待方式

(1)拉回方式

在拉回方式中,发送方可以连续向接收方发送数据帧,接收方对接收的数据帧进行校验,然后向发送方发回应答帧。如图 2-24 所示,如果发送方已经发送了 1～5 号数据帧,从应答帧中得知 4 号帧的数据传输错误。那么,发送方将停止当前数据帧的发送,重发4、5 号数据帧。拉回状态结束后,再接着发送 6 号数据帧。

(2)选择重发方式

选择重发方式如图 2-25 所示,它与拉回方式的不同之处在于:如果在发送完编号为5 的数据帧时,接收到编号 4 的数据帧传输出错的应答帧,那么,发送方在发完 5 号数据帧后,只重发 4 号数据帧。选择重发完成之后,再接着发送编号为 6 的数据帧。显然,选择重发方式的效率将高于拉回方式。

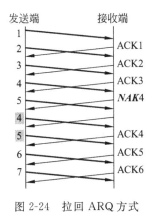

图 2-24　拉回 ARQ 方式

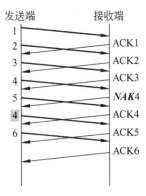

图 2-25　选择重发 ARQ 方式

# 习题

1. 通信系统的主要技术指标有哪些?比特率和波特率的联系与区别是什么?
2. 在使用四相相对 PSK 中,如果数据传输速率为 9600bps,则 B 等于多少?
3. 什么是数据?什么是信号?在数据通信系统中有几种信号形式?
4. 什么是信道?常用的信道分类有几种?什么是逻辑信道和物理信道?
5. 什么是数字信道和模拟信道?什么是 Modem,它使用什么类型的信道?
6. PCM 技术适用于什么场合?它的主要技术方法分为哪 3 个阶段?
7. 什么是基带传输?什么是频带传输?
8. 在基带和频带传输中各采用哪几种编码方法?
9. 什么是串行传输?什么是并行传输?请举例加以说明。
10. 什么是带宽?带宽与数据传输速率有何异同?请举例说明带宽与吞吐量的区别。
11. 什么是时延和误码率?
12. 何谓单工、半双工和全双工通信?请举例说明它们的应用场合。
13. 什么是多路复用?常用的多路复用技术有几种?
14. 在数据传输系统中为什么要采用同步技术?试说明异步传输与同步传输的工作原理。
15. 在计算机广域网中,数据交换的方式有哪几种?各有什么优缺点?
16. 在数据通信系统中,完整的差错控制技术应当包括哪两个主要内容?
17. 常用的差错控制技术有哪两种方法?重传时的差错控制机制有几种?
18. 如果在测试一个实际的远程通信系统时,一次连续测试了 5000 个字节的数据,均未发现错误,是否可以得出这个远程通信系统的误码率为 0 的结论?
19. 试通过计算求出正确答案。

(1) 条件

① CRC 校验中的生成多项式为发送数据的比特序列为 110101(6 比特)。即生成多项式为：$G(x) = x^5 + x^4 + x^2 + 1$。

② 数据的比特序列为 100010010111(12 比特)。

(2) 要求

① 经计算求出其 CRC 校验码的比特序列。

② 写出含有 CRC 校验码的实际发送的比特序列 $T(x)$。

③ 写出接收端的验证过程。

20. 在频带传输中采用哪几种调制技术？试画出数据 01101001 的调制波形图。

21. 在基带传输中采用哪几种编码方法？试用这几种方法对数据 01001001 进行编码。

# 计算机网络协议与体系结构

当前,计算机技术与信息技术飞速发展,其主要标志就是计算机的网络化。几乎所有的计算机都会接入网络,进而使用网络中的各种资源。于是人们提出了"网络就是计算机"的说法。那么计算机怎样才能构成网络呢?网络的本质是什么?网络中的计算机是如何有条不紊地传递信息呢?网络中的任意两台计算机又是如何传递文件的呢?这些都是本章要解决的问题。

**本章内容与要求:**

* 了解计算机网络协议。
* 了解网络系统的分层体系结构。
* 掌握 ISO 的 OSI 七层参考模型。
* 掌握网络中计算机节点交换文件时的数据流。
* 了解网络的 3 个著名标准化组织。
* 掌握 ARPA 的 TCP/IP 四层模型。

## 3.1 网络协议

在开车时必须了解和掌握的是交通法规;与之相似的是,网络中用户首先面临的就是网络中的协议。通俗地讲,网络协议就是信息高速公路中的交通法规。

### 3.1.1 协议的本质

与公路的交通法规类似,网络中的计算机之间在通信时,也必须使用一种双方都能理解的语言规则,这种语言规则称为协议。

协议就是网络的语言,只有能够讲,而且可以理解这些"语言"的计算机才能在网络上与其他计算机彼此通信。正是由于有了协议,在网络上的各种大小不同、结构不同、操作系统不同、处理能力不同、厂家不同的产品才能够连接起来,互相通信,实现资源共享。从这个意义上讲,协议就是网络的本质,这是初学者需要很好理解和掌握的基本知识。

协议定义了网络上的各种计算机和设备之间相互通信、数据管理、数据交换的整套规则。通过这些规则(也称为约定),网络上的计算机才有了彼此通信的共同语言。

### 3.1.2  协议的中心任务

在计算机网络的一整套规则中,任何一种协议都需要解决3方面的问题。

**1. 协议的语法(如何讲)问题**

协议定义了如何进行通信的问题,即对通信双方采用的数据格式、编码等进行定义。例如,报文中内容的组织形式、内容的顺序与形式等,这些都是协议的语法问题。

**2. 协议的语义(讲什么)问题**

协议应解决在什么层次上定义了通信,以及通信的内容,即对发出的请求、执行的动作,以及对方的应答做出解释。例如,对于报文,它由什么部分组成,哪些部分用于控制数据,哪些部分是真正的通信内容。这就是协议的语义问题。

**3. 协议的定时(讲话次序)问题**

定时(又称时序)协议定义了何时进行通信,先讲什么,后讲什么,讲话的速度等,这就是定时问题。例如,是采用同步传输还是异步传输。

总之,协议必须在解决好语义、语法和定时这3部分的问题之后,才算比较完整地构成了数据通信的语言。因此,又将语义、语法和定时称为网络的3要素。

### 3.1.3  协议的功能和种类

**1. 协议的功能**

从整体看,作为计算机数据交换语言的协议必须具备以下一些功能。

(1)分割与重组

协议的分割功能,是指在发送端将较大的数据单元分割成较小的数据包后,再进行传输;在接收端是其反过程——重组,即将小的数据包还原为原有的数据单元,如图3-1所示。

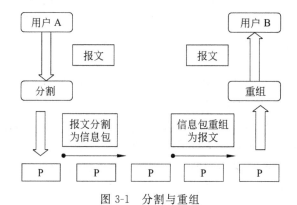

图 3-1  分割与重组

（2）寻址与路由

协议的寻址功能使得设备彼此识别，而路由功能可以实现网络中的路径选择。

（3）封装与拆装

协议的封装功能是指在数据单元(数据包)的始端或者末端增加控制信息，其相反的过程是拆装，如图 3-2 所示。

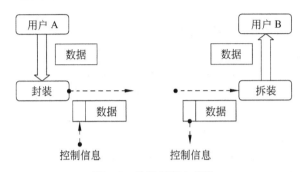

图 3-2　数据封装与拆装

（4）排序

协议的排序功能是指报文发送与接收顺序的控制，如图 3-3 所示。

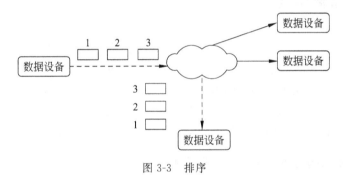

图 3-3　排序

（5）信息流控制

协议的流量控制功能可以实现信息流的控制，例如，使发送端的速率不要太快，以便接收端可以正常接收。

（6）差错控制

差错控制功能使得数据在通信线路中正确地传输，以实现误码率要求的指标。

（7）同步

协议的同步功能可以保证收发双方在数据传输时的一致性。

（8）干路传输

协议的干路传输功能可以使多个用户信息共用干路。

（9）连接控制

协议的连接控制功能可以控制通信实体之间建立和终止链路的过程。

通过学习和实践，我们将更清楚地认识到，掌握网络的诀窍就在于掌握网络的各种协议及其关系;而掌握协议的关键在于把握协议的语义、语法和定时的实现机制,尤其是协议的各种功能特性的实现技巧,以及这些实现技巧所适应的环境和条件。

**2. 协议的分类**

协议有很多种,按其特性不同可以分为以下几种。

（1）标准或非标准协议

标准协议涉及各类的通信环境,而非标准协议只涉及专用环境。

（2）直接或间接协议

设备之间可以通过专线进行连接,也可以通过公用通信网络相连接。无论哪种,若想使数据顺利地传输,连接的双方必须遵循某种协议。当设备直接进行通信时,需要的是直接通信协议;而设备之间在间接通信时,则需要间接通信协议。

（3）整体的协议或分层的结构化协议

整体协议,即一个协议就是一整套的规则。在实施时,这个协议作为一个整体。而分层的结构化协议,分为多个单位(结构)实施,这样的协议是由多个部分(层次)复合而成的;从这个意义上讲,分层的结构化协议的整套规则由各层次协议组合而成。

## 3.2　计算机网络体系结构

计算机网络通信系统与现实中很多复杂系统工作类似,都是采用一个复杂的分层系统。例如,中国的各省市,从上至下都设置了相似的机构,同一类机构完成相似的功能。

在网络系统中,采用了结构化的方法进行各级结构的组织,并逐级实现各级的功能。这是由于计算机网络系统日益复杂,只有分层结构才能够更好地研究、设计、实现和发展网络。下面来了解学习一些计算机网络体系结构相关的知识与术语。

**1. 网络体系结构的研究意义与划分原则**

1974 年,美国 IBM 公司提出了世界上第一个网络体系结构 SNA 后,凡是遵循 SNA 结构的设备就可以方便地进行互连。随之而来的是,很多公司纷纷推出了自己的网络体系结构,如 Digital 公司的 DNA、ARPANet 的参考模型 ARM 等。这些网络体系结构的共同之处在于都采用了分层结构的层次技术,但每种模型所划分的层次、功能、采用的技术与术语等却各不相同。采用层次化网络体系结构的特点如下所示。

① 各层之间相互独立:这样,某一高层只需知道如何通过接口(界面)向下一层提出服务请求,并使用下层提供的服务,并不需要了解下层执行时的细节。

② 结构上独立分割:由于各层独立划分,因此,每层都可以选择最合适的实现技术。

③ 灵活性好:如果某一层发生变化,只要层的接口条件不变,则以上各层和以下各层的工作均不受影响,这样,有利于技术进步和模型的修改。例如,结构中的某一层的服务不再需要时,可以取消这层的服务;而需要增加功能时,可以随时添加,并不影响其他层。

④ 易于实现和维护:由于整个系统被分割为多个容易实现和维护的小部分,因此,

使得整个庞大而复杂的系统变得容易实现、管理和维护。

⑤ 有益于标准化的实现：由于每一层都有明确的定义，即功能和所提供的服务都很确切，因此，十分有利于标准化的实施。

## 2. 层次化体系结构中的几个基本概念

（1）协议

协议（protocol）是一种通信的约定。例如，在邮政的通信系统中，对写信的格式、信封的标准和书写格式、信件打包，以及邮包封面格式等都要进行实现的约定。与之类似，在计算机网络的通信过程中，为了保证计算机之间能够准确地进行数据通信，也必须制定通信的规则，这就是通信协议。

（2）层次

层次（layer）是人们对复杂问题的一种基本处理方法。当人们遇到一个复杂问题的时候，通常习惯地将其分解为若干个小问题，再一一进行处理。

例如，在全国的邮政通信系统中，第一，将全国的邮政系统划分为各个不同的地区的邮政系统，这些系统都有相同的层次，每层都规定了各自的功能；第二，不同系统之间的同等层次具有相同的功能；第三，高层使用低层提供的服务时，并不需要知道该层的具体实现方法。计算机网络体系结构与邮政系统使用的层次化体系结构有很多相似之处，其实质是对复杂问题采取的"分而治之"的模块化的处理方法。"层次"化处理方法可以大大降低问题的处理难度，因而，在网络技术中采用了各种分层模型。因此，"层次"的概念是网络体系结构中的重点和基本概念，需要很好地理解和掌握。

（3）接口

接口（interface）就是同一节点内，相邻层之间交换信息的连接之点。例如，在邮政系统中，邮筒（或邮局）与投递信件人之间、邮局信件打包和转运部门、转运部门与运输部门之间，都是双方所规定好的接口。由此可知，同一节点内的各相邻层之间都应有明确的接口，高层通过接口向低层提出服务请求，低层通过接口向高层提供服务。

（4）层次性模型结构

一个功能完备的计算机网络系统，需要使用一整套复杂的协议集。对于复杂系统来说，由于采用了层次性结构，每层都会包含一个或多个协议。人们将计算机网络的各个层次以及各层次协议的集合定义为计算机网络的体系结构。计算机体系结构是抽象的，而实体是具体的。在网络中真正运行与实现各层功能的是硬件和软件实体。

（5）实体

在网络的分层体系结构中，每一层都由一些实体（entity）组成。这些实体就是通信时的软件元素（如进程或子程序）或硬件元素（如计算机的输入输出接口）。因此，实体就是通信时能发送和接收信息的具体的软硬件设施；例如，当客户机的用户访问 WWW 服务器时，使用的实体就是浏览器 IE；Web 服务器中接受访问的是 Web 服务器；这里的 IE 和 Web 服务器程序都是执行功能的具体实体。

（6）数据单元

在邮政系统中，每层处理的"邮包"是不同的，例如，用户处理的是带有发件人和收件人地址的信件(邮件);转运部门处理的是标有地区名称的大邮袋等。与邮政系统类似的是,在 OSI 参考模型的不同节点内的对等层传送的是相同名称的数据包。这种网络中传输的数据包,被称为数据单元(Data Unit)。由于每一个层次完成的功能不同,处理的数据单元的大小、名称和内容也就不相同,如帧、分组、报文等;此外,与邮政系统邮包标签类似的是,每一层的数据单元的"头部"都会有该层的地址、控制等传递过程需要的信息。因此,数据单元不同,地址的类型也不相同,如物理(MAC)地址、IP 地址、端口号等。

总之,计算机网络体系结构描述了网络系统的各个部分应完成的功能,各部分之间的关系,以及它们是怎样联系到一起的。网络体系结构划分的基本原则是:把应用程序和网络通信管理程序分开;同时又按照信息在网络中传输的过程,将通信管理程序分为若干个模块;把原来专用的通信接口转变为公用的、标准化的通信接口。从而使得网络具有了更大的灵活性,也使得网络系统的建设、改造和扩建的工作更加简化。由此,大大降低了网络系统运行、维护的成本,提高了网络的性能。

# 3.3 ISO 的七层参考模型

国际标准化组织(ISO)是世界上最著名的国际标准组织之一,它由美国国家标准组织 ANSI,以及其他各国的标准化组织的代表组成。ISO 对网络最主要的贡献是建立并于 1981 年颁布了开放系统互连参考模型(OSI/RM),也就是七层网络通信模型的格式,通常称为七层模型。它的颁布促使所有的计算机网络走向标准化,从而具备了互连的条件。

## 3.3.1 OSI 七层参考模型的层次划分原则与功能

### 1. OSI 参考模型的基本知识

ISO 制定出著名的开放系统互连参考模型(Open System Interconnection Reference Model,OSI/RM),并且最终将其开发成全球性的网络结构模型。

OSI/RM 体系结构模型分为七层,从上到下依次为应用层、表示层、会话层、传输层、网络层、数据链路层和物理层,如图 3-4 所示。由图 3-4 可知,两台计算机互连时,OSI 七层模型就位于这两台计算机中。

### 2. OSI 参考模型的层次划分原则

OSI 模型将协议组织成为分层结构,每层都包含一个或几个协议功能,并且分别对上一层负责。具体地讲,ISO 的 OSI 模型符合分而治之的原则,将整个通信功能划分为 7 个层次,每一层都对整个网络提供服务,因此是整个网络的一个有机组成部分,不同的层次定义了不同的功能,划分的原则如下:

① 网络中各节点都划分为 7 个相同的层次结构。

② 不同节点的相同层次都有相同的功能。

③ 同一节点内各相邻层次之间通过层间接口,并按照接口协议进行通信。

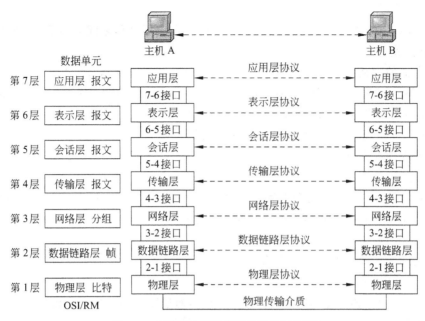

图 3-4　OSI/RM 网络模型的结构示意图

④ 每一层直接使用下面一层提供的服务,间接地使用下面所有层的协议。

⑤ 每一层都向上一层提供服务。

⑥ 不同节点之间按同等层的同层协议的规定,实现对等层之间的通信。

网络中还有其他的体系结构的模型,其分层数目虽然各不相同,如分为 4 层、5 层或 6 层,但目的都是类似的,即都能够让各种计算机在共同的网络环境中运行,并实现彼此之间的数据通信和交换。

**3. OSI 参考模型中各层的功能**

OSI 模型每层协议完成的具体功能,处理的数据单元,以及包头中的地址信息等如下:

(1) 应用层

① 功能:为了满足用户的需要,根据进程之间的通信性质,负责完成用户要完成的各种程序或网络服务的接口工作,例如,用户通过 Word 程序来获得字处理及文件传输服务。

② 处理的数据单元:报文。

③ 处理的地址:进程标识,端口号;例如,80 代表 HTTP 协议使用的程序代码。

(2) 表示层

① 功能:保证一个系统应用层发出的信息能够为另一个系统的应用层理解,即处理节点间或通信系统间信息表示方式方面的问题,例如,数据格式的转换、压缩与恢复,及加密与解密等。

② 处理的数据单元:报文。

（3）会话层

① 功能：会话层的主要作用是组织并协商两个应用进程之间的会话，并管理它们之间的数据交换。

② 会话的含义：一个会话可能是一个用户通过网络登录到服务器，或在两台主机之间传递文件。因此，会话层的功能就是指在不同主机的应用进程之间建立、维持联系。会话在开始时可以进行身份的验证、确定会话的通信方式、建立会话；当会话建立后，其任务就是管理和维持会话；会话结束时，负责断开会话。

③ 处理的数据单元：报文。

（4）运输层

① 功能：负责主机中两个进程之间的通信，即在两个端系统（源站和目的站）的会话层之间，建立一条可靠或不可靠的运输连接，以透明的方式传送报文。

② 处理的数据单元：报文段。

③ 处理的地址：进程标识，如 TCP 和 UDP 端口号。

（5）网络层

① 功能：使用逻辑地址（IP 地址）进行寻址，通过路由选择算法为数据分组通过通信子网选择最适当的路径，并提供网络互连及拥塞控制功能。

② 处理的数据单元：分组（又称 IP 数据报或数据包）。

③ 处理的地址：逻辑地址，例如，计算机或路由器端口的 IP 地址"192.168.1.1"。

（6）数据链路层

① 功能：负责在两个相邻节点间的线路上，无差错地传送以"帧"为单位的数据。即在物理层服务的基础上，通过各种控制协议，将有差错的实际物理信道变为无差错的、能可靠传输数据的数据链路。

② 处理的数据单元：数据帧。

③ 处理的地址：硬件的物理地址，例如，网卡的 MAC 地址"20-C2-FF-01-0A-0B"。

（7）物理层

① 功能：为数据链路层提供一个物理连接。物理层规定了传输的电平、线速和电缆管脚，在介质上传送二进制的比特流。这层定义了以下 4 个规章特性，用以确定如何使用物理传输介质来实现两个节点间的物理连接。

• 机械性能：接口的形状，几何尺寸的大小，引脚的数目和排列方式等。

• 电气性能：接口规定信号的电压、电流、阻抗、波形、速率及平衡特性等。

• 工程规范：接口引脚的意义、特性、标准。

• 工作方式：确定二进制数据位流的传输方式，例如单工、半双工或全双工。

② 物理层协议

• 美国电子工业协会（EIA）：RS-232、RS-422、RS-423 和 RS-485 等。

• 国际电报电话咨询委员会（CCITT）：X.25 和 X.21 等。

• IEEE 802：802.3 和 802.5 等局域网的物理层规范。

③ 处理的数据：二进制比特信号，如二进制的基带信号或模拟信号。

④ 处理的地址：直接面向物理端口的各个管脚，如 RS-232 的管脚。

说明：

第一,物理层直接与物理信道相连接,因此物理层是 7 层中唯一的**实连接层**;而其他各层由于都间接地使用到物理层的功能,因此为**虚连接层**。

第二,**透明**是一个很重要的术语。它表示的是某一个实际存在的事物看起来却好像不存在一样。例如,由于计算机网络中有许多物理设备和各种传输介质,因此物理层对数据链路层的真正作用就是要尽可能地屏蔽掉各种媒体和设备的具体特性,使得数据链路层感觉不到其差异的存在。这样,数据链路层就可以只考虑本层的协议和服务功能。

第三,OSI 模型仅仅是一个定义得非常好的协议规范集,它是一个理论的指导性的模型。OSI 模型仅仅说明了每一层应该做什么,它与实现模型,如 TCP/IP 模型最大的不同在于其本身并未确切地描述用于各层的具体服务和协议。

**4. OSI 参考模型的各个部分**

作为网络管理员,在处理网络管理中的问题时,应注意不同的部分解决不同的问题。

(1) OSI 模型在功能上分为 3 个部分

① 第 1、2 层:物理层和数据链路层解决网络信道问题。

② 第 3、4 层:网络层和传输层解决传输的问题。

③ 第 5、6、7 层:会话层、表示层和应用层解决对应用进程之间的访问问题。

(2) OSI 模型从控制上分为 2 个部分

① 第 1、2、3 层:即物理层、数据链路层和网络层属于通信子网,负责处理数据的传输、转发、交换等通信方面的问题。

② 第 4、5、6、7 层:即传输层、会话层、表示层和应用层属于资源子网,负责数据的处理、网络服务、网络资源的访问和服务方面的问题。

**5. 七层模型的小结**

由于 OSI 是一个理想的模型,因此,一般网络系统只涉及其中的几层,很少有系统能够具有所有的 7 层,并完全遵循它的规定。在七层模型中,每一层都提供一个特殊的网络功能。从网络的整体功能的角度观察总结如下:

① 下面 3 层(物理层、数据链路层、网络层)主要提供数据传输和交换功能,即以节点到节点之间的通信为主;例如,负责数据如何通过介质经过网络互连设备到达对方。

② 第 4 层传输层作为上下两部分的桥梁,是整个网络体系结构中的关键部分。

③ 上 3 层(会话层、表示层和应用层)为用户提供与应用程序之间的信息访问、数据处理的功能;例如,处理用户与计算机或网络的接口、数据的格式,并访问应用程序。

在后面的章节中还会介绍或使用到其他参考模型(协议),如 TCP/IP 参考模型、IEEE 802(局域网)模型、X.25(广域网)协议等,因此,还会将它们与 OSI 模型进行比较,从而使读者进一步理解网络体系结构、模型和各种协议的工作原理。

### 3.3.2　OSI 参考模型节点间的数据流

在 OSI 环境中,主机与主机之间通信时,实际的数据流是如何传递的呢? 这是理解网络中主机通信的关键内容。

在网络中,OSI 的七层模型位于主机上,而网络设备通常只涉及下面的 1～3 层。因此,根据设计准则,OSI 模型在工作时,主机之间通信有两种情况,第一,没有中间设备的主机间的通信,如图 3-5 所示;第二,有中间设备的主机间的通信,如图 3-6 所示。与主机间的通信类似,当两个网络设备通信时,每一个设备的同一层同另一个设备的对等层进行通信。

**1. OSI 参考模型主机节点间通信的数据流**

不同的主机之间在没有中间节点设备的情况下通信时,同等层次通过附加到每一层的信息头进行相互的理解和通信。因此,主机之间进行数据通信的数据流动如图 3-5 所示。

（1）发送节点

在发送方节点内的上层和下层之间传输数据时,每经过一层都对数据附加一个信息头部,即封装,而该层的功能正是通过这个控制头（附加的各种控制信息）来实现的。由于每一层都对发送的数据发生作用,因此,发送的数据越来越大,直到构成数据的二进制位流在物理介质上传输,如图 3-5 所示。

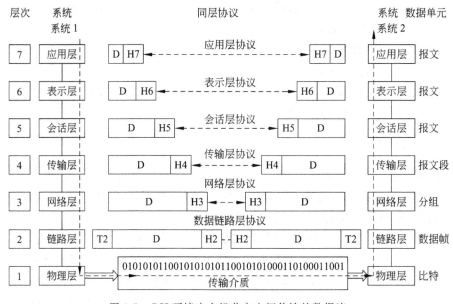

图 3-5　OSI 环境中主机节点之间传输的数据流

（2）接收节点

在接收方节点内,这七层的功能又依次发挥作用,并将各自的"控制头"去掉,即拆封,同时完成各层相应的功能,如路由、检错、传输等。在 OSI 参考模型中,当系统 1 作为发送节点,系统 2 作为接收节点时,发送节点和接收节点中的数据传输的数据流,如图 3-5 所示。

**2. OSI 参考模型含有中间节点的通信数据流**

不同的主机之间在有中间节点(网络互连设备)的情况下进行通信时,主机之间进行数据通信的实际传输的数据流动如图 3-6 所示。

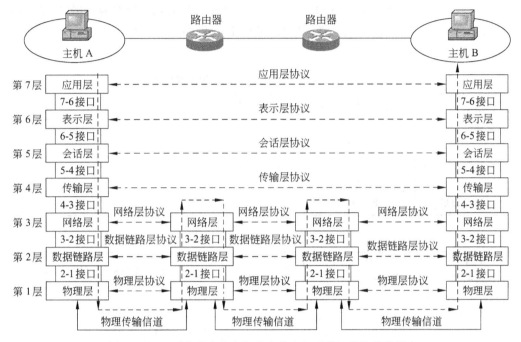

图 3-6　OSI 环境中含有中间节点的主机系统间传输的数据流

各个节点(计算机或网络设备)在作为发送节点时的工作,仍然是依次封装;在作为接收节点时的工作,依然是依次拆封并执行本层的功能。

# 3.4　TCP/IP 参考模型

随着 Internet 技术在世界范围内的迅速发展,TCP/IP 协议得到了广泛的应用。

## 3.4.1　TCP/IP 参考模型概述

### 1. 模型的名称与制定者

(1) TCP/IP 的名称

TCP/IP 的英文全称是"Transmission Control Protocol/Internet Protocol",其中文名称是"传输控制协议/互联网络协议"。TCP/IP 模型是一个协议集,其中包括很多协议,应用最多的是 TCP 和 IP,因此,简称为 TCP/IP 协议。

(2) 制定者

ARPA 的英文全称是"Advanced Research Projects Agency",其中文名称是"美国国

防部高级研究计划局"。ARPA 从 20 世纪 60 年代开始致力于研究不同类型计算机网络之间的互相连接问题,最终成功地开发出著名的 TCP/IP 参考模型。

**2. TCP/IP 四层参考模型**

TCP/IP 将相互通信的各个通信协议分配到了四层。从上到下依次为应用层、传输层、网际层(又称 IP 层或互连层)和网络接口层(又称主机-网络层或主机接口层),如表 3-1 和表 3-2 所示。

表 3-1　TCP/IP 参考模型与各层协议之间的关系

| 应用层 | Telnet | FTP | SMTP | HTTP | DNS | SNMP | TFTP |
|---|---|---|---|---|---|---|---|
| 传输层 | TCP | | | | | UDP | |
| 网际层 | IP | | | | | | |
| | | ARP | | RARP | | | |
| 网络接口层 | Ethernet | | Token Ring | | X.25 | 其他协议 | |

表 3-2　OSI 与 TCP/IP 标准比较

| OSI 模型结构 | TCP/IP 模型结构 | TCP/IP 模型中的协议群 | TCP/IP 模型各层的作用 |
|---|---|---|---|
| 应用层 (application) | 应用层 | FTP、HTTP、HTML、POP3、SMTP、Telnet、SNMP、RPC、NNTP、Ping、 MIME、 MIB、XML | 向用户提供调用和访问网络中各种应用、服务和实用程序的接口 |
| 表示层 (presentation) | | | |
| 会话层(session) | | | |
| 传输层 (transport) | 传输层 | TCP、UDP | 提供端到端的可靠或不可靠的传输服务,可以实现流量控制、负载均衡 |
| 网络层 (network) | 网际层(互联层) | IP、ARP、RARP、ICMP | 提供逻辑地址和数据的打包(分组),并负责主机之间分组的路由选择 |
| 数据链路层 (data link) | 网络接口层 (主机-网络层) | Ethernet、FDDI、ATM、PPP、Token-Ring | 负责数据的分帧,管理物理层和数据链路层的设备,并负责与各种物理网络之间进行数据传输。使用 MAC 地址访问传输介质、进行错误的检测与修正 |
| 物理层 (physical) | | | |

OSI 与 TCP/IP 参考模型的分层,以及比较如表 3-2 所示。虽然 TCP/IP 是一个定义不完善的实用协议集,它在应用中不断地发展与完善,并广泛地应用到计算机网络的各个领域。

### 3.4.2　TCP/IP 四层参考模型

TCP/IP 四层参考模型,虽然不是 ISO 的标准,但是由于其应用广泛,并且是 Internet 上使用的主要标准,因而成为一种"实际上的工业标准"。TCP/IP 参考模型的分层思想、数据通信的过程与 OSI 模型十分类似。现将其四层分别介绍如下:

### 1. 网络接口层

TCP/IP 的最低层是网络接口层。该层可以直接兼容常用的局域网和广域网协议。它支持的常用协议有：Ethernet 802.3(以太网)、Token Ring 802.5(令牌环)、X.25(公用分组交换网)、Frame Relay(帧中继)、PPP(点对点)等。

### 2. 网际层

网际层(Internet)又称为互联层、互联网络层或网间网络层。这层与 OSI 模型的网络层相对应。由于这层中最重要的协议是 IP 协议,因此,也被称为 IP 层。这层主要负责相邻节点之间数据分组的逻辑(IP)地址寻址与路由。网际层中包含的主要协议及具体功能如下：

① IP(Internet Protocol,网际协议)：其任务是为 IP 数据包进行寻址和路由,它使用 IP 地址确定收发端,并将数据包从一个网络转发到另一个网络。

② ICMP(Internet Control Message Protocol,网际控制报文协议)：用于处理路由、协助 IP 层实现报文传送的控制机制,并为 IP 协议提供差错报告。

③ ARP(Address Resolution Protocol,地址解析协议)：用于完成主机的 IP 地址向物理地址的转换。这种转换又称为映射。

④ RARP(Reverse Address Resolution Protocol,逆向地址解析协议)：用来完成主机的物理地址到 IP 地址的转换或映射功能。

**说明**：在 Internet 上,网络层传输的数据单元为"数据报",有时也被称为 IP 数据报或数据包。数据报由首部的报头(包含目的节点、源节点的 IP 地址)和数据区组成。

### 3. 传输层

传输层(Transport)又称为运输层。它在 IP 层服务的基础之上,提供端到端的可靠或不可靠的通信服务。端到端的通信服务通常是指网络节点间应用程序之间的连接服务。传输层包含两个主要协议,它们都是建立在 IP 协议基础上的,其功能如下：

① TCP(Transmission Control Protocol,传输控制协议)：是一种面向连接的、高可靠性的、提供流量与拥塞控制的传输层协议。

② UDP(User Datagram Protocol,用户数据报协议)：是一种面向无连接的、不可靠的、没有流量控制的传输层协议。

③ TCP 或 UDP 端口号(port)。

- 定义：在一台计算机中,不同的进程用进程号或进程标识唯一地标识出来。在 TCP/IP 协议族中,这种进程标识符就是端口号,也称为**进程地址**。
- 端口号的表示：端口号的长度定义为 16 位二进制,其值可以是 0~65535 之间的任意十进制整数。
- 全局端口号：TCP/IP 为每一种服务器应用程序都分配了确定的、全局有效的端口号,即**全局端口号**(又称为**默认端口号**或**公认端口号**),每个客户进程都知道相应服务器的全局端口号。为了避免与其他应用程序混淆,默认端口号的值定义在

0~1023 范围内,例如,HTTP 使用了 TCP 的 80 端口号,FTP 使用了 TCP 的 20 和 21 号端口,SNMP 使用 UDP 的 161 号端口等。

- 端口号与传输层协议的关联:端口号与使用的 TCP 或 UDP 协议直接相关,TCP 和 UDP 有各自独立的端口号,其对应的常用全局端口号如表 3-3 和表 3-4 所示。

表 3-3 TCP 端口号与服务进程

| 端口号 | 服务进程 | 说 明 |
|---|---|---|
| 20 | FTP | 文件传输协议(数据连接) |
| 21 | FTP | 文件传输协议(控制连接) |
| 23 | Telnet | 远程登录或仿真(虚拟)终端协议 |
| 25 | SMTP | 简单邮件传输协议 |
| 53 | DNS | 域名服务 |
| 80 | HTTP | 超文本传输协议 |
| 110 | POP | 邮局协议 |
| 111 | RPC | 远程过程调用 |
| …… | …… | …… |

表 3-4 UDP 端口号与服务进程

| 端口号 | 服务进程 | 说 明 |
|---|---|---|
| 53 | DNS | 域名服务 |
| 67 | BOOTP | 引导程序协议又称自举协议 |
| 67 | DHCP 服务器 | 动态主机配置协议是 BOOTP 协议发展后的协议;应答配置 |
| 68 | DHCP 客户 | 动态主机配置协议是 BOOTP 协议发展后的协议;广播请求配置 |
| 69 | TFTP | 简单文件传输协议 |
| 111 | RPC | 远程过程调用 |
| 123 | NTP | 网络时间协议 |
| 161 | SNMP | 简单网络管理协议 |
| …… | …… | …… |

④ 套接字(Socket):应用程序通过指定计算机的 IP 地址、服务类型(TCP 或 UDP),以及应用程序监控的端口来创建套接字。套接字中的 IP 地址组件可以协助标识和定位目标计算机,而其中的端口则决定数据所要送达的具体应用程序。

- 定义:套接字是 IP 地址和 TCP 端口或 UDP 端口的组合,Socket 地址又称为套接字或插口,它是应用子程序连接的标识,也是传输层的一种地址。
- 组成:套接字由 IP 地址(32 位)和端口号(16 位),总共 48 位二进制组成。
- 应用:有了编程套接字的信息,网络通信的编程才能实现。

例如：
$$\boxed{\text{TCP/UDP+IP+PORT}} \leftarrow \rightarrow \boxed{\text{TCP/UDP+IP+PORT}}$$

源主机　　　　　　　　　　目的主机

其中：TCP/UDP＋IP＋PORT 分别表示了"传输层协议＋机器＋应用程序"。

**4. 应用层**

TCP/IP 模型的应用层(Application)与 OSI 模型的上面 3 层相对应。应用层向用户提供调用和访问网络中各种应用程序的接口,并向用户提供各种标准的应用程序及相应的协议;用户也可以根据需要自行编制应用程序。应用层的协议很多,常用的有下几类：

(1) 依赖于 TCP 协议的应用层协议

① Telnet：远程终端服务,也称为网络虚拟终端协议。它使用默认端口 23,用于实现 Internet 或互联网络中的远程登录功能。它允许一台主机上的用户登录到另一台远程主机,并在该主机上进行工作,用户所在主机仿佛是远程主机上的一个终端。

② HTTP(Hypertext Transfer Protocol)：超文本传输协议使用默认端口 80,用于 WWW 服务,实现用户与 WWW 服务器之间的超文本数据传输功能。

③ SMTP(Simple Mail Transfer Protocol)：简单邮件传输协议使用默认端口 25。该协议定义了电子邮件的格式,以及传输邮件的标准。在 Internet 中,电子邮件的传递是依靠 SMTP 进行的,即服务器之间的邮件的传送主要由 SMTP 负责。当用户主机发送电子邮件时,首先使用 SMTP 协议将邮件发送到本地的 SMTP 服务器上,该服务器再将邮件发送到 Internet 上。因此,用户计算机上需要填写 SMTP 服务器的域名或 IP 地址,例如,新浪的 smtp. sina. com. cn。

④ POP3(Post Office Protocol)：邮件协议,由于目前的版本为 POP 第 3 版,因此又称为 POP3。POP3 协议主要负责接收邮件,当用户计算机与邮件服务器连通时,它负责将电子邮件服务器邮箱中的邮件直接传递到用户的本地计算机上。因此,用户计算机上需要填写 POP3 服务器的域名或 IP 地址,例如,新浪的 pop3. sina. com. cn。

⑤ FTP(File Transfer Protocol)：文件传输协议使用默认端口 20/21,用于实现 Internet 中交互式文件传输的功能。FTP 为文件的传输提供了途径,它允许将数据从一台主机上传输到另一台主机上,也可以从 FTP 服务器上下载文件,或者是向 FTP 服务器上传文件。

(2) 依赖于无连接的 UDP 协议的应用层协议

① SNMP(Simple Network Management Protocol)：简单网络管理协议使用默认端口 161,用于管理与监控网络设备。

② TFTP：简单文件传输协议使用默认端口 69,提供单纯的文件传输服务功能。

③ RPC：远程过程调用协议使用默认端口 111,实现远程过程的调用功能。

(3) 既依赖于 TCP 也依赖于 UDP 协议的应用层协议

① DNS(Domain Name System)：域名系统服务协议使用默认端口 53,用于实现网络设备名字到 IP 地址映射的网络服务功能。

② CMOT：通用管理信息协议。

（4）非标准化协议

非标准化协议是属于用户自己开发的专用应用程序，它们建立在 TCP/IP 协议簇基础之上，但不是标准化协议程序。例如，Windows sockets API 为使用 TCP 和 UDP 的软件提供了 Microsoft Windows 下的标准应用程序接口，在此接口上自行开发的应用软件或协议。

## 3.5　TCP/IP 协议的基本参数

Internet（因特网）正是通过 TCP/IP 协议和网络互连设备将分布在世界各地的各种规模的网络、计算机互连在一起。为了彼此识别，网络中的每个节点，每台主机都需要有地址。这个地址就是 Internet 地址，即 IP 地址。当前使用的 IP 地址是 IPv4 版，未来发展的趋势是使用 IPv6 版的 IP 地址。本节将介绍与 IPv4 地址有关的知识与概念。

### 3.5.1　IPv4 编址技术

在 TCP/IP 网络中，每个节点（计算机或设备）都有一个唯一的 IP 地址。这个 IP 地址在网络中的作用就像住户的地址；在网络中，根据节点的 IP 地址，即可找到这个节点，例如，根据某台计算机的 IP 地址，即可知道其所在网络的编号，以及该计算机在其网络上的主机编号；因而可以先找到其所在的网络，进而找到该主机。

#### 1. IP 地址的表示

每个 IP 地址由 32 位二进制位组成；IP 地址分为 4 个部分，每部分的 8 位二进制使用十进制数字表示。在表示时，各部分间用"."分隔，因此，被称为点分十进制表示，如 128.64.32.8。

#### 2. IP 地址的结构

每个 IP 地址由两部分组成，其两层地址结构如图 3-7 所示。这两部分被称为网络地址和主机地址。

（1）网络地址

网络地址用于辨认网络，同一网络中的所有 TCP/IP 主机的网络 ID 都相同。网络地址还被称为网络编号、网络 ID 或网络标识。

图 3-7　TCP/IP 网络中 IP 地址的结构

（2）主机地址

主机地址用于辨认同一网络中的主机，也被称为主机 ID、主机编号或主机标识。

#### 3. IP 地址的划分

在网络中，每台运行 TCP/IP 协议的主机或设备的 IP 地址必须唯一，否则就会发生

IP 地址冲突,导致计算机(设备)之间不能进行正常的通信。

　　根据网络的大小,Internet 委员会定义了 5 种标准的 IP 地址类型,以适应各种不同规模的网络。在局域网中仍沿用这个分类方法。这 5 类地址的格式示意图如图 3-8 所示。

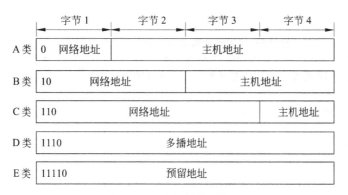

图 3-8　IP 地址的分类结构

　　(1) A 类地址

　　A 类地址分配给拥有大量主机的网络。A 类地址的 W 字段内,高端的第 1 位为 LB,其值定为“0”,与接下来的 7 位共同表示网络地址;其剩余的 24 位(即 X、Y、Z 字段)表示主机地址。因此,总共有 126 个 A 类网络;每个 A 类网络中有 $2^{24}-2$ 个主机,大约 1700 万个可用 IP 地址。

　　(2) B 类地址

　　B 类地址一般分配给中等规模的网络。B 类地址的 W 字段内,高端的前 2 位为 LB 的值定为“10”,与接下来的 14 位共同表示网络地址;其余的 16 位(即 Y、Z 字段)表示主机地址。因此,总共有 16384($2^{14}$)个 B 类网络;每个 B 类网络中有 $2^{16}-2$ 个主机,大约有 65000 个可用 IP 地址。

　　(3) C 类地址

　　C 类地址一般分配给小规模的网络。C 类地址的 W 字段内,高端的前 3 位为 LB 的值固定为“110”,与接下来的 21 位共同表示网络地址;其余的 8 位(即 Z 字段)表示 C 类网络的主机地址。因此,全世界总共有 $2^{21}$ 个,大约 200 万个 C 类网络。每个 C 类网络中有 $2^8-2=254$ 个主机。

　　(4) D 类地址

　　D 类地址的 W 字段内,高端的前 4 位为 LB,其值为“**1110**”。D 类地址用于多播,多播就是把数据同时发送给一组主机,只有那些登记过可以接收多播地址的主机才能接收多播数据包。D 类地址的范围是 224.0.0.0~239.255.255.255。

　　(5) E 类地址

　　E 类地址的 W 字段内,高端的前 4 位为 LB,其值固定为 **11110**。E 类地址是为将来预留的,也可以作为实验地址,但是不能分配给主机(互连设备)使用。D 类地址的范围是 240.0.0.0~247.255.255.255。

综上所述,IP 地址的类型,不但定义了网络地址和主机地址应该使用的位;还定义了每类网络允许的最大网络数目,以及每类网络中可以包含的最大主机(互连设备)的数目。

**说明**:表 3-5、表 3-6 表明了 A、B、C 类 IP 地址的定义、网络地址和主机编号字段的取值范围。在 Internet 中,标准 IP 地址的使用和分配由专门机构管理,但局域网中却不必受这些规定的约束。

表 3-5　网络类别、网络地址和主机编号字段的划分与首段取值范围

| 网络类别 | IP 地址 | 网络地址 | 主机编号 | 网络地址中 W 的取值范围 | IP 节点近似个数 |
|---|---|---|---|---|---|
| A | W. X. Y. Z | W | X. Y. Z | 1～126 | 1700 万左右 |
| B | W. X. Y. Z | W. X | Y. Z | 128～191 | 65 000 |
| C | W. X. Y. Z | W. X. Y | Z | 192～223 | 254 |

表 3-6 归纳了 A、B、C 这 3 类网络 IP 地址 W 段的取值范围、网络个数及主机个数。

表 3-6　A、B、C 3 类网络的特性参数取值范围

| 网络类别 | 网络地址(W)的取值范围 | 网络个数 | IP 节点个数 |
|---|---|---|---|
| A | 1. X. Y. Z ～126. X. Y. Z | $126(2^7-2)$ | $2^{24}-2$ |
| B | 128. X. Y. Z ～191. X. Y. Z | $16384(2^{14})$ | $2^{16}-2$ |
| C | 192. X. Y. Z ～223. X. Y. Z | 大约 200 万个($2^{21}$) | $2^8-2$ |

### 4. 特殊 IP 地址及其使用

(1) 本网地址

将 IP 地址中主机地址位的各位全为"0"的 IP 地址称做本网地址。这个地址用来表示本地网络,例如,用 128.16.0.0 表示"128.16"这个 B 类网络。

(2) 直接广播地址

将主机号各位全为"1"的 IP 地址称为直接广播地址(Directed Broadcasting)。该地址主要用于广播,在使用时,用来代表该网络中的所有主机,例如,200.200.200.0 是一个 C 类网络的 IP 地址,该网络的广播地址就是 200.200.200.255;当该网络中的某台主机需要发送广播时,就可以使用这个地址向该网络上的所有主机发送报文。

(3) 有限广播地址

TCP/IP 协议规定,32 比特位全为"1"的 IP 地址(255.255.255.255)为有限广播地址(Limiting Broadcasting),这个地址主要用来进行本网广播。当需要在本网内广播,又不知道本网的网络号时,即可使用有限广播地址。

(4) 回送地址

IP 地址中以 127 开始的 IP 地址作为保留地址,被称为回送地址。回送地址用于网

络软件的测试,以及本地进程的通信。顾名思义,任何程序一旦接到使用了回送地址为目的地址,则该程序将不再转发数据,而是将其立即回送给源地址。例如,使用"ping 127.0.0.1"可以通过 ping 软件测试本地网卡进程之间的通信。

### 3.5.2 IP 地址的使用

IP 地址是 Internet 中使用的一种地址。在访问时,用户可以使用 IP 地址来访问 Internet 中的各种资源。此外,IP 地址也是 Intranet,以及普通局域网中使用最为广泛的一种逻辑地址。

**1. IP 地址中网络地址的使用规则**

无论在 Internet 还是在局域网上,在分配和使用网络地址(网络 ID)时,其取值范围如表 3-6 所示;此外,给网络节点(计算机或网络设备)分配 IP 地址时还应遵循以下规则:

① 网络地址必须唯一。

② 网络地址的各位不能全为"0",如果全为 0 就表示信息发送到本网络中网络编号指定的主机。例如,当主机或路由器发送信息的源地址为 200.200.200.1,目的地址为 0.0.0.2 时,表示将信息包发送到这个网络的 2 号主机上。

③ 网络地址字段的各位不能全为"1"。

④ 网络地址不能以 127 开头。因为 127 开头的 IP 地址保留给诊断用的回送函数使用。127.0.0.1 被称为环回地址,该地址代表本地主机(local host)的 IP 地址,用于测试。因此,该地址以及 127 打头的 IP 地址不能分配给网络上的任何计算机使用。

⑤ IP 地址的 32 位不能全为"1",即配置的 IP 地址为 255.255.255.255,这个地址被称为受限广播地址,发送到该地址的数据包会发送给本地物理网络中的所有主机。

**2. IP 地址中主机地址的使用规则**

① 在网络地址相同时,主机地址(编号)必须唯一。

② 主机编号的各位不能全为 0。在 Internet 或 Intranet 中,每个 IP 网络都有一个 IP 地址,这就是主机号全为 0 的 IP 地址,如 200.200.200.0 或 13.2.0.0。

③ 主机编号的各位不能全为"1",主机号全为 1 的地址被称为直接广播地址。当需要将数据包发送(广播)到指定网络上的所有主机时,使用这个地址。这种情况下,各路由器均不转发这个信息包。例如,当某台主机使用的目的地址为 200.200.200.255 时,表示这个信息将直接广播发送给 200.200.200.0 网络中的所有主机。

**3. 私有地址和公有地址**

允许在 Internet 中使用的 IP 地址为公有地址,仅在局域网中使用的 IP 地址为私有地址。

(1) 公有地址

为了确保 IP 地址在全球的唯一性,在 Internet(公网)中使用 IP 地址前,必须先到指定的机构(即 InterNIC,Internet 网络信息中心)去申请。申请到的通常是网络地址,其中的主机地址由该网络的管理员分配。因此,将可以在 Internet 中使用的 IP 地址称为公有地址,将 Internet 称为共有网络。

（2）私有地址

与公有地址对应的是在 Internet 上无效,只能在内部网络中使用的地址,即私有地址;使用私有地址的网络又被称为私有网络。私有网络中的主机,只能在私有网络的内部进行通信,而不能与 Internet 上的其他网络或主机进行互连。但是,私有网络中的主机可以通过路由器或代理服务器与 Internet 上的主机通信。在私有网络实现地址转换服务的是 NAT 服务器,它可以提供私有地址与公有地址之间的转换。通过这种方式,私有网络中的主机既可以访问公网上的主机,也可以有效地保证私有网络的安全。

InterNIC 在 IP 地址中专门保留了 3 个区域作为私有地址,这些地址的范围如下:

① 10.0.0.0/8:10.0.0.0～10.255.255.255,8 表示 32 位二进制中的前 8 位是网络地址。

② 172.16.0.0/12:172.16.0.0～172.31.255.255,12 表示 32 位中的前 12 位是网络地址。

③ 192.168.0.0/16:192.168.0.0～192.168.255.255,16 表示 32 位中的前 16 位是网络地址。

**4. IP 地址的分配和使用的基本原则**

在分配和使用 IP 地址时应遵循如下一些原则:

① 同一个网络内的所有主机应当分配相同的网络地址,而同一个网络内的所有主机必须分配不同的主机编号。例如,B 类网络 132.112.0.0 中的 A 主机和 B 主机分别使用的 IP 地址为:132.112.0.1 和 132.112.0.2。

② 不同网络内的主机必须分配不相同的网络地址,但是可以分配相同的主机编号。例如,不同网络 132.112.0.0 和 152.112.0.0 中的 A 主机和 X 主机,分别使用了 132.112.0.1 和 152.112.0.1。

在私有网络中,由于配置的 IP 地址不受限制,因此,仅使用 IP 地址是无法区分网络地址和主机编号的。因而 IP 地址必须结合子网掩码一起使用。例如,在局域网中的 IP 地址 132.112.0.1,我们可以认为其网络地址为"132",也可以认为是"132.112";而在 Internet 上其网络地址只能是"132.112"。

## 3.5.3　TCP/IP 协议的基本参数

在配置 TCP/IP 协议时,一共有 3 个重要参数,即 IP 地址、子网掩码和默认网关。

**1. 子网掩码**

（1）什么是子网掩码

在 TCP/IP 网络中,每一台主机和路由器至少都会配置 IP 地址和子网掩码(subnet masks)两个参数。通常子网掩码是由前面连续的"1"和后面连续的"0"组成的,总共使用 32 位二进制来表示。

子网掩码中"1"所对应的 IP 地址部分是网络地址,而"0"所对应的 IP 地址部分是主机地址。例如,某 A 类网络中某主机的 IP 地址为 64.128.8.1,其子网掩码为 255.0.0.0;因此,可以区分出该 IP 地址中的网络地址的位数为 8,其值为 64;而主机编号的位数为 24,其值为"128.8.1",参见表 3-7。

（2）默认子网掩码的类型

在没有划分子网的 TCP/IP 网络中使用的是默认子网掩码。不同类型的网络的默认子网掩码的值是不同的,表 3-7 给出了各类网络所使用的默认子网掩码。

表 3-7　各类网络默认的子网掩码

| 网络类别 | 子网掩码（以二进制位表示） | 子网掩码（以十进制表示） |
| --- | --- | --- |
| A | 11111111.00000000.00000000.00000000 | 255.0.0.0 |
| B | 11111111.11111111.00000000.00000000 | 255.255.0.0 |
| C | 11111111.11111111.11111111.00000000 | 255.255.255.0 |

（3）子网掩码的两个功能

① 区分 IP 地址的网络编号与主机编号:在主机之间通信时,计算机会自动将目的主机的 IP 地址（二进制表示）与子网掩码（二进制表示）按位进行与运算。这样通过屏蔽掉 IP 地址中的一部分,区分出 IP 地址中的网络号和主机号。同时,还可以进一步区分出目的主机是在本地网络上,还是在远程网络上。

例 3-1　源主机 64.128.8.1 向目的主机 64.128.8.2 发送信息包。

第一步:将源主机 IP 地址和子网掩码转换为二进制,并进行与运算,结果如下。

64.128.8.1 → 0100000 10000000 0001000 00000001

255.0.0.0　→ 1111111 00000000 0000000 00000000

——————————————————————————————————————

按位与运算→01000000 00000000 0000000 00000000

十进制表示的源网络的 IP 地址 → 64.0.0.0

第二步:将目的主机的 IP 地址,及源主机的子网掩码转换为二进制,并进行与运算,结果如下。

64.128.8.2 → 0100000 10000000 0001000 00000010

255.0.0.0 → 1111111 00000000 0000000 00000000

——————————————————————————————————————

按位与运算→ 01000000 00000000 0000000 00000000

十进制表示的目的网络的 IP 地址 → 64.0.0.0

第三步:由运算结果可知,目的网络和源网络的网络地址是相同的;因此,判断出这两台主机位于同一个网段;可以将数据包转接发送给目的主机。

② 用于划分子网:子网掩码的另一个重要功能是划分子网。

**2. 默认网关或 IP 路由**

为什么需要默认网关? 在两台主机间进行通信时,有些人可能认为只要知道对方的

IP地址就可以进行通信了;但实际上,在两台计算机之间存在的通信路径可能有很多条。因此,两台计算机通信时,必须先判断彼此是否在同一个网络上,如果是就直接进行通信,否则,就转发到本网络的出口,即默认网关地址。

默认网关又称为IP路由。简单地说,默认网关就是通向远程网络的接口。在局域网的子网之间进行通信时,各子网的主机也是通过默认网关将数据发送到目的主机的,默认网关的设备通常是路由器、第三层交换机或代理服务器。

默认网关负责对非本网段的数据包进行处理,并转发到目的网络上。由于默认网关是发送给远程网络(目的主机)信息包的地方,因此,在配置TCP/IP时若没有指明默认网关,则通信仅局限于本地网络。

综上所述,当TCP/IP主机在不同网络(包含子网段)之间通信时,至少应当配置IP地址、子网掩码和默认网关3个参数。通过IP地址和子网掩码可以区分出,目的主机是位于本地子网还是远程网;而默认网关地址指明了转发数据的出口地址。这个出口可以是路由器,也可以是加装了代理服务器软件的计算机。同一个网络段的计算机之间可以直接通信;不同网络段中的计算机通信时,则需要使用默认网关设备转发数据。

**例3-2** 源主机64.128.8.1向目的主机128.128.8.2发送信息。

第一步:将源主机IP地址和子网掩码转换为二进制,并进行与运算,结果如下。

64.128.8.1 → 01000000 10000000 00001000 00000001
255.0.0.0 → 11111111 00000000 00000000 00000000
————————————————————————————————————
按位与运算→ 01000000 00000000 00000000 00000000
源网络IP地址十进制表示→ 64.0.0.0

第二步:将目的主机的IP地址,及源主机的子网掩码转换为二进制,并进行与运算。

128.128.8.2 → 10000000 10000000 00001000 00000010
255.0.0.0 → 11111111 00000000 00000000 00000000
————————————————————————————————————
按位与运算→ 10000000 00000000 0000000 00000000
目的网络地址十进制表示→ 128.0.0.0

第三步:由运算结果可知,目的网络与源网络的网络地址不相同;因此,可以判断这两台主机不在同一个网段;应当先将数据包发送到默认网关指定的主机或设备处;再由默认网关处的主机或设备转发到远程主机。

## 3.5.4 划分子网

子网掩码的另一个重要功能是划分子网。那么为什么要划分子网呢? 划分子网的基本思路是什么? 应当如何划分子网呢?

### 1. 子网和超网

基于人们对网络性能、安全和管理方面的考虑,人们常常把一个较大的网络分成多个较小的物理网络,并通过路由器或第3层交换机将多个子网连接起来。由于每个小的物理网络使用了不同的网络编号,因此将这样的小网络称为子网。

子网或超网技术都可以提高 IP 地址资源利用率、网络层设备的工作效率,以及网络的安全性和可管理性等。子网的类型有 IP 子网、超网和 VLAN 子网等。下面将介绍 IP 子网技术。

(1) IP 子网

子网技术就是将一个大网络划分成几个较小网络的技术。子网是多网络环境中的一个网络。将网络分解成多个子网时,要求各子网使用不同的子网编号。划分后每个小网络都拥有自己的子网 IP 地址。

(2) 超网

由于 Internet 迅猛发展,因特网中的主机数目剧增,IPv4 中的地址已消耗殆尽。为了解决这个问题,Internet 信息管理中心设计了"超网"的管理方法。超网就是将一个单位所属的多个同类型的网络地址(大多是 C 类地址)合并为一个更大地址范围的逻辑网络。这样既可以满足用户的需求,又避免了 IP 地址的浪费。

例如,某单位网络仅有 2000 个主机,如果给它分配一个 B 类地址(每个 B 类网络容纳 $2^{16}-2=65534$ 台主机)显然会造成巨大的浪费,而分给它一个 C 类地址又无法满足它的需求。因此,可以给它分配 8 个 C 类网络的地址,由于每个 C 类网络最多容纳 254 台主机,因此,8 个 C 类网络合并后,总共可容纳 2032 台主机。超网技术就是如何将这 8 个 C 类网络聚合为一个网络的技术。

**2. 划分 IP 子网的原因**

(1) 充分利用现有的 IP 地址资源

通过划分子网可以提高 IP 地址的有效利用率。例如,130.1.0.0 是一个 B 类网络,它允许的主机(即主机地址数量)个数为 $2^{16}-2$,其地址空间很大。如果将这个 B 类网络分配给一个单位使用就会造成 IP 地址的浪费。为了有效地利用 IP 地址资源,管理员通常采用子网划分技术将这个网络中的 IP 地址资源分配给多个子网使用。

(2) 减轻网络的拥挤,提高网络的性能

在使用集线器和传统交换机的网络中,随着网络节点数目的增加,大量网络数据和广播信息在网络中的传输直接导致了网络性能、效率的下降,使网络变得十分拥挤。如果将大的网络划分为小的子网,并使用第 3 层交换机或路由器连接各个子网,则网络层的设备会在各个子网间转发信息包时,自动丢弃广播信息,从而使网络的性能得以改善。

(3) 提高网络层设备的工作效率

网络中的 IP 地址数目越多,网络层设备的工作效率就越低。这是因为网络层设备在执行路由选择算法时,主机数越多,路由表就越大,选路的计算时间就越长。划分子网可以减少每个网络的 IP 地址数,从而达到提高路由效率的目的。

(4) 提高安全性和可管理性

一个网络划分为多个子网时,就减少了每个网络被管理的对象数目,因此,将有利于管理员对网络用户、资源和计算机的管理;另外,由于子网的划分缩小了广播域的范围,因而提高了网络的安全性。

（5）利于混合不同的物理网络技术

划分子网有利于在每个物理网络中使用不同的技术，例如，某校园连接的子网有以太网、FDDI 和 ATM 等多种网络。

### 3. 划分子网后 IP 地址的三层结构

（1）划分子网的思想

在实际应用中，经常遇到网络地址不够的问题。

**例 3-3** 某学校仅申请到一个可以在 Internet 上使用的 IP 网络地址，而需要划分的内部子网数目为多个。这种情况下，就需要把某种类型的网络划分成多个子网。

**解决思路**：就是将"原来"（申请到的）主机编号部分的一些二进制位贡献出来，用于内部网络的编号。由于从 Internet 到此网络的路径都是一样的，即无论是否划分子网，IP 地址的网络地址部分不变，因此，外界到此网络中各子网的路由都是一样的。这种情况下，外部路由将所有子网看成一个网络，而内部路由器（或第三层交换机）可以区分出不同子网。总之，划分子网就是将原来 IP 地址两层结构中的主机地址部分位转化为子网地址的位，将原来 IP 地址的两层地址结构"**网络地址＋主机地址**"转化为如图 3-9 所示的三层结构。

图 3-9　TCP/IP 网络中 IP 地址的三层结构

（2）三级层次结构 IP 地址的特点

① 第一级网络地址：定义了网点的位置，其值与未划分子网时的网络地址相同。

② 第二级子网号：定义了网点中物理子网的位置，其值需要计算后确定。

③ 第三级主机号：定义了子网中到节点的连接，其值需要计算后确定。

在三级层次结构的网络中，转发一个 IP 的数据分组的路由选择分为 3 步：第一步转发给网点，如路由器；第二步转发给物理子网，如第三层交换机；第三步转发给子网节点，如主机。

### 4. 划分子网的规则与计算公式

（1）划分子网时的注意事项

由于原有主机编号的位数是固定的，因此建立的子网数目越多，需要的位数就越多；而每个子网中所能容纳的主机数目就越少。因此，需要综合考虑子网的数目和子网主机的数目。

（2）按照 RFC950 标准划分子网的计算公式

① C 类地址：$N_{max}=2^m-2$ 和 $H_{max}=2^{(8-m)}-2$。

② B 类地址：$N_{\max}=2^m-2$ 和 $H_{\max}=2^{(16-m)}-2$。

③ A 类地址：$N_{\max}=2^m-2$ 和 $H_{\max}=2^{(24-m)}-2$。

（3）不按照 RFC950 标准划分子网的计算公式

① C 类地址：$N_{\max}=2^m$ 和 $H_{\max}=2^{(8-m)}-2$。

② B 类地址：$N_{\max}=2^m$ 和 $H_{\max}=2^{(16-m)}-2$。

③ A 类地址：$N_{\max}=2^m$ 和 $H_{\max}=2^{(24-m)}-2$。

（4）划分子网计算公式中的符号说明

① $m$：为原主机地址（编号）部分转化为子网地址（编号）的位数。

② $N_{\max}$：为划分子网时，允许划分的最大子网数目，其值应当大于或等于实际需要的子网数 $n$。

③ $H_{\max}$：为划分子网后，每个子网所允许的最大 IP 地址数目，其值应当大于或等于子网实际包括的主机数（$h$）加 1，即 $h+1$。

**说明：**

① RFC：英文全称为"Request For Comments"，其中文的含义就是"请求注解"。RFC 涉及并涵盖了有关 Internet 的几乎所有重要的文字资料。一个 RFC 文件在成为官方标准前一般至少要经历 3 个阶段：建议标准、草案标准、因特网标准；最终的 RFC 成为因特网的标准。

② RFC950 文档：是子网划分的规范，它禁止使用子网地址（编号）全为"1"或全为"0"的子网网络。虽然，Internet 的 RFC950 规定了子网划分的规则，但是，在实际中很多产品都支持不按照该标准而划分的子网的使用，例如，在常用微软操作系统中就允许不符合 RFC950 标准的子网存在。

例如，在 IP 地址为 200.200.200.0 的 C 类网络中，如果子网编号为 $m=2$ 时，按照 RFC950 标准规定，子网"200.200.200.0(00 000000)"和"200.200.200.192(11 000000)"为无效子网。但是，在使用 Windows Server 2003 管理时，如果不按上述规定时也可以运行。

**5. 设计示例**

（1）设计条件与要求

① 某公司申请到一个 C 类的网络 IP 地址 200.200.200.0。

② 公司共有 4 个部门，部门拥有的最大主机数为 29 台，需要的 IP 地址数量是 30。

③ 具体设计要求：

• 确定各部门可以使用的子网 IP 地址和子网掩码。

• 写出可以分配给子网主机的有效 IP 地址范围。

（2）4 个部门按照 RFC950 标准划分的结果

① 按照 RFC950 标准是指不使用子网地址的各位全为"1"和全为"0"的子网。

② 求出最大子网数目、每个子网的最大主机数目、子网掩码如下：

• 按 C 类地址公式：$N_{\max}=2^m-2\geqslant 4$，同时满足 $H_{\max}=2^{(8-m)}-2\geqslant 29+1$，求出 $m=3$。

验算：$N_{\max}=2^m-2=2^3-2=6>n=4$；$H_{\max}=[2^{(8-m)}-2]=[2^{(8-3)}-2]=30$。

- 按照 RFC950 标准时，由于 $m=3$，所以各子网主机的子网掩码为 255.255.255.224。
- 各子网的地址和 IP 地址范围如表 3-8 所示。

表 3-8　遵循 RFC950 标准的子网划分结果

| 子网编号 | 子网地址 | 子网广播地址 | 子网主机的有效 IP 地址初值 | 子网主机的有效 IP 地址终值 |
|---|---|---|---|---|
| 1 | 200.200.200.32 | 200.200.200.63 | 200.200.200.33 | 200.200.200.62 |
| 2 | 200.200.200.64 | 200.200.200.95 | 200.200.200.65 | 200.200.200.94 |
| 3 | 200.200.200.96 | 200.200.200.127 | 200.200.200.97 | 200.200.200.126 |
| 4 | 200.200.200.128 | 200.200.200.159 | 200.200.200.129 | 200.200.200.158 |
| 5 | 200.200.200.160 | 200.200.200.191 | 200.200.200.161 | 200.200.200.190 |
| 6 | 200.200.200.192 | 200.200.200.223 | 200.200.200.193 | 200.200.200.222 |

**6. 划分子网的步骤归纳**

① 确定所需的子网数目和子网中主机的数目。
② 确定子网地址需要的位数 $m$。
③ 确定新的子网掩码。
④ 确定各子网的 IP 地址范围。
⑤ 确定各子网的广播地址。
⑥ 确定各子网中主机可配置使用的 IP 范围，即有效地址范围。
⑦ 确定各子网之间通信时的连接设备和网络结构示意图。

**注意**：连接各子网的第 3 层网络设备的端口会占据子网的一个 IP 地址，因此，求出的子网最大主机数量减 1 才是实际允许的主机数目。

# 3.6　网络相关的 3 个著名标准化组织

**1. 国际标准化组织**

（1）组成
国际标准化组织（International Standards Organization，ISO）由美国国家标准组织（American National Standards Institute，ANSI）及其他各国的国家标准组织的代表组成。
（2）主要贡献
开放系统互连（Open System Interconnection，OSI）参考模型，也就是七层网络通信模型的格式，通常称为七层模型。

**2. 电气电子工程师协会**

（1）组成
电气电子工程师协会（The Institute of Electrical and Electronic Engineer，IEEE）由

电气电子工程师组成,是世界上最大的专业组织之一。

（2）主要贡献

对于网络而言,IEEE 一项最了不起的贡献就是对 IEEE 802 协议进行了定义。802 协议主要用于局域网,其中比较著名的有:

① 802.3：CSMA/CD,以太网使用的协议。

② 802.5：Token Ring,令牌环网使用的协议。

### 3. 美国国防部高级研究计划局

（1）组成

美国国防部高级研究计划局（Advanced Research Projects Agency,ARPA）,又被称为 DARPA（Defense Aduanced Research Project Agency,美国国际部高级研究计划局）其中的 D（Defense）,国防部美国国防部高级研究计划局。

（2）主要贡献

TCP/IP 通信标准。ARPA 从 20 世纪 60 年代开始致力于研究不同类型计算机网络之间的互相连接问题,成功地开发出著名的 TCP/IP 协议（Transmission Control Protocol/Internet Protocol）,它是 ARPAnet 网络结构的一部分,提供了连接不同厂家计算机主机的通信协议。事实上,TCP/IP 通信标准是由一组通信协议所组成的协议集。其中两个主要协议是:

① 网际协议（IP）。

② 传输控制协议（TCP）。

# 3.7　下一代因特网——IPv6 协议

随着计算机技术的不断发展,因特网的迅速普及、发展,以及网络传输速率的明显提升。现在 IPv4 协议及地址已经远远不能满足人们的需求,为此,推出了 IPv6 协议。

### 1. 解决 IPv4 地址耗尽的技术措施

为了解决 IPv4 地址即将耗尽的问题,人们采取了以下 3 种主要措施:

① 采用无类别编址 CIDR,使现有的 IPv4 的地址分配与管理更加合理。

② 采用 NAT（网络地址转换）方法,以节省全球 IP 地址,即在局域网内部使用不受限制的私有地址,接入 Internet 时,再转换为在 Internet 上有效的地址。

③ 采用具有更大地址空间的新版本 IPv6 协议。

### 2. IPv6 协议

IPv6 是互联网协议的第 6 版,最初它被称为互联网新一代网际协议,目前,正式广泛使用的 IPv6 是互联网新一代网际协议 IPv6 的第 2 版。IPv6 协议的设计更加适应当前 Internet 的结构,它克服了 IPv4 的局限性,提供了更多的 IP 地址空间,提高了协议效率与安全性。

### 3. IPv6 协议的主要功能和特征

（1）增加 IP 地址的长度与数量

IPv6 地址从现在 IPv4 的 32 位增大到 128 位，使得 IP 地址的空间增大了 296 倍。由于 IPv6 协议采用了 128 位的二进制（16 字节）的地址，因此，理论上可以使用有 $2^{128} \approx 10^{40}$ 个不同的 IP 地址。想象一下，如若将所有的 IPv6 地址平均分布在地球表面，那么每平方米面积内就会有 1024 个地址。

（2）技术改善与功能扩充

① 改变的协议报头：改善后的 IPv6 协议报头可以加快路由器的处理速度。

② 更加有效的地址结构：IPv6 的地址结构的划分，使其更加适应 Internet 的路由层次与现代 Internet 的结构特点。

③ 利于管理：IPv6 支持地址的自动配置，因此，简化了使用，提高了管理效率。

④ 安全性：IPv6 增强了网络的安全性能。

⑤ 良好的兼容性：IPv6 可以与 IPv4 协议向下兼容。

⑥ 内置安全性：IPv6 支持 IPSec 协议，为网络安全性提供了一种标准的解决方案。

⑦ 协议更加简洁：IPv6 的 ICMP 协议除了具备 IPv4 中 ICMP 协议的所有基本功能外，还合并了 IPv4 中 IGMP 与 ARP 等协议的功能，因此，使协议体系变得更加简洁。

⑧ 可扩展性：协议添加新的扩展协议头，可以很方便地实现功能的扩展。

### 4. IPv6 的冒号十六进制表示法

RFC2373 对 IPv6 地址空间结构与地址基本表示方法进行了定义，其中 RFC 是与 Internet 相关标准密切相关的文档。

（1）IPv6 地址表示冒号十六进制完整形式

IPv4 的地址长度为 32 位。书写 IPv4 时采用了点分十进制表示方法，如 8.1.64.128。对于 128 位的 IPv6 地址，考虑到 IPv6 地址的长度是原来的 4 倍，RFC1884 规定的标准语法建议把 IPv6 地址的 128 位（16 个字节）采用了段冒号十六进制表示方法，如 3FFE：3201：1401：0001：0280：C8FF：FE4D：DB39，即采用了 8 个十六进制的无符号整数位段，每个段用 4 位十六进制数表示，段与段之间用冒号"："分隔。

**例 3-4** 将二进制格式表示的 128 位的 IPv6 地址表示为冒号十六进制形式。

① 二进制表示：

00100001110110100000000000000000　00000000000000000010111100111011
00000010101010100000000000001111　11111110000010001001110001011010

② 十六进制完整表示：

- 分段：首先将 128 位的 IPv6 地址，划分为每段 16 位二进制的 8 个位段，结果如下：

0010000111011010　0000000000000000
0000000000000000　0000000000000000
0000001010101010　0000000000001111

1111111000001000　　1001110001011010

· 完整表示：

21DA：0000：0000：0000：02AA：000F：FE08：9C5A

（2）IPv6 地址表示为冒号十六进制前导零压缩形式

**例 3-5**　将例 3-4 表示为"冒号十六进制"的前导零压缩形式。

结果：21DA：0：0：0：02AA：000F：FE08：9C5A

（3）IPv6 地址表示为冒号十六进制双冒号压缩形式

IPv6 协议规定可以用符号"：："表示一系列的 0,其规则是如果 IPv6 地址的几个连续位段的值为 0,则可以简写用"：："替代这些 0。

**例 3-6**　将例 3-4 的数据表示为冒号十六进制双冒号压缩形式。

结果：21DA：：02AA：000F：FE08：9C5A

**例 3-7**　将"1080：：8800：200C：417A：0：A00：1"地址写为冒号十六进制的完整形式。

结果：1080：0000：8800：200C：417A：0000：0A00：0001

（4）IPv6 地址表示时应注意的几个问题

① 在使用零压缩法时,不能把一个位段内部的有效 0 也压缩掉;例如,不能将"FF08：80：0：0：0：0：0：5"简写为"FF8：8：：5"。

② "：："符号在 IPv6 地址中只能出现一次;例如,地址"0：0：0：2AA：12：0：0：0"不能表示为"：：2AA：12：："。

**5. IPv4 到 IPv6 的过渡**

（1）双协议栈

在完全过渡到 IPv6 之前,使一部分主机和路由器装有两个协议,一个 IPv4 协议和一个 IPv6 协议。

（2）隧道技术

在 IPv4 区域中打通了一个 IPv6 隧道来传输 IPv6 数据分组。

## 习题

1. 网络的本质是什么？网络中通信的"语言"是什么？协议应具备哪些功能？

2. 研究网络体系结构的基本方法是什么？这种方法的优点是什么？

3. 开放系统互连 OSI 参考模型包括哪些层次？用一句话表示出每个层次的功能。

4. OSI 参考模型的物理层的主要功能是什么？机械特性、电气特性、功能特性和规程特性各定义了什么功能？

5. 在实际的计算机网络中,OSI 七层模型位于何处？画出两台计算机互相连接时的 OSI 模型连接示意图,以及这两台主机之间的数据流图。

6. 请简述 OSI 参考模型和 TCP/IP 参考模型的异同。

7. 在 OSI 的七层结构中,哪些层是"虚通信"？哪些层是"实通信"？请举例说明。

8. TCP/IP 参考模型分为几层？各层的功能如何？各层包含的主要协议有哪些？

9. 什么是同层协议？它的作用如何？它是如何实现的？

10. 什么是接口协议？它的作用如何？它是如何实现的？

11. 请简述"同层协议"和"接口协议"之间的联系与区别。

12. 什么是体系结构？常用体系结构中，哪个是指导性参考模型？哪个是实用参考模型？

13. OSI 模型每个层次完成的功能是什么？

14. 请举例说明什么是透明传输。

15. 什么是端口号？什么是全局端口号？全局端口号的取值范围是多少？

16. OSI 参考模型每一层传输的数据单元是什么？处理的地址又是什么？

17. 什么是套接字？它有什么用？它是如何组成的？

18. 在局域网和 Internet 中 IP 地址的使用是否一样？如果不一样，请说明在局域网中使用的地址范围。

19. 什么是 IP 地址？它有什么用？又是如何分类的？

20. 请写出 TCP/IP 协议的 3 个基本参数的名称和作用。

21. 为什么要划分子网？划分子网的优点有哪些？

22. 网络相关的 3 个著名标准化组织的名称是什么？贡献又是什么？

23. TCP/IP 协议的网际层和传输层包括哪些主要协议？功能是什么？

24. 将 IPv6 地址"FF8:6::6"写成 IPv6 地址的完整形式。

25. 将 IPv6 地址"0:0:0:6BA:46:0:0:0"写成双冒号压缩方式。

## 设计题

现有一个公司需要创建内部 Intranet，该公司包括工程技术部、市场部、财务部、人力资源部、研发部、办公室等 8 大部门。为了管理方便，提高各部门的性能和安全性，需要将几个部门从网络上分开。如果该公司申请使用的 IP 地址为一个 C 类地址，其网络地址为 192.168.1.0。应当如何划分网络，才能保证各个部门的安全性。设计要求如下：

① 不遵循 RFC950 标准，即使用子网号全"0"和全"1"的子网。

② 为了安全，要求划分子网将各个部门分开。

③ 写出分配给每个部门网络的 IP 地址范围，以及每个部门允许的最大计算机数目。

④ 确定各部门的网络 IP 地址、子网掩码、直接广播地址，以及子网的 IP 地址。

# 局域网的工作原理与组成

在计算机网络中,应用最为广泛的就是局域网。那么局域网的拓扑结构是什么样的?各种拓扑结构又具有哪些特点?什么是 IEEE 802 标准?局域网的模型又由几层组成呢?分布式局域网是如何工作的?局域网由哪些组成?这些都是本章要解决的问题。

**本章内容与要求:**
- 了解局域网的技术特点。
- 了解局域网的拓扑结构类型与应用特点。
- 掌握常用传输介质的分类和选型。
- 了解局域网的模型和主要标准。
- 掌握分布式计算机网络的访问控制方式和工作原理。
- 掌握局域网的基本组成。

## 4.1 局域网概述

局域网是计算机网络中的一种,因此,它除了具有计算机网络的基本特点和功能外,还具有自己的一些典型特征。下面将简要介绍局域网的定义、特点、功能等基本概念。

**1. 局域网的定义**

局域网(Local Area Network,LAN)是一种在小范围内(一般为几千米),以实现资源共享、数据传递和彼此通信为基本目的,由网络节点(计算机或网络连接)设备和通信线路等硬件按照某种网络结构连接而成的,配有相应软件的高速计算机网络。

局域网的定义包含以下几个方面:

① 局域网所覆盖的地理范围:通常是一个办公室、建筑物、机关、厂矿、公司、学校等,目前,其距离被限定在几千米之内的较小范围内。

② 局域网组建的目的:以资源共享和数据通信为基本目的。

③ 局域网中所连接的节点设备是广义的,它可以是在传输介质上,连接并进行通信的任何设备,如计算机、集线器、交换机、网络打印机等各种设备。

④ 通过介质连接的网络节点组成:计算机局域网是由硬件、软件连接在一起的复合

系统,其中的计算机在脱离网络后,仍然能够进行独立的数据处理业务。

### 2. 局域网的特征

① 共享传输信道:在局域网中,通常将多个计算机和网络设备连接到一条共享的通信信道上,因此,其传输信道由连入的多个计算机节点和网络设备共享。

② 高传输速率:局域网是一种应用最广的计算机网络。它具有较高的数据传输速率,通信线路所提供的带宽一般在 10Mbps～10000Mbps,应用最多的是 100Mbps。例如,光纤局域网、千兆以太网等。通常桌面计算机接入网络的速度为 100Mbps,主干线的速率通常在 1000Mbps 或 10Gbps,更高速率的局域网也已经陆续出现。

③ 有限传输距离:在局域网中,所有主要物理设备的分布半径通常为几千米内的较小的地理范围,这个距离没有严格的限定,通常认为是在 10m～25km 内。

④ 低误码率:局域网通常具有高可靠性。由于局域网的传输距离短,所经过的网络连接设备就比较少,因此,具有较好的传输质量,误码率通常在 $10^{-6} \sim 10^{-11}$ 之间。

⑤ 连接规范整齐:局域网内的连接一般十分规范,都遵循着严格的标准。

⑥ 用户集中,归属与管理单一:大部分的局域网由一个单位组建,主要服务于本单位用户。由于局域网的所有权属于某个具体的单位,因此局域网的设计、安装、使用和管理等均不受公共网络的束缚。

⑦ 采用多种传输介质及相应的访问控制技术:局域网既可以支持粗缆、细缆、双绞线、光纤等有线传输介质,也可以支持红外线、激光、微波等无线传输。随着光纤技术的发展,早期昂贵的光纤也更多地应用在局域网中;另外,无线介质的大量运用,使得灵活、便捷的无线网络更加普及。为此,局域网中使用的介质与介质的访问控制技术也更加丰富。

⑧ 采用分布式控制技术:在分布式局域网中,通常采用分布式控制技术,其特点是各节点地位平等。这种局域网常使用"广播"通信方式,如共享式以太网;但是,也有按照"点对点"通信方式工作的局域网,如令牌环网。

⑨ 简单的低层协议:局域网通常采用总线型、环型、星型或树型等共享信道类型的拓扑结构,网内一般不需要中间转接,流量控制和路由选择等功能大为简化。局域网的通信处理功能一般由计算机的网卡、网络连接设备和传输介质共同完成。

⑩ 易于安装、组建和维护:局域网通常具有较好的灵活性,既可以允许不同速率的网络连接设备接入,也可以及允许不同型号、不同厂家的产品接入。

**说明**:以上所述的前 6 条为局域网的主要和基本特征,其他为辅助特征。

### 3. 局域网的功能

局域网的主要功能与计算机网络的基本功能类似。

(1) 资源共享

① 软件资源共享:为了避免软件的重复投资和重复劳动,用户可以共享网络上的系统软件和应用软件,例如,很多局域网都提供杀毒软件及常用的各种工具软件。

② 硬件资源共享:在局域网上,为了减少或避免重复投资,通常将激光打印机、绘图仪、大型存储器、扫描仪等贵重的或较少使用的硬件设备共享给局域网内的其他用户。

③ 数据资源共享：为了实现集中、处理、分析和享用分布在网络上的数据，通常需要建立分布式数据库，例如，员工信息数据库、各种产品和原材料的数据库。

（2）通信交往

通信交往主要指各种形式的数据、文件等的传输。现代局域网所具有的最主要功能就是数据和文件的传输，它是实现办公自动化的主要途径，通常不仅可以传递普通的文本信息，还可以传递语音、图像等多媒体信息。局域网中常见的通信交往形式如下：

① 电子邮件：局域网、Internet、Intranet（企业内联网）中，很多都提供了电子邮件服务系统。这样，人们走进自己的办公室，打开邮箱，就可以接收或发送各种信件和会议通知；当人们出差在外，或者在家办公时，也可以通过电话线收取自己在局域网内的邮件。

② 视频会议：通过有线或无线网络，可以召开各种在线视频会议，从而大大节约人力、物力资源，以及管理成本。

**4. 局域网的典型分布区域**

① 同一房间内的所有主机，覆盖距离为 10m 的数量级，如办公室网络。

② 同一楼宇内的所有主机，覆盖距离为 100m 的数量级，如商务大厦。

③ 同一校园、厂区、院落内的所有主机，覆盖距离为 1000m 的数量级，如校园网。

综上所述，局域网是一种小范围内的高速计算机网络。它具有距离短、延迟小、结构简单、投资少、数据传输速率高和可靠性高等优点。近年来，局域网在我国得到广泛的应用与长足的发展。目前，许多工厂、机关和学校都建立了自己的局域网。随着 Internet 的进一步普及，大多局域网都可以接入 Internet，从而实现了在更大范围内的数据、语音和图像等多媒体信息的传输与共享。

**5. 局域网的 4 大实现技术**

随着局域网的体系结构、高速局域网技术、传输介质，以及操作系统的不断发展变化，局域网的定义、工作原理、技术特征、传输速率等与早期的局域网相比已经发生了很大的变化。一个实用的局域网通常涉及以下 4 项基本的网络技术：

① 网络拓扑结构。

② 介质访问控制方式。

③ 传输介质。

④ 布线技术。

为了能顺利地组建自己的局域网，网络管理人员或网络工程师应对上述这些技术做出合适的选择和设计，并对这些技术的实际应用环境十分熟悉。由于布线技术通常由专业公司和技术人员完成。因此，在随后的章节中，将陆续介绍有关局域网的基本原理、主要设备的工作原理，以及局域网的主流组网技术。

## 4.2 局域网的拓扑结构

网络拓扑结构是网络规划和设计的重要内容，也是网络设计的第一步。从计算机网络拓扑结构的定义来看，计算机网络的拓扑结构应该指其通信子网中节点和链路排列组成的几何图形。而实际中,局域网的拓扑结构通常是指局域网的通信链路(即传输介质)和工作节点(即连到网络上的任何设备,如服务器、工作站以及其他外围设备),在物理上连接在一起的布线结构,即指它的物理拓扑结构。

### 1. 局域网拓扑结构的分类

局域网的拓扑结构通常可以分为以下两类。

(1)逻辑拓扑结构

逻辑拓扑结构用来描述网络中各节点间的信息流动形式,即由网络中的介质访问控制方法决定的拓扑结构。

(2)物理拓扑结构

物理拓扑结构用来描述网络硬件的布局,即网络中各部件的物理连接形状。

### 2. 局域网拓扑结构的选择原则

局域网与广域网相比,最主要的区别就在于它们所覆盖的地理范围。由于局域网覆盖的地域范围有限,因此它采用的通信方式、技术等与广域网的线路交换或存储转发方式截然不同。局域网主要采用共享介质和交换式两种工作方式。局域网的拓扑结构与局域网的工作原理和数据传输方法密切相关,因此,在局域网中,一旦选定某种拓扑结构,则同时还需要选择一种适合于该拓扑结构的局域网工作方法和信息的传输方式。为此,在选择和确定网络拓扑时,一般会考虑如下一些因素:

① 价格:网络拓扑结构直接决定了网络的安装和维护费用,例如,星型物理拓扑结构的传输介质的花费要比总线型拓扑结构的高。

② 速率:拓扑结构直接关系到系统的数据传输速率和带宽,例如,总线型拓扑网络的带宽由所有网络节点共同占有,而交换式星型拓扑结构网络的带宽则由一个节点独占。

③ 规模:网络的拓扑结构直接与网络的规模相关。网络中包含有多少个节点,节点的分布情况,节点间的流量,专用服务器的位置及数量等都与网络规模有关。例如,使用交换机的树型拓扑结构支持的节点数目就较多,而总线型拓扑结构支持的节点数目就较少。

由此可见,网络的拓扑的选择,将直接影响网络的投资、运行速度、安装、维护和诊断等各种性能。目前,局域网上广泛使用以下几种物理拓扑结构,即总线型、环型拓扑、星型拓扑和树型拓扑。

## 4.2.1 总线拓扑

### 1. 总线拓扑的结构

总线(Bus Topology)拓扑结构如图 4-1 所示,这是局域网早期的主要拓扑结构。

总线拓扑结构的典型应用是以太网(Ethernet),其典型的细缆以太网(10Base-2)的物理和逻辑拓扑结构都采用了总线结构。10Base-2 的实际连接结构如图 4-2 所示。

总线结构使用称为干线(或总线)的中央电缆(同轴电缆)将服务器和工作站以线性方式连接在一起。节点网络上的计算机

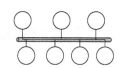

图 4-1　总线型拓扑结构

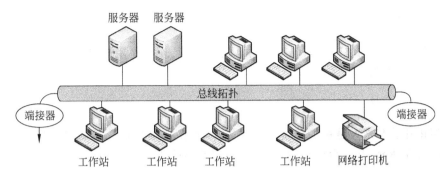

图 4-2  总线拓扑结构的应用

(设置)通过合适的硬件接口(如网卡)连接在公共总线上。公共总线一般有两个特殊的端点,用来连接终结设备。线性总线上的工作站以两个方向发送或接收数据,并且能被网络上的任何一个节点接收到。工作时,每当有计算机将数据信号传送到公共总线上时,所有的节点均可以收到此信息。每个节点收到信息后都会核对该信息中的目的地址是否与本节点的地址一样,然后,决定是否接收这个信息。通常由于总线结构的长度有限,一条总线上能够连接的节点数目和距离都受到限制,即负载能力有限。但是,这是最为简单的拓扑结构。

由于总线结构上的所有设备在一个网段内共享总线带宽,因而总线的带宽成为了网络的瓶颈,网络的效率将随着总线上节点的数目增加而迅速降低。

**2. 总线拓扑结构的应用特点**

(1) 优点

① 结构简单灵活、可靠性较高、硬件设备量造价低。

② 在低负荷时,网络响应速度较快。

③ 易于安装、配置,使用和维护方便。

④ 共享能力强,适合于一点发送,多点接收的广播通信场合。

(2) 缺点

① 故障诊断困难。当电缆发生故障时,检测工作通常需要涉及整个网络。

② 网络扩充不便。在总线网络上,在增加节点时,需要断开相邻节点,整个网络将停止工作。因此,此类网络的扩展性较差。

③ 信号随距离的增加而衰减,因此,总线网络的传输距离受到限制。

④ 总线的带宽成为网络的瓶颈。一般总线结构上的 N 个节点共享,并"争用"公共总线(即传输介质),因此,当网络中的节点数目较多时,网络性能下降。

⑤ 单个网段的距离长度受到严格的限制,因而负载能力有限。

**3. 适用场合**

此类结构适用于小型实验室等低负荷,以及输出的实时性要求不高的环境。

**4. 网络范例**

采用粗缆与细缆的 10Base-5/2 早期以太网,以及现在采用光缆的 ATM 网和 Cable Modem 等都属于总线网络。

## 4.2.2 环型拓扑

环型拓扑看起来像是首尾相接的总线拓扑,其拓扑结构是环状的,如图 4-3 所示,其典型应用有 Token-Ring 令牌环网,其实际应用的连接如图 4-4 所示。

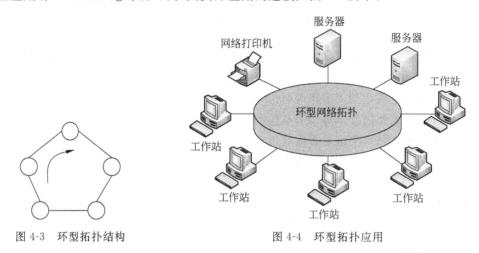

图 4-3　环型拓扑结构　　　　　　　　图 4-4　环型拓扑应用

**1. 环型拓扑的结构**

环型拓扑(Ring Topology)结构一般使用电缆或光纤连接环路上的各节点,网络上所有的节点通过环路接口卡,分别连接到它相邻的两个节点上,从而形成一种首尾相接的闭环通信网络。在环型拓扑上,通常使用"令牌"在网络上传递信息。在环路上只有得到"令牌"的节点,才有权发送信息。在环形网络上,"令牌"沿环路不断单向传递。因此,环路上的每个节点均可以请求发送信息,一旦请求被批准,便可以向环路发送信息。由于环线是公用的,因此,一个节点发出的信息会依次通过环路中所有的环接口;当信息单元中的目的地址与环上某节点的地址相符时,该信息包就会被此节点的环路接口接收;而后,信息将继续流向下一节点的环路接口,一直到返回到发送信息的环路接口节点为止。

双环拓扑是单环拓扑的一个变形产品,在使用双环的情况下,每个数据单元同时放在两个环上,这样可提供冗余数据,当一个环路发生故障时,另一个环路仍然可以继续传递数据。例如,FDDI(光纤分布式数据接口)网络就是使用光纤作为传输介质,采用令牌协议控制介质的双环网络结构。

**2. 环型拓扑结构的应用特点**

环型网络是按照点对点通信方式工作的网络,它是一种高速、有序的网络。
(1) 优点
① 路径选择简单:由于两个节点之间只有唯一通路,因此路径选择简单。

② 双环结构可靠性高：当有旁路电路时，某个节点发生故障后可以自动旁路，这样可以提高可靠性。此时，节点的加入和移出将不会引起网络的中断。

③ 传输时间固定：适用于对数据传输实时性要求较高的应用场合。

④ 传输距离长：对于使用环型拓扑的大型网络来说，由于在使用令牌时，数据信号在每个节点流过时都会被重传（再生），因此信号可以传输很长的距离而不会衰减。

⑤ 适用于负荷较重的场合：在高负荷时比"争用"信道的总线式网络的传输速率更高。

⑥ 适用于光纤网络：由于光纤适合于信号单方向传递和点-点式连接，因此环型结构最适合使用光纤。目前光纤被认为是抗干扰能力最强、传输距离最长、衰减最小的一种传输介质，因此，使用光纤的环型网络无疑是一种高性能的网络。

（2）缺点

① 传输效率低：由于信号以串行方式通过多个节点的环路接口，因此，当节点过多时，传输效率较低，网络响应时间变长。

② 灵活性差：单环时，由于环路封闭，因此扩展不便。

③ 可靠性差：单环时，管理不易。当没有旁路电路或单环时，只要有一个工作站出现故障，整个网络都将瘫痪。

④ 环路维护复杂费用高：相对双绞线以太网来说，实现困难，维护费用和造价高。

### 3. 适用场合

这种拓扑结构曾经被广泛地用于局域网主干网，例如，在高速 FDDI 主干网中，环型网络通常使用光纤作为传输介质。总之，环型拓扑网络适用于企业的自动化系统、对数据传输实时性要求较高的应用场合以及负荷较重的大型网络和信息管理系统。

### 4. 网络范例

IBM 令牌环网（Token-Ring），以及 FDDI 光纤分布式接口的环型网络。

## 4.2.3 星型拓扑

星型拓扑（Star Topology）的结构如图 4-5 所示。在应用时，该结构通过一条条独立的电缆或双绞线将各节点（计算机或其他网络设备）连接到中央设备上，中央设备通常是以太网交换机或集线器（Hub），如图 4-6 所示。

### 1. 星型拓扑的结构

在典型的星型拓扑中，每个节点经过中央设备发送数据。这种结构很像连接到中央交换室的电话线路。中央设备（指 Hub）在信号分发之前，对其进行放大和再生。小型局域网使用的单个交换机或集线器，通常还可以互相连接，进而形成更大规模的局域网络。

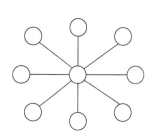

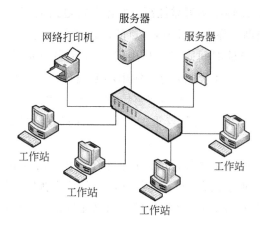

图 4-5　星型拓扑结构　　　　　图 4-6　星型拓扑应用(交换机或集线器组成的以太网)

### 2. 星型拓扑的拓扑结构问题

在讨论实际网络拓扑结构时应当注意逻辑拓扑结构和物理拓扑结构的关系问题。由于逻辑拓扑结构是指局域网节点间的信息流动的形式,物理拓扑结构则是指局域网中各部件的外部连接形式。因此,逻辑结构属于总线型或环型拓扑的局域网,物理拓扑结构也可以是星型或其他物理构型。

目前,广泛应用的以交换机为核心的交换式局域网的物理拓扑结构和逻辑拓扑结构都是星型拓扑。而在共享式以太网的产品中,如 10Base-T 以太网,由于其中心节点是共享式集线器。在这种网络中,所有节点都能够收听到发送节点发送的信息;但是,任何时刻只能为一对节点建立通信连接。这种网络的介质访问控制方式为逻辑总线使用的"争用"规则,因此,其逻辑拓扑结构为总线型;而其物理拓扑结构却是星型,如图 4-5 所示。同样,IBM Token Bus 的逻辑拓扑结构属于环型拓扑,但它的物理拓扑却是总线型。

注意,虽然理论上定义的网络拓扑结构应当指它的逻辑拓扑结构,但实际上,人们却常常将局域网的物理拓扑结构称做该局域网的拓扑结构。因此,在某些产品介绍中,出现了 Star-to-Bus 与 Star-to-Ring 的叫法也就不足为奇了。

### 3. 星型拓扑结构的应用特点

(1) 优点

① 网络结构简单。星型网络的组建、安装、使用、维护与管理都很方便。

② 易于检查故障。由于线路集中,通常可以利用交换机或集线器上 LED 灯的状况,来判断计算机是否出现故障。由于交换机或集线器上的各个节点是独立的,因此便于查找故障和修改线路。

③ 扩展性好。在交换机或集线器上增加节点不需要中断网络,可以在不影响网络运行的情况下删除或增加节点。

④ 集线器或交换机上的多种类型接口,可以连接多种传输介质,如粗缆、线缆、光缆和双绞线等。

⑤ 每个节点与中心节点使用单独的连线,因此,单个边节点的故障不会影响整个网络,易于节点故障的处理。

⑥ 造价和维护费用低。

（2）缺点

① 在中心节点出故障时,才会导致整个网络的瘫痪。目前,交换机和集线器的质量一般较好,价格正逐步下降,因此,星型拓扑结构的网络已经逐步取代了总线拓扑式的网络,成为网络市场的主流。

② 对于使用集线器结构的网络,其最大缺点是当负荷激增时,中央节点的负荷将会过重。此时,作为中心节点的集线器也就成为了网络的瓶颈。遇到这种情况,应当选用高性能的交换机替代集线器。

③ 需要较多的传输介质,通信线路利用率低,也造成了投资的增大。

④ 当负荷过重时,系统响应和性能下降较快。

### 4. 适用场合

星型拓扑结构适用性很广,广泛应用于企业的办公自动化系统,数据处理系统,声音通信系统和中、小型信息管理系统。星型拓扑结构主要用于以下 3 种场合。

① 工作间网络:通常指办公室、实验室和网吧类的小型网络。通常将各个计算机或网络设备连接到充当中心节点的交换机或集线器上,组成一个小型的局域网。数据传输主要在节点与中心节点上。

② 智能大厦:在智能大厦中,通常设有整个建筑的总交换机,在每层安装与总交换机相连接的分交换机或集线器,各工作节点与每层的交换机或集线器连接,从而将整个建筑连接起来。

③ 采用网络交换机或交换式集线器的交换式网络:例如,常见的星型网络有使用交换机与集线器组成的 10/100/1000 Base-T 以太网,以及使用 ATM 交换机组成的网络等。

### 5. 网络范例

10/100/1000Base 系列使用集线器或交换机的共享式或交换式以太网。

## 4.2.4 树型拓扑

### 1. 树型拓扑的结构

树型拓扑(Tree Topology)结构如图 4-7 所示,它可以看成是星型拓扑的扩展,其典型的应用是以太网的交换机与集线器级联后组成的网络,其应用结构如图 4-8 所示。

### 2. 树型拓扑结构的应用特点

树型拓扑的应用特点与星型拓扑结构类似,其不同之处简述如下。

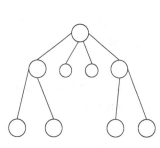

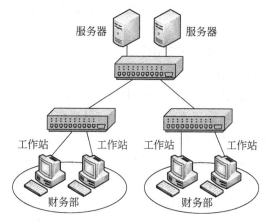

图 4-7　树型拓扑结构　　　　图 4-8　树型拓扑应用（交换机或集线器组成的以太网）

（1）优点

树型拓扑结构与星型拓扑结构类似，都具有易于扩展、故障隔离容易、网络层次清楚等优点。设计合理的"树型"拓扑可以比星型拓扑结构节约许多通信线路的投资费用。

（2）缺点

树型拓扑结构比星型更为复杂，由于数据在传输过程中要经过多条链路，因此时延较大；另外，要求根节点和各级分支节点都具有较高的可靠性。

### 3. 适用场合

树型拓扑属于集中控制式网络，适用于分级管理的场合，或者是控制型网络。例如，使用 100Mbps 和 1000Mbps 交换机或者是集线器组成的 10/100/1000Base 以太网系列的多级智能大厦的分层网络。

### 4. 网络范例

10/100/1000Base 使用集线器或交换机的共享式或交换式以太网，以及使用 ATM 交换机组成的分层网络等。

## 4.3　局域网的模型与工作原理

局域网工作时，按照相应的局域网模型标准进行。下面将介绍常用局域网的模型，以及常用标准的工作原理。

### 4.3.1　局域网的模型和标准

由于 OSI 参考模型是理论和概念模型，因此，没有定义具体的协议。TCP/IP 四层参考模型是事实上的工业标准，但只定义了上面三层的具体协议和内容，对于最下面的网络接口层，TCP/IP 没有定义具体的协议内容，而是直接兼容其他网络的协议，如兼容局域网和广域网的各种标准和协议。在局域网中，TCP/IP 协议在这一层执行的协议都是由 IEEE 802 委员会的各个工作组具体定义的。下面将介绍局域网的标准和模型。

**1. IEEE 802 参考模型**

IEEE 802 委员会负责制定局域网的标准化，并制定了 IEEE 802 局域网参考模型。该模型只制定了对应于 OSI 参考模型的下两层规范，即物理层和数据链路层的规范。此外，IEEE 802 局域网参考模型还根据实际的需要，将数据链路层进一步划分为逻辑链路子层和介质访问控制子层，如表 4-1 所示。

表 4-1　IEEE 802 局域网参考模型与 OSI 标准的比较

| 较高层 | 802.1 较高层 | 802.1 较高界面标准（系统结构和网络互连） | | | |
|---|---|---|---|---|---|
| 数据链路层 | 逻辑链路控制（LLC） | 802.2 逻辑链路控制标准（LLC） | | | |
| | 介质存取控制（MAC） | IEEE 802.3 CSMA/CD | IEEE 802.4 Token Bus | IEEE 802.5 Token Ring | IEEE 802.11 无线局域网 |
| | | CSMA/CD 介质 | Token Bus 介质 | Token Ring 介质 | IEEE 802.11 无线介质 |
| 物理层 | 物理层 | | | | |
| OSI | IEEE 802 | IEEE 802 的局域网参考模型 | | | |

（1）物理层

IEEE 802 物理层的功能与 OSI 模型类似，IEEE 802 规定的主要功能有：编码、解码、时钟的提取、发送、接收和载波检测功能，提供与数据链路层的接口。由于物理层负责物理连接，并在传输介质上传输比特流，因此它描述和规定了所有与传输介质接口的特性，如接口的机械特性、电气特性、功能特性和规程特性等。物理层涉及的主要功能如下：

① 比特信号传输：实现比特流的传输、接收与数据的位同步及控制等。

② 信号类型：如以太网采用基带信号传输数据。

③ 数据编码方式：如低速以太网采用的数据编码为曼彻斯特编码。

④ 传输介质的类型：可以是双绞线、同轴电缆、光缆或无线介质等。

⑤ 拓扑结构及访问控制类型：可以是总线型（CSMA/CD）、环型（Token-Ring）、星型和扩展星型等。

⑥ 传输速率：有 10Mbps、16Mbps、100Mbps、1000Mbps(Gbps)或 10Gbps。

（2）IEEE 802 LAN 的数据链路层

① 数据链路层分为两个功能子层：在 IEEE 802 参考模型中，将数据链路层分为介质存取控制子层（MAC）和逻辑链路控制子层（LLC）。

② MAC 介质存取控制子层的功能：主要是对传输介质的访问进行控制。MAC 子层在物理层的基础上进行无差错通信，并维护和管理通信链路。

- 在发送信息时，负责将数据封装成数据帧；在接收数据时，负责数据的拆装过程。
- 具有差错控制功能。
- 实现和维护 MAC 协议。
- 寻址，并执行地址识别。

③ LLC 逻辑链路控制子层的功能：提供面向连接的虚电路和无连接的数据单元服

务,它集中了与传输介质无关的部分,负责数据帧的封装和拆装,为网络层提供网络服务的逻辑接口。

④ 划分 LLC 和 MAC 子层的目的:这种将 LLC 子层和 MAC 子层分开的方法,使得 LLC 子层对各种不同物理介质的访问成为透明的,也就是说在 LLC 子层上面感觉不到具体局域网的类型,只有进入 MAC 子层,才感觉到与所连接的局域网类型有关。

在局域网中,高层协议对局域网来说并不那么重要。因此,各局域网产品尽管存在高层软件不同,网络操作系统也有差别,但由于低层都采用了 802 局域网标准协议,所以,几乎所有局域网都可以实现互连。

**2. IEEE 802 的标准**

IEEE 802 是一个标准体系,为了适应局域网的发展,它不断研究、制定和增加新的标准。目前,主要的标准分为以下 3 类系列。

(1) 第一类标准

IEEE 802.1 标准定义了局域网的体系结构、网络互连、网络管理与性能测试。

① IEEE 802.1A:定义了概述、体系结构。

② IEEE 802.1B:定义了寻址、网络互连和网络管理。

(2) 第二类标准

IEEE 802.2 标准定义了 LLC 逻辑链路控制子层的服务与功能。

(3) 第三类标准

定义了 16 个以上的不同介质访问控制子层与物理层的标准;随着局域网的发展,有些标准已经退出了历史舞台,而又不断有新的标准加入。下面是比较著名的第三类标准:

① IEEE 802.3:定义了 CSMA/CD 总线的介质访问控制子层与物理层标准。

• IEEE 802.3i:定义了 10Base-T 访问控制子层与物理层标准。

• IEEE 802.3u:定义了 100Base-T 访问控制子层与物理层标准。

• IEEE 802.3ab:定义了 1000Base-T 访问控制子层与物理层标准。

• IEEE 802.3z:定义了 1000Base-X 访问控制子层与物理层标准。

② IEEE 802.4:定义了 Token-Bus(令牌总线)访问控制子层与物理层标准。

③ IEEE 802.5:定义了 Token-Ring(令牌环)访问控制子层与物理层标准。

④ IEEE 802.6:定义了城域网(MAN)访问控制方法与物理层标准。

⑤ IEEE 802.7:定义了宽带局域网访问控制方法与物理层标准。

⑥ IEEE 802.8:定义了 FDDI 光纤局域网访问控制子层与物理层标准。

⑦ IEEE 802.9:定义了综合数据/语音的局域网的网络标准。

⑧ IEEE 802.10:定义了网络安全规范与数据保密的标准。

⑨ IEEE 802.11:定义了无线局域网的访问控制子层与物理层标准。

⑩ IEEE 802.15:定义了近距离个人无线网的控制子层与物理层标准。

⑪ IEEE 802.16:定义了宽带无线局域网的控制子层与物理层标准。

在 IEEE 802 第三类标准中,应用最多和发展最迅速的是 IEEE 802.3、IEEE 802.11、IEEE 802.15 和 IEEE 802.16。

**3. IEEE 802 的物理地址**

IEEE 802 为局域网中的每一个计算机节点(如网卡)规定了一个 48 位的全局物理地址,即 MAC 地址。MAC 地址用 12 个十六进制数表示,如 44-45-53-AB-C0-00。目前,IEEE 是世界上局域网全局地址的法定管理机构,负责分配高 24 位的地址。世界上所有生产局域网网卡的厂商都必须向 IEEE 购买高 24 位组成的号,而低 24 位由生产厂商自己决定。因此,MAC 地址具有全球唯一性。

## 4.3.2  局域网的访问控制方式及分类

在公路上,为了避免各种车辆发生碰撞,需要制定一套交通规则。在计算机网络的传输信道中,为了正确、可靠地传送数据,则需要制定相应的通信协议。

**1. 介质存取控制协议**

介质存取控制(Medium Access Control,MAC)协议也被称为介质访问控制协议。在计算机网络上,将传送数据的规则称为通信协议,其中与网络传输介质存取控制有关的协议是 MAC 协议。因此,MAC 协议的使用就是为了保证数据在彼此传送时没有障碍,而且不会遗失。总之,MAC 协议是不同网络中各节点使用传输介质进行安全可靠数据传输的具体通信规则。

由于网络上的计算机都是通过传输介质及接口相连的,为此,IEEE 802 委员会制定出了针对不同介质与接口的多种访问控制协议。例如,在 MAC 子层,IEEE 802.3 的 CSMA/CD 协议制定出如何使用总线(Bus)的通信规则,IEEE 802.5 的 Token-Ring 协议制定出如何使用令牌(Token)的通信规则,IEEE 802.11 的 CSMA/CA 协议制定了无线局域网冲突避免的控制方法与规则。

**2. 介质存取控制访问方式的分类**

从控制方式的角度,局域网的访问控制方式可以分为集中式控制和分布式控制两大类。

(1) 集中式控制方式

集中式控制方式是指网络中有一个独立的集中控制器,或者具有一个能够控制所有网络功能的节点,并且由它来控制各节点的通信。

(2) 分布式控制方式

分布式控制方式是指网络中没有专门的集中控制器,也不存在某个装置控制整个网络的各个节点,网络中的各节点处于平等的地位。因此,在分布式控制网络中,各节点的通信是由各节点自身控制完成的。目前,局域网基本上都是采用了分布式控制方法。分布式控制方法的分类中最常见的两种是 CSMA/CD 和 Token-Ring。它们都取得了 IEEE 802 委员会的认可。

① IEEE 802.3 争用型介质访问控制协议:CSMA/CD 协议,即 Carrier Sense Multiple Access/ Collision Detect,其中文译名为带有冲突检测的载波侦听多路访问。

CSMA/CD 定义的介质访问控制技术主要用于逻辑拓扑结构为总线结构的局域网。CSMA/CD 是一种随机争用型的访问控制协议。

② IEEE 802.5 确定型介质访问控制协议：Token-Ring 协议，其中文译名为令牌环。Token-Ring 定义的介质访问控制技术主要用于逻辑拓扑结构为环型拓扑的局域网。Token(令牌)是一种有序的访问控制协议。

目前，应用最为广泛的局域网是基带总线局域网，也称为以太网，它的核心技术是它的随机争用型的介质存取控制访问方法，即 CSMA/CD 方式。而"令牌环"网的介质访问控制方式，则主要用在 IBM 和 FDDI 类型的局域网上。

**3. 分布式控制访问方式的分类**

分布式控制的计算机局域网的访问控制方法是依据不同的准则进行分类的。在分布式的共享介质网络上，每次只能有一台计算机可以在介质上传送数据。介质存取控制协议决定了哪一台计算机有权传送数据。常用的有以下两种分类方式：

(1)"争用"型

以太网是"争用"型访问方式的典型示例。它使用的 CSMA/CD 访问方式是基于"争用"的存取方法。这就意味着，局域网上的所有节点按照**"先进先服务"**的原则争用可使用的带宽。如果两个以上的站点同时访问局域网，则会出现碰撞现象，于是，打算访问的站点只好退回，间隔一定时间后再次进行访问。

(2)"定时"型

令牌环是"定时"型访问方式的典型示例。这种访问方法是分配给每个站点一个可采用的带宽片，并确保当时间到来时对局域网进行存取。其中连续循环的"权标"又称为"令牌"可以控制传输时间。当机会到来时抓住"权标"，并用数据包代替"权标"进行传输。当到达目的地释放数据包后，再将"权标"插入局域网内，以便下一个需要传输数据的站点使用。此过程以循环的形式不断进行下去。

为了合理地解决信道的分配问题，人们长时间以来一直致力于传输介质访问控制方式的研究。信道的访问控制方式与局域网拓扑结构、工作过程，以及网络性能等均有密切关系。下面将介绍几种常见的介质访问控制方式。

## 4.3.3  共享以太网的工作原理和访问控制方法

CSMA/CD 协议起源于 ALOHA 协议，1972 年 XEROX(施乐)公司将其应用于当时开发出来的以太网上。正是由于以太网的 CSMA/CD 的制定具有相当大的影响力，因此，后来 XEROX 与 Digital、Intel 公司共同制定了新的以太网格式，并最终成为 IEEE 802.3 的标准。

**1. 载波侦听与多路访问**

这里所提到的"载波"并非传统意义上的高频正弦信号，而是一种术语上的借用，其含义为，判断线路上有无数据信号正在传输。因此，人们把查看信道上有无数字信号传输称为"载波侦听"，而把同时有多个节点在侦听信道是否空闲和发送数据，称为"多路访问"。

载波侦听的功能是由分布在各个节点上的控制器各自独立进行的,它的实现方法是通过硬件测试信道上信号的有无。

## 2. 冲突检测

冲突有两种情况:一种是当侦听到信道某一瞬间处于空闲状态时,两个以上的节点会同时向信道发送数据,这样,在信道上就会产生两个以上的信号重叠干扰,使数据不能正确地传输和接收。另一种是节点甲侦听到信道是空闲的,但在这种空闲状态下,可能是信道上的节点乙已经发送了数据,只是由于传输介质上信号传送的延迟,数据信号尚未到达节点甲;如果此时,节点甲又发送数据,则也会发生冲突。由于冲突的产生是必然的,因此,如何消除冲突就成为一个重要的问题。一般来说,节点上的检测器必须具备发现冲突和处理冲突的能力。各个节点通过各自设置的冲突检测器检测冲突,冲突发生以后,便停止发送数据,然后延迟一段时间以后再去抢占信道。为了尽量减少冲突,各节点采用了"随机数"时间延迟控制法,即各自使用不同的随机数产生延迟时间,使得延迟时间最小的那个节点先抢占信道,如果再次发生冲突则照此办法重复处理,最后,总有一次会抢占成功。因此,将这种延迟竞争法称为"冲突控制算法"或"延迟退避算法"。

## 3. CSMA/CD 方法

CSMA/CD 方法的出现是因为 CSMA 方法有一个最主要的缺点,那就是如果两台计算机都检测出传输介质空闲的状态,就会几乎同时都开始传送数据,于是"碰撞"(Collision)就发生了。网络在发生"碰撞"时,网络的电压会升高,此时网络的电压值大于单台主机传送数据时的电压值,因此可以得知发生了碰撞。

CSMA/CD 包含两个方面的内容,即载波侦听多路访问(CSMA)和冲突检测(CD)。在总线型局域网中,当某一个节点要发送数据时,它首先要去检测网络上的介质是否有数据正在传送,然后决定是否将数据送上网络。如果没有任何数据在传送(即处于空闲状态),则立即抢占信道发送数据;如果信道正忙(即处于忙碌状态),则需要等待直至信道空闲时再发数据。往往同时会有多个节点侦听到信道空闲并发送数据,这就可能发生冲突。冲突以后怎么办? CSMA/CD 采取一种巧妙的解决方法,就是在发送数据的同时,进行冲突检测,一旦发现冲突,立刻停止发送,并等待冲突平息以后,再进行传送,直至将数据成功地发送出去为止。CSMA/CD 在发送数据前监听传输线上是否有数据,若有其他站正在传送数据,则先等候一段时间再传送。也就是说,在采用 CSMA/CD 的传输线上,任何时刻,只能有一方在传送数据,而不允许两个以上的数据同时传送,这很像传输方式中的半双工方式。CSMA/CD 方法的工作原理可以简单地概括为以下 4 点:

① 先听后发。

② 边听边发。

③ 冲突停止。

④ 随机延迟后重发。

**说明:**第一,CSMA/CD 方法只是"检测"碰撞的发生,"检测"到碰撞之后,就会发送信号通知其他节点不要再传送数据了,其本身并不具备将已经发生碰撞的数据"更正"成原始正确数据的能力;第二,Ethernet 网卡中的控制器负责完成 CSMA/CD 协议,无须安装其他软件,安装好网卡的硬件及驱动,计算机即可按照 CSMA/CD 方式进行工作。

CSMA/CD 协议常用于物理拓扑结构为总线、星型或树型的以太网中。

### 4. 以太网中数据的发送与接收

在以太网中,发送给所有节点的数据被称为以太帧"。如图 4-9 所示,在要传输的每个以太帧的头部,写明了发送站点 PC_A 的物理地址 $MAC_A$ 和接收站点 PC_B 的物理地址 $MAC_B$;PC_A 站向 PC_B 站发送数据帧时,仅当数据帧中的目的地址($MAC_B$)与计算机(PC_B)的 MAC 地址一致时,计算机才会接收;否则,不会接收,并丢弃收到的数据帧。

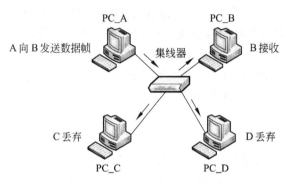

图 4-9　以太网数据的发送与接收

### 5. 使用 CSMA/CD 的以太网的工作特点

在总线网络中的所有节点可以平等地使用公共信道,并以广播的方式发送信息,因此,一个节点发出的数据,其他节点都能收到;但是在一个时间内只能为一个节点提供服务,这便出现了信道的竞争与冲突。可见,这种网络中的所有节点处于同一个冲突域。

使用 CSMA/CD 协议的以太网的主要性能特点是:采用了"争用"型介质访问控制方法,各节点地位平等,因此,无法设置介质访问的优先权;在低负荷(节点少)时,响应较快,具有较高的工作效率;在高负荷(节点激增)时,随着冲突的急剧增加,传输延时剧增,导致网络性能急剧下降;此外,有冲突型的网络,由于时间不确定,因此不适合控制型网络。

## 4.3.4　令牌环访问控制

Token Ring 是令牌传递环(Token passing Ring)的简写,令牌环介质访问控制技术始于1969 年的贝尔实验室的 Newhall 环网。其后,应用最为广泛的是 IBM 的 Token Ring(令牌环)网络。IEEE 802.5 标准正是在 IBM 令牌环协议的基础上发展和制定起来的。

### 1. 令牌环的物理结构

令牌环网是将各节点连接成一个环型拓扑结构,也就是将所有连网的计算机、终端和其他外围设备等都通过网卡(环接口)连接到环路上去。所有的程序、文件、数据和命令等均是通过网卡的环接口送上环路或由环接口取走的。因为只有一条环型通道,数据只能沿着环路单方向流动,因此,不存在路径选择问题。在 Token Ring 网络中的各个节点连接成图 4-10 所示的环型物理拓扑结构。IBM 令牌环网使用屏蔽或非屏蔽双绞线以4Mbps 或 16Mbps 速率传输数据,当使用屏蔽双绞线时,在令牌环网上可具有 260 个可编址节点;当使用非屏蔽双绞线时,在令牌环网上可具有 72 个编址节点。

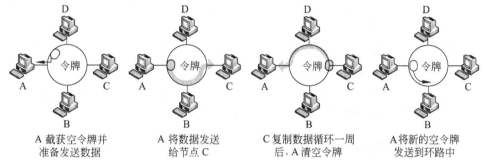

| A 截获空令牌并准备发送数据 | A 将数据发送给节点C | C 复制数据循环一周后,A 清空令牌 | A将新的空令牌发送到环路中 |

图 4-10　令牌环的工作原理

### 2. 令牌环的工作原理

在令牌环网中,计算机与其他外围设备用实际的环状组成逻辑环,数据在环内以单方向传送。计算机使用传输介质传送数据的权限由令牌控制,只有得到令牌的网络工作站才有权传送数据。令牌环网的连接依赖于网络接口卡,而网络接口卡则通过一个类似于集线器的令牌环网的等效设备 MAU(多址访问单元)连入网络。

"令牌"可以理解为是一种"通行证",哪一个节点获取了它,就有权向环路发送数据。含有令牌的令牌单元为"令牌帧",其中的令牌状态是一个 8 位的二进制数,如果用二进制代码"11111111"表示令牌为空闲的状态,则"00000000"就表示令牌为忙碌状态。

"令牌帧"由标志字段、令牌、控制字段(如控制优先级)及循环冗余检验码 CRC 等部分组成。此外,在令牌帧的控制字段中,还包含了目标地址和源地址。与以太网传输的以太帧一样,目标地址和源地址都是指设备的 MAC 地址。即无论以太网还是令牌环网,其目标地址就是接收数据工作站网卡的 MAC 地址,其源地址就是发送数据工作站网卡的MAC 地址。"令牌帧"在环路上以一定的(逆时针)方向传递,例如,在图 4-10 中由计算机节点 A→B→C→D,再传回到 A。

### 3. 令牌环方法的工作步骤

令牌环网的工作方式是确定性、顺序和定时的。网络中的节点共享环路介质,但是,不是争用信道,而是取得"空令牌",只有取得令牌的那个节点才有权发送数据,因此,不会发生冲突。

例如,当计算机节点 A 想要发送数据给节点 C 时的步骤如下:

① 计算机 A 节点要等待令牌的到来,并检测该令牌是否为空闲状态。若是空闲状态。则进行步骤②;否则,继续等待,直到空令牌的到来。

② 将得到的令牌的"空闲"状态改为"忙碌"状态。

③ A 节点构成一个信息令牌发送出去,信息令牌由数据与"忙碌"的令牌组成。

④ 当"忙碌"的令牌沿着环型网经过每一个节点时,每个节点首先会检查数据单元中的目的地址。如果目的地址与本节点地址相符,则由本节点(C 节点)将数据接收下来,进行复制操作,并以应答报文的形式作出回答,然后再传送给下一个节点。当"忙碌"的令牌与数据单元回到原来发送节点(A)时,该节点将会除去信息令牌中的数据,并将"忙碌"状态的令牌改为"空闲"状态。

⑤ 接着,接收节点检查目的节点送来的应答信息,如果为 ACK(确认),则表示目的节点接收正确,至此,完成了一次数据传送。反之,需要等待再得到令牌时进行重发。

从上述运行过程可以看出,由于只有原发送节点才有权将令牌的"忙碌"状态改为"空闲"状态。因此,在令牌环路上只能有一条数据在传送。

### 4. 令牌环网络的主要特点

① 无冲突:令牌环采用了无冲突的介质访问控制方法。

② 时间确定:由于在环型网中,令牌循环一周的时间固定,因此,实时性好,适于控制型或实时性要求较高的控制型网络。

③ 适合光纤:由于信号单向流动,因此,适合使用高带宽的光纤作为传输介质。

④ 控制性能好:令牌环网还可以设置优先级,适于集中管理。

⑤ 负荷:在低负荷时,也要等待令牌的顺序传递,因此,低负荷时响应一般,而在高负荷时,由于没有冲突,因此有较好的响应特性。

在局域网中,常用的介质访问控制方式有两种,第一种,是符合 IEEE 802.3 标准的以太网,是有冲突的、时间不确定的;第二种,是符合 IEEE 802.5 的令牌环网和 FDDI 网,是无冲突的、时间确定型的网络。在低负荷时,IEEE 802.3 局域网的性能较好;在高负荷、实时性要求较高时,使用 IEEE 802.5 标准的局域网具有较好的性能;在中等负荷时,两种网络均可使用。然而,随着以太网的快速发展,大部分网络,都使用了符合 IEEE 802.3 标准的以太网,或者是经过技术改良的交换式以太网和虚拟局域网。

## 4.4 局域网的基本组成

前面学习了局域网的基本概念及工作原理。为了实现局域网的功能,如资源共享,还要清楚局域网的组成。局域网可以划分为网络软件系统和硬件系统两大组成部分,依次实现各部分后,局域网才能真正满足人们的需求。局域网的基本组成如下。

### 1. 局域网的软件系统

局域网的软件系统通常包括:网络操作系统、网络管理软件和网络应用软件等 3 类软件。其中的网络操作系统和网络管理软件是整个网络的核心,用来实现对网络的控制和管理,并向网络用户提供各种网络资源和服务。

**2. 局域网的硬件系统**

局域网是一种分布范围较小的计算机网络。现代局域网一般采用基于服务器的网络类型，因此其硬件从逻辑上看，可以分为网络服务器、网络客户机或工作站、网卡、网络传输介质和网络共享设备等几个部分。

① 网络服务器(server)：涉及网络模型的物理层到应用层；它是网络的服务中心，通常由一台或多台规模大、功能强的计算机担任，它们可以同时为网络上的多个计算机或用户提供服务。服务器可以具有多个 CPU，因此，具有高速处理能力；并配置有大容量内存及具有快速存储能力的、大容量存储空间的磁盘或光盘存储器。

② 网络工作站(workstation)：涉及网络模型的物理层到应用层；连接到网络上的用户使用的各种终端计算机，都可以称为网络工作站，其功能通常比服务器弱。网络用户(客户)通过工作站来使用服务器提供的各种服务与资源，网络工作站也被称为客户机。

③ 网络传输介质：主要涉及网络模型的物理层；它是实现网络物理连接的线路，它可以是各种有线或无线传输介质，如同轴电缆、光纤、双绞线、微波等及其相应的配件。

④ 网络适配器(network adapter)：简称为网卡，主要涉及网络模型的物理层和数据链路层。网卡是实现网络连接的接口电路板。各种服务器或者工作站都必须安装网卡，才能实现网络通信或者资源共享。在局域网中，网卡是通信子网的主要部件。

⑤ 网络连接与互连设备：涉及网络模型的物理层到网络层。除了上述部件外，其余的网络连接设备还有很多，如收发器、中继器、集线器、网桥、交换机、路由器和网关等。这些连接与互连的设备被网络上的多个节点共享，因此也叫做网络共享部件(设备)。各种网络应根据自身功能的要求来确定这些设备的配置。

**3. 局域网中的其他组件**

① 网络资源：在网络上任何用户可以获得的东西，均可以看做资源，如打印机、扫描仪、数据、应用程序、系统软件和信息等都是资源。

② 用户：任何使用客户机访问网络资源的人。

③ 协议：协议是计算机之间通信和联系的语言。

总之，一个完成功能的局域网会涉及上述的各种硬件，这些硬件不同，局域网的工作原理就不同，网络的性能也不会相同。因此，掌握好网络中的各种部件是组建和应用网络的关键。我们将在后续章节中对这些内容分别进行介绍。

## 4.4.1 网络服务器

目前，在稍大的局域网中，各种服务器是网络中的核心，因此，它们是基于服务器的网络。网络服务器通常会涉及网络模型的各个层次。

**1. 按网络服务器的功能分类**

根据网络计算模式的不同，系统中服务器的数量和规模有所不同。基于服务器的网络中，根据服务器的功能，可以分为主干服务器(又称文件服务器)、功能(专用)服务器和应用服务器等。

① 主干服务器：是指系统中的一个或多个装有网络操作系统的高性能的服务器。

② 功能(专用)服务器：是指系统中为某一种或某几种功能而专门设计的服务器,如 Web(WWW)服务器、FTP 服务器、邮件服务器、DNS 服务器、远程访问服务器、打印服务器、代理服务器、视频点播服务器等。

③ 应用(程序)服务器：通常特指网络中为用户应用提供信息服务的服务器。应用服务器通常将来源于数据库服务器的数据库信息与最终用户的客户端程序(如 IE)联系到一起,如 Microsoft 的应用程序服务器,Oracle 公司的应用程序服务器等。

**2. 按服务器技术分类**

服务器功能类型确定后,就要选择服务器的硬件。这就涉及是选择通用型服务器,还是选择专用型服务器。无论选择哪种服务器硬件都会涉及服务器技术。

(1) 服务器技术

由于服务器的特殊性,其性能好坏将直接影响着整个局域网的效率、可靠性、耐用性;因此,选择好网络服务器的硬件是组建局域网的关键环节。在选择服务器硬件时,涉及的服务器技术主要有以下几个方面的考虑：

① 多处理机技术：是指服务器或工作站使用一个或多个中央处理器(CPU)。

② 总线能力：是指服务器具有高带宽总线、多总线等技术。总线是计算机中的主干线路,由于多数服务器需要传输的数据量要比其他计算机大,因而服务器的总线能力是服务器的一个重要选择因素。例如,总线的位数可以为 32 位、64 位和 128 位等。

③ 内存：是指服务器中 RAM 的类型。常见的内存种类有非奇偶校验 RAM、奇偶校验 RAM 和带有错误检测及更正的(ECC)RAM 等 3 类。

④ 磁盘接口和容错技术：外存储器"硬盘驱动器",光盘驱动器等也是服务器的重要组成部分。与这些磁盘驱动器相关的技术如下：

- 接口技术：常用的有硬盘、光驱等设备的接口有两类,第一类,是工作站常用的 EIDE(增强型 IDE,IDE 即集成电路设备)接口;第二类,是各种服务器常用的 SCSI(小型计算机系统)接口;后者比前者有着更高的性能和功能。

- 容错技术：是指在计算机的硬件或软件出现故障的时候,系统采用的某种技术。当服务器采用了容错技术时,即使出现故障,服务器仍然能够继续运行。因此,容错技术使服务器具有了容忍故障的能力。容错技术既可以通过软件实现,也可以通过硬件的方法来实现。前者被称为软件容错,而后者被称为硬件容错。例如,RIAD 1(磁盘镜像)技术,通过将系统中的每一个数据,同时写入多块硬盘,这样,一旦系统崩溃,数据仍可恢复,系统就能继续运行。

⑤ 其他常用的服务器技术：设备的热插拔技术、双机热备份、集群技术等。

(2) 服务器硬件类型

按照服务器技术的侧重不同,可以将服务器分为以下两种类型：

① 通用服务器：通用服务器是指不是为某种特殊服务专门设计的、可以提供各种服务功能的服务器。由于通用服务器不是为某一功能而专门设计的,因此,在设计服务器技

术时,已经兼顾了多方面的应用需要。总之,通用服务器的结构相对复杂,性能较高,价格较贵,适用性强,因此,当前大多数单位都选择的是通用服务器。

② 专用型(功能型)服务器:专用型服务器是专门为某一种或某几种功能设计的服务器。因此,在设计时需要考虑特定的因素,强化某一种或几种服务器技术。

- Web(WWW)服务器:广泛用于使用 Internet 技术的网络,需要处理大量客户的并发访问。因此,Web 服务器需要可靠的、大容量内存,以增加文件的缓存区和并发处理能力。此外,Web 服务器必须配有卓越性能的高容量磁盘,推荐采用SCSI 硬盘或 RAID 阵列,以提高传输速度和可靠性;Web 服务器的硬盘容量应根据访问量的多少来定,如 200 次/秒的访问量需要 50GB 的硬盘容量;500 次/秒的访问量需要 100GB;而 1000 次/秒的访问量则需要 500GB 的硬盘空间。
- 光盘镜像服务器:主要用来存放光盘镜像文件,与之相适应的服务器技术需要配备大容量、高速的硬盘,以及光盘镜像软件。
- FTP 服务器:主要用于 Intranet 和 Internet 中的文件传输,因此,要求 FTP 服务器的存储能力、传输能力较强。例如,选择时应着重注意硬盘的稳定性、存取速度、I/O(输入/输出)的带宽等方面。
- Email 服务器:要求配置有高速宽带的上网工具软件,以及大容量的硬盘等。

综上所述,专用(功能)型的服务器硬件在整体性方面要求较通用服务器低,因此,其硬件的结构较简单(采用单 CPU),稳定性、扩展性方面要求不太高,价格相对通用服务器来说较低。

### 3. 网络主干服务器

网络中可以有一台或多台主干(控)服务器,这些服务器是网络中的管理核心,因此,又被称为核心服务器。它们在网络中能够实现对计算机、用户或资源对象的控制与管理,并能够提供各种通用网络服务。例如,在微软网络中的 Windows 2003/2008 域控制器,在 Novell 网络中的文件服务器等。主干服务器应当具有的功能和要求如下:

① 运行和安装了网络操作系统,如 Windows 2003/2008 服务器版。

② 网络管理员通过主干服务器对网络中的各种对象,如用户、设备、资源和安全等进行全方位的集中、可靠管理。

③ 是实现网络中软件、硬件和数据信息资源共享和集中管理的主要计算机。

④ 主干服务器对处理能力、内存容量与类型、硬盘容量和可靠性等均有较高的要求。主干服务器配置的大容量的磁盘空间可以直接为“无盘”或者“有盘”工作站的客户提供应用空间。另外,由于它需要接受和处理来自多个客户机的数据处理、资源访问和网络服务等的服务器请求,因此,对服务器的 CPU 的数量、内存容量,以及质量的要求均比较高,建议选择通用服务器。

### 4. 功能(专用)服务器

目前,人们从不同的角度,根据服务器作用的不同,对网络服务器进行了分类。常见的功能性服务器有以下几种,这些服务器可以根据自身的需求选择专用服务器硬件。

（1）通信和远程访问服务器

负责网络客户之间的通信联系、共享通信设备的管理，以及控制网络客户的远程登录和访问等。例如，高速 Modem、ADSL 接入设备、DDN 路由器等的通信和管理。此外，还提供基于计算机网络的电子媒体信件的交换服务。利用通信服务器和客户端软件，通信服务器不但可以实现在企业内部实现电子邮件的传递，还可以为企事业单位员工提供快捷、简单、费用低廉、可靠的 Internet 上的电子邮件服务，以及客户的远程通信。

（2）WWW（Web）服务器

WWW（Web）服务器提供基于浏览器的 WWW 信息浏览和资源访问的服务。例如，用户通过计算机中的 IE 浏览器，访问位于世界各地的位于 Web 服务器中的各种信息资源。

（3）DNS 服务器

在网络中，DNS 服务器提供形象的域名与抽象的 IP 地址之间的转换服务。

（4）DHCP 服务器

在网络中，DHCP 服务器提供 TCP/IP 协议的自动配置与管理服务。

（5）打印服务器

应当至少有一台或多台物理打印设备与之相连，它负责接受来自客户机的打印服务请求，并进行打印作业的队列管理，控制实际的物理打印设备的打印输出。例如，对不同级别的客户分配不同的打印优先级，组织或均衡打印负荷等。通过服务器内部的打印和排队服务，使所有网络用户都可以共享这些打印机，并且管理各个工作站的打印工作。

（6）VOD 服务器

随着多媒体技术的广泛应用，网络的服务也不再单一，而是图、文、声、像的结合。VOD 就是多媒体应用中的一种，其英文全称为"Video On Demand"，中文名称为"视频点播"。VOD 系统也采用了客户机/服务器的工作模式。人们将多媒体图文、视频、音频等素材存放于 VOD 视频服务器中，客户端的计算机即可通过企业内部的 Intranet，进行交互式查询，并且可以随时随地来点播服务器中自己喜欢的多媒体文件。

**5. 网络的应用服务器**

网络的应用服务器主要用于网络的各种应用系统。例如，通过 Excel 应用服务器，可以将电子表格软件 MS Excel 与大型数据库管理系统集成为一个网络数据业务协同工作环境。在这个平台上，用户可以充分发挥 Excel 的应用水平，通过设计模板、定义工作流、定义表间公式等简易直观的操作，实现管理意图，轻松、快速构建能够适应变化的 ERP（企业的资源管理）、OA、CRM（顾客关系管理）、SCM（供应链关系管理）等管理信息系统。

**6. 网络服务器物理设备的选择和配备**

对于服务器的物理设备，没有统一的规定，可以设计为一台，也可以是多台。一般可根据网络规模而定。在较小的局域网内，至少需要配置一台高性能的通用服务器，这台服务器在充当主干服务器的同时，还可以充当其他的功能服务器。如果网络的规模较大，也可以配置多台专用服务器，分别用来承担不同的功能。而在大规模的网络中，对于某一种服务器,还可能由多台专用服务器共同承担。

（1）集成的服务器

集成的服务器的设计主要应用在中小型网络中。集成是指在一台物理设备上,通过软件的安装和配置,使其同时完成多种功能。例如,在某局域网中,其主控服务器的计算机,在作为主控服务器的同时,还充当了打印服务器、邮件服务器、WWW 服务器、域名(DNS)服务器和动态主机配置协议(DHCP)服务器等多种类型的服务器。当然,如果出现了服务器的网络瓶颈时,就应当使用多台物理计算机来分别承担上述的各种功能。

（2）专用的服务器

在较大的网络中,服务器的物理设备往往根据其身份而分别设置,即采用专用的服务器完成专门的工作。例如,网络中的主控服务器本身就可能有多台,因此,各个服务器也就不再担任其他角色,而打印服务器则往往直接购买专用的打印服务器。

对于中等规模的网络,用户可以根据自身的需求,在上述两者之间进行服务器的选配。

### 7. 选购网络服务器时需要考虑的主要因素

① 价格因素：在中小型网络中,服务器的负荷通常会比其他工作站的负荷高得多,因此,不要使用一般的 PC 作为服务器,而应当选择专业服务器生产厂家的产品。如果资金实在紧张,至少也应当选择品牌计算机。在网络工程预算中,一般购买服务器的费用应占总投资的 10%～20%。

② 系统的开放性、系统的延续性、系统的可扩展性、系统互连性能、应用软件的支持、性能价格比的合理性,以及生产厂商的技术支持等各种因素。

③ 选择网络服务器的其他主要因素还有：服务器的总体结构合理、安全;CPU 速度快,可以考虑安装多个 CPU。应当注意选择主流品牌,足够的高质量内存,高品质的硬盘,不同功能服务器对服务器技术的需求应当有所不同。例如,主干服务器对 CPU 的性能和数量、内存的性能和容量、快速总线技术和热插拔等要求较高;Web 服务器则需要多CPU、快速总线、快速硬盘和大容量内存;而数据库服务器的 CPU 的性能越高、数量越多则数据库服务器的性能就较高;此外,各种服务器技术所依赖的网络操作系统。例如,Windows 2003/2008 的不同服务器版对 CPU 的数量与技术的支持就有所不同。

## 4.4.2 客户机或工作站

在网络中,用户连入网络的计算机就是客户机,也被称为工作站。与服务器类似,网络中的各种计算机均会涉及网络模型的各个层次。

### 1. 网络客户机(工作站)应具有的功能

网络中的客户机(工作站)是网络的前端窗口,用户通过它来接受网络的服务,访问网络中的共享资源。为此,客户机(工作站)应当具有接受网络服务、访问网络资源和接受网络管理的接口,以及必要的处理能力。在 C/S 或 B/S 工作模式的网络中,用户通过客户机上的软件程序向服务器程序发出请求服务的命令或访问共享资源的请求;服务器在结果运算和处理后,将服务的结果返回客户机的接口;客户机则用自己的 CPU 和同内存进行进一步的运算和处理,并将最终结果返回给网络用户。

**2. 网络客户机(工作站)的配置要求**

各种类型的 PC 均可以成为网络客户机(工作站)。最低档的客户机可能是"无盘工作站",这种计算机仅有主机、键盘、显示器和网卡,而没有硬盘和软盘驱动器;而高档的多媒体工作站则可能有很高的配置。

(1) 硬件条件

各种客户机(工作站)都需要安装网卡,并经过与之相连的网络传输介质、其他网络连接器件与网络服务器或其他网络节点相连接。

(2) 软件条件

客户机(工作站)通常具有自己单独的操作系统,以便离开网络时可以独立工作。客户机通常使用普通的桌面操作系统,如 Windows XP/Vista/7 等;倘若有特殊的需求,可以选择其他类型的操作系统或网络操作系统,如 Windows 2003/2008 服务器版。

客户机(工作站)与网络相连时,需要将操作系统中的网络连接软件安装在客户机(工作站)上,形成一个专门的引导、连接程序。客户机通过软盘或硬盘的引导后,连接到网络中,进而可以访问服务器或网络中的资源。

在无盘工作站的网卡上,通常加插一块专用的启动芯片(远程复位 EPROM);在有软盘而无硬盘的工作站上,则应制作专用的引导软盘,用于引导本地系统,连接到服务器。

总之,计算机网络组成包含软件和硬件两大部分,在后续章节中将分别介绍主要组件的工作原理与实现技术。

## 习题

1. 局域网的 4 项基本实现技术是什么?

2. 局域网是如何定义的? 它的基本特征是什么? 典型应用场合有哪些?

3. 什么是网络拓扑结构? 为什么说它的规划与设计是网络设计的第一步?

4. 选择拓扑结构的主要原则有哪些? 什么是逻辑拓扑结构和物理拓扑结构?

5. 局域网中,常用的两类介质访问控制方式是什么? 各适用于什么场合?

6. 在选择服务器时,需要考虑的主要技术有哪些?

7. IEEE 802.3 标准定义的 MAC 方法为 CSMA/CD? 简述其工作原理与应用特点。

8. IEEE 802.5 标准的 MAC 方法为 Token-Ring,简述其工作原理与应用特点。

9. 试比较 IEEE 802.3 和 IEEE 802.5 的应用特点。

10. 什么是局域网? 它具有哪些主要特点? 它由哪些主要部分组成?

11. 什么是 IEEE 802 的物理地址,它分为几个部分? 如何表示?

# 网络的硬件与互连设备

在组建一个局域网之前,除了需要知道网络的工作原理外,还必须清楚网络中的硬件和设备有哪些?因为在网络中各种各样的硬件及设备是网络的基础元素,也是后面进行网络管理的主要对象。因此,我们需要清楚网络各种互连设备的基本知识、特性和工作原理。这样,在网络出现故障或性能问题时,才能够从容判断其问题所在。常见的网络部件和设备除了计算机(服务器或工作站)外,主要有:传输介质、网卡、交换机、路由器、第三层交换机和网关。

**本章内容与要求:**
- 掌握有线传输介质的类型与选择。
- 掌握网络适配器的相关知识与应用。
- 了解物理层设备的基本知识。
- 掌握物理层设备的类型与应用条件。
- 了解数据链路层设备的基本知识。
- 掌握数据链路层设备的类型与应用条件。
- 了解网络层设备的基本知识。
- 掌握网络层设备的类型与应用条件。
- 了解高层设备的类型与应用。
- 掌握互联网络基础知识与互连设备的正确选择。

## 5.1 物理层的部件——传输介质

物理层涉及的部件很多,主要有传输介质、介质连接器、各类转换部件(RJ45-AUI)等。在物理层的部件中最重要的就是传输介质,它是网络中信息传输的媒体,也是网络通信的物质基础之一。传输介质的性能特点对传输速率、通信的距离、可连接的网络节点数目和数据传输的可靠性等均有很大的影响。传输介质与物理层的各种协议密切相关。

### 5.1.1 传输介质的分类与选择因素

#### 1. 选择传输介质的分类

目前,网络中常用的传输介质通常分为有线传输介质和无线传输介质两类。其中,有线传输介质又称为约束类传输介质,无线传输介质又称为自由介质。

① 有线传输介质有:双绞线、同轴电缆和光导纤维 3 类。

② 无线传输介质主要类型有:无线电波中的短波、超短波和微波;光波中有远红外线和激光等类型。

**2. 传输介质的选择因素**

① 成本:这是决定传输介质的一个最重要的因素。

② 安装的难易程度:这也是决定使用某种传输介质的一个主要因素。例如,光纤的高额安装费用和需要的高技能安装人员使得许多用户望而生畏。

③ 容量:这指传输介质的传输信息的最大能力,一般与传输介质的带宽和传输速率等因素有关,有时也用带宽和传输速率来表示传输介质的容量,它们同样是描述传输介质的重要特性。

- 带宽:传输介质的带宽即传输介质允许使用的频带宽度。
- 传输速率:指在传输介质的有效带宽上,单位时间内可靠传输的二进制的位数,一般使用 bps、Kbps、Mbps 等表示网卡的速率。

④ 衰减及最大距离:衰减是指信号在传递过程中被衰减或失真的程度,而最大网线距离是指在允许的衰减或失真程度上,可用的最大距离。因此,在网络设计中,这也是需要考虑的重要因素。在实际中,“高衰减”是指允许的传输距离短;反之,“低衰减”是指允许的传输距离长。

⑤ 抗干扰能力:是传输介质选择的一个主要特性,这里的干扰主要指电磁干扰(Electro Magnetic Interference,EMI)。

⑥ 网络拓扑结构:光纤适合环型拓扑结构。

⑦ 网络连接方式:同轴电缆适合一点对多点的传输方式。

⑧ 环境因素:地理分布、气象影响、环境温度、节点间距等。

## 5.1.2 双绞线

双绞线(Twisted Pairwire,TP)是综合布线工程中最常用的一种传输介质。随着网络技术的发展,双绞线从最初的 1、2 类线,已经发展到了 7 类线;其传输频率和传输速率也由当年的 1MHz、1Mbps,发展到了当今的 500MHz、10Gbps。

**1. 综合布线组织的标准与分类**

双绞线采用了如下所示的国际上认可的 3 家著名综合布线组织的标准,其中的 ISO 与 TIA 两个组织已对布线标准进行协调,因此,两家的标准相差不多。

① ANSI:American National Standard Institute,美国国家标准化组织。

② TIA:Telecommunication Industry Association,电信工业联合会。

③ EIA:Engineering Institute Association,工程技术协会。

双绞线是布线工程中最常用的一种介质,它分为非屏蔽双绞线(Unshielded Twisted Pair,UTP)和有屏蔽双绞线(Shielded Twisted Pair,STP)两种,如图 5-1 所示。双绞线一般应用在图 5-2 所示的星型网络结构中,计算机通过各自的网卡、双绞线、RJ-45 连接器与集线器(交换机)进行连接,如图 5-3(a)和图 5-3(b)所示。

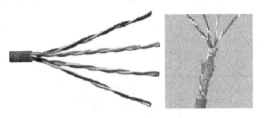

图 5-1    4 对 8 根双绞线(UTP 和 STP)

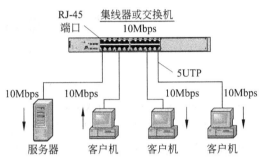

图 5-2    使用双绞线的星型以太网

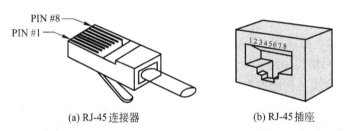

图 5-3    双绞线的 RJ-45 连接器与插座

在图 5-2 所示的使用双绞线连接的 10Base-T 以太网中,每个计算机使用的双绞线电缆的两端都装有 RJ-45 型连接器(又称水晶头),如图 5-3(a)所示;双绞线一端连接集线器(交换机)上的 RJ-45 端口,另一端连接计算机网卡或墙上的 RJ-45 插座,如图 5-3(b)所示。

## 2. 非屏蔽双绞线

(1) UTP 的分类与性能参数

在网络中,常用的 UTP 根据通信质量通常分成 5 类,其中外形如图 5-1(左)所示。市面上常见的有 5 类、超 5 类、6 类和 7 类这 4 种双绞线,它们的主要特性参数如表 5-1 所示。

(2) UTP 的应用特性

① 介质连接器:RJ-45。

② 低成本(略高于同轴电缆)、易于安装。

③ 100m 以内的低传输距离(高衰减)。

表 5-1  各类铜质 UTP 的主要性能参数

| UTP 类别 | 最高工作<br>频率/MHz | 最高数据传输<br>速率/Mbps | 适 用 网 络 | 标准 ISO | 标准<br>ANI/EIA/TIA |
|---|---|---|---|---|---|
| 3 类 | 16 | 10 | 10Base-T | ISO 3 | 568A |
| 4 类 | 20 | 16 | 10Base-T,100Base-T4,令牌环局域网 | ISO 4 | 568A |
| 5 类 | 100 | 100 | 10Base-T,100Base-T4,CDDI(基于双绞线的 FDDI 网络) | ISO 5/D 级 | 568A |
| 超 5 类 | 125 和 200 | 155 | 10Base-T,100Base-TX | ISO 5/D 级 | 568B.1 |
| 6 类 | 200~250 | 1000 | 100Base-TX,1000Base-T | ISO 6/E 级 | 568B.2 |
| 7 类 | 500~600 | 10 000 | 10Gbps 万兆以太网 | ISO 7/F 级 | 非 RJ 形式的 TEAR 模块化接口标准 |

④ UTP 没有金属保护膜,因此,抗电磁干扰(EMI)能力差。

网络上使用的双绞线与其他传输介质相比,虽然 UTP 在传输距离和数据传输速度方面均有一定的限制,但是,由于其价格便宜、安装容易,因此,被广泛地应用在近距离局域网的数据传输中。UTP 及其连接件的著名生产厂商有 AMP(安普)、西蒙等。

**3. 有屏蔽双绞线**

在 IEEE 802.3 的标准中,从支持以太网的角度看 UTP 和 STP 的基本参数是相同的。STP 的外形与结构如图 5-1(右)所示。

(1) STP 的分类与性能参数

STP 和 UTP 的不同之处是,如图 5-1(右)所示,STP 在双绞线和外层保护套中间增加了一层金属屏蔽保护膜,用以减少信号传送时所产生的电磁干扰,并具有减小辐射、防止信息被窃听的功能。STP 相对 UTP 来讲价格较贵。目前,除了在某些特殊场合(如电磁干扰和辐射严重、对传输质量有较高要求等)使用 STP 外,一般都使用 UTP。最新的 STP 的传输速率可达到 1000Mbps,目前常用的 5 类 STP 在 100m 内的数据传输速率为 100~155Mbps。STP 的类别可以分为 1 类、2 类、5 类、超 5 类、6 类、7 类、9 类等类别。

(2) STP 的应用特性

① 中等成本:由于整个系统都需要屏蔽器件,因此价格比 UTP 高很多。

② 安装难易程度中等:STP 比 UTP 更难安装与维护,因此,维护费用较高。

③ 支持的标准类似:同样 100m 内的传输距离,从最高传输速率看,STP 和 UTP 都能达到 1000Mbps,甚至 10GBps。但是,UTP 的布线系统更为成熟和稳定。

④ 高衰减:100m 以内的低传输距离。

⑤ 抗干扰(EMI)能力中等,但较 UTP 高,尤其是在频率超过 30MHz 时,最有效的控制方法就是采用 STP。

⑥ 保密性：STP 比 UTP 系统的安全性更高。

### 4. 双绞线的传输距离

双绞线作为远程中继线时的最大传输距离是 15km，但用在局域网时，最长为 100m。

### 5. 双绞线的制线与应用方法

UTP 的 8 芯线在与 RJ-45 连接头的 8 个引脚连接时，常用的制线标准有两个：TIA/EIA 568B 和 TIA/EIA 568A，其线序有两种，如图 5-4 和表 5-2 所示。

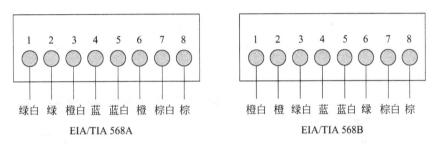

图 5-4　EIA/TIA 568A 和 568B(10/100Base-T)RJ-45 连接器规范

**表 5-2　TIA/EIA 568A 和 568B 标准定义的双绞线与 RJ-45 连接器(接头)连接顺序表**

| 色 线 引脚 标准 | 1 | 2 | 3 | 4 | 5 | 6 | 7 | 8 |
|---|---|---|---|---|---|---|---|---|
| TIA/EIA 568A | 绿白<br>W-G | 绿<br>G | 橙白<br>W-O | 蓝<br>BL | 蓝白<br>W-BL | 橙<br>O | 棕白<br>W-BR | 棕<br>BR |
| TIA/EIA 568B | 橙白<br>W-O | 橙<br>O | 绿白<br>W-G | 蓝<br>BL | 蓝白<br>W-BL | 绿<br>G | 棕白<br>W-BR | 棕<br>BR |

在连接网络设备时，应注意以下两种线的制作与使用：

（1）直通线

在制线时，两头的 RJ-45 线序排列的方式完全一致的网线被称为标准线、直通线或直连线，通常两头均按表 5-2 中 568B 标准所规定的线序排列方式制作。直通线一般用于两个不同设备之间的连接。

直通线的连接场合有：交换机-路由器、计算机-Hub、计算机-交换机之间的连接。

（2）交叉线

在制线时，两头的 RJ-45 线序排列的方式不一致的网线被称为交叉线或跳接线。它的一头按照表 5-2 中的 TIA/EIA 568B 标准线序制作，而另一头按照表 5-2 中的 TIA/EIA 568A 标准的线序制作。交叉线主要用于两个相同设备之间的连接。

交叉线的连接场合有：计算机-计算机、交换机-交换机、集线器-集线器、路由器-路由器等同类设备端口之间的连接，以及计算机-路由器 RJ-45 端口之间的连接。

### 5.1.3 同轴电缆

同轴电缆(coaxial cable)是网络中常用的传输介质之一,也是局域网早期使用的主要传输介质,目前主要应用在有线电视网络中。

**1. 同轴电缆的物理结构**

如图 5-5 所示,同轴电缆一般共有 4 层,最内层的导体通常是铜质的,该铜线可以是实心的,也可以是绞合线。在中央导体的外面依次为绝缘层、屏蔽层(外部导体)和保护套。绝缘层一般为类似塑料的白色绝缘材料,用于将中心的导体和屏蔽层隔开。而屏蔽层为铜质的精细网状物,用来将电磁干扰(EMI)屏蔽在电缆之外。在实际使用中,网络的数据通过中心导体进行传输,电磁干扰被外部导体屏蔽。因此,为了消除电磁干扰,同轴电缆的屏蔽层应当接地。

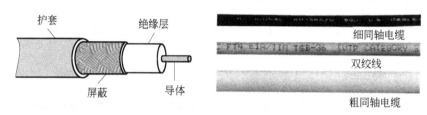

图 5-5　电缆的结构和外形

**2. 同轴电缆的分类和性能参数**

按带宽和用途来划分,同轴电缆可以分为**基带**(Base-band)和**宽带**(Broad-band)。在小型局域网中,使用基带(细或粗)同轴电缆;在电视网或基于电视网络的局域网,使用宽带同轴电缆。常用的基带同轴电缆如下:

① RG-11,用于 10Base-5 以太网,阻抗为 $50\Omega$,直径为 0.4 英寸的同轴电缆线,又称为粗同轴电缆。它需要配合收发器(Transceiver)端接器等使用。

② RG-58A/U,用于 10Base-2 以太网,阻抗为 $50\Omega$,直径为 0.18 英寸的同轴电缆线,又称为细同轴电缆。它是计算机网络中最常见的同轴电缆线,就 Ethernet 标准而言,它常与 BNC 接头端接器等配合连接。

③ RG-59U,阻抗为 $75\Omega$,直径为 0.25 英寸的同轴电缆线,常用于电视电缆线,也可作为宽带的数据传输线,ARCnet 用的就是此类电缆线。

同轴电缆一般安装在设备与设备之间,在每个用户的位置上都装有一个连接器为用户提供接口。局域网上主要使用基带同轴电缆,现在已经基本不使用了。

**3. 常用基带同轴电缆的应用特点**

① 介质连接器:根据网络类型选择,如 10Base-5 使用 AUI 收发器及其电缆端接器等连接粗同轴电缆。

② 低成本,易于安装,扩展方便。

③ 中等传输距离(中等衰减)。

④ 抗干扰能力中等。

⑤ 故障诊断和修复不易,总线电缆的损坏将导致整个网络瘫痪。

**4. 同轴电缆的传输距离**

在局域网系统中常用的基带同轴电缆的最大传输距离为几百米,而使用宽带同轴电缆时的最大传输距离为几十千米。

## 5.1.4 光纤

光导纤维电缆(optical fiber),简称光纤电缆、光纤或光缆。它是一种用来传输光束的细软而柔韧的传输介质。光导纤维电缆通常由一捆纤维组成,因此得名"光缆"。光纤使用光而不是电信号来传输数据。随着对数据传输速度要求的不断提高,光缆的使用日益普遍。对于计算机网络来说,光缆具有无可比拟的优势,是目前和未来发展的方向。

**1. 光导纤维电缆的物理结构**

光缆由纤芯、包层和保护层组成,其中的纤芯由玻璃、有机玻璃或塑料制成,包层由玻璃制成,保护层由塑料制成。单芯光纤的结构如图 5-6 所示,多芯光纤的结构如图 5-7 所示。光缆的中心是玻璃束或纤芯,由激光器产生的光通过玻璃束传送到另一台设备。在纤芯的周围是一层反光材料,称为覆层或包层。由于覆层的存在,没有光可以从玻璃束中逃逸。

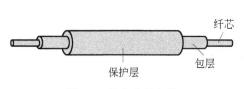

图 5-6 单芯光纤电缆

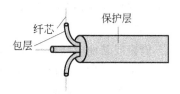

图 5-7 多芯光纤电缆

说明:第一,为了保证光纤的高可靠、高质量的远距离传输。在大容量、远距离的光纤系统中,每间隔一定的距离需要设置一个中继机,以解决光信息传输质量下降的问题。第二,在光缆中,光只能沿一个方向移动,两个设备若要实现双向通信,必须使用两束光纤,或者使用双股光缆,一条用来发送信息,另一条用来接收信息。

**2. 光导纤维电缆的分类与性能参数**

光纤有单模式(single mode)和多模式(multimode)两种。单模式光纤比多模式光纤,具有更快的传输速度和更长的传输距离,自然费用也就更高。

① 单模式光纤:简称单模光纤,以激光作为光源。由于单模式光纤仅允许一束光通过,因此只能传输一路信号,其传输距离远,设备比多模光纤贵。

② 多模式光纤:简称多模光纤,以发光二极管作为光源。由于多模式光纤允许多路

光束通过,因此可传输多路信号。其传输的距离较近,设备比单模的便宜。

在使用光纤介质建设网络时,必须考虑光纤的单向性。光纤在普通计算机网络中使用时,安装是从用户设备端开始的,如果需要双向通信,应该使用双股光纤,一路用于输入,另一路用于输出。光纤电缆两端应当接到光设备接口上。

**3. 光纤电缆的接口与常用设备**

① 光纤的接口标准:有 ST(圆形)和 SC(方形)两种。

② 光电转换器(Transceiver):也称光纤收发器,是物理层的设备,用于光信号和电信号的相互转换,适用于传输距离较长、而设备中没有光纤接口的场合。

**4. 光导纤维电缆的主要应用特点**

光纤与其他传输介质的性能比较见表 5-3,其应用特点如下所述:

(1) 优点

① 传输信号的频带宽,通信容量大。由于光纤具有极高的容量,因此在实际中可得到极高的传输速率,其度量单位通常为 Mbps、GMbps。例如:光纤的数据传输速率通常为 100Mbps～10Gbps 的数量范围;最大可以达到 40Gb。

② 传输损耗小传输(中继)距离长。光纤具有极低的衰减,可以长距离传输。

③ 误码率低,传输可靠性高。一般光纤的误码率低于 $10^{-9}$。

④ 抗干扰能力强。由于光纤由非金属材料制作,因此它不受电磁波的干扰和电噪声的影响。例如:光纤的抗电磁干扰和雷电干扰的能力都极强。

⑤ 保密性好,体积小,重量轻,抗化学腐蚀能力强。

(2) 缺点

① 价格较其他有线传输介质贵。

② 安装与维护较为困难,需要专业的技术人员。

③ 质地脆、机械强度低。

表 5-3　光导纤维电缆与同轴电缆的基本参数

| 介质名称 | 电缆线类型 | 传输速率 /Mbps | 频率或 工作波长 | 无中继距离 /m |
|---|---|---|---|---|
| 同轴电缆 | 粗缆 | 10 | 30MHz | 185 |
|  | 细缆 | 10 | 30MHz | 500 |
| 多模光纤 | 50、62.5μm 纤芯 | 1000 | 0.85μm | 275、550 |
|  | 新型 50μm 纤芯 | 1000 |  | 1100 |
| 单模光纤 | g.652 (9/10μm 纤芯) | 2500 | 1.31μm | 1000k |
|  |  | 10 000 |  | 60k |
|  |  | 40 000 |  | 4k |

随着对数据传输速度的要求不断提高,光缆的使用日益普遍。与其他传输介质相比,

光缆的电磁绝缘性能好,信号衰减小,频带较宽,传输距离较长,抗干扰能力强。

**5. 光导纤维电缆的应用场合**

光缆适用于长距离、布线条件特殊,以及语音、数据和视频图像等应用领域;另外,在较大规模的计算机局域网络中,广泛地采用光缆作为外部数据传输的干线。这样一方面可以有效地防止电磁干扰的入侵,另一方面可以极大地扩展网络距离。光纤常用于交换机到服务器的连接,交换机到交换机的连接。

**6. 光纤的传输距离**

新型光纤中的信号衰减极小,在理想状态和无中继器的条件下,其最大传输距离高达120km。

## 5.1.5 无线(自由)网络与无线介质

随着网络技术和移动通信技术的普及,无线通信技术的应用也会随之增加。当遇到一些特殊场合时,就会考虑使用无线通信介质。例如,当设计一个用于销售的、移动式企业网络时,其中用于展示的计算机需要在展厅中随时移动。此时,无线通信技术无疑是一个较好的选择;此外,当两个局域网的办公室不便铺设有线的传输介质时,也应当选择使用无线介质。

**1. 无线网络(Wireless LAN)和无线传输介质**

① 无线网络:是指通过无线信号传输数据的网络,如无线电视、手机和无线局域网。
② 无线传输介质:简称无线(自由或无形)介质,或空间介质。无线传输介质是指两个通信设备之间不使用任何可见的物理连接介质,而是利用空间的不可见的电磁波进行信号传输。根据电磁波的频率,无线传输系统大致分为广播通信系统、地面微波通信系统、卫星微波通信系统和红外线通信系统,它们对应的无线介质是无线电波(30MHz~1GHz)、微波(300MHz~300GHz)、红外线和激光。

**2. 无线传输介质的类型**

(1) 无线电波通信
无线电波通信主要用在广播通信中。
(2) 无线电微波通信
无线电微波通信在数据通信中占有重要地位。微波的频率范围为300MHz~300GHz,它主要使用2~40GHz的频率范围。微波在空间是直线传播,由于微波会穿透电离层而进入宇宙空间,因此,它不像短波通信那样,可以经电离层反射和传播到地面上很远的地方。微波通信有两种主要的方式:地面微波接力通信和卫星通信。
(3) 地面微波接力通信
由于微波在空间是直线传播,而地球是个曲面,因而其传播距离受到限制,一般为50km左右,如果采用100m高的铜线塔,则其传播距离可以增至100km。

如图 5-8 所示，为了实现远距离的通信，必须在无线电通信信道的两个终点设备之间建立若干个中继站。中继站的作用是放大前一个中继站传送过来的信号，并传送到下一个站。这种方式很像接力赛，故称为微波接力。

图 5-8　地面微波接力通信示意图

（4）红外线通信

红外线通信是指采用小于 1 微米波长的红外线作为传输媒体。红外线有较强的方向性，由于它采用低于可见光的部分频谱作为传输介质，其使用不受无线电管理部门的限制。

（5）卫星通信

卫星通信是利用静止的地球与同步卫星作为中继站的微波接力通信系统。地面系统通常采用定向抛物天线。卫星微波通信系统也具有通信容量大、传输距离远、覆盖范围广等优点，因此，特别适用于全球通信、电视广播，以及地理环境恶劣的地区使用。

**3. 无线网络的标准**

无线网络的发展经历了两个阶段：第一阶段为 IEEE 802.11 问世之前的阶段，此时各个厂商的产品标准互不兼容；第二阶段为 WLAN 产品规范化阶段，各厂商的产品均符合 IEEE 802.11 标准。现在的主流产品的标准主要有支持 54Mbps 的 IEEE 802.11g 和支持 108Mbps 的 IEEE 802.11g＋。

**4. 无线网络的特点**

无线网络的最大的特点就是其传输介质为无线电波，其次为其站点的可移动性。近几年发展起来的无线网络使得移动办公成为可能。当通信设备之间存在物理障碍，而又不能使用普通传输介质时，可以考虑使用无线介质。

## 5.2　物理层的互连设备

工作在物理层的设备主要有收发器、中继器、集线器（Hub），以及无线接入点等，它们都工作在 OSI 模型的第一层“物理层”，通常作为网络的扩展或连接设备。

### 5.2.1　物理层设备的基本知识

物理层的设备主要有收发器、中继器、集线器，以及接入点。物理层相关的主要部件是传输介质、介质连接器、各类转换部件（RJ45-AUI）等，它们都工作在 OSI 模型的第一层“物理层”。

**1. 理论作用**

具有信号的连接、接收、放大、整形、向所有端口转发数据等作用。

**2. 实际应用**

物理层设备在网络中主要用于：增长传输距离、增加网络节点数目、进行不同介质的网络间的连接，以及组建局域网。

例如，当局域网网段中节点相距过远，信号的衰减会导致接收设备无法识别时，就应加装中继器、收发器或集线器，以加强信号扩展网络；又如，当8口集线器不够时，就需要使用其他集线器进行扩充，以求连接更多的计算机；此外，使用带有光纤接口的 Hub 可以连接使用双绞线和使用光纤的两个以太网。

**3. 冲突域和广播域**

物理层设备互连的网络的各个节点都处于同一个冲突域；另外，物理层的设备不能隔离广播信息的传播，所以互连的网段都处于同一个广播域。例如，当一个16口集线器上连接有10个计算机节点时，其冲突域的数目为1，广播域的个数也为1。若想改善网络的性能，应使用其他层的网络设备来设法减小冲突域和广播域的范围，增加冲突域的个数。

**4. 常见设备和部件**

物理层的常见设备主要有：收发器、中继器、集线器，以及其他各种类型的转接器。

## 5.2.2 中继器和转接器

中继器（Repeater）又称转发器，它实现网络在物理层上的连接。由于线路损耗的存在，在线路上传输的信号功率将会随着距离的增加而逐步衰减，衰减到一定程度时，将导致信号失真，从而发生接收错误。因此，无论采用何种拓扑结构、网卡，或者是传输介质，总有一个最大的传输距离。中继器就是为了解决这些问题而设计的。

**1. 中继器的功能**

中继器又称转发器，它是最简单的和最便宜的网间连接设备，如图 5-9 所示，中继器的外形就像一个小盒子，可以连接两个或多个网络的电缆段。中继器可以放大、整形并且重新产生电缆上的数字信号，并按原来的方向重新发送该再生信号，如图 5-10 所示。

中继器既可以用来扩展网络距离，也可以用来连接两个或多个使用不同传输介质的局域网。例如，图 5-9 所示的 10/100/1000M 自适应千兆以太网光纤收发器，不但可以实现千兆以太网的电信号和光信号之间的相互转换，还可以在 0~80km 距离内的千兆以太网内传输数据。该转发器既可作为一个独立设备单独使用，也可作为插入式的

图 5-9　千兆双绞线-光纤转发器

模块安装于中心机房的机架上。在以太网中,当局域网网段的跨越距离过长,使得信号衰减,而导致接收设备无法正常识别时,就应加装中继器,以加强信号。因此,中继器可以用来连接采用 CSAM/CD 访问控制方式的两个共享网络。

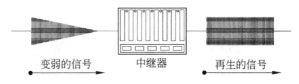

变弱的信号　　　中继器　　　再生的信号

图 5-10　用中继器再生信号

总之,第一,中继器具有接收、放大、整形和转发网络信息的作用,因此,它可以降低传输线路对信号的干扰影响,起到扩充网络规模(扩充网络连接距离或工作站数目)的作用;第二,使用带有不同接口的中继器,可以连接两个使用不同的传输介质、不同类型的以太网段。例如,使用中继器可以连接使用双绞线和使用光纤的两个以太网。

### 2. 中继器的使用规则(中继规则)

大多数网络都对用来连接网段的中继器的数目有所限制。在 10Mbps 以太网中,这个限制规则称为 5-4-3 规则。此规则规定,在以太网中最多允许有 5 个网段,使用 4 个中继器,而这些网段中只有 3 个是可以连接客户计算机(终端)的网段,图 5-11 形象地说明了 5-4-3 规则。按此规则,如果使用的中继器个数超过 4 个,即网段数目大于 5 个,将会影响以太网的冲突检测,并导致其他问题。

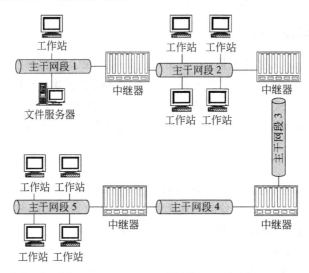

图 5-11　10Mbps 以太网的 5-4-3 规则

说明:使用中继器连接后的两个网段将合并为一个网络;如果用户打算连接后的两个网段仍保持为两个独立的网络,则应选择其他网络互连设备,如网桥、交换机或路由器等。

### 3. 中继器的应用特点

（1）优点

中继器安装简单、可以轻易地扩展网络的长度、使用方便、价格相对低廉，它是最便宜的扩展网络距离的设备。它不仅起了扩展网络距离的作用，还能将不同传输介质的网络连接在一起，例如，连接使用光缆和同轴电缆的两个网络、连接使用双绞线和光缆的两个网络等。但是中继器不能提供网段间的隔离功能，通过中继器连接起来的网络实际上是一个扩大了的网络。另外，中继器工作在物理层，因此它要求所连接的网段在物理层以上使用相同或兼容协议。

（2）缺点

① 中继器用于局域网之间的有条件连接。一般情况下第 2～7 层使用相同或兼容协议。它可以连接两个使用不同物理传输介质，但使用相同介质访问控制方法的网络。例如，中继器可以连接一个使用双绞线和一个使用同轴电缆的两个以太网，但是不能连接一个使用 CSMA/CD 方法的以太网和一个使用令牌环介质访问控制方法的两个网络。

② 中继器不能提供网段之间的隔离功能，因此，通过中继器连接起来的网络实际上在逻辑上是同一个网络。也就是说，中继器不能进行通信分段，多个网络连接后，将增加网络的信息量，易发生阻塞。

③ 许多类型的网络对可以同时使用中继器扩展网段和网络距离的数目都有所限制。例如，在低速以太网中，应当按照 5-4-3 规则来设计网络。

④ 中继器不能控制广播风暴。由于中继器不分析任何来自数据帧的信息，因此不能对信号进行滤波和解释，只是完全地重复（再生）数据比特信号，并传送所有的信息。即使是数据不可靠，中继器也会重复它，例如，由计算机网卡故障，而在网络中产生的大量无用信息被称为广播风暴。对于广播风暴，中继器也只能是简单地重复。

### 4. 使用和选择中继器时应注意的事项

① 网段的接口：当所连接的两个网段的接口不同时，应注意选择适宜的接口。例如，连接两个 10Base-2 网段时，应选择带有两个 BNC 接口的中继器；而连接一个 100Base-TX 和一个 100Base-FX 网段时，就应当选择带有一个 RJ-45 接口和一个光纤接口的中继器。

② 网段扩展的极限距离：一般，中继器对可扩展的单网段距离都有着严格的限制，例如，10Base-2 为 185m，10Base-5 为 500m。现在市场上产品的种类很多，功能也各不相同。例如，市场上就有可扩充距离高达数十千米的光纤中继器。

③ 在使用中继器时，应当注意所连接的各个网段的高层（2～7 层）协议应当相兼容。例如，由于介质访问控制协议不同，不能使用中继器来连接 FDDI 网和以太网。

**5. 转接器**

由于网络的类型多样化,介质和介质连接器的种类繁多。因此,在实际工程中,当需要物理层转换部件时,我们可以根据自身的需要在市场上进行选择。如可以使用 AUI-RJ45,BNC-RJ45,ST-RJ45 等不同类型介质接口的转换器来连接使用不同介质的网络;转接器又被称为"跳线"。例如,图 5-12 所示的就是一款光纤跳线,使用它可以实现不同光纤接口(ST-SC 多模跳线)的转换连接。

无线接入点 AP 如图 5-13 所示。

图 5-12　光纤跳线

图 5-13　无线接入点 AP

## 5.2.3　有线和无线集线器

集线器主要指共享式集线器,又称为多端口中继器。它工作在 OSI 模型的物理层,其作用与中继器类似。集线器端口的数目可以从 4 端口直到几百个端口不等。集线器的基本功能仍然是强化和转发信号。此外,集线器还具有组网、指示和隔离故障站点等功能。本节重点讨论有线集线器。

**1. 集线器的分类**

(1) 无线集线器

无线访问节点(Access Point,AP)相当于有线网络中的集线器,其外形如图 5-13 所示。AP 用来连接周边的无线网络终端,形成星型网络结构。

(2) 有线集线器(Hub)的分类

集线器和交换机的外形十分相似,按外形可以分为:独立式集线器、堆叠式集线器和模块式集线器 3 种,如图 5-14、图 5-15 和图 5-16

所示;按照速率可以分为:10Mbps、100Mbps 和

1000Mbps。其实际应用的网络系统结构,如

图 5-2 所示。

图 5-14　独立式集线器或交换机

堆叠式集线器采用了集线器背板来支持多个

中继网段。这种集线器的实质是具有多个接口卡槽位的机箱系统。此外,在市场上以太网的交换式集线器也被称为集线器,但是它与共享式集线器有着本质的不同,其实质是具有内置网桥功能的多端口网桥,即后边将要介绍的交换机。

图 5-15　堆叠式集线器或交换机

图 5-16　模块式集线器或交换机

### 2. 集线器的应用特点

（1）优点

① 集线器可扩充网络的规模，即延伸网络的距离和增加网络的节点数目。

② 集线器安装极为简单，几乎不需要配置。

③ 集线器可以连接多个物理层不同，但高层（2～7层）协议相同或兼容的网络，如它可以连接两个使用不同传输介质的以太网。又如通过集线器的其他类型的向上连接端口还可以将 10Base-T（双绞线）与 10Base-F（光纤）、10Base-5（同轴电缆）等多种使用不同介质的以太网络连接在一起。

（2）缺点

① 集线器限制了介质的极限距离，例如，10Base-T 为 100m。

② 集线器没有数据过滤的功能，它将收到的数据发送到所有的端口，因此，不能进行通信分段。使用中继器连接多个网络后，会增加网络的信息量，易发生阻塞。

③ 集线器使用数量的限制，例如，以太网中应遵循的 5-4-3 规则。

④ 集线器互连网络中的多个节点共享网络集线器的带宽，一个节点发送信息时，所有端口都会收到这个信息，因此，当节点数目过多时，冲突增加，网络性能急剧下降。

### 3. 使用集线器时应注意的因素

① 由于集线器作为中继器使用，因此，使用以太网集线器的网络必须遵循一定的规则。

② 集线器工作在物理层，为了实现全面互连，因此，要求其所连接的各个网络段，在物理层以上使用相同或兼容协议。例如，集线器不能互连一个使用 TCP/IP 协议和一个使用 Apple Talk 协议的两个 10Base-T 的以太网，因为它们在高层的协议不同。

③ 集线器应用时，应注意网络所使用的传输介质，例如，一般，集线器至少具有多个 RJ-45 端口；如果需要，还应具有光纤、BNC 或 AUI 等接口。这样，集线器才能连接使用双绞线、光纤、细缆或粗缆等不同传输介质的以太网。

④ 从工作原理来说，集线器专指共享式集线器。共享设备按照共享的原理进行工作，即 $N$ 个节点同时工作时，每个节点所占用的理论带宽只有 $1/N$，即除法关系。此外，

当节点(设备)数目较多时(如网络利用率达到40%左右时),冲突数目将显著上升,由于各节点重新"争用"信道占用了部分网络带宽,由此,将导致网络响应速度急剧下降,用户感觉网络传输很慢,甚至发生工作站和服务器的连接断续的现象。而使用交换式集线器即交换机(是指使用交换技术的网络连接设备)却不会发生上述情况。

⑤ 突破集线器级联数量的限制:由于堆叠式集线器采用厂家的堆叠电缆连接多个集中放置的集线器,所以堆叠后的多个集线器,在逻辑上将作为一个集线器。由于它不受10Mbps以太网5-4-3规则的限制或其他级联规则的限制,因此,集中增加节点很多时,使用堆叠或模块式设备可以突破级联设备数量的限制。

## 5.3 数据链路层的部件——网卡

工作在数据链路层的常见部件是网卡。在局域网(LAN)中,每一台网络资源设备(服务器、PC、网络打印机等)都会安装网络接口卡。因此,网卡是网络重点管理的部件之一,其质量、性能的好坏将直接影响到整个网络的性能和效率。

### 1. 网卡

网络接口板(Network Interface Card,NIC)简称为网卡,又被称为通信适配器(adapter),或网络适配器,它是计算机与网络连接的硬件接口,也是执行MAC协议的部件。

### 2. 网络适配器的组成

① 组成:网卡由CPU、RAM、ROM和I/O接口组成。

② 网卡与网络的连接:网卡通过传输介质接口,连接传输介质,进而与局域网连接。在传输介质中,信号以串行方式传输。

③ 网卡与计算机的连接:网卡通过计算机主板上的I/O总线与计算机连接。在计算机的总线上,信号以并行方式传输。

④ 网卡驱动程序:网卡通过安装在计算机中的操作系统来配置和安装驱动程序;之后,计算机才能通过它在网络中进行数据的传输与通信。

### 3. 物理结构

网卡和计算机之间的通信是通过计算机主板上的I/O总线以并行传输方式进行的,而网卡和LAN间的通信是通过双绞线等介质以串行方式传输的。网卡的物理结构如图5-17所示。

说明:PCI插槽是主板上基于PCI局部总线的扩展插槽。PCI是"Peripheral Component Interconnect"的英文缩写,其中文名称为"周边元件扩展接口"。这类总线的位宽为32位或64位,可插接显卡、声卡、网卡、USB 2.0卡等多种扩展卡。

### 4. MAC地址及组成

① 物理地址:在网络中,很多设备或设备端口都有自己的物理地址。物理地址用

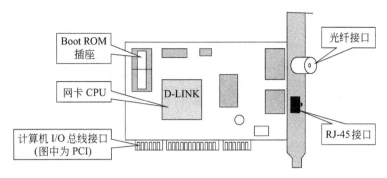

图 5-17　网卡的物理结构示意图

来标识网络中的设备。物理地址通常是指 MAC 地址,如每块网卡都有唯一的 MAC
地址。

② MAC 表示与组成:MAC 地址也被称为物理地址,它是数据链路层的地址。对于
每块网卡来说,该地址都是唯一的,并且被生产厂商烧制在网卡的硬件电路上。MAC 地
址由 12 位十六进制数(0~F)表示,共用 48 个二进制位;其中的前 24 位标识网卡的生产
厂商,后 24 位是网卡的序列号,如 00-26-18-7B-FA-98。

③ 查看网卡的 MAC 地址:在 Windows 的"命令提示符"窗口中,输入"ipconfig/all"
命令,即可查看该计算机上所有网卡的 MAC 地址、IP 地址,以及 TCP/IP 的其他配置
信息。

**5. 网卡的功能**

网卡工作在 OSI 模型的第 2 层,从理论角度看,其实现 OSI 模型最下面两层的功能。
因此,网卡除了负责站点与局域网传输介质之间的物理连接和电信号的匹配外,还负责接
收和执行工作站与服务器送来的各种控制命令,完成物理层和数据链路层的功能。

在局域网中,从网卡的功能看,它相当于广域网的通信控制处理机,各个计算机通过
它进行数据的传递与交换。由此可见,网卡的理论功能主要有以下 3 个:

① 数据帧的封装与解封:发送端在上层传输下来的数据上加上首部(MAC 地址)和
尾部(差错校正码);接收端对帧头和帧尾进行处理。

② 链路管理:主要指介质访问控制协议的实现,如以太网的 CSMA/CD 协议的
实现。

③ 编码和译码:低速以太网传输的数字信号使用曼彻斯特编码器和解码器进行编
码和译码。

**6. 网卡的分类**

根据网卡连接的介质是否有形,网卡分为无线和有线网卡两种,如图 5-18 所示的是
双绞线以太网卡;图 5-19 所示的是一个光纤接口的千兆位以太网卡;图 5-20 所示的是台
式机的无线网卡;而图 5-21 所示的 USB 接口的无线网卡既可以用在台式机,也可以用在
笔记本上;加上它小巧、携带方便、应用灵活,因此是当前的主流产品。

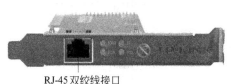

RJ-45双绞线接口

图 5-18　台式机 10/100/1000 兆双绞线 PCI 自适应网卡

图 5-19　台式机千兆光纤 PCI 网卡

图 5-20　台式机 PCI 无线网卡

图 5-21　USB 口无线网卡

**7. 选购网络适配器时应考虑的因素**

网卡选择的因素很多,现将主要影响因素介绍如下:

(1) 速率

网卡的速率是衡量网卡接收和发送数据快慢的指标。目前,常见的是共享式局域网,通常使用 10Mbps 的网卡就可以满足要求,其价格较低;在高速局域网、宽带局域网或交换式局域网中,可根据需要选购 100Mbps 或者 1000Mbps 的网卡,如图 5-18 和图 5-19 所示。

(2) 总线接口类型

根据在主机内部传输数据信号的位数不同,主流网卡分为 32 位和 64 位两种。网卡作为 I/O 接口卡插入在计算机主板的扩展插槽上,因此,在购置和安装网卡之前,必须知道计算机内可使用的总线插槽类型。计算机中常见的总线插槽类型有:PCI 分为 32 和 64 位两种,而 PCI-X、PCI-E 均为 64 位;此外,还有用于连接笔记本的 PCMCIA 接口卡等。所选的网卡应当与所插入的计算机的总线类型一致。

① PCI 、PCI-X、PCI-E 网卡:工作站上大多使用 32 位的 PCI 卡,以 32 位总线传送数据,而服务器上常用 64 位 PCI 或 PCI-X、PCI-XE 等增强型网卡,以 64 位总线传送数据。

② PCMCIA 网卡:主要用在笔记本计算机上,其体积较小,可以分为 16 位(PCMCIA)和 32 位(Card-Bus)两种总线类型。

③ 无线网卡:台式机的无线网卡如图 5-20 所示。它具有布线容易、移动性强、组网灵活和成本低廉等特点。随着移动技术的普及,无线网络产品大量推出,越来越多的家庭办公室和小型局域网采用无线产品来构建不用破坏建筑的无线局域网。

④ USB(Universal Serial Bus,通用串行总线)接口网卡:如图 5-21 所示,它具有热插

拔、不用占用计算机的总线插槽、安装和使用方便等显著的优点。USB 无线网卡与其他的 USB 设备一样，在 Windows 中使用时，无须安装驱动，一旦被接入，即可被计算机识别。

PCI 接口保证了一台计算机可以由其主板的 BIOS(Basic Input Output System，基本输入输出系统)或操作系统进行配置工作，并为 PCI 部件建立了配置注册表，从而在根本上解决了 PCI 设备与其他设备间的硬件冲突。目前，网络操作系统对 PCI 网卡或设备的支持较好。

（3）支持的网络类型和电缆接口

主机所在的局域网类型不同，使用的通信协议就会不同。网卡根据连接的介质可以分为有线网卡和无线网卡两种。

① 有线网卡：常见的有线网卡有以太网网卡、令牌环网卡、光纤分布式接口(FDDI)网卡和 ATM 网卡等。目前最常用的有线网卡有以下几种：

- RJ-45 接口：用于连接双绞线以太网，其连接器的类型为 RJ-45。
- 光纤接口：用于连接单模和多模光纤，其连接器的类型为 SC 或 ST。
- 同轴电缆接口：用于连接同轴电缆，有连接细缆的 BNC-T 型连接器，以及粗缆的 AUI 收发器电缆。

总之，不同类型的接口使用不同的物理连接器，分别连接到使用不同介质类型的局域网中。例如，RJ-45 接口网卡通过 RJ-45 接头、双绞线与交换机相连。

② 无线网卡：随着无线网络的流行，使用以无线电波为介质的无线网卡的用户越来越多。在台式机上使用的无线网卡主要有 PCI 和 USB 接口的无线网卡，而在笔记本上则使用 PCMCIA 接口的无线网卡。

（4）其他因素

① 根据工作对象的不同，还应注意服务器专用网卡、普通计算机网卡、笔记本网卡和无线局域网网卡的特殊要求。如为了降低服务器的工作负荷，服务器网卡往往自带 CPU，具有纠错能力，支持光纤连接、热插拔和冗余备份等功能，因此价位较高。

② 应注意网卡的品牌，尤其是服务器上的网卡，应选择知名度较高的品牌；在工作站上则可以选择价位较低品牌的产品。目前国内流行的品牌主要有：3COM、Intel、D-LINK、TP-LINK 等。

③ 在选购普通计算机网卡时还应注意查看它所携带的驱动程序支持何种操作系统。

④ 如果对速度要求高，应选择全双工的网卡。

⑤ 如果是无盘工作站，则需要让销售商提供支持对应网络操作系统的，并带有引导芯片(ROOT ROM)的网卡；此外，网卡的数据缓冲器越大，网卡的性能就越好。

# 5.4 数据链路层的互连设备

## 5.4.1 数据链路层设备的基本知识

数据链路层设备的主要部件有有线和无线网卡，主要互连设备有网桥、传统交换机和无线网桥等,它们都工作在 OSI 模型的第 2 层"数据链路层"。

**1. 理论作用**

在网络中,数据链路层设备负责接收和转发数据帧。数据链路层设备通常包含了物理层设备的功能,但是比物理层设备具有更高的智能。它们不但能读懂第 2 层"数据帧"头部的 MAC 地址信息,还能根据读出的端口和物理(MAC)地址信息自动建立起转发表(MAC 地址表),并依据转发表中的数据进行过滤和筛选,最终依据所选的端口转发数据帧。这层设备允许不同端口间的并发通信;因此,可以增加冲突域的数量。

**2. 实际作用**

网桥和交换机都是一个软件和硬件的综合系统。但网桥出现的较早,目前,在局域网中,有多端口网桥之称的交换机已经基本上取代了近程网桥和传统集线器。局域网交换机的引入,使得端口的各站点可独享带宽,减弱了冲突,减少了出错及重发,提高了传输效率。交换机最重要的作用就是可以维护几个独立的、互不影响的并行通信进程。

交换机在实际中的作用主要有 3 点:第一,组网,用于连接各种计算机和节点设备;第二,通过学习、过滤功能来自动维护交换机的转发表;第三,依据自动生成的转发表转发数据帧。

低速交换机常常用于连接计算机节点,而高速交换机通常作为局域网内部的核心或骨干交换机互连局域网内部的不同网段。

① 优点:通过增加冲突域的个数,减小冲突域的范围,使得原有的共享网络进行分段,以实现改善和提高网络性能的目的。

② 缺点:这层设备转发所有的广播数据,由于其不能过滤广播信息,因此就不能控制广播风暴;但具有 VLAN 功能的交换机除外。例如,当共享型 10Base-T 网络的性能下降时,将其中的 Hub 替换为交换机,则可以大大地改善性能。

**3. 冲突域和广播域**

这层设备经常用于互连使用相同网络号的 IP 子网。交换机和网桥都是端口冲突和传播所有的广播信息的设备;因此,网桥和第 2 层交换机互连的网络处于多个冲突域和一个广播域。例如,当一个 24 口交换机上连接有 8 台计算机时,冲突域为 8 个,而广播域则只有 1 个。

**说明**:端口冲突是指多个计算机节点如果同时访问同一端口则会发生冲突,如果不同时访问同一个端口则不会发生冲突。

## 5.4.2　网桥

网桥(bridge)是一种存储转发设备,它通过对网络上的信息进行筛选来改善网络的性能,可以实现网络分段,提高网络系统的安全和保密性能。

### 1. 网桥的定义

网桥一般是指用来连接两个或多个在数据链路层以上具有相同或兼容协议的网络互连设备。网桥一般由软件和硬件组成,它工作在 OSI 模型的第二层,即 IEEE 802 模型中的介质访问控制(MAC)子层。因此,网桥可以在多个局域网之间进行有条件的连接,如一般要求第 3～7 层使用相同或兼容协议。也就是说,网桥能够实现在物理层或数据链路层使用不同协议的多个网络间的连接,例如,网桥可以连接两个使用不同传输介质或使用不同介质访问控制协议但高层(3～7 层)相兼容的网络,如用网桥可以连接一个以太网和一个令牌环网。

### 2. 网桥的理论功能

(1) 学习功能

当网桥接收到一个信息帧时,它查看信息帧的源地址并将该地址与路径表中的各项对比,如果在转发表中查不到,则会在转发表中增加一个项目(源地址、进入的端口和时间等);如果能查到,也会对原有项目进行更新。这便是网桥对网络中地址的“学习”能力。这种能力意味着在不进行任何新的配置情况下,网桥可以根据学习到的地址重新进行配置。

“学习”过程完成后网桥才能根据学习到的转发表和目的地址进行数据帧的过滤或转发。

(2) 过滤和转发

在网络上的各种设备和工作站都有一个 MAC 地址。当网桥接到一个信息帧时,如果目标地址与源地址在同一网络(主机端口号相同),则网桥会自动废除该信息帧的转发,这就是过滤功能。例如,当图 5-22 中 PC1 发送数据给 PC2 时,由于网络端口号相同,因此,网桥判断两台主机在同一网络,就会完成过滤功能,不会转发这个数据帧。

如果目的主机与源发主机的端口号不同,则网桥判断这两台主机位于不同网络中,因此,会把该信息帧转发到目的网络中。例如,当图 5-22 中 PC1 发送数据给 PC3 时,由于网桥判断出两台主机不在同一网络,因此会转发这个数据到端口 2。

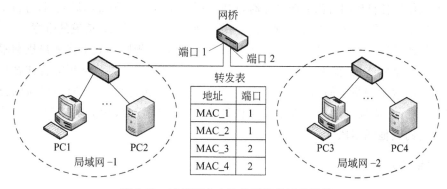

图 5-22　连接两个本地局域网的近程网桥

综上所述,网桥通过查询其转发表(又称路径表)起到对不该转发信息帧的过滤作用,从而实现互联网络之间的隔离作用。由于网桥只转发应转发的信息帧,因此,有效地控制了通过网桥的通信流量,从而提高了网络的整体效率。

### 3. 网桥的应用与设计要点

(1) 网络分段

网桥常常用来分割一个负载过重的网络,以均衡负载,增加网络的效率。使用网桥可以将忙碌的网络分成若干小段。设计良好的网络应符合 8/2 规则,即在本地网段的通信量为 80%,而跨网段的通信量为 20%。这样,才能使大多数的数据帧不用跨越网桥即可传送,从而减少了跨越网段的信息流量。例如,如果会计部门和销售部门共同使用一个已经处于超负荷运行状态的共享以太网,网络的响应速度已急剧下降;这时,可以选择使用网桥对该网络进行分段。在设计时,应当使会计部门的所有节点在一个网段(图 5-22 中的局域网-1)运行,而销售部门(图 5-22 中的局域网-2)的节点在另一个网段运行。这样,只有在会计部门和销售部门间交换信息分组时,数据帧才会跨越网桥。

(2) 延伸网络的距离

使用中继器后的网络仍然受着网络设计标准中最大尺寸的限制,而使用网桥则可以进一步延伸网络的距离,扩展网络的物理尺寸。使用网桥既可以实现局域网之间的近距离连接,也可以通过电话线路实现远程局域网之间的远程连接,因此,可以极大地扩展网络的距离。

(3) 网桥可以连接物理层或数据链路层不同的网络

网桥工作在数据链路层,因此可以连接第 3~7 层相兼容,但第 1 和 2 层不同的多个网络段,即网桥可以连接使用不同传输介质或使用不同介质访问控制协议,但高层相兼容的网络。

(4) 网桥的设计要点

网桥最简单的使用形式如图 5-22 所示,网桥的两个局域网端口分别连接了两个局域网段。网桥的这种连接方式与使用中继器连接的两个网络段相比,将原来的一个冲突域划分为两个,因此,提高了网络的性能。由于网桥可以起隔离网络的作用,当局域网-1 和局域网-2 上的工作站各自访问自己的服务器时,它们相当于两个互不干扰的局域网,各自享有自己的独立带宽。而用中继器连接时,则两个网段的所有节点共享原有信道的带宽。

在使用网桥时,一定要注意它在网络中的位置,即 8/2 规则。如果将客户机和服务器分别设计于两个网络段,而客户机又需要经常访问服务器时,如果将网桥放置在客户机和服务器所在的两个网络之间,将不会带来好的通信效果。由此可见,只有对网桥的位置进行合理设计时,才能取得最大的效率。网桥设计在最佳位置时,能够阻挡 80% 的通信量进入分段后的其他网络段。

### 4. 网桥的分类

(1) 按网桥硬件所处的位置分类

网桥按照其硬件所处的位置可以分为内部网桥和外部网桥两种。在服务器内部安装、使用两块网卡加上相应的软件就可以组成内部网桥,而外部网桥一般为专用的硬件设备。

(2) 按网桥分布的地理范围分类

网桥按照分布的地理范围,可以分为近程网桥和远程网桥,如图 5-23 和图 5-24 所示。

图 5-23  近程网桥

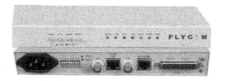

图 5-24  远程网桥

① 近程网桥(local bridge):如图 5-23 所示。连通两个相邻的局域网段时,只需使用一个双端口的近程网桥(即本地网桥)。目前,近程网桥的应用已经逐渐被交换机取代。

② 远程网桥(remote bridge):如图 5-24 所示,连通两个远程局域网段时,我们使用一对远程网桥,并通过基带 Modem 及广域网的通信链路进行远程连接。此处的网桥还会完成 V.35(广域网)接口到以太网的 Ethernet(RJ-45)接口的不同协议的相互转换功能,如图 5-25 所示。目前,这种方法仍被广泛地用于局域网的远程数据通信中。

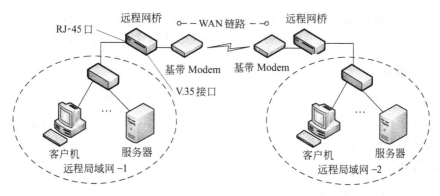

图 5-25   一对网桥连接两个远程局域网

### 5. 网桥的应用特点

(1) 优点

① 网桥通过对不需要传递的数据进行过滤来实现对网络的通信分段。例如,图 5-22 所示的网络,原来通过双绞线连接这两个网络时的冲突域为一个,使用网桥后的冲突域则变为两个,即在局域网-1 和局域网-2 中的其他计算机之间(如 PC1 与 PC2,PC3 与 PC4)可以同时传输数据,并不发生冲突。

② 网桥既可以连接两个或多个相同的网络,也可以连接使用不同传输介质或介质访问控制方式不同,但高层(第 3~7 层)协议相同或兼容的两个或多个有条件同构的网络。

③ 网桥的过滤功能隔离了不需要转发的信息帧,因此,设计合理的网桥不但可以改

善网络系统的整体性能,还可以提高各个网络段的安全性。

（2）缺点

在复杂网络环境中使用网桥具有如下限制：

① 网桥工作在数据链路层,因此,它连接的多个网络要求在数据链路层以上的各层(第3～7层),采用相同或相兼容的协议。

② 由于网桥处理接收到的数据信息,因此,会降低网络性能。

③ 网桥传递所有广播信息,不能对广播分组进行过滤,因此,它对广播风暴无能为力。

④ 由于网桥具有比中继器更高的智能,因此价格比中继器贵。

⑤ 网桥在将两个或多个局域网连接成一个大的网络时,分解了网络的流量,提高了整体效率。但是,网桥没有路径选择的能力,在存在多个路径时,网桥只使用某一固定的路径。因此,网桥不能对网络进行更多的分析以实现传输数据的最佳路由。在多种路由存在时,尤其是在那些路由较慢的广域网中,路由选择功能往往是用户网络最希望具备和最需要的能力。

⑥ 拥有网桥的网络通常不能使用备用通道。

随着技术的进步,原本独立的网桥和路由器正朝着结合在一起的方向发展,功能上也相互补充,如网桥和路由器的混合体网桥路由器、路由交换机等都属于此类产品。因此,许多新型网桥与传统意义上的网桥相比,具有了更先进的功能,如具有过滤、自适应和路由选择等功能。随着交换机的大量出现,交换机正逐步取代近程网桥在应用中的地位。

### 5.4.3 交换机

交换机和交换式集线器均被称为交换机。从工程角度看,以太网交换机是一个具有低价位、高性能和高端口密度特点的设备,是使用交换技术的主流产品。目前,为了解决或减轻局域网中的信息瓶颈问题,交换机正在迅速代替共享式集线器,并成为组建和升级局域网的首选设备。

#### 1. 交换机与集线器的异同

以太网交换机除了包括集线器的所有特性外,还具有自动寻址、交换和处理等功能。下面将简单总结交换机与集线器的相同与不同之处：

（1）不同之处

在OSI模型中所处的位置不同：传统的以太网交换机是在多端口网桥的基础上发展起来的,它实现OSI模型的下两层协议,因此可以将以太网交换机看做是多端口网桥,或者是多个网桥的一起使用,它实际上是改进了的网桥。

① 工作原理不同。

交换机与网桥的工作原理十分相似,是按照存储转发原理工作的设备,它与网桥一样具有自动的"过滤"和"学习"功能。以太网交换机检测从以太端口传送来数据帧的MAC地址,然后与系统内部的动态路径表进行比较。若该帧的MAC地址不在路径表中,则交换机会将该地址加入到查找表;若在查找表中,能够找到相同的表项,并且不是数据帧的源端口地址,交换机就将该数据帧发送到路径表指明的目的端口处。这就是以太网交换机的帧转发和学习机制。它按照每一个信息帧中的第二层(如 MAC)地址,来筛选以太网的数据帧。它不向所有的端口转发数据帧,而只向目的端口转发数据帧,因此可以显著地提高网络的传输性能。集线器则不同,当它检测到某个以太网端口发来的数据帧时,直接将该数据帧发往其他所有端口,这样就导致了共享式局域网中的竞争信道的问题。有些交换机除了具有过滤、学习功能外,还具有差错控制的功能。而集线器则无此功能,因此,不能保证数据传输的完整性和正确性。

② 网络工作方式不同。集线器按广播模式进行工作,当集线器的某个端口工作时,其他所有端口都能够收听到信息,容易产生广播风暴,当网络较大时,网络性能会由于广播信息过多,冲突的大量产生,而急剧下降。交换机工作的时候,只在发出请求的端口和目的端口之间进行通信,不会影响到其他端口,这样就减少了信号在网络上发生碰撞的机会,因此,交换机能够隔离冲突域。

③ 带宽不同。共享式网络的最大问题是网络中的所有节点用户共享带宽,因此,在某一个时刻只允许一个用户传递信息。这样,当多个用户需要同时传递信息时,就只能采用"争用"的规则来争取信道的使用权利,因此大量用户经常处于"等待"状态,严重地影响了网络的性能。而交换机可以为每个端口提供专用带宽的信息通道,并允许多对节点同时传递信息。因此,除非是两个用户同时向同一个端口的用户发送信息,否则不会发送冲突。总之,集线器的各端口共享集线器的带宽,而交换机的各端口独享带宽,即交换机的信息流通量为各个端口节点专用传输速率之和。例如,如果背板速率足够宽,则一个 16 口共享式的 10Base-T 集线器最多只能提供 10Mbps 的数据流通量;而一个 16 口的 10Mbps 交换机,当 16 个节点同时与其他交换机的节点通信时,总的传输速率最多为 160Mbps,然而,在同一交换机的 16 个端口之间通信时,最多只能同时提供 8 对并行数据通信信道。

④ 端口通信模式和速率不同。交换机不但可以在半双工模式下工作,还可以在全双工模式下工作,但集线器只能工作在半双工模式下。交换机各个端口的速率可以相同或不同,但集线器的各个端口共享同一个信道的带宽。

⑤ 冲突域数目不同。交换机为端口冲突域设备,因此,交换机连接的多个网段或节点分处于多个不同的冲突域;而多个集线器连接的多个网络段中的所有节点都处于同一个冲突域。显然,计算机节点数目相同时,冲突域数目越多,则冲突域的范围就越小,每个冲突域的传输性能就越高。

(2) 相同之处

交换机和集线器只是在工作方式上不同,而在其他方面则完全一致,例如,连线方式、物理拓扑结构、故障指示、组网功能,以及网卡、传输介质和速度选择等。交换机与集线器互连的网络都不能隔离广播信息,因此,这两种设备上的所有节点都处于同一广播域。

**2. 有关交换机的基本概念**

(1) 交换机端口类型与参数

① 单/多 MAC 地址:单 MAC 交换机主要用于连接最终用户、网络共享资源或非桥

接路由器,它们不能用于连接集线器。而多 MAC 交换机则可以用来连接一个共享设备(如 Hub)。

② 专用端口和共享端口:由于单 MAC 交换机只能连接单个计算机节点,所以此类端口被称为**专用端口**;而多 MAC 交换机可以用来连接集线器或交换机等具有多个节点的共享设备,因此,这类端口就被称为**共享端口**。

③ 端口密度:端口密度一般是指以太网交换机能够提供的主要端口的数目,有时也定义为设备端口的数量。常见以太网交换机的端口密度为 4 的倍数,如 4 口、8 口、16 口、24 口、32 口和 48 口的交换机。例如,市场上的端口密度为 16 口或 24 口的 100Mbps 桌面交换机,分别可以提供 16 个或 24 个 100Mbps 端口。

④ 高速端口:高速端口是指交换机上大于普通端口速率的端口,此类端口主要用来连接高速节点或下级交换机。例如,10/100Mbps 交换机中的 100Mbps 端口。这类端口可以进一步分为 100Mbps 专用端口或 100Mbps 共享端口;前者用来连接 100Mbps 专用带宽的网络设备(如网络服务器);后者用来连接 100Mbps 的共享集线器或下级的 10Mbps 交换机。

⑤ 管理端口:交换机上通常配置有管理端口,通常使用窗口线连接终端或计算机。通过设置端口可以对交换机的端口进行配置,实现其提供的管理功能,例如,实现交换机的 VLAN 功能。

⑥ 其他连接端口:交换机与集线器类似,设备上除了具有多个用于连接双绞线的 RJ-45 接口外,通常还具有一个或多个与其他类型网络或介质连接的端口,例如,用于连接细同轴电缆的 BNC 接口、连接粗同轴电缆的 AUI 接口,以及连接光纤的 SC 或 ST 接口等。

(2) 背板带宽

交换机实际上是一台具有特殊用途的计算机,其内部也有 CPU、内存和主板,只不过这些部件是专门为数据交换而设计的。**背板带宽**又称**背板吞吐量**,它类似于计算机主板上的总线,是交换机接口处理器或接口卡和数据总线间所能吞吐的最大数据量。一台交换机的背板带宽越高,处理数据的能力就越强,价格也就越高。对于中等规模以上的局域网来说,网络中心的主干交换机对背板带宽的要求比下一级交换机的背板带宽要高,一般可达到几十甚至几百吉比特每秒的数据吞吐量。例如,一台背板带宽为 2.4Gbps 的 24 口交换机每端口平均分配 100Mbps,可以满足大多数数据传输业务对网络速度的要求。

(3) MAC 地址与支持 MAC 地址的数量

① MAC 地址的作用:MAC 地址存在于网卡或网络设备上。它可以唯一地标识网络设备,因此,可以用于控制对该网络设备的访问,最终实现不同计算机间的连接。

② MAC 地址的数量:交换机能够记住连接在端口计算机网卡的 MAC 地址,但这个连接数量是受限的。各种交换机支持的 MAC 地址的数量不同,可能是几个(1~4)、几十个、几百个或几千个。对于中、高档交换机,其 MAC 地址通常标识为 2K、4K 或 8K,其含义是 $2\times1024$、$4\times1024$ 或 $8\times1024$ 个 MAC 地址空间。假定选择了 2K 地址空间的交换机,则表示该交换机最多能够支持 2048 个 MAC 地址;当这种交换机通过其共享端口,如

Hub 或其他交换机来扩展连接时,最多可以连接 2024 台计算机或网络设备。因此,选择交换机时应根据实际网络的需要来选择交换机支持的 MAC 地址数量。

### 3. 交换机的分类

(1) 按照外形分类

交换机和集线器按照它的外形可以分为以下 3 类:

① 独立型式:独立型交换机(集线器)的外形如图 5-14 所示。它通常是较为便宜的交换机,常常没有管理功能。它们最适合小型独立的工作小组、部门或者办公室使用。

② 堆叠式:堆叠式交换机(集线器)如图 5-15 所示,它采用了背板技术来支持多个网段,其实质是具有多个接口卡槽位的机箱系统,因此,多个交换机堆叠后可以当作一个设备来进行管理,适用于目前只有少量的投资,而未来可能会迅速增长的场合。

③ 模块式:模块化交换机(集线器)如图 5-16 所示,它配有机架或卡箱,带多个卡槽;每个槽内可以安装一块通信卡。每个卡的作用就相当于一个独立型交换机(集线器)。当通信卡安放在机架内卡槽中时,它们就被连接到通信底板上,这样,底板上的两个通信卡的端口间就可以方便地进行通信。模块式交换机(集线器)的功能较强,价格较高,可作为一个设备来进行管理。

(2) 按照网络技术分类

按照使用的网络技术不同,交换机可以分为:以太网交换机、令牌环交换机、FDDI 交换机和 ATM 交换机等。

(3) 按照应用规模选择交换机

在设计和选择交换机时,除了根据交换机本身的技术特点、性能指标进行选择外,还应根据自身网络的规模和具体要求进行选择。不同规模交换机的功能和价格的差异是很大的。

交换机按照其所适应的网络规模,由小到大依次为:桌面交换机、工作组交换机、骨干(部门)交换机和企业交换机。3 级交换式网络的应用结构如图 5-26 所示。

① 桌面型交换机。桌面型交换机是最常见的一种交换机,也是最便宜的交换机,如图 5-26 中所示的 10/100Mbps 交换机。它区别于其他交换机的一个重要特点是支持的每端口 MAC 地址数目很少,通常是每端口支持 1~4 个 MAC 地址。从端口传输速度上看,现代桌面型交换机大都提供多个具有 10/100Mbps 自适应能力的端口。桌面型交换机的作用是直接连接各计算机工作节点,而不是共享型节点,如 Hub。一般适用于办公室、小型机房和受理业务较为集中的业务部门、多媒体制作中心、网站管理中心等部门。

② 工作组交换机。工作组交换机常用做网络的扩充设备,当桌面型交换机不能满足需求时,大多直接考虑替换为工作组型交换机。虽然工作组型交换机只有较少的端口数量,但却支持比桌面型交换机更多的 MAC 地址,使用更复杂的算法,并具有良好的扩充能力,端口的传输速度基本上为 100Mbps。

③ 部门交换机。部门交换机与工作组交换机的不同之处在于它的端口数量和性能方面的差异。一个部门交换机通常有 8~16 个端口,并在所有的端口上支持全双工操作。另外,它的可靠性、可管理性和速度等性能上往往要高于工作组交换机;其实际应用如图

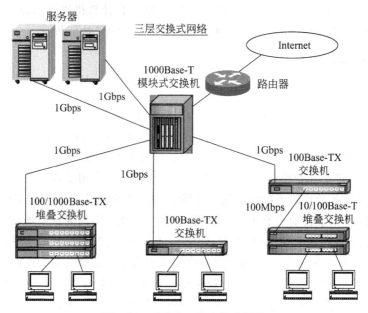

服务器

三层交换式网络

Internet

1000Base-T
模块式交换机

路由器

1Gbps

1Gbps

1Gbps

1Gbps

100Base-TX
交换机

1Gbps

100Mbps

10/100Base-T
堆叠交换机

100/1000Base-TX
堆叠交换机

100Base-TX
交换机

图 5-26　千兆位 3 级交换式网络

5-26 中所示的 100/1000Mbps 交换机。

④ 校园网(骨干)交换机。校园网交换机一般作为网络的骨干交换机使用,因此也被称为骨干交换机。它通常具有 12～32 个端口,一般至少有一个端口用于连接其他类型的网络,例如,FDDI 或 ATM 网络的连接端口。此外,它还支持第三层交换中的虚拟局域网,并具有多种扩充功能选项。总之,校园网交换机具有数据的快速交换能力、各端口的全双工能力,还可以提供容错等智能特性,价格也比较高,因而更适用于大型网络;其实际应用如图 5-26 中所示的 1000Mbps 交换机。

⑤ 企业交换机。企业交换机虽然非常类似于校园网交换机,但它能够提供更多、更高速率的端口。它与后者最大的不同是,企业交换机允许接入一个大的底盘,该底盘产品通常能够支持多种不同类型的网络组件,更加有利于网络系统的硬件集成,例如,具有快速以太网和以太网的中继器、FDDI 集中器、令牌环的 MAU,以及路由器等多种功能组件。这些功能组件对于保护先前网络系统的投资,以及对其他网络技术的支持都是非常重要的,因而,十分有利于企业级别的网络建设。基于底盘的设备通常具有强大的管理特征,非常适合于企业网络管理环境;然而,基于底盘设备的缺点是它们的成本都很高;其实际应用如图 5-26 中所示的 1000Mbps 交换机。

**4. 选择交换机的要点**

在选择交换机时,可以从技术的角度、应用规模和品牌角度等 3 个方面进行选择。一般,在选择中低档交换机时,所涉及的因素较少,而在选择中高档交换机时,需要选择和考虑的因素就会较多。综上所述,选择和判断交换机性能的几大要素如下:

(1) 按应用规模选择

即按照网络信息点的数量进行如下选择:

① 对于支持 500 个信息点以上的大型企业,应选择企业级交换机或骨干交换机。

② 对于支持 300～500 个信息点的大中型企业,可以选择部门级交换机。

③ 对于支持 100～300 个信息点的中小型单位,可以选择工作组级交换机。

④ 对于支持 10～100 个信息点的小型单位,选择工作组级交换机或桌面交换机。

（2）从技术角度进行选择

① 从以太网交换机的工作方式类型进行选择,可选择的有：存储转发、直通方式和无碎片直通式 3 种技术方式。目前,许多厂家的产品都能够同时支持这 3 种技术,以适应交换机的不同应用。

② 端口的传输模式。应当选择端口同时支持全双工/半双工传输模式的产品,以确保与早期设备有较好的兼容性。

③ 提供网管功能。一般中高档交换机都提供管理软件,或者是支持第三方管理软件的功能。例如,许多交换机都内置了简单管理（SNMP）模块,可以方便地支持 SNMP 协议的网管软件的使用,以便对网络实行整体的管理。

④ 提供虚拟快速以太网（VLAN）的管理功能。使用 VLAN 技术,可以通过一个交换机对同一网络中的多个用户进行分段管理。这样,段与段之间既可相互联系,又可彼此独立。

⑤ 提供多模块和多类型端口的支持。每个交换机模块就相当于一个独立的小型交换机,提供的模块数目越多,可管理的用户和设备数也就越多。多类型端口支持是指一个交换机能够同时支持多种类型端口的连接。如具有 10Base-T、100Base-TX 和 100Base-FX 等端口的交换机可以实现与相应网络的连接。例如,通过 10Base-T 端口实现与 10Mbps 双绞线以太网的连接,通过 100Base-X 端口与 100Mbps 快速以太网的连接等。其中的 100Base-FX 端口,是指通过该端口可以同 100Mbps 的光纤进行连接。需要时,还应考虑是否提供 1000Mbps 光纤的连接端口。

⑥ 交换机的吞吐量是指交换机应当具有足够的数据处理能力。

⑦ 延时的多少。

⑧ 单/多 MAC 地址。

由于没有统一的划分尺度标准,因此,上述标准并不绝对,市场上的称谓也较为混乱。

### 5. 局域网交换机的主要指标

在选择交换机时,需要了解交换机的各种性能指标,以便选择其中性能最优的产品。常见的描述交换机容量性能的指标有：交换容量（Gbps）、背板带宽（Gbps）、处理能力（Mbps）、吞吐量（Mbps）等许多个,建议用户抓住一个指标,如满足配置时的吞吐量（Mbps）。此外,局域网交换机的最主要的指标还有端口的配置、数据交换能力和信息帧（包）的交换速度等。在选择交换机时需要考虑以下一些基本因素：

① 交换机端口的数量,例如,高速端口和低速端口的数量。

② 交换机端口的类型,专用端口或共享端口。例如,单 MAC 或多 MAC 地址端口,前者主要用于连接最终用户设备（服务器或客户机）、网络共享资源;而后者的每个端口可以支持多个硬件地址,因此可以用于连接集线器或其他含有多个网络设备的网段。又如

具有全双工端口功能的交换机可以同时发送和接收数据,因此可获得两倍于单工模式端口的通信吞吐量,并且可以避免数据发送与接收之间的碰撞。

③ 数据交换速度。

④ 系统的扩充能力,及主干线的连接手段。

⑤ 交换机的总的交换能力。

⑥ 是否需要并具有路由选择功能。

⑦ 是否需要并具有热插拔或热切换功能。

⑧ 是否需要并具有容错能力。

⑨ 是否具有网络管理能力,例如,支持网管协议 SNMP。

⑩ 是否具有 VLAN 功能。

总之,新一代的交换机就是支持多协议、多种媒体,并具有网桥、路由器和管理功能的组合体。目前,许多单位以交换机为基干来集成各种局域网、路由器和访问服务器等设备,从而构建物理拓扑结构为树型的层次型企业网络体系结构。

## 5.5　网络层的互连设备

OSI 模型的第 3 层"网络层"的互连设备主要有第三层交换机和路由器,在 TCP/IP 网络中,其主要任务是负责不同 IP 子网之间的数据包的转发。

### 1. 路由器

(1) 路由

简单地说,路由就是选择一条数据包传输路径的过程。在广域网中,从一点到另一点通常有多条路径,每条路径的长度、负荷和花费都是不同的,因此,选择一条最佳路径无疑是远程网络中最重要的功能之一。

(2) 路由器

形象地说,路由器就是网络中的交通枢纽。路由器是用来连接局域网与因特网、局域网与广域网的设备。在信息高速公路中,路由器是能够根据信道的状况自动选择和设定路由,并以最佳路径按顺序发送信号分组的设备。因此,路由器是集团用户接入 Internet 的首选设备。

### 2. 理论作用

① 数据处理:提供分组的过滤、转发、优先级、复用、加密、压缩和防火墙等功能。

② 路由器和三层交换机都能读懂第三层数据包头部的信息,并能够根据读到的网络层(如 IP)地址及路由表等信息,进行路由分析、筛选路径,并按所选的最佳路径转发数据分组。

③ 在广域网中的路由器通常具有自动建立和维持路由表的功能。

④ 这层设备丢弃广播数据,因此可以过滤控制广播风暴,减小广播域,使得网络的性能得以改善和提高。

### 3. 实际作用

在网络中,这层设备包含了物理层和数据链路层设备的功能,但是比第一层和第二层的设备具有更高的智能。路由器和交换机都是一个软件和硬件的综合系统;但前者的路径选择偏软,后者的路径选择偏硬。路由器主要负责 IP 数据包的路由选择和转发。因此,在实际中,路由器更多地应用于 WAN-WAN、LAN-WAN、LAN-WAN-LAN 等网络之间的互连;而交换机通常用做局域网内部的核心或骨干交换机,用来互连局域网内部的不同子网。网络层设备在实际中的作用如下:

① 网络互连:支持各种广域网和局域网的接口,主要用于 LAN 与 WAN 的互连。

② 网络管理:支持配置管理、性能管理、流量控制和容错处理等功能。

③ 其他作用:在实际中,这层设备能够提高子网的传输性能、安全性、可管理性及保密性能的作用。

### 4. 冲突域和广播域

路由器与第三层交换机通常用于互连不同的 IP 子网。它们都是端口广播域设备,这就是说,它们可以将每个 IP 子网中的广播信息控制在各自的内部,因此,路由器和第三层交换机互连的网络处于多个广播域和冲突域。例如,当一个 4 口路由器上连接有 3 个子网时,其广播域为 3;冲突域的多少还要根据其具体连接的子网的网络设备的类型来确定。

### 5. 路由器和第三层交换机的比较

① 第三层设备的功能有:在网络中实现网段细化、第二层交换机的 VLAN 间的互连,以及路由选择、控制广播信息、网络拥塞的控制和网络的安全控制等,其实际的应用如图 5-26 中所示的 1000Base-T 模块式交换机。

② 路由器和第三层交换机的比较:两者都是网络层设备,但是工作的侧重点不同。第三层交换机是第二层硬件、第三层硬件和路由软件有机结合后的产物。第三层交换机对其路由软件进行了优化,除了必要的路由过程外,它的大部分的数据转发过程是由其硬件处理的;因此,其数据交换分组(数据包)的速度比路由器高得多。因此,在局域网中互连不同子网时,通常选择第三层交换机,而不是路由器。注意,第三层交换机对路径选择算法和路由协议的支持比路由器弱得多;因而,在接入广域网、广域网或者是远程网络互连时,应当使用路由器。

### 6. 网间连接设备与网内连接设备

路由器和第三层交换机用于不同网络间的互连,为此,又被称为网间连接设备或路由交换机;而物理层和数据链路层的网络设备用于同一网络地址(IP)的网络的互连,因此,也被称为网内连接设备。因此,第三层网络设备的各个端口应当连接不同的网络。例如,路由器至少具有两个端口,一个是 LAN(局域网)口用于与局域网相连;另一个是 WAN(广域网)口用于与广域网相连,这两个网络的网络标识(编号)应当是不同的。

**7. 路由器的分类与应用**

路由器的分类有很多种,例如,可以按照传输介质分为有线路由器和无线路由器;按照管理的方式分为静态路由器和动态路由器;按照对路由协议的支持分为单协议路由器和多协议路由器。除了上述的分类方法外,还有很多种分类方法。而且,随着路由器技术的发展,还将出现更多种分类方法。按照路由器应用的场合和规模的不同分为以下几类:

(1) 接入路由器

顾名思义,接入路由器是指用来接入 Internet 的路由器。接入路由器主要用于家庭或小型企业客户。通常,接入路由器不但支持 SLIP 或 PPP 协议的连接,还支持 PPTP 和 IPSec 等私有网络协议。接入路由器又被称为宽带路由器。

随着互联网的广泛应用,各种规模的网络和主机都需要接入 Internet;因此,接入路由器已成为局域网应用中最重要的产品之一。常用的接入(宽带)路由器有两种,一种是有线宽带路由器,中型网络的有线宽带路由器的应用如图 5-27 所示;另一种是目前流行的无线宽带路由器。

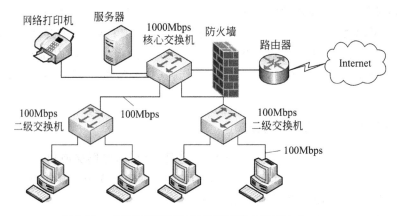

图 5-27 二级交换网通过有线宽带路由器接入 Internet

(2) 边界路由器

边界路由器顾名思义是指位于一种网络和另一种网络边界,用来互连不同网络的路由器。边界路由器的主要应用有:互连总公司和子公司之间的网络,或者是互连公司与伙伴的网络等。

(3) 中间节点路由器

中间节点路由器是指在大型局域网中常用的,用于互连局域网内部不同网段或子网段的路由器。由于这种应用限制在企业或校园内部,因此,中间节点路由器也被称为企业或校园级路由器,其典型应用如图 5-28 所示。企业路由器在选择时需要支持多种 LAN 技术,支持多种路由协议,如 IP、IPX 和 Vine 协议等。此外,企业路由器还要支持防火墙、包过滤、大量的网络管理、安全策略,以及各个虚拟局域网(VLAN)之间的路由。

(4) 骨干级路由器

骨干级路由器是实现电信企业的骨干网互连,或者是企业级网络之间互连的路由器,

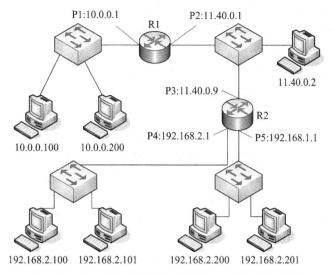

图 5-28　互连多个不同网络或子网的中间节点路由器

例如，电信部门的网通或铁通等企业，或 263 或 163 等 ISP 运营商所使用的路由器。

由于使用骨干路由器的网络规模较大，又是运营企业，因此，骨干路由器对其性能、可靠性和速度的要求很高，而对于其投资的费用等的考虑则处于次要的定位。因为骨干路由器在局域网中的应用并不广泛，一般的网络管理员遇到的机会并不多，因此不进行过多的介绍。

**8. 路由器的选择与参数**

（1）背板带宽

按照路由器背板带宽标明了路由器的交换能力，因此，根据背板带宽可进行如下划分：

① 高档路由器：其背板带宽>40Gbps，如骨干路由器的背板带宽高达 1000Gbps。

② 中档路由器：其背板带宽 25～40Gbps，主要用做中间节点路由器。

③ 低档路由器：其背板带宽<25Gbps，主要用做接入（宽带）路由器。

（2）端口类型

在选择路由器时，应当注意路由器的 LAN 端口应符合所要连接的局域网类型，例如，在连接双绞线以太网时，其 e0、f0、G0 口为 RJ-45；其次，还应注意所连接的广域网类型，例如，WAN 口为 ISDN、ADSL、DDN 等。例如，某路由器的端口参数就有：以太网端口、令牌环端口、高速同步串口、低速异步/同步口、高速异步串口、ISDN BRI 口、AUX 端口，以及 Hub 端口数等诸多的参数可供选择。

（3）路由器的安全特性

由于路由器是网络的关键设备，针对网络可能存在的各种安全隐患，选择路由器时应当考虑其具有的安全特性：

① 可靠性与线路安全：是针对故障恢复和负载能力而提出来的。路由器的可靠性

主要体现在接口故障和网络流量增大时两个方面。备份接口是路由器设计中必须考虑的因素之一,因为当主接口出现故障时,所设计的备份接口就可以自动投入工作,从而确保网络的正常运行;其次,当网络流量增大时,备份接口又可以承担负载分流的任务。

② 身份认证:路由器中的身份认证主要包括访问路由器时的身份认证、对端路由器的身份认证和路由信息的身份认证几个方面。

③ 访问控制:路由器的访问控制,可以进行口令的分级保护措施。常用的措施有基于 IP 地址的访问控制和基于用户的访问控制两类。

④ 信息隐藏:在双方通信时,应尽量避免以真实身份(如内网 IP)进行。通过地址转换,可以仅以公网有效地址的身份访问外部网络,而将内网地址隐藏起来。这样,网外的用户就不能通过所获取的地址而直接访问到网内资源了。

⑤ 其他安全特性:有数据加密、攻击探测和防范及安全管理等。

（4）路由器的控制软件

路由器的控制软件是路由器发挥功能好坏的关键,它将直接影响到软件的安装、参数的自动设置、软件版本的升级等很多方面。因为软件的安装、参数的设置及调试越方便,用户使用就越容易掌握,也就能更好地在网络中发挥出路由器的作用。

（5）路由器的扩展能力

随着计算机网络的广泛应用,当原有的网络规模已不再满足实际需要时,就会产生扩大网络规模的要求。因此,路由器的扩展能力是在网络管理初期,即在设计和建设过程时就必须考虑到的。路由器的扩展能力主要指所选路由器支持的可扩展的槽数或可扩展的端口数目。

（6）可管理性

随着网络的建设与规模的逐步扩大,网络的维护和管理的难度必将随之增加,因此,在选择路由器时,应当从发展的角度进行选择,使得所选设备具有良好的可管理性。

（7）热插拔功能

在安装、调试、检修和维护网络时,或者是在网络的增容或扩展中,不可避免地需要在网络中增减设备。因此,所选的设备能否支持带电插拔,将是路由器或其他设备维护是否方便的一个重要的性能指标。

（8）协议的选择

路由器对互连网络使用协议的要求是:第一,互连的网络必须使用可路由协议;第二,单协议路由器只能互连使用同一种协议的网络,双协议路由器可以支持两种使用不同路由协议网络的互连,没有一种路由器能够支持所有路由协议。因此,选择路由器时应注意互连网络所用的路由协议。很多厂商都制定了自己独家的路由协议标准,如 Apple 和 IBM 公司制定的 AppleTalk 和 IBM 协议,Novell 公司网络操作系统制定的 IPX/SPX 协议。因此,在连接这些网络时,所选的路由器就应当对专有路由协议提供支持,如 3Com 公司的路由产品就能够支持多种路由协议。

（9）其他技术的选择

在选择路由器时,第一,应先从技术角度考虑,如可延展性、路由协议、广域数据服务的支持以及集成能力等。第二,应遵循基本的原则,如标准化原则、技术简单性原则、环境适应性原则、可管理性原则,以及容错冗余性原则等。第三,对于高端路由器应着重考虑的是高可靠性、高扩展性和高性能,以确保所选设备适应骨干网的要求。

## 5.6 高层互连设备

海关是一个国家通往另外一个国家的关口。与海关类似,网关是一个网络连接到另一个网络的"关口"。通过网关可以将多个使用不同协议的网络互连起来。高层的互连设备通常是指网关,其主要作用是对使用不同传输协议的网络中的数据进行相互的翻译和转发。

### 5.6.1 高层互连设备的基本知识

网关是比路由器和网桥都要复杂的网间互连设备。由于网关具有协议的翻译和转换的功能,因此又叫做网间协议转换器。

**1. 网关的定义**

网关是一种充当不同协议转换重任的计算机系统或设备。软件网关一般是指安装了网关软件的计算机、服务器或小型机等。例如,使用了防火墙软件的计算机就是一种软件网关。

**2. 理论作用**

网关是比其他层设备都要复杂的网间互连设备;复杂的硬件高端网关,可能是硬件和软件集成在一起的复杂设备。在使用不同的通信协议、数据格式或语言,甚至体系结构完全不同的两种系统之间,网关是一个协议的翻译和转换器。网关是一种复杂的网络连接设备,它可以支持不同协议之间的转换,实现使用不同协议网络之间的互连,为此,又被叫做网间协议转换器。从理论上讲,网关可能涉及 OSI 七层模型的各个层次;但是,通常网关是指工作在 OSI 七层模型的高 3 层,即会话层、表示层和应用层的软件及硬件设备。

**3. 网关的互连条件**

用中继器、网桥、交换机或者路由器连接网络时,对连接双方的高层协议都有所规定,相同时才能连接。而网关则允许使用不同的高层协议,通过它能够为互连网络的双方高层提供协议的转换功能。在两个网络通过网关进行高层互连时,应注意的是所选网关应支持互连网络的协议转换。目前,大多使用工作在应用层的网关,也可简称为应用网关。

### 5.6.2 网关的类型与应用

高层网关具有对不兼容高层协议进行转换的能力,为了实现异构设备或网络之间的通信,需要在不同网络间加装网关,以便实现对不同协议的翻译和转换。此外,网关常用来提供过滤和安全功能。大多数的网关是应用层网关,即运行在 OSI 模型的应用层。

**1. 网关的实际作用**

网关能够连接或识别多个高层协议完全不同的网络。因此,可以用它来连接局域网和广域网,例如,在使用协议不同的局域网与大型机互连、LAN-WAN 互连,以及 LAN-Internet 互连等场合都可以选择网关作为网间的互连设备。另外,在各种局域网接入 Internet 的通道处,大都安装有安全网关(防火墙),如图 5-27 所示。

**2. 网关的类型**

在实际应用时,网关有以下两种分类方法:

(1) 按照网关可以转换的协议数量分类

按照网关可以转换的协议数量可以分为"双边协议网关"和"多边协议网关(高端综合网关)"。通常情况下,网关都是"双边协议网关",即只能实现一种协议到另一种协议的转换。而多边协议网关能够提供多种协议的转换功能;但是,即使是高端综合网关也不能实现对所有不同协议的转换。高端综合网关设备一般位于网络中心的大型计算机系统和外部网络(如 Internet、移动通信网、有线电视网)之间。

(2) 按照网关的应用类型分类

网关一般是一种软硬件结合的产品。目前,网关已成为网络上每个用户都能访问大型主机的通用和首选工具,为了方便用户组建自己的 Intranet,用户应当熟悉市场上常用应用网关的类型。常用应用网关如下所述:

① 局域网协议转换网关:使用 NetBIOS 网关连接两个使用不同协议的局域网。该网关支持 TCP/IP 协议或 IPX/SPX 协议两种协议的自动转换服务。另外,用户可以根据需要选择各种局域网的网关,以实现各种不同 LAN 之间的互相连接,例如,ARCnet、Ethernet、Token Ring 和 Apple Talk 等。

② 邮件网关:可以向网络的用户提供邮件服务,如 IcomMail 就是一种反垃圾邮件的网关。

③ 支付网关:提供各种银行卡的支付服务。

④ CGI 通用网关接口:位于 Web 服务器和外部应用程序之间,实现相互的转换服务。

⑤ VOIP 语音网关:是英文 Voice Over IP 的简写,通过它可以利用企业现有的网络实现通过 Internet 免费拨打国际国内长途电话和实时传真的业务。例如,GCP/H. 323 SOHO 就是一个语音网关产品,它是一种带有 2 个模拟电话接口的 VOIP 设备,可以直接连接两个普通电话到 VOIP 网络;它带有 2 个以太网接口,还可以作为路由器使用;此外,它还提供了 DHCP(动态主机配置协议)和 VPN(虚拟个人网)功能;并且提供传输质量服务(Quality of Service,QoS)来确保在互联网上的语音质量。

⑥ 安全网关:用于保护局域网的一种网关设备,如图 5-27 所示的防火墙配置于路由器的内侧,可以与路由器配合使用,以提供安全接入广域网/公用网(PSTN、ISDN、DDN 和 X. 25 等)/互联网(Internet)的功能。另外,一种小型局域网使用的防火墙的实物如图 5-29 所示,它支持多种不同层次的高层协议,如 NAT、DHCP、

图 5-29　网络防火墙——网关

SNTP、TELNET、HTTP、TFTP、PPP、SNMP、PPPoE、CLI等。

⑦ 综合网关：如iSwitch信息交换综合服务平台就是一种综合性的复杂网关，它是一种多终端、多服务的信息交换综合服务平台，或者说是可以实现各种协议信息交换的信息交换机。该信息交换机是由核心交换系统、平台管理系统、平台路由系统等3大部分组成的复杂计算机系统。它一方面与移动通信网、有线电视网、互联网（Internet）、寻呼网等正在发展和将要发展的通信网络进行连接，另一方面与证券公司、银行、信息服务等众多的服务商连接。用户通过这个平台，就可以在任何地方、任何时间通过计算机、手机、电话、电视以及未来可能的其他终端进行股票委托交易、理财、查询、票务预订等，多种交易信息的传送，同时可以通过寻呼机、短信、电子邮件等任何方式获取定制的增值信息服务。目前，iSwitch平台已经在深圳、北京、上海、厦门、成都、香港等6个城市建成并开通，并计划建成覆盖全国的平台网络。

⑧ 其他流行的网关：WAP（无线通信协议）网关、计费网关、媒体网关、防火墙/应用网关和短信网关等。网络用户应当根据自身的需要选择和设置各种网关。

总之，当所连接的网络类型、使用的协议差别很大时，可以使用网关进行协议转换。因此，在两种完全不同的网络环境之间进行通信时，最适合使用网关。

由于网关提供一个协议到另一个协议的转换功能，它的效率比较低，因此，网关的管理比网桥、路由器更为复杂。一般网关用于提供某种特殊用途的连接，而不是在不同网络之间一般性的通信连接。随着Internet广泛的应用，将有更多的网关产品不断产生。

## 5.7 网络互连

在我们学习了各种网络硬件设备之后，在实际网络中，应当如何应用它们呢？什么是网络互连？使用互连设备互连网络时，必须解决的问题是什么？

### 5.7.1 网络互连的概念

局域网的迅速发展使得计算机的网络化、集成化环境得以迅速发展，越来越多的局域网之间或局域网与计算机主机之间要求相互连接，以便实现相互的通信、数据、信息或硬件资源的共享，并进一步与Internet互连，这就是局域网和广域网的互连。

**1. 什么是网络的连接或互连？**

（1）网络的延伸

随着局域网范围扩展的需要，电缆线的长度需要增长，网络中的信号会随着距离的增长而衰减。实际网络会通过各种网络连接设备来延伸网络的距离。

（2）网络的分段

网络分段就是将一个大的网络系统分解成几个小的局域网（即子网），然后再通过互连设备（交换机、网桥或路由器）将各个子网连接成一个整体网络。分段设计优点如下：

① 提高可靠性。

② 分散了负荷，提高了网络的性能。

③ 提高了安全性。

**2. 互连网络的类型**

从局域网之间的关系来划分,互连的网络可分为同构网和异构网。

(1) 同构网

同构网(homogeneous net)是指具有相同特性和性质的网络,即它们具有相同的通信协议,呈现给接入网络设备的界面也相同。同构网一般是由同一厂家提供的某种单一类型的网络。由不同厂家提供的,符合 IEEE 802 标准的局域网也未必是同构网。

(2) 异构网

异构网(heterogeneous net)是指网络具有完全不同的传输性质和通信协议。目前,不同类型的网络之间的连接大多是异构网间的连接。

根据所连网络的实际差异,可以将互连的网络分为以下几种类型:

① 同构局域网之间的互连(LAN-LAN)。
② 异构局域网之间的互连(LAN-LAN)。
③ 局域网与 Internet 之间的互连(LAN-Internet)。
④ 多个远程局域网之间互连为广域网。

**3. 互连网络必须要解决的问题**

① 如何在物理上把两种不同的网络连接起来。
② 如何实现一种网络与另一种网络的互访与通信。
③ 如何解决两种不同网络之间在协议方面的差异。
④ 如何处理两种网络之间在传输速率方面的差别。

**4. 网间互连设备概述**

网络互连设备有网内连接设备和网间连接设备,它们采用了不同的硬件或软件的方法对网络的差别进行处理。

(1) 局域网连接或延伸时常用的网络互连设备(网内连接设备)

互连、扩充节点容量和扩展网络距离的连接设备有中继器、集线器、网桥、交换机等。

(2) 局域网远程连接时常用的网络互连设备(网间连接设备)

在远程计算机、远程局域网、广域网(WAN),以及 Internet 等网络之间进行远程互连时,常用的网络互连设备有路由器和网关等。

(3) 局域网远程接入设备

主要指计算机或局域网接入 Internet 的设备,常用的有:调制解调器、远程访问服务器、路由器和网关等。

## 5.7.2　网络连接设备的应用场合

何时使用中继器、网桥、交换机、网桥路由器、路由器、网关? 这是很难确定的事,因为并没有一定的限制,应根据实际情况而定。

通常可以根据图 5-30 进行选择设计。一般,互连涵盖 OSI 模型的层次越少,功能就越简单,价格也越便宜,速度也越快,如集线器和路由器相比;反之,涵盖 OSI 模型的层越多,则功能就越强,价格也越贵,速度也越慢,如路由器同网关相比。

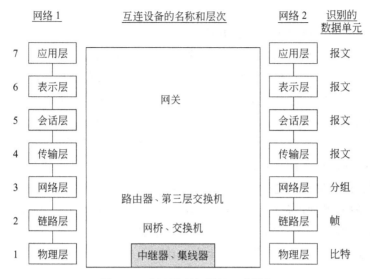

图 5-30　OSI 模型与网间互连设备

综上所述,选择和设计网间互连设备的准则为,根据当时的实际情况,并且兼顾未来的发展需要,根据需要选择,以最低的成本取得最高的效益。

## 习题

1. 按照传输介质是否有形可以分为有线介质和无线介质两类,每类中都有哪些传输介质?
2. 双绞线分为几类? 每类的特性参数是什么? 各用在哪种网络标准中?
3. 什么是直通双绞线? 什么是交叉双绞线? 请举例说明它们各自适用的场合。
4. 选择传输介质时需要考虑的主要因素有哪些?
5. 网络适配器的其他名称是什么? 它由哪几部分组成?
6. 网卡的功能有哪些? 如何选择和购买网络适配器?
7. 网卡工作在 OSI 模型的第几层? 它完成哪些功能?
8. 工作在物理层和数据链路层的部件和设备各有哪些?
9. 什么是冲突域和广播域? 请问一个使用 16 口集线器的 10Base-T 网络中,如果连接有 10 个计算机节点,其冲突域的数目和广播域数目各是多少? 如果将集线器换为传统交换机,其冲突域的数目和广播域数目又是多少?
10. 从理论上看,物理层设备的功能是什么? 在实际中,物理层设备的作用又是什么?
11. 使用多个 10Mbps 独立式集线器级联时,数量有无限制? 可否采用一个堆叠式集线器来代替这多个独立式集线器? 说明这两种方案的区别。

12. MAC 地址是什么？MAC 地址是怎样组成的？每个 MAC 地址占多少位？作用如何？

13. 选择交换机时是否需要考虑端口支持的 MAC 地址数目？为什么？

14. 交换机与集线器的主要区别是什么？

15. 如何进行两台交换机或集线器的级联？

16. 请说明在选择交换机时，其端口的参数和类型有哪些？如何选择交换机？

17. 按照交换方式选择交换机有几种方式？如果需要避免丢包的现象，应选择哪一种？

18. 什么是 MAC 地址？它由多少位二进制组成？其表示方式是什么？

19. 如何查看网卡的 MAC 地址？MAC 地址由哪两部分组成？每部分的含义是什么？

20. 从应用规模看，常见的交换机有哪些类型？各适用在什么场合？

21. LAN-WAN-Internet 网络互连中常用的硬件设备有哪些？各有什么特点？

22. 根据交换机的传输方式进行分类有几种，各有什么特点？适合于什么场合？

23. 在网络设备中，哪种设备可以隔离广播信息？哪种设备可以互连不同的 IP 子网？

24. 什么是路由和路由器？它工作在哪一层？其主要作用是什么？

25. 使用路由器的应用要求和条件是什么？什么是单协议路由器？什么是多协议路由器？

26. 使用集线器、交换机互连网络的应用要求和条件是什么？

27. 使用网关互连网络的条件是什么？目的又是什么？

## 实训环境和条件

### 1. 网络硬件环境

① 已建好的 10/100/1000Mbps 的以太网，至少包含带计算机网卡的 2 台以上的计算机。

② RJ-45 连接器、网线，以及制线和测线工具。

### 2. 网络软件环境

① 安装有 Windows XP/7 操作系统的计算机。

② 网卡的驱动程序或安装光盘。

## 实训项目

### 1. 实训 1：制作双绞线

（1）实训目标

掌握制线和测线工具的使用，制作直通和交叉双绞线。

（2）实训内容

① 制线和测线：使用制线工具制作一条直通线和一条交叉线，并使用测线仪进行测试。

② 用线：将一条直通线和一条交叉线分别用于交换机（集线器）与双机互连。

**2. 实训 2：测试命令及网络连通性测试**

（1）实训目标

① 学习和掌握 TCP/IP 协议配置参数和过程。

② 学习和掌握相关的网络测量和管理命令。

（2）实训内容

① 配置 TCP/IP 协议：添加 TCP/IP 协议；配置 IP 地址、子网掩码和默认网关等参数。

② 网络命令：使用 ping、ipconfig(/all)命令测试网络的连通性及网卡的配置信息。

③ 网卡信息：查看并记录网卡的 I/O 地址、IRQ 号和 MAC 地址等基本参数。

# 第6章

## 局域网实用组网技术

在深入了解了局域网中的各种硬件后,如何组建一个以太网? 如何组建一个实用的、高性能的局域网? 又如何实现局域网接入 Internet 或进行远程互连呢? 这些都是本章要解决的问题。

**本章内容与要求:**
- 了解局域网设计的基本原则。
- 掌握典型以太网组网技术。
- 掌握共享式高速以太网组网技术。
- 掌握交换式以太网组网技术。
- 掌握虚拟局域网的基本原则和实现条件及划分方法。
- 掌握无线局域网的组网技术。
- 掌握局域网的接入与远程访问技术。

## 6.1 典型局域网的组网技术

局域网就是通过各种传输介质将一个或几个建筑内的各种计算机或其他外部设备(即通信节点)连接在一起,并具有相应软件支持的局部网络系统。局域网的实用组网技术应当包括以下几个部分:
- 典型以太网组网技术。
- 高速局域网组网技术。
- 结构化综合布线技术。
- 局域网接入技术。
- 网间互连技术。

### 6.1.1 设计局域网的基本原则

在设计与连接具体局域网时,还应当考虑如下一些主要因素。

**1. 局域网硬件结构设计时应考虑的两个因素**

① 网络节点的布局(即网络拓扑结构)。

② 传输介质。

选择局域网的硬件结构是组建局域网需要考虑的首要问题,它与网络的拓扑结构、传输介质和访问控制方式等密切相关。此外,网络拓扑结构和传输介质的选择,还对网络的工作和传输性能的好坏有着重大的影响。因此,不同拓扑结构和传输介质的选择都将直接影响着成本、网络性能和可管理性等问题。

**2. 设计网络拓扑时应考虑的基本原则**

① 分段能力:设计合理的网络拓扑应具有分裂成较小网段的能力,这样可以改善网络的支持能力和可靠性。

② 诊断和故障检测能力:设计成功的网络拓扑应具有诊断软件和硬件故障的能力,这样可以提高网络故障的分析、查找和处理的能力。

③ 带宽:带宽直接关系到网络传输介质的通信质量。成功的传输设计,可以使网络数据流在传输介质中通行顺利,畅通无阻,没有数据的瓶颈问题和数据的碰撞、阻塞等现象。

④ 可管理性:网络拓扑应具有较强的管理控制能力,以确保用户及其应用程序的可靠存取、安全保密和管理的可控性。

⑤ 桥接能力:成功的网络拓扑在设计时,还应考虑到未来网络的发展,允许新的局域网、小型机和大型机接入网络。

⑥ 扩展和维护能力:好的网络拓扑设计应方便加入或移出节点,这样将方便扩充和维护网络。

## 6.1.2 典型以太网概述

以太网是最常用的局域网,它可以支持各种协议和计算机硬件平台。正是由于以太网具有组网的低成本,对协议和硬件的广泛支持,才使得它被广泛采用。下面将介绍国内外广泛应用的几种局域网的结构组成、技术特点及其实用组网技术。

**1. 以太网的发展**

以太网最初是由施乐公司创建,并由 DEC、Intel 和施乐 3 家著名公司发展,于 20 世纪 80 年代初首次出版的标准。后来,这 3 家公司将自己的规范提交给了 IEEE 802 委员会,经过 IEEE 成员的修改演变为 IEEE 的正式标准,其编号为 IEEE 802.3。最后,IEEE 将其制定的 IEEE 802.3 标准提交给国际标准化组织(ISO),经过修订最终演变为了国际标准 ISO 802.3。这就是以太网标准、IEEE 802.3 标准和国际标准 ISO 802.3 之间的联系与区别。

**2. 以太网的拓扑结构**

共享式以太网的逻辑拓扑结构是总线型,这是根据其使用的介质访问控制方式而定义的,其物理拓扑结构有总线、星型(树型,即扩展星型)等几种。

目前,随着各种网络技术的不断创新,以太网的拓扑结构也随之发生了变化。当前流行的交互技术、VLAN 技术等都是基于交换机的网络技术,因此,最常用的是基于交换机的星型和树型拓扑结构。

### 3. 以太网的介质访问控制方式

以太网采用CSMA/CD方式,在IEEE 802.3标准中的物理层规范中规定了其电缆中传输的二进制信号的编码方式,如低速以太网采用了曼彻斯特及差分曼彻斯特编码。

### 4. 以太网的产品标准与分类

以太网中常见网络的主要参数如表6-1所示。采用不同以太网组网时,所采用的传输介质,以及相应的组网技术、网络速度、允许的节点数目和介质缆段的最大长度等都各不相同。

(1)低速产品的常见标准

符合IEEE 802.3标准的以太网低端产品的传输速率为10Mbps,其正式标准有以下3种:

① 10Base-5:粗缆以太网,使用曼彻斯特编码的基带传输,已经淘汰。

② 10Base-2:细缆以太网,使用曼彻斯特编码的基带传输,已经淘汰。

③ 10Base-T:双绞线以太网,使用曼彻斯特编码的基带传输。

(2)其他以太网标准

除了低速以太网外,还有若干个以太网的变形产品标准。这些变形标准倾向于更长的传输距离、更快的传输速度,以及交换技术。其中比较著名的有以下几种:

① 100Base系列:快速以太网。

② 1000Base系列:千兆位以太网。

③ 交换式以太网系列:10Mbps、100Mbps和1000Mbps。

表 6-1　以太网的标准和主要参数

| 以太网标准 | 传 输 介 质 | 物理拓扑结构 | 区段最多工作站/个 | 最大区段长度/m | IEEE规范 | 标准接头 | 速度/Mbps |
|---|---|---|---|---|---|---|---|
| 10Base-5 | 50Ω 粗同轴电缆 | 总线 | 100 | 500 | 802.3 | AUI | 10 |
| 10Base-2 | 50Ω 细同轴电缆 | 总线 | 30 | 185 | 802.3a | BNC | 10 |
| 10Base-T | 3类双绞线 | 星型 | 1 | 100 | 802.3i | RJ-45 | 10 |
| 100Base-TX | 5类双绞线(2对) | 星型 | 1 | 100 | 802.3u | RJ-45 | 100 |
| 100Base-T4 | 3类双绞线(4对) | 星型 | 1 | 100 | 802.3u | RJ-45 | 100 |
| 100Base-FX | 2芯多模或单模光纤 | 星型 | 1 | 400～2000 | 802.3u | MIC,ST、SC | 100 |
| 1000Base-SX/LX | 2芯多模或多模光纤 | 星型 | 1 | 300～3000 | 802.3z | MIC、ST、SC | 1000 |
| 1000Base-T | 5类双绞线(4对) | 星型 | 1 | 100 | 802.3ab | RJ-45 | 1000 |

（3）共享以太网的总结

① 传输速度：10、100 或 1000Mbps。

② 介质访问控制方法：CSMA/CD。

③ 拓扑结构：逻辑拓扑为总线结构，物理拓扑为总线和星型结构。

④ 传输类型：帧交换。

⑤ 其他指标：各种以太网的组网技术有所不同，例如，100Base-TX 及 1000Base-T 高速局域网中距离的限制等。

⑥ 典型以太网：一般指速率在 10Mbps 及以下的低速共享式以太网。

⑦ 冲突域：所有节点处于同一个冲突域。任何时候只能有一个节点使用共享的通信信道传输数据。

⑧ 广播域：所有节点处于同一个广播域。

## 5. 以太网的主要设计特点

① 简易性，结构简单，易于实现和修改。

② 低成本，各种连接设备的成本不断下降。

③ 兼容性，各种类型、速度的以太网可以很好地集成在一个局域网中。

④ 扩展性，所有按照以太网协议的网段，都可以方便地扩展到以太网中。

⑤ 均等性，各节点对介质的访问都基于 CSMA/CD 方式，所以它们对网络的访问的机会均等，采用"争用"的方式取得发送信息的权力，并以广播方式传递信息。

总之，以太网经过长期的发展和完善，具有较高的传输速率、结构简单、组网灵活、便于扩充、易于实现和低成本等优点，从而成为当前应用最为广泛的局域网技术。

## 6.1.3　双绞线以太网

10Base-T 中的 T 是双绞线电缆（Twisted-pair）的英文缩写。IEEE 802.3 的 10Base-T 标准，使用星型物理拓扑结构，并使用接有 RJ-45 头的 UTP 作为传输电缆，这种标准使用大量的电缆，但同时提供了更加稳定和便于维护的网络。

### 1. 共享式双绞线以太网的硬件结构

10Base-T 是在共享模式的设计思想基础上设计出来的局域网，它利用 3 类、5 类或超 5 类的非屏蔽双绞线、RJ-45 接头和集线器连接为物理拓扑结构为星型的网络。

（1）集线器

图 6-1 中所示的独立式有源集线器是共享式双绞线以太网的核心连接设备。Hub 会将网络中任意一个节点（计算机）发送的信息转发到所有与之相连的端口，因此，会阻塞其他所有端口。Hub 的主要功能如下：

① 组网功能：Hub 上的多个 RJ-45 接口可以连接多个计算机。如图 6-1 所示的 10Base-T 网络使用不超过 100m 的双绞线，将每一台网络设备连接到中心节点的共享集线器上。另外，Hub 上的 RJ-45（级联或普通）接口还可以与其他 Hub 或交换机相连，因此，很易于扩展网络。由于 10Base-T 以太网组网的高灵活性，因而，更适合那些不断增长

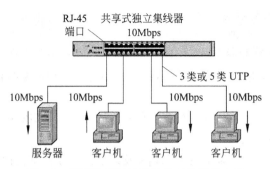

RJ-45 共享式独立集线器
端口 10Mbps

3 类或 5 类 UTP

10Mbps 10Mbps 10Mbps 10Mbps

服务器 客户机 客户机 客户机

图 6-1 星型物理拓扑结构的双绞线以太网

的网络。

② 与其他介质连接的功能：通过 Hub 上的 AUI、BNC、SC/ST 等其他介质的连接接口，可以与使用粗缆、细缆和光纤的以太网直接相连。

③ 信号的强化功能：Hub 能对收到的计算机信号进行放大整形，并传播信号到网络上的所有接口。

④ 自动检测与强化"碰撞"信号的功能：在检测到"碰撞"信号后，Hub 会立即发送出一个阻塞(JAM)信号，以强化"冲突"信号，因而，增强了整个网络的抗冲突能力。

⑤ 故障的检测与处理：能够自动指示有故障的计算机节点，并切除其与网络的通信。

（2）标准（直通）双绞线电缆

10Base-T 网络标准常用的是 3 类、5 类及以上类型的 8 芯 UTP 电缆。在 UTP 的 8 芯线中仅使用了其中的 4 芯，一对用于发送信号，另一对用于接收信号。每条双绞线电缆的两端都装有同样的 RJ-45 型接头（水晶头），并按照标准线规定的线序连接，简称标准线或直通线。每个工作节点都通过标准线来连接网卡与集线器；另外，集线器与集线器之间的连接也需要使用双绞线电缆。因此，10Base-T 网络需要使用大量的双绞线电缆。

（3）网卡（RJ-45 接口）、双绞线电缆和 RJ-45 接头

连入 10Base-T 网络的每个计算机节点都要安装一块支持 RJ-45 接口的 10Mbps 速率的以太网网卡，并通过标准双绞线电缆与集线器进行连接。

**2．10Base-T 网络的组建方法**

典型 10Base-T 结构的组网实例如图 6-1 所示，所有节点（服务器或工作站）均通过自身的 RJ-45 网卡、带有 RJ-45 接头的传输介质（标准线或直通线）连接到 Hub，形成物理的星型网络。每个节点到 Hub 之间双绞线的最大距离为 100m。

单集线器结构适合小型工作组规模的局域网，如小办公室、实验室和网吧等，其中心节点通常为具有 8、16、24 个普通 RJ-45 端口的共享型集线器。为了连接其他以太网，Hub 上通常还会有一个或多个 BNC、AUI 或 ST(SC)等其他传输介质的连接端口。

**3．双绞线以太网的扩展组网方案**

为了扩展网络的距离或计算机的节点数，可以采用下面的几种集线器的扩展方案：

（1）独立集线器提供的端口类型

① 级联端口：指专门用于级联的标有"出口/入口"或"Uplink"的端口。大部分集线器的级联口标注有 Uplink 字样，由于该端口与第一个普通 RJ-45 口直接相连，因此，这两个口不能同时使用，只能使用其中的一个。

② 普通 RJ-45 端口：其数目一般是 8、16、24、32 等。例如，单立式 16 口集线器最多可以连接 16 台计算机，但是，如果使用了 Uplink 端口，则最多只能连接 15 台计算机。

③ 其他介质的连接端口：是指用于连接粗/细同轴电缆的 AUI/BNC 或光纤的 ST 端口。

（2）多集线器级联结构

① 级联的目的：是为了组成更大规模的网络。当设计的网络节点数目超过单个集线器所允许的最大数目时，就应当采用 Hub 级联的方法。级联时，应注意设备的中继距离和规则。例如，在低速 10Base-T 网络中，应遵循 5-4-3 规则，即任意两个计算机节点间的一条通路上最多可以串联 4 个集线器，如图 6-2 所示的 10Base-T 级联示意图。

② 级联的方法：通常是指使用一般的双绞线通过普通 RJ-45 口或是 Uplink 口将两台或多台集线器或交换机连接起来。对于不同端口，多集线器结构的级联有以下几种方法：

- 使用标准线，通过集线器上专门的级联出口/级联入口进行级联，如图 6-2 所示。由于使用 5UTP 进行级联，因此，图中任意两个计算机节点间的最长距离为 300m。

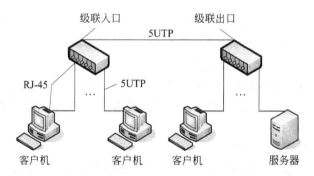

图 6-2　使用专用级联口级联的双集线器 10Base-T 网络

- 对于没有专门级联入口/出口的两个集线器，可以使用标准线将一个集线器上边的 Uplink 级联口与另一个集线器上边的普通 RJ-45 端口相连，从而实现多集线器之间的级联。如图 6-3 所示，使用 5UTP 级联的任意两个计算机间的最长距离为 300m。

- 使用交叉线连接两个没有级联（Uplink）口的集线器上的普通 RJ-45 接口，也可以实现多集线器的级联。

- 使用同轴电缆、光纤，通过集线器提供的其他介质连接端口实现级联。例如，在图 6-4 所示的使用光纤级联的 10Base-T 网络中，任意两台计算机间的最长距离为（200＋光纤许可距离）m。

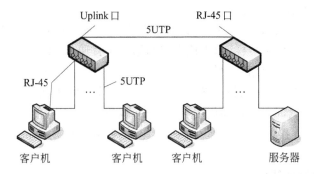

图 6-3  使用 Uplink 和普通 RJ-45 口级联的双集线器 10Base-T 网络

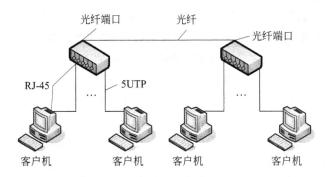

图 6-4  使用光纤口级联的双集线器 10Base-T 网络

③ 级联设备的管理：通过统一的网管平台，在网络中可以实现不同厂家设备的统一管理。例如，可以将 Dlink、华为和思科等不同厂商的设备级联起来，进行统一管理。

④ 级联设备的特点：级联网络中的设备具有易理解、好安装、不同厂家的设备都可以级联等优点。但是，与堆叠设备不同的是，级联的多个设备是上下层的关系，而且上层设备的性能优于下层设备。这样，当级联的层次较多时，下级级联设备的节点就会产生比较大的延时；因此，最后一层的设备的性能最差。

（3）可叠加集线器以太网结构

使用可叠加集线器或交换机组建以太网的典型结构如图 6-5 所示。

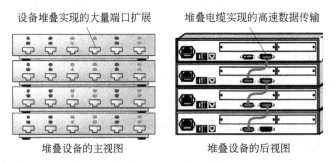

图 6-5  集线器/交换机的堆叠结构

① 堆叠的目的：为了满足大型网络对端口的数量要求，在大型网络中采用了集线器

或交换机的堆叠方式。可堆叠集线器或交换机是指在一个集线器或交换机中,同时具有"UP"和"DOWN"的堆叠端口。

② 堆叠的条件:在进行堆叠时,应当注意只有支持堆叠的设备才能进行堆叠,另外,一般同型号的设备才能够堆叠在一起。

③ 堆叠设备的管理:当多个集线器或交换机堆叠在一起时,其作用就像一个设备一样。因此,堆叠的设备可以简化本地管理,一组设备作为一个对象来管理,提供统一的管理模式。例如,当5个16口的可叠加集线器连在一起时,可以看做是1个80口的集线器。堆叠在一起的交换机可以当作一个单元设备来进行管理。一般情况下,当有多个交换机堆叠时,其中存在一个可管理交换机,利用该交换机可对此可堆叠式交换机中的其他交换机进行管理。

④ 堆叠设备的特点:

• 优点:堆叠后的集线器或交换机可以看成一台设备来使用。因此,在使用集线器的共享以太网中,堆叠的集线器数目不受中继规则的限制;堆叠后的交换机,具有很高的带宽。另外,与级联不同的是,堆叠的多个设备处于同一层次,因此,堆叠交换机中任意两个端口的延时都是相同的。

• 缺点:堆叠技术是一种非标准化技术,堆叠的标准和模式是由各厂商自定的,因此,各厂商支持的堆叠产品是不能进行混合堆叠的。

说明:堆叠方式采用厂家的堆叠电缆,堆叠在一起的集线器在逻辑上作为一个集线器,不受5-4-3规则的限制。因此,在10Base-T网络中避免5-4-3规则,而增加端口数的最好办法是采用堆叠式集线器。

总之,由于10Base-T以太网有多种物理层规范,可以使用多种传输介质,因此,互连十分方便。连接时,主干网通常采用光纤,通过分支网络的双绞线形成树型网络,这样可以提高干线的可靠性与干扰能力,并可以延长传输距离,增加网络的节点数目。

### 4. 10Base-T 双绞线以太网的应用特点

10Base-T双绞线以太网络一出现,就得到了世人的青睐和瞩目,并得到了广泛的应用。其原因就在于它具有以下特点。

(1) 优点

① 容易维护:当某一段线路、计算机、互连的网络设备,如某个Hub出现故障时,Hub会将故障节点自动排除在网络之外,从而保证了剩余部分的正常工作。

② 容易组建:双绞线以太网的安装、管理和使用都很简单,因此,便于自行组建。

③ 低成本:线路的安装简单,可以自行组建,因此,减少了网络安装费用。

④ 扩展方便:网络站点数目不受线段长度和节点与节点距离的限制,因此,扩充极为方便。此外,由于10Base-T与其他以太网兼容,因此,它与100Base-FX和10Base-2等不同物理层标准的网络互连时,无需改变网络系统中的硬件和软件设置。

⑤ 容易改变网络的布局:可以容易地改变网络的某一部分布局,例如,扩充与减少节点(计算机或其他网络设备)不会影响或中断整个网络的工作。

⑥ 允许多种媒体共存:通常每个Hub或Switch有$N$(8、16、24)个RJ-45接口和$M$

(1、2、3、4)个其他型号的向上接口,例如,集线器或交换机都可以既拥有连接双绞线的 RJ-45 端口,也具有连接同轴电缆的 AUI 或 BNC 接口,以及连接光纤的 ST 或 SC 接口。因此,可根据通信量需求的大小和节点分布的情况选择和设计不同规模、使用不同介质的网络。

（2）缺点

① 对于使用集线器和 CSMA/CD 的共享网络来说,随着网络计算机节点的增加,网络的响应速度会不断下降,响应的时间过长,导致网络性能的急剧下降。有实验表明,一个单 Hub 的 10Base-T,虽然具有 10Mbps 的带宽,但是,当网络工作节点增至 20 个的时候,其实际的可用带宽将降至原来的 30%～40%。此外,当使用多个 Hub(最多 4 个)级联时,或者是与其他以太网连接之后,所有的网络节点将共享 10Mbps 的带宽。因此,Hub 所连接的节点越多,每个工作节点得到的带宽就越窄。在高负荷时,网络性能急剧下降。解决的方法是将核心设备更换为交换机,这将在后面章节详细介绍。

② 网络的中央节点的负荷过重,一旦 Hub 出现故障,将导致整段或全部网络瘫痪。

③ 双绞线的抗干扰能力弱,因此,选择时应十分注意它的电器特性。

④ 由于每个单段网线只能连接一个工作节点,所以网络通信线路的利用率很低。

**5. 10Base-T 双绞线以太网的总结**

① 拓扑结构:由于介质访问控制方法为 CSMA/CD,因此,10Base-T 是逻辑上的总线型拓扑结构,物理上的星型拓扑结构。

② 网线类型:3 类、5 类或超 5 类非屏蔽双绞线。

③ 传输速度:10Mbps。

④ 最大网络节点数目:1024 个。

⑤ 每段最大节点数目:1 个。

⑥ 级联的最大集线器数量:4 个。

⑦ 最大网段长度:100m。

⑧ 冲突域:1 个。

⑨ 广播域:1 个。

综上所述,局域网可以使用各种传输介质,可以是同轴电缆、双绞线、光纤或无线介质,目前使用较多的是双绞线和光纤。另外,虽然低速共享网络已经向交换式的高速网络全面转换,但是,组网的方法没有太大的改变。因此,低速 10Base-T 网络可以说是典型的以太网。

下面将要介绍的高速交换式/虚拟式以太网,以及其与光纤干线网的混合连接的网络是当前的主流网络。这是因为大多数的办公室都安装有双绞线的 RJ-45 接口,而光纤能为网络干线提供优良的传输特性,并具有速度高、抗干扰能力强及传输距离长等优点。

## 6.2　高速局域网

随着网络的应用和发展,为了适应信息时代的需要,目前的局域网正向着高速、模块、交换和虚拟局域网的方向发展。自 1992 年以来,100Mbps、1000Mbps 和 10Gbps 的以太网,以及其他高速局域网的技术正逐步成熟,并且得到了广泛的应用。

采用高速局域网的组网技术,主要用于提高网络的流通量,解决网络传输性能瓶颈的问题。目前,流行的高速局域网类型有:共享式快速以太网、交换式高速以太网、虚拟局域网(virtual LAN)、千兆位(1000Mbps)以太网、FDDI 和 ATM 局域网等。

## 6.2.1 高速局域网技术概述

### 1. 高速局域网基本概念

(1) 高速局域网

一般将数据传输速率在 100Mbps 以上的局域网称为高速局域网。

(2) 改善网络性能的传统手段

① 采用缆段细化的方法,将一个大的局域网分割成若干个小的子网,然后通过网桥、路由器、网关等进行连接,最终成为可以互相传递信息的网络信息系统。

② 采用更高速率的局域网:是指从提高缆线的传输速率着手来提高网络性能。

(3) 当前改善网络性能的手段

随着网络技术的应用和发展,由于传统方法不能解决网络的通信瓶颈问题,提高传输介质的传输速率涉及布线工程,具有成本高、实现困难等特点,因而,不得不进行改进,以适应时代发展的需要。当前提高网络性能的主要思路有以下两个:

① 交换式:通常是从多缆段所连接的核心设备,如集线器入手,将共享式的设备变换为交换式。交换技术从根本上改善了介质的访问方式,废除了“竞争”的访问方式,采用了各个节点间的并发、多连接交换链路。

② 其他技术:在现代局域网中,通过软件与硬件的结合,可以更大地提高网段的性能。例如,在交换式以太网中,引入虚拟局域网(VLAN)或 IP 子网技术,可以重新划分冲突域(是指节点访问的冲突范围)和广播域(是指广播信息所到达的范围),极大地提高了网段的传输性能,提高了安全性和可管理性。

### 2. 提高网络性能的几种常用解决方案

在局域网中为了克服网络规模与网络性能间的矛盾,人们提出以下几种解决方案:

① 提高传输速率:增加绝对带宽。例如,从传统的 10Mbps 以太网升级到 100Mbps 快速以太网和 1000Mbps 千兆位的以太网,以及正在发展的万兆以太网(10 Gigabit Ethernet)。

② 采用网络分段:缆段细化的方法。例如,可以将一个大型局域网络划分成多个子网,并用网桥、交换机或路由器等进行互连。通过网桥、交换机和路由器等可以隔离子网之间的通信量,以及减少每个子网冲突域内部的节点数,从而使网络性能得到改善。

③ 将共享式局域网变化为交换式局域网:替换核心设备,改变技术。例如,使用 100Mbps 交换机替代 100Mbps 集线器,从而将 100Base-T 快速共享式以太网变换为快速交换式以太网。这种技术以其组网灵活、方便、网络流通量大、网络传输冲突少、造价低,以及充分保护原有的投资,而成为当今高速局域网的主流技术。

④ 采用更先进的技术：随着网络和信息技术的发展，新的技术层出不穷。例如，采用 ATM 交换技术的局域网，网络响应时间能够降至 20～30ms，因此它更适合于交互式多媒体信息处理的应用场合。又如，在交换式以太网中，采用 VLAN 和 IP 子网划分技术。

前面提到的网络标准的传输速度都只有 10Mbps，随着多媒体、信息、电子商务技术，以及网络用户的迅速发展，如今的网络需要更高的速度。

常见高速局域网的标准和主要参数如表 6-2 所示。

表 6-2  常见高速局域网的标准和主要参数

| 以太网标准 | 传输介质类型 | 适用的信息类型 | 应用 | 规范 | 每比特发送时间/ns | 提供传输速度/Mbps |
|---|---|---|---|---|---|---|
| 快速以太网 100Base-TX/FX/T4 | 共享介质 | 数据与某些多媒体 | 桌面 | IEEE 802.3u | 10 | 100 网络共享 |
| 100Base 交换式快速以太网 | 共享介质和交换混合技术 | 数据与多媒体 | 桌面、局域网、主干网 | IEEE 802.3u | 10 | 100 端口独享 |
| 千兆位共享和交换式以太网 1000Base-T/SX/LX | 共享介质和交换混合技术 | 数据与多媒体 | 服务器、部门转告网、主干网 | IEEE 802.3z 和 IEEE 802.3ab | 1 | 1000 网络共享或端口独享 |
| FDDI 光纤分布式数据接口 | 共享介质 | 数据与某些多媒体 | 桌面、局域网、主干网 | ANSI X39.5 | | 100 |
| FDDI Ⅱ 光纤分布式数据接口 | 共享介质（多路复用） | 数据与多媒体 | 桌面、局域网、主干网 | ANSI | | 100 |
| ATM | 交换技术 | 数据、语音、多媒体 | 桌面、局域网、主干网、广域网 | ATM 协会 IFTF IIU-TSS | | 25、52、155、622 和 2.488Gbps |

**说明**：10Mbps 以太网每比特的发送时间为 100ns($1ns=10^{-9}s$)。

目前，典型的高速局域网标准有 100Mbps、1Gbps、10Gbps 以太网和 FDDI 系列的高速局域网。它们的主干网的数据传输速率都大于或等于 100Mbps。

在过去一段时间内，常作为主干网的 FDDI 网络，则以其高容量、高强抗干扰能力、高可靠性和远距离传输为主要特征。

在众多高速网络技术中，应用最多的还是以太网技术，其最大优点就在于它的不断发展，以及兼容和扩展能力。当用户提出新的要求时，都可以找到增强型的现有标准，或者是新的以太网标准。因此，新的网络可以在改动很小的情况下进行扩展。这就是所谓的平滑过渡，无缝升级。在实际应用中，往往是一种或几种方法的综合使用。

例如，在划分 VLAN 的 100Base-T 交换式以太网中，第一，使用了提高绝对传输速率的方法；第二，采用了交换技术的方法；第三，采用了划分冲突域和广播域的方法。

## 6.2.2 共享式快速以太网

近年来常用的快速以太网发展迅速,这是因为该标准不但能够以 10Mbps 和 100Mbps 两种速度传输,还能够通过 UTP 或光缆等多种传输介质进行传输。

### 1. 100Base 快速以太网的结构

100Base-TX 快速以太网的结构与图 6-1 所示的 10Base-T 类似,只是在快速以太网中,其中心控制设备为 100Mbps 的共享式集线器。根据所使用的传输介质的不同,已经制定了以下 3 个标准。其主要参数如表 6-3 所示,使用的介质简单介绍如下:

① 100Base-TX:使用两对 5 类 UTP 或 STP 双绞线(网线最大长度 100m)。
② 100Base-T4:使用 4 对 3~5 类 UTP 双绞线(网线最大长度 100m)。
③ 100Base-FX:使用 S/M MF 型光纤(网线最大长度 400~2000m)。
其中:UTP 为非屏蔽双绞线;STP 为屏蔽双绞线;S/M MF 为单模或多模式光纤。

表 6-3　10Base-T 与 3 种快速以太局域网的比较

| 物理层规范 | 10Base-T (802.3i) | 100Base-T(802.3u) | | |
|---|---|---|---|---|
| | | 100Base-TX | 100Base-FX | 100Base-T4 |
| 传输介质类型 | 3/4/5 类 UTP | UTP5 类或 STP | 多模或单模式光纤 | UTP 3/4/5 类 |
| 介质接口 | RJ-45 | MII | | |
| 信号频率 | 25MHz | 125MHz | 125MHz | 25MHz |
| 要求的线的对数 | 2 | 2 | 2 | 4 |
| 发送线的对数 | 1 | 1 | 1 | 3 |
| 距离 m | 100 | 100 | 400~2000 | 100 |
| 全双工能力 | 无 | 有 | 有 | 无 |

### 2. 100Base 快速以太网技术标准

100Base 快速以太网是在 10Base-T 双绞线以太网基础上发展起来的一种以太网。快速以太网作为一种局域网标准,在 1995 年 7 月获得 IEEE 认证,并被称为 IEEE 802.3u 标准。该标准与 IEEE 802.3(10Base-T)的协议和数据帧结构基本相同,仅仅是速度上的升级。快速以太网采用物理的星型拓扑结构,以及逻辑的总线拓扑结构。

(1)与 10Mbps 以太网的相同之处
① 采用相同的介质访问控制方式,即 CSMA/CD 协议。
② 采用相同的数据传输的帧格式。
③ 相同的组网方法。
④ 同样的低成本、易扩展性能。
(2)与 10Base-T 的不同之处
① 快速以太网将每个比特的发送时间由 10Mbps 以太网中的 100ns 降低到 10ns。

② 工作频率不同,例如,10Base-T 的工作频率为 25MHz,而 100Base-TX 和 100Base-FX 的工作频率为 125MHz。

③ 物理层所支持的传输介质和信号编码方式不同,例如,10Base-T 使用曼彻斯特编码,而 100Base-TX 则采用了效率更高的 4B/5B 编码方法。

④ 快速以太网采用的 MII(Media Independent Interface)介质独立接口将 MAC 子层与物理层分隔开来,使得物理层在实现 100Mbps 速率时介质和信号编码的变化不会影响到 MAC 子层,如图 6-6 所示。因此 MII 也被称为介质无关接口。

⑤ 快速以太网技术在介质访问控制层(MAC)也使用了 CSMA/CD 协议,在物理层上支持 100Base-TX、100Base-T4 和 100Base-FX 等 3 种不同的物理层协议,如图 6-6 所示。在 MAC 子层和物理层之间,使用了独立介质接口 MII 进行隔离。使用了 UTP、STP 和光纤等多种传输介质。这样的处理,使得原来的 10Mbps 以太网的用户,可以在不改变网络布线、网络管理、检测技术及网管软件的情况下,直接兼容到 100Mbps 快速以太网中。

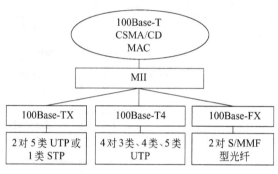

图 6-6 100Base-T(802.3u)示意图

### 3. 100Base-TX 组网的技术特点

① 100Base-TX 可以看成是 10Base-T 的直接升级,它保留了 10Base-T 的基本特征。如采用的层次结构与 10Base-T 相似,其中的 LLC 和 MAC 子层完全相同。因此,可以很容易地将 10Base-T 网络升级为 100Mbps 的 100Base-TX 快速以太网。

② MAC 子层与物理层之间采用了与介质无关的 MII 接口。

③ 介质访问控制方式仍然为 CSMA/CD。

④ 组网技术关键如下:

• 选择一台 100Mbps 的共享式集线器。

• 根据需要购置部分 100Mbps 网卡,或者将原来的部分 10Mbps 网卡更新为 100Mbps 网卡。100Base-T 网卡一般都具有很强的自适应性能,可以自动识别 10Mbps 和 100Mbps 工作模式。100Base-TX 网络允许两种工作方式并存于一个网络之中。

• 100Base-TX 使用两对 5 类或 5 类以上的 UTP,但是也支持 3 类 UTP,因而不用更换全部传输介质就可以将 10Mbps 以太网络升级为 100Mbps 高速以太网。

- 100Base-TX 网可以与 10/100Mbps 的交换机或集线器连接,因此,可以将其与原有的 10Base-T、新建的 100Base-T,以及下面将要介绍的交换式以太网集成到一起。
- 10Base-T 最多可以使用 4 个中继器或集线器连接 5 个 100m 长的网络段,如图 6-7 所示。而 100Base-TX 只允许使用两个,而且两个中继器或集线器之间的最大连接长度不能超过 5m,如图 6-8 所示。因此,当端口不足时,应采用可堆叠 Hub。

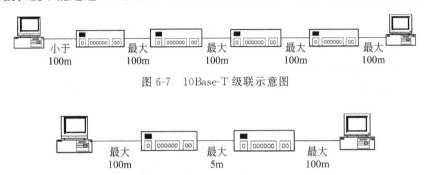

图 6-7　10Base-T 级联示意图

图 6-8　100Base-T 级联示意图

### 4. 100Base-T4 组网的技术特点

100Base-T4 使用 4 对 3 类或 3 类以上的 UTP 作为传输介质,其中的 3 对线用来同时传递数据,而使用第 4 对线作为冲突检测时的接收信道。它没有专用的发送和接收信道,所以不能实现全双工通信。组建 100Base-T4 以太网时应当遵循以下的规则:

① 使用与 10Base-T 相同的 8 针 RJ-45 连接器。

② 使用的编码与 10Base-T 不同,它采用 8B/6T 的编码方式。

③ 最大网段长度与 10Base-T 相同,也为 100m。

④ 与 100Base-TX 类似,最多级联两个集线器,两个设备间的距离不得超过 5m。值得注意的是,这个标准是作为 10Base-T 的升级标准使用的,目前已经很少使用了。大部分双绞线快速以太网都使用的是 100Base-TX 规范。

### 5. 100Base-FX 组网的技术特点

对于具有光纤模块的集线器,又需要长距离传输的场合适合使用 100Base-FX 组网技术。

① 100Base-FX 使用 62.5μm(芯)/125μm(外壳)的多模光纤,或者是单模光纤作为网络的传输介质。

② 使用多模光纤时的连接距离一般为 400m,而采用单模光纤时,最大连接距离可达 2km。注意,网络的最大连接距离是根据使用光纤的不同而变化的。

③ 100Base-FX 的编码方法与 100Base-TX 相同,都使用 4B/5B 的编码方法。

④ 100Base-FX 与 100Base-TX 的网络工作过程相同,不同的只是传输介质。

由于,100Base 高速以太网具有很高的带宽,因此,可以用它作为小型局域网的主干网络。这样可以实现与现有的 10Mbps 以太网络的无障碍连接和集成,或者与交换式以太网结合,提高网络性能,消除网络传输中的瓶颈问题。

### 6.2.3 千兆位以太网

**1. 千兆位以太网标准的推出**

局域网技术日新月异,我们经历了 10Mbps 传统共享以太网、100Mbps 快速以太网、100Mbps 高速交换式以太网等多个发展阶段。随着信息技术的飞速发展,电子商务迅速普及,视频会议和远程多媒体教学等大容量通信业务的广泛应用,给网络的带宽带来新的需求,原有的高速网络及技术已经不能适应。因此,在 1998 年 6 月 IEEE 正式推出了 1000Mbps 以太网的解决方案。千兆位以太网是现有 IEEE 802.3 标准的扩展,它采用的标准是 IEEE 802.3z,如图 6-9 所示。

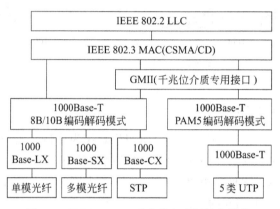

图 6-9　IEEE 802.3z 千兆位以太网协议结构

**2. 千兆位以太网的组网特点**

使用 1000Mbps 技术组建网络时,与原有 10Mbps 或 100Mbps 网络的联系与区别如下:

(1) 与 10/100Base-T 的相同之处

① 相同的组网方法。

② 半双工通信时,采用的介质访问控制方式与传统以太网类似,即 CSMA/CD 协议。

③ 同样的低成本、易扩展性能。

(2) 与 10/100Base-T 的不同之处

① 千兆位以太网将每个比特的发送时间由 10Base-T 时的 100ns 降低到 1ns。

② 千兆位以太网采用 GMII(千兆位介质专用)接口,将 MAC 子层与物理层分开,使得物理层在实现 1000Mbps 速率时,介质和信号编码的变化不会影响到 MAC 子层。

③ 千兆位以太网使用的物理层标准有:IEEE 802.3ab 工作组负责制定 UTP 电缆的千兆位以太网的半双工链路标准;IEEE 802.3z 工作组负责制定同轴电缆和光纤的千兆位以太网的全双工链路标准;1998 年 6 月批准的 IEEE 802.3z 标准,根据传输介质的不同分为以下 4 种,如表 6-4 所示。

表 6-4 IEEE 802.3z 千兆位以太网的主要标准

| 千兆位以太网标准 | 传输介质 | | IEEE 802.3 标准 | 无中继最大传输距离/m |
| | 光纤 | 特性 | | |
| --- | --- | --- | --- | --- |
| 1000Base-SX | 多模 | 50/62.5(短波) | IEEE 802.3u | 260～550 |
| 1000Base-LX | 单模/多模/多模 | 9/50/62.5(长波) | IEEE 802.3u | 550～3000 |
| 1000Base-CX | 铜质屏蔽双绞线 | | IEEE 802.3u | 25 |
| 1000Base-T | 超 5 类非屏蔽双绞线(4 对) | | IEEE 802.3ab | 100 |

### 3. 千兆位以太网的应用结构与技术特点

(1) 千兆位以太网的重点应用

千兆位以太网遵循 IEEE 802.3z 标准,该标准的重点是发展以光纤为传输介质的高速网络。该标准规定使用单模光纤的无中继传输距离高达 3000m,采用多模光纤的连接距离为 550m。另外,随着光纤技术的不断发展,单模或多模的无中继距离还在不断提升。此外,还可以采用 5 类及超 5 类的 UTP 连接各个网络设备,但是两个采用 UTP 的网络设备的最大距离仅为 25m。

(2) 千兆位以太网的典型应用结构

目前,主要在主干网上采用千兆位以太网技术,在中小型网络上则很少采用。这是由于:第一,千兆位以太网对传输介质的要求较高,即使在 100m 的距离也需使用光纤,这样增加了组网的成本和技术难度;第二,在中小型网络中,使用技术成熟的 100Mbps 共享式和交换式的混合网络可以满足当前的数据传输的需要。

人们通常采用千兆位以太网组建校园或企业的主干网络,其应用方式如图 6-10 所示。这样可以将已有的 10Mbps 和 100Mbps 局域网集成或升级到 1000Mbps 以太网,达到了保护原有投资,节约资金的目的。另外,网络的技术人员不用重新培训就可以维护和管理新的网络。其应用结构如下:

① 企业级采用速率为 1000Mbps 千兆交换(共享)式以太网作为主干网。

② 部门采用速率为 100Mbps 快速交换(共享)以太网。

③ 桌面采用速率为 10Mbps 的交换(共享)双绞线以太网。

(3) 千兆位以太网中使用的主要网络产品

① 千兆位以太网共享集线器:就是常见的 10/100/1000Mbps 集线器,仅用于半双工格式,网络的最大直径为 200m,主要用于连接桌面计算机和服务器。

② 千兆位以太网交换机:交换机对于大中型网络来说是主要的网络连接设备。千兆交换机采用全双工和半双工两种介质访问控制方式。全双工通信可以同时接收和发送数据,不存在信道竞争的问题,因此采用的是 IEEE 802.3x 协议进行全双工和流量的控制,可提供 2Gbps 的传输带宽。半双工通信时,采用了 CSMA/CD 协议,不能同时接收和发送数据,适用于共享介质的连接。

③ 千兆位以太网卡:其主要作用是将服务器接入网络,网卡的主要类型为 32/64 位

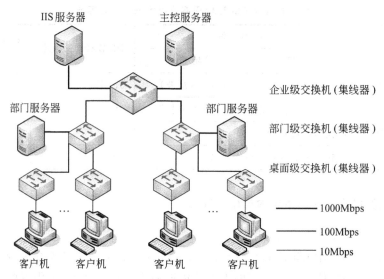

图 6-10　千兆位以太网交换机作为企业网主干网的组成结构

PCI 总线类型,网卡应具有智能处理器,可以提供 2Gbps(全双工)的传输速度,从而真正解决服务器的网络传输带宽的瓶颈问题。

④ 网卡选择时因素:

- 符合所设计的千兆位以太网的标准。
- 支持 VLAN 功能,这样可以进行集中化管理,控制网络风暴,增加安全性。
- 具有全双工、即插即用等需要的功能。

⑤ 千兆位中使用的传输介质:

- 光纤:是千兆位以太网的首选传输介质,适用于长距离传输。
- 铜缆:只在短距离的交换机之间进行连接时,才使用高性能铜质屏蔽双绞线。
- UTP:选用超 5 类、6 类、7 类双绞线,因为这些线是专门为千兆或万兆以太网设计的,与之配合的设备和技术都已经相当成熟。

说明:第一,无论使用何种传输介质,都应当注意插座、配线架、线缆等的配套问题。第二,应尽量选用相同厂商的系列产品。

⑥ 千兆位以太网支持 IEEE 802.1Q VLAN,提供灵活的网络分段功能,提高网络性能、效率和安全性能等。

**4. 千兆位以太网的应用领域**

① 多媒体通信:如 Web 通信、电视会议、高清晰度图像和声影像等信息的传输。

② 视频应用:如数字电视、高清晰度电视和视频点播等。

③ 电子商务:如虚拟现实、电子购物和电子商场等。

④ 教育和考试:如远程教学、可视化计算、CAD/CAM、数字图像处理等。

⑤ 数据仓库。

### 6.2.4 交换式以太网技术特点

共享式网络的特点是共享介质,即平分可用带宽,例如,某共享式以太网络上的数据传输速率是100Mbps,当100个节点同时使用时,每个节点得到的理论最大传输速率就只有1Mbps。当用户的数量和通信量超过一定负荷时,还会使冲突进一步增加。

共享式网络在连网计算机的数目较少的时候,有较好的响应和性能;而在负荷较大时,将导致网络中计算机得到的带宽急剧减少,网络的传输速率和质量将迅速下降。而使用交换技术替代共享局域网,则可以很好地解决上述问题。

**1. 交换式以太网的结构**

交换式以太网是在10/100Base-T双绞线以太网基础上发展起来的一种高速网络,其组网技术与100Base-TX类似,但是,其关键的核心设备使用的是以太网的交换机(switch),又称为多端口网桥,其工作原理和应用如图6-11所示。

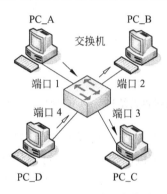

图 6-11 独立交换式以太网的结构与工作原理

**2. 交换机的基本概念和工作原理**

(1) 工作原理

在交换式以太网中,作为核心设备的交换机负责接收和转发以太网的数据帧,它不但能读懂第2层"数据帧"头部的发送方和接收方的MAC地址信息,还能根据读出的端口和物理(MAC)地址信息自动建立起转发表(MAC地址表),并依据转发表中的数据进行过滤和筛选,最终依所选的端口转发数据帧。如图6-11所示,计算机PC_A给PC_C发送数据时,根据转发表只将数据发送到指定的端口3。

交换机与集线器不同的是,它不会将接收到的数据转发到所有端口,而是根据目标MAC地址和转发表,只将数据转发到指定的端口,只要不向同一端口同时发送数据就不会发生冲突。

由于交换机允许不同端口间的并发通信,从而增加了冲突域的数量,减少了冲突域的范围,极大地提高了网络的传输性能。例如,在图6-11中,在计算机PC_A给PC_C发送数据的同时,还允许PC_C给PC_B同时发送数据。

（2）交换机的实际作用

交换机是一个软件和硬件的综合系统。局域网交换机的引入，使得端口的各站点可独享带宽，减弱了冲突，减少了出错及重发，提高了传输效率。交换机最重要的作用就是可以维护几个独立的、互不影响的并行通信进程。

交换机在实际中的作用主要有 3 点：第一，组网，即作为连接终端设备的各种节点计算机和设备（交换机或集线器），如图 6-12 所示；第二，通过学习过滤功能依据转发表转发数据帧；第三，自动维护交换机的转发表。

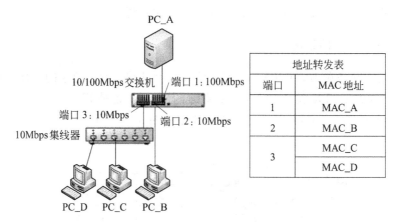

图 6-12　交换式与共享式以太网组网的结构及 MAC 地址转发表

低速交换机常常用于连接计算机节点，而高速交换机通常作为局域网内部的核心或骨干交换机互连局域网内部的不同网段。交换机的优点是：通过增加冲突域的个数，减小冲突域的范围，使得原有的共享网络进行分段，以实现改善和提高网络性能的目的。其缺点是：这层设备转发所有的广播数据，由于其不能过滤广播信息，因此就不能控制广播风暴，但具有 VLAN 功能的交换机除外。例如，当 10Base-T 共享网络的性能下降时，如果将其中的 Hub 替换为交换机，则性能可以得到改善。

（3）冲突域和广播域的数量

交换机是端口冲突域和传播所有的广播信息的设备，因此，使用第 2 层交换机互连的网络处于多个冲突域和同一个广播域。例如，图 6-12 所示的网络中的 8 口交换机上，连接有 3 个节点时，其冲突域为 3 个，而广播域只有一个。

**说明**：端口冲突是指多个计算机节点如果同时访问某一端口时，就会发生冲突，如果不同时访问同一个端口则不会发生冲突。

### 3. 共享式与交换式以太网的区别

（1）共享与交换设备的带宽区别

① 在共享式网络中，所有用户共享可用带宽。

② 在交换式网络中，交换机能为每个端口都提供 100Mbps 的专有速率（带宽）。另外，在交换式网络中，允许多对节点同时传递信息（即并发通信）。

（2）核心设备的区别

常见的共享式以太网的核心设备是共享式集线器,而交换式以太网的核心设备则由一个或多个交换式集线器(交换机)组成,其中的交换式集线器或交换机是交换式局域网上使用的中心控制设备,目前在市场上统称为交换机。

（3）通信方式的区别

集线器是共享式的设备,因此用其连接的以太网只能是共享模式。一个节点发送信息时,集线器上的所有节点都会接收到。而交换式以太网是并发式通信方式,允许全双工的通信模式,从而使其性能远远超过共享式的以太网。例如,当其他节点不工作时,集线器上一对节点通信的速率上限为 10Mbps,而在交换式以太网 10Mbps 口上每个节点的通信速率都可达到 20Mbps。

（4）拓扑结构的区别

共享式网络的逻辑拓扑结构为总线型,物理拓扑结构为星型(树型),而交换式网络的逻辑拓扑结构和物理拓扑结构均为星型(树型)结构。

**4. 交换机的分类**

交换机的实物与集线器类似,按照它的外形可以分为独立型式、堆叠式和模块式 3 类,其外型如图 5-14～图 5-16 所示。

**5. 交换式以太网的特点**

① 充分保护原有低速以太网的大部分投资,例如,保持原有的 UTP 传输介质,不用重新布线和更换原有的 10Mbps 网卡。

② 交换式以太网可以实现多对用户之间的点对点的通信,每对用户通信时可以独占网络带宽,不受其他网络用户的干扰。

③ 使用交换机可将原来超载的网络进行分割,或者是在原有基础上,扩展新的主干网。如扩展距离,增加网络节点。

④ 可以提高网络的性能,向每个端口提供专用的带宽,可以使用全双工的通信模式,因此可以确保专用服务器或高性能客户机在速率和延迟方面的要求。

⑤ 可以支持广泛的传输介质,如 3 类、5 类、超 5 类 UTP、STP、同轴电缆和光纤等。当从 10Base-T 升级时,可以只更新网络设备和主干线,而不必对整个网络进行重新布线。

## 6.2.5 从共享式以太网升级为交换式以太网的方法

由于交换式以太网具有技术成熟、组网灵活方便、价格低廉、性能优良和标准化等特点,因此它不但受到广大用户的青睐,而且也受到业界、经销商的支持,从而迅速地成为当今局域网的主流技术。

**1. 设计交换式快速以太网的主要步骤**

交换式快速以太网采用与传统 10Base-T 以太网相同的通信标准 802.3u,它的包格式、包长度、差错检测和控制、信息管理和控制均与 10Base-T 完全一致。交换式快速以太网能够以不同的速度运行,并能与不同的物理层接口。因此,只要采用带有10Mbps端口的100Mbps的交换机,就可以实现从10Base-T到100Base-TX的直接升级。此外,交换机的种类繁多,用户使用不同的交换机可以组成用户需要的各种交换式快速以太网。

**2. 共享式网络提升为交换式网络应做好的硬件条件**

在提升网络性能时,最常用的方法就是使用交换机替代集线器,看起来这只是一个设备的简单更换,但却使得网络的性能得到大幅度的提升。这是因为交换式以太网摒弃了传统以太网的CSMA/CD技术,而启用了先进的交换技术,这就从根本上消除了由于多个站点共享和竞争信道使用权而引发的碰撞现象,因而也就避免了由于信道竞争而带来的带宽浪费。此外,交换式以太网还将在共享以太网上,只能使用的半双工通信方式,提升为全双工的通信方式,从而进一步提高了信道的利用率。在交换式以太网中,除了每对通信节点可以得到专用带宽外,还使得整个网络的带宽利用率大幅度提高。下面将依次介绍为实现新的交换式以太网的主要硬件准备工作。

(1)购买核心设备——交换机

在大中型网络中可以采用100Mbps或1000Mbps交换机作为网络中的主干交换机,又称为骨干交换机或企业交换机。而对于中小型网络,则可以购买带有部分100Mbps口或10Mbps的交换机,即交换式集线器,又称工作组交换机或桌面交换机。在选择交换机时,还应根据各种计算机节点的速率和数目来购置交换机,选购的详细准则见"以太网交换机"一节。

(2)购买和更换网卡

连接到交换机100Mbps端口的工作节点,应符合速率要求,如计算机节点准备好100Mbps符合要求的网卡,并按网络要求设置好网卡。例如,在全双工网络中,选择并配置好具有RJ-45接口的,满足速率要求的全双工网卡。目前的主流网卡一般均支持半双工和全双工两种模式,但是出厂时,一般默认的为半双工模式。这样的网卡接入网络之后,一般情况下也能够进行工作,但却无法在全双工下正常工作,因此,在这种情况下,就必须进行先行设置。

(3)购置、更换和制作网线

在网络中,应当根据网络的类型和要求使用和制作网络传输介质。例如,连接到交换机100Mbps端口的计算机节点,其网线应当为5类或5类以上的UTP;在100Mbps网络中,一般只使用了4对8芯双绞线中的2对线;而在1000Mbps交换式以太网中,则需要使用全部4对线。

**3. 消除原来网络的网络瓶颈**

网络瓶颈指的是影响网络传输性能及稳定性的一些相关因素,例如,网络拓扑结构、网线与网络连接设备的带宽、网卡与服务器配置等因素,都可以造成网络的瓶颈。

大多数共享式网络的瓶颈为速度、带宽、容量需求较高的高性能工作节点。因此,将共享式网络改为交换式网络时,应当找到网络中的瓶颈点,并将其移动到各交换机的相应端口上,以便得到专有的带宽或速率;必要时,可更换网线和网卡,从而达到消除网络瓶颈的目的。例如,在图 6-12 中,将 100Mbps 服务器接入交换机的 100Mbps 专用端口,而将 10Mbps 传输速率的普通计算机接入交换机的 10Mbps 专用端口,将共享式集线器接入交换机的 10Mbps 共享端口。

## 6.2.6　共享式与交换式以太网的实用组网方案

共享和交换存在着技术本质的区别,为了保护原有投资,实用组网方案有以下几种。

(1) 利用 10/100Mbps 交换机与原有的 10Base-T 以太网用户组网。

目前小型单位在组网时,常选择图 6-12 所示的方式。由于网络服务器的传输数据量大、工作频繁,因此网络交换机和网络服务器之间的传输线路成为了网络传输性能的瓶颈,是设计时应考虑的重点因素。为此,在上层交换机可选择带有 1~2 个 100Mbps 端口的交换机。

① 将有高传输速率要求的服务器接入交换机的 100Mbps 专用端口,以保证服务器的专用 100Mbps 的传输速率需求。

② 使用 10Mbps 共享端口连接共享式集线器,从而保留了原有 10Base-T 网络上的所有低速节点和设备。

③ 尽可能多地将一些有固定带宽要求的高性能工作站,及其他计算机接入交换机的 10Mbps 专有端口,以满足这类节点对专有传输速率的需求。

(2) 利用 10/100Mbps 和 10Mbps 交换机组建单位网络。

本方案是上述方案的改良和扩展。设计要点如下:

① 将网络服务器连入上层交换机的 100Mbps 端口。

② 将其中的集线器改换为 10Mbps 交换机。

③ 尽可能多地将有固定带宽要求的高性能工作站接入交换机而不是集线器。

总之,这个方案满足了各方面的需要,解决了网络瓶颈,提高了网络传输性能,保护了原有的投资,降低了工程造价。因此,是向中小型企事业单位推荐的网络结构。

(3) 利用带有部分 100Mbps 端口的交换机与原有的快速以太网用户组网。

此方案拓扑结构与图 6-12 类似,只是将其中所有的 100Mbps 集线器接入上级的 100Mbps 交换机。目前的企业网,对各个服务器和工作站的要求各不相同,对于一些 CPU 处理能力不是很强的 PC 来说,只需要 10Mbps 的传输速率;而另一些 CPU 的处理能力较强,或者数据传输量较大的计算机则要求较高的传输速率,如各种网络服务器和视频工作站等。应根据不同的需求,分别选择不同的交换机,以及端口类型组成所需要的网络。此方案具有的特点如下:

① 第一级交换机上的 100Mbps 专用端口仍然用于连接有高性能要求的服务器,以保证服务器的 100Mbps 传输速率的需求。

② 使用第一级交换机上的 100Mbps 共享端口连接原有的 100Mbps 共享式集线器,从而保留了原快速以太网上的所有节点和设备。

③ 将一些有固定带宽要求的高性能工作站接入交换机的专有 10Mbps 端口,以满足这类节点对专有传输速率的需求。总之,这个方案满足了各方面的需要,解决了网络瓶颈,提高了网络传输性能,保护了原有的投资。

（4）利用一个或多个 100Base-T 交换机和多个 100Base-T 共享式集线器组网。

由于 100Mbps 的交换机比共享式集线器的价格高出许多，而众多的网络工作组用户并不需要专有的 100Mbps 传输速率。因此，可以只将高速站点连接到交换机，而将大多数一般工作站点连至共享式集线器，然后再将共享式集线器连接到 100Base-T 交换机上。这种方式不仅投资较少，而且不容易形成网络传输瓶颈。

例如，在某校园网中，由于对传输速率的需求有所不同。某些用户需要专用的 100Mbps 传输速率，而其他用户只需共享 100Mbps 传输速率。此时，利用 100/1000Mbps 的第二层部门交换机中的少量 1000Mbps 端口，连接校园网中的主干服务器；利用其中的 100Mbps 传输速率连接下级的 100Mbps 工作组交换机和共享式集线器。这样所有的用户都可以升级到 100Mbps 传输速率，校园网的服务器还享有 1000Mbps 的专有速率，如图 6-13 所示。这样的系统层次分明，设计合理，花费不高。

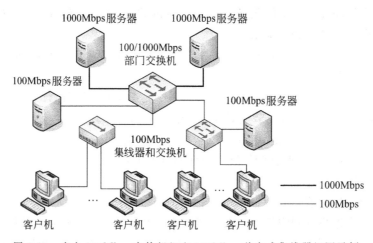

图 6-13    多个 100Mbps 交换机组和 100Mbps 共享式集线器组网示例

（5）利用 100/1000Mbps 和多个 100Base-T 交换机组网。

对于那些网络上所有用户的计算机节点都需要专用的 100Mbps 传输速率的场合，网络中的信息传输量比较大，传送的信息往往是大容量的图像和声音等多媒体数据。此时应该选用一个 100/1000Mbps 三层交换机，以及多个 100Base-T 交换机级联成两层交换式网络，如图 6-14 所示。由于交换机比共享式集线器的价格贵很多，所以此方案的造价较高。

**说明**：交换机不加说明时，通常指工作在 OSI 第二层的传统交换机，它只能够识别第二层数据帧中的 MAC 地址，不能识别 IP 地址；而第三层交换机则工作在 OSI 模型的第三层，它可以识别第三层数据分组中的 IP 地址。第二层设备常用来隔离多个冲突域；而第三层设备则用来隔离广播域，如隔离不同 IP 子网之间的广播信息。另外，第二层交换机主要用做部门或桌面，用户计算机通过它们接入局域网，其价格很便宜；第三层交换机常用做网络中的主干交换机，用于连接服务器和网络设备，其价格昂贵。

在实际组网时，用户应根据实际情况，兼顾到原有网络及不同用户的需求和各个工作组的数据流通量灵活组网。公司或企业的办公场所往往设在高层建筑上，通常在每层设

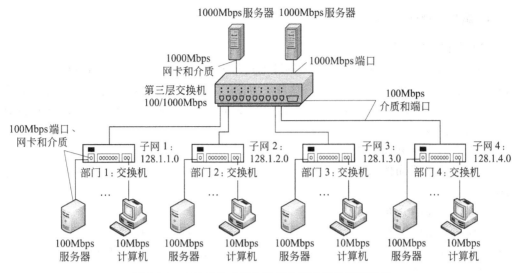

图 6-14 二级交换式以太网划分子网后的组网示例

计一个 IP 子网,每个子网可以由多个工作组(实际工作部门)组成,而每个工作组又由多个服务器和客户机组成。各个局部的子网通过主干网交换机连接起来,各个远程子网之间,则可以通过路由器连接到主服务器。

企业或校园的交换式快速以太网的实施工程包括如下几项:

① 各工作站、集线器、交换机、路由器、服务器的合理选择和设置。

② 网络综合布线,包括各种传输介质的更换、安装、施工与连接。

③ 主干网络的实施。

④ 计算机网卡的调整、安装与设置。

⑤ 各网络服务器的设置与调试。

⑥ 各站点网络操作系统、桌面操作系统和应用软件的安装、设置和实施。

# 6.3 虚拟局域网

随着网络硬件性能的不断提高、成本的不断降低,目前新建立的大中型局域网基本上都采用了性能先进的交换技术,其核心设备一般采用第三层交换机,因此,能很好地支持局域网采用整体化的虚拟技术,这对方便校园网的管理、保证校园网的高速可靠运行起到了非常重要的作用。为了管理好这样的网络,网络管理员应当对虚拟局域网有所了解。

## 6.3.1 虚拟局域网概述

虚拟局域网(Virtual Local Area Network,VLAN)技术就是指网络中的各个节点,可以不必拘泥于各自所处的物理位置,而根据需要灵活地加入不同的逻辑子网中的一种网络技术。通过 VLAN 技术,可以将原来的低成本、单广播域的二层交换式网络重新组合成多广播域的网络,从而极大地提高了网络的性能和安全性。

## 1. 虚拟局域网的基本概念

（1）虚拟局域网的定义

VLAN 技术是指在逻辑上将一个物理的局域网划分为多个逻辑子网的技术，划分后的每一个逻辑子网就是一个单独的广播域。因此，VLAN 就是建立在交换机或路由交换机基础上，通过网络管理软件构建的、可以跨越不同网段、不同网络（如 ATM、FDDI 和交换以太网）的逻辑网络。

（2）VLAN 使用的技术标准

1996 年 3 月发布的 IEEE 802.1Q 标准就是 VLAN 的标准，目前已得到众多厂商的支持。

（3）VLAN 的分类与技术基础

交换技术是近年来迅速发展起来的一种网络技术，根据交换技术的方式不同，主要分为基于以太网交换机的帧交换和基于异步传输模式（ATM）的信元交换两种。

（4）VLAN 的适用场合

虚拟局域网的各子网之间的广播数据不会相互扩散，因此，可以有效地隔离广播信息，从而保障虚拟网络中资源的私有性和安全性。一般在几十台以下计算机构成的小型局域网中，除非需要彼此的数据隔绝，否则没有必要划分虚拟局域网。而在几百台乃至上千台计算机构成的大中型局域网中，划分和建立虚拟局域网，应当说是十分必要的。这是因为大型局域网产生广播风暴的可能性大大增加，而虚拟局域网技术能够有效地隔离广播风暴。

## 2. 建立 VLAN 的技术条件

VLAN 是建立在物理网络基础上的一种逻辑子网，因此建立 VLAN 需要支持 VLAN 技术的网络设备。当网络中不同的 VLAN 之间进行相互通信时，还需要路由的支持，这时就需要增加路由设备。下面是建立 VLAN 的必要技术条件。

（1）硬件条件

构建虚拟局域网的站点必须连接到具有 VLAN 功能的局域网交换机（以太网交换机或路由交换机）的端口上，这些端口可以属于同一台交换机，也可以属于能够互相连通的不同交换机。

（2）软件条件

VLAN 交换机还应当具有相应管理软件的支持。由于 VLAN 是使用软件方式构建的逻辑上的网络，因此，逻辑网络上的成员站点，可以不在一个物理网络上，当成员站点需要转移到另一个逻辑网络上的时候，并不需要改变它的物理位置，而只需要进行软件的设置，这样网络管理员就可以在不改变硬件和通信线路的条件下，快捷、方便地对用户和网络资源进行分配，还可以在网络中方便地移动用户、快速地组建宽带网络，而完全不必考虑网络的物理连接。

## 3. 虚拟局域网的功能特点

VLAN 的组网方法与传统的局域网没有什么不同，其最根本的区别就在于"虚拟"二字。VLAN 的一组站点并不局限于某一个物理网络或范围内，VLAN 的成员站点和用户可以位于一个城市内的不同物理区域，甚至是位于不同的国家。因此，他们之间的相互通信，完全不受物理位置的限制，就仿佛是位于同一个局域网之中。

（1）VLAN 技术的优点

① 提高网络性能。在局域网中，通过划分 VLAN 子网，减小了广播域，从而缩小了数据碰撞的范围，减弱了碰撞产生的影响；因而可以提高网络的交换效率，以及网络的传输性能。此外，对于使用三层交换机的网络，在对第一个数据流路由后，交换机会生成一个 MAC 地址与 IP 地址的映射表；以后，当同样的数据流再次通过时，交换机就会根据这个映射表，直接进行二层交换。这就是“一次路由，多次交换”技术，这样可以极大地提高数据包的转发效率，以及 VLAN 网络的整体性能。

② 简化网络管理。使得网络管理简单而且直观。网络管理员借助于 VLAN 技术，可以像管理本地网络那样，轻松地管理大范围的网络和 VLAN 用户。例如，对于交换式以太网，如果要对某些用户重新进行网段分配，网络管理员就要对网络系统的物理结构进行重新调整，甚至需要追加网络设备，这就增大了网络管理的工作量。而对于采用 VLAN 技术的局域网来说，一个 VLAN 可以根据不同应用条件划分逻辑网段，这样就可以在不改动网络物理连接的情况下，任意地将工作站在工作组或子网之间移动。因而利用虚拟网络技术，可以大大减轻网络管理和维护工作的负担，降低网络维护的成本。VLAN 提供了灵活的用户组合机制。

③ 能够控制广播风暴。由于一个 VLAN 就是一个逻辑上的广播域，因此，通过创建多个 VLAN，可以缩小广播的范围，以达到减少、控制和隔离广播风暴的目的。

④ 能够提高网络的整体安全性。传统的共享式局域网之所以难以保证网络的安全，是因为用户只要接入一个活动端口就可以访问整个网络。而 VLAN 可以通过路由访问列表、MAC 地址和 IP 地址分配等 VLAN 划分的原则来控制用户访问的权限和逻辑网段的大小。由于 VLAN 可以将不同用户群划分在不同的 VLAN 上，因而提高了交换式网络的整体性能和安全性。例如，VLAN 能够通过其划分策略来限制个别用户的访问权限，控制广播分组的大小和位置，甚至能锁定某台设备的 MAC 地址。由于交换端口的 VLAN 划分策略有很多，因此，各种方式的整体安全性能也各不相同。

（2）VLAN 技术的缺点

① 在使用 MAC 地址定义 VLAN 的技术中，必须进行初始配置。而对大规模的网络进行初始化工作时，需要把成百上千的用户节点配置到某个虚拟局域网之中，因此，初始工作过于烦琐。

② 当使用局域网交换机的端口划分 VLAN 成员的方法时，用户从一个交换机的端口移动到另一个端口时，网络管理员必须对 VLAN 的成员重新配置。

③ 需要专职的网络管理员和必要的专业技术支持。

## 6.3.2　虚拟局域网实现的基本原则

在设计与实现 VLAN 时，应尽量考虑并遵循的一些基本原则如下：

**1. 兼容性**

考虑到交换机软件的兼容性,在整个局域网中应当尽量使用同一厂家的 VLAN 交换机。

**2. 尽可能地使用支持 VLAN 的交换机**

为了方便未来网络的统一管理,在网络中可以使用 VLAN 交换机的场合应尽量地使用交换机,并且尽可能多地将计算机接入交换机的端口,而不是集线器或路由器的端口。此外,在整个网络的核心层应尽量使用第三层或以上层次的 VLAN 交换机来取代传统路由器。这是由于在实现路由功能时,既可以采用路由器,也可以采用第三层交换机(路由交换机)。在虚拟局域网中,只有采用三层交换机,才能很好地综合交换和路由这两种功能。这样,既保证了传统路由功能的实现,也能保证了 VLAN 技术的实现。

**3. 尽可能地采用树型拓扑结构**

由于 VLAN 是以物理网络的连通性为物质基础的,因此,应尽可能地使整个网络成为树型的拓扑结构,以保证整个网络的层次性,以及 VLAN 的物理连通性。此外,通过 VLAN 交换机软件划分的多个 VLAN 之间,既可以设置为相互连通,也可以设置为互不相通。

**4. 按需选择 VLAN 技术**

由于高层 VLAN 交换机比第二层的 VLAN 交换机贵许多,因此,应当根据用户的应用需要来选择交换机。所选的交换机只要满足实际的需要即可,不要盲目追高。

## 6.3.3 虚拟局域网划分的基本方法

划分 VLAN 的基本方法取决于 VLAN 的划分策略,而这些策略是需要 VLAN 交换机上管理软件的支持的。根据不同的策略,VLAN 一般使用以下几种方法进行划分。

**1. 基于交换机端口的 VLAN**

基于交换机端口划分的 VLAN 的方法如图 6-15 和表 6-5 所示,该技术是把一个或多个交换机上的若干端口划分为一个逻辑组。这是最简单、最有效的划分方法。该方法只需对网络设备的交换端口进行分配和设置,不用考虑该端口所连接的设备。

按照端口划分 VLAN 的技术,同一 VLAN 的节点既可以位于同一交换机,也可以跨越多个交换机的多个不同端口。在图 6-15 所示的示例中,将交换机的端口 2 与端口 8 组成 VLAN 2,将端口 6 和端口 16 组成 VLAN 5。基于交换机端口划分 VLAN 的技术特点如下:

(1) 优点

① 基于端口划分的交换机是最便宜的 VLAN 设备。

② 当前几乎所有的交换机都支持这种划分方式,因此,是最常用的一种划分方式。

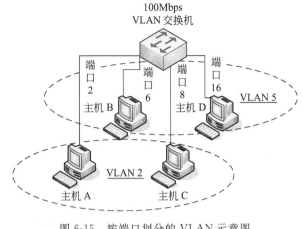

图 6-15  按端口划分的 VLAN 示意图

表 6-5  VLAN 划分表

| 端口号 | 所属 VLAN |
|--------|-----------|
| 端口 2 | VLAN 2 |
| 端口 6 | VLAN 5 |
| 端口 8 | VLAN 2 |
| 端口 16 | VLAN 5 |

③ 配置过程简单、易于理解和实现。

（2）缺点

① 基于端口划分的方式不允许多个 VLAN 共享一个交换机端口,例如,同一端口的设备不能加入多个 VLAN。

② 不方便节点的移动,当某一个 VLAN 用户从一个端口所在的虚拟网移动到另一个端口所在的虚拟网时,网络管理员必须重新进行设置,这对于拥有众多移动用户的网络来说,管理将是非常困难的。

③ 当交换机的端口连接的是共享设备(如集线器)时,则只能将该共享设备上的所有成员都划分在同一个 VLAN 中。

### 2. 基于 MAC 地址的 VLAN

基于 MAC 地址划分的 VLAN 就是根据网卡或网络设备的 MAC 地址来决定隶属的虚拟网。MAC 地址是指网卡的标识符,每一块网卡的 MAC 地址都是唯一的,并且已经固化在网卡上。MAC 地址由 12 位十六进制数表示,前 8 位为厂商标识,后 4 位为网卡标识。

网络管理员将如图 6-16 和表 6-6 所示的交换式网络中的主机 A 和主机 C 的 MAC_A 与 MAC_C 划分为一个逻辑子网 VLAN 2,而将主机 B 和主机 D 的 MAC_B 与 MAC_D 划分为另一个逻辑子网 VLAN 5。

基于 MAC 地址划分 VLAN 的技术特点如下:

（1）优点

① 这种 VLAN 的成员与站点的物理位置无关。由于 MAC 地址是捆绑在网卡上的,因此,当网络设备从一个物理位置移动到另一个位置的时候,会自动保留其所属虚拟网段成员的身份,而无需重新配置 VLAN。

② 这种方式独立于网络的高层协议,如 TCP/IP、IP 或 IPX 等。因此,从这个意义上讲,利用 MAC 地址定义虚拟网可以看成是一种基于用户的网络划分手段。

（2）缺点

① 主机更换网卡后,需要重新配置 VLAN 的成员。

177

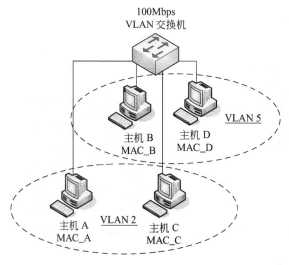

图 6-16 按 MAC 地址划分的 VLAN 示意图

表 6-6　VLAN 划分表

| MAC 地址 | 所属 VLAN |
| --- | --- |
| MAC_A | VLAN 2 |
| MAC_B | VLAN 5 |
| MAC_C | VLAN 2 |
| MAC_D | VLAN 5 |

② 由于 VLAN 成员与设备绑定,用户的主机将不能随意接入其他 VLAN,因此,每个用户主机至少要设定在某个 VLAN 上。在这种初始化工作完成之后,对用户的自动跟踪才成为可能。

③ 对于较大的网络来说,前期配置较为困难。因此,在一个拥有成千上万用户的大型网络中,很难要求管理员将每个用户都划分到一个虚拟网。为此,一些厂商便将这项配置 MAC 地址的复杂劳动推给了相应的网络管理工具。这些网管工具可以根据当前网络的使用情况,在 MAC 地址的基础上自动划分虚拟网。

### 3. 基于网络层地址的 VLAN

基于网络层地址划分的 VLAN 就是以根据网络设备的网络层地址来确定的 VLAN 成员,即按照交换机所连接设备的网络层地址(IP 地址或 IPX 地址)来划分 VLAN,从而确定交换机端口所隶属的广播域。

网络管理员将如图 6-17 和表 6-7 所示的交换式网络的主机 A 和主机 C 的 IP 地址 200.200.200.1 与 200.200.200.2 划分为一个逻辑子网 VLAN 2,而将主机 B 和主机 D 的 IP 地址 192.168.0.1 与 192.168.0.2 划分为另一个逻辑子网 VLAN 5。

基于不同 IP 地址划分的 VLAN 的特点如下:

说明:在网络设备的配置过程中,除了使用 IP 地址和子网掩码的表示方式外,还有一种网络前缀标识法,即 CIDR 表示方式。由于子网掩码的高位为连续的"1",低位为连续的"0",因此,可以用"/<位数>"来定义网络地址的位数。例如,表 6-7 中的 200.200.200.1/24 定义了其 IP 地址的 32 位中,网络地址为 24 位。

(1)优点

① 这种 VLAN 的广播域的控制与路由器类似,因此,可以用交换机的 VLAN 来取代路由器的子网。

② 不用更改配置,即可允许网络节点的随意移动。

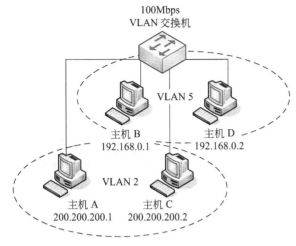

图 6-17 按网络层地址(IP 地址)划分的 VLAN 示意图

表 6-7　VLAN 划分表

| IP 地址 | 所属 VLAN |
| --- | --- |
| 200.200.200.1/24 | VLAN 2 |
| 192.168.0.1/24 | VLAN 5 |
| 200.200.200.2/24 | VLAN 2 |
| 192.168.0.2/24 | VLAN 5 |

③ 有利于建立基于某种服务或应用的 VLAN。

(2) 缺点

① 不同 VLAN 之间(如不同 IP 网段)的连接,仍需使用第三层(路由)交换机。

② 第三层交换机比第二层贵很多,而且第三层交换设备的速度较第二层的慢。

### 4. 基于网络层协议的 VLAN

基于网络层协议划分的 VLAN 就是根据网络设备所使用的网络层协议来确定 VLAN 的成员。路由协议工作在网络层,相应的工作设备有路由器和路由交换机(即三层交换机)。基于网络层协议的虚拟网有多种划分方式,例如,当网络中存在多种第三层路由协议(IP、IPX 或 AppleTALK)时,可以通过不同的可路由协议来划分多个 VLAN,并确定虚拟网络的成员。

例如,网络管理员将如图 6-18 和表 6-8 所示的交换式网络,将使用 IP 协议的主机 A 和主机 C 划分为一个逻辑子网 VLAN 2,而将使用 IPX 协议的主机 B 和主机 D 划分为另一个逻辑子网 VLAN 5。

基于不同网络协议划分 VLAN 的技术特点如下:

(1) 优点

① 可以提供根据协议和服务的类型进行逻辑分组。

② 一个端口可以加入多个 VLAN。

③ 用户可以随意移动,而不必重新配置交换机。

(2) 缺点

① 必须获取第三层信息,因此速度较慢。

② 使用网络层协议的第三层设备较贵。

③ 不支持非路由协议的划分,例如,支持可路由协议 IP、IPX 的划分,不支持不可路由协议 NetBIOS 的划分。

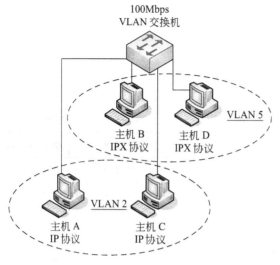

图 6-18　按网络层协议划分 VLAN 的示意图

| 网络层协议 | 所属 VLAN |
|---|---|
| IP | VLAN 2 |
| IPX | VLAN 5 |
| IP | VLAN 2 |
| IPX | VLAN 5 |

表 6-8　VLAN 划分表

### 5. 其他划分 VLAN 的方法

其他划分 VLAN 的方法还有：按照 IP 组播划分 VLAN，该方法可以将 VLAN 技术扩大到广域网，是更加灵活的一种划分方式；按照策略划分 VLAN，能够实现端口划分、MAC 地址划分、IP 地址或网络层协议等多种划分方法的自由组合；此外，还有按照用户定义、非用户授权等很多种划分 VLAN 的方法。

在上述的实现 VLAN 的各种划分方法中，目前应用较多的是第 1 和第 3 种划分方式，并使用第 2 种方式作为辅助性的方案；其中第 3 种"基于网络层地址"划分的 VLAN，智能化程度较高，实现起来也最复杂。

总之，VLAN 技术正处在不断的发展和完善之中。随着网络技术的发展，新的交换设备和技术会层出不穷，作为网络管理员将会有更多的方式可以定义虚拟网，例如，基于用户、基于策略等。各种方法的侧重点不同，所达到的效果也不相同。但是，有一点是可以基本肯定的，这就是交换机工作在 OSI 模型的层次越高，设备的智能化程度就较高，划分也就越灵活，管理就越简单，所支持设备的价格就越贵，速度就越慢。

目前，许多厂家已经开始着手在各自的网络产品中融合众多定义虚拟网的方法，以便向网络管理员提供一种能够根据实际情况选择的、最适合当前管理需要的途径。

## 6.4　无线局域网

有线局域网自从问世以来日新月异，并不断的发展、完善着。人们在使用中，逐步发现了有线局域网的一些问题。例如，某校园网要将相距数千米，乃至数十千米距离之远的远程用户节点接入网络，或者将相距如此距离的两个局域网互连时，如果采用电话线路做传输介质，则具有速率低、误码率高和线路可靠性差的问题；而敷设专用通信线路，其布线施工又有难度大、费用多、耗时长、须经市政主管部门审批等问题。这些问题对正在迅速扩大的连网需求造成了严重的影响。针对有线信道具有的布线、改线工程量大，信道易损，布线工程维护不便，各站点不能灵活移动的问题，近年来，有线局域网的设备、标准不断完善，飞速发展起来。计算机网络随着 Internet 的飞速发展，其全面互连的需求愈演愈烈，为此，计算机网络也从传统普及的有线网络发展到了今天的无线网络。作为无线网络之一的无线局域网满足了人们实现移动办公的梦想，为人们创造了又一个自由访问的互联网的精彩世界。

## 6.4.1 无线局域网的基本知识

无线局域网（Wireless Local Area Network，WLAN）是利用无线通信技术在局部范围内建立的网络，它是计算机网络技术与无线通信技术相结合的产物。WLAN 以无线介质（多址信道）作为传输介质，提供的功能与传统有线局域网类似，仍然是实现资源共享、协同工作和数据通信。无线局域网的发展方向绝非为了取代有线网，而是作为其补充，使用户能够实现随时、随地、随意地接入网络，更好地使用网络中的资源与服务。因此，我们应当学习无线局域网的相关知识与实用技术。

### 1. 无线局域网

WLAN 开始出现时，主要是作为有线局域网络的延伸和扩展。目前，很多企事业单位、校园网、大中型公司都采用了 WLAN 技术构建了其有线和移动相结合的办公网络。然而，随着 WLAN 应用的进一步发展，WLAN 也逐渐从传统意义上的局域网技术发展成为公共无线局域网，成为了国际互联网 Internet 宽带接入的重要手段，例如，手机上网的全面普及就是很好的应用示例。

① 名称：无线局域网的英文全称是"Wireless Local Area Network"，简称为 WLAN。

② 定义：无线局域网是指以无线信道作为传输介质的计算机局域网。

③ 特点：WLAN 具有易安装、易扩展、易管理、易维护、高移动性、保密性强、抗干扰等特点，其最大的特点就在于其灵活性。

### 2. WLAN 的传输方式

WLAN 的传输方式，涉及其采用的传输媒体、选择的频段，以及调制方式。

① 目前无线网采用的传输媒体主要有无线电波与红外线两种。

② 在采用无线电波作为传输媒体的 WLAN 中，依调制方式不同，又可分为扩展频谱方式与窄带调制方式两种。

### 3. WLAN 的标准与发展

在 1990 年，IEEE 802 标准化委员会成立了有关 IEEE 802.11 的 WLAN 标准工作组，并于 1997 年 6 月公布了 IEEE 802.11 标准。

（1）WLAN 标准涉及的层次

由于 WLAN 是基于计算机局域网与无线通信技术标准的,因此,与 IEEE 802 的其他系列标准定义的相同。它没有定义逻辑链路控制(LLC)子层,以及以上的各层,只定义了物理层(PHY)和媒体访问控制(MAC)子层的具体规范,使得无线局域网及无线设备商能够开发和制造兼容的无线网络设备。总之,WLAN 标准主要是针对物理层和 MAC 子层制定的,涉及所使用的无线频率范围、接口、通信协议等技术标准的细节。

（2）WLAN 中的介质访问控制

早期的 WLAN 在 MAC 子层,采用了 CSMA/CA(载波侦听多路访问/冲突避免)协议,该协议与以太网的 CSMA/CD(载波侦听多路访问/冲突检测)协议相似。

在以太网中,共享介质传输的冲突检测极易实现,而在 WLAN 中,由于信号的覆盖范围有限,冲突的检测却难以实现,于是采用了有别于以太网的冲突避免机制。

（3）IEEE 802 标准系列

IEEE 802.11 标准自正式批准以来,不断完善,先后推出了 IEEE 802.11a、IEEE 802.11b、IEEE 802.11d、IEEE 802.11g 等国际标准。中华人民共和国国家信息产业部正在制订 WLAN 的行业配套标准有《公众无线局域网总体技术要求》和《公众无线局域网设备测试规范》。该标准涉及的技术体制包括 IEEE 802.11X 系列,即 IEEE 802.11、802.11a、IEEE 802.11b、IEEE 802.11g、IEEE 802.11h、IEEE 802.11i 和 HIPERLAN2 等。

下面仅对 IEEE 802.11X 系列中的主要标准进行简单介绍:

① IEEE 802.11:于 1997 年被正式批准。这是 IEEE 最早的第一个 WLAN 标准,其工作频段为 2.4~2.4835GHz,支持 1Mbps 和 2Mbps 的数据传输速率,以后出现的标准都是在 IEEE 802.11 标准的基础上制定的。IEEE 802.11 主要用于移动办公网络,以及校园网中用户与用户终端的无线接入;其业务仅限于数据访问,最高速率只能达到 2Mbps。由于它在速率和传输距离上都不能满足人们的需要,因此,该标准很快就被其他标准所取代了。

② IEEE 802.11b:于 1999 年 9 月被正式批准,该标准规定 WLAN 的工作频段为 2.4~2.4835GHz,其最大的数据传输速率为 11Mbps;最大传输距离,根据环境而定,其在空旷的室外可以达百米。IEEE 802.11b 标准采用了补偿编码的键控调制方式,以及点对点模式和基本模式两种拓扑的运行模式。在数据传输速率方面可以根据实际需要在 11Mbps、5.5Mbps、2Mbps、1Mbps 等不同速率之间进行选择和自动切换。IEEE 802.11b 为多数厂商接纳并采用,因此,符合该标准的产品被广泛地应用于办公室、家庭、宾馆、车站、机场等场合。但随后又有众多的 WLAN 新标准出现。

③ IEEE 802.11a:1999 年通过批准。该标准规定的工作频段为 5.15~8.825GHz,传输速率为 6~54Mbps,其中的 6/9/24Mbps 为标准强制性速率;最大传输距离视环境而定为 10~100m。IEEE 802.11a 使用了与 IEEE 802.11g 相似的调制技术,但具有更远的传输距离和更强抗的干扰性能。由于这个标准使用了更高的工作频段,所以运行成本更高、带宽利用率较低,价格也相对较高。

④ IEEE 802.11d:2001 年通过批准。该标准是为了适应那些不能使用 2.4GHz 公开频段的国家而制定的。它定义了物理层需求和其他需求,使得 802.11 的 WLAN 可以

在当前标准不支持的新管制区域(国家)工作。

⑤ IEEE 802.11g：处于工作草案阶段，正在标准化。IEEE 802.11g 使用了与 802.11b 相同的 2.4GHz 频段的频率，其最高数据传输速度高达 54Mbps，其有效负载速度约为 35Mbps。由于与 IEEE 802.11a 和 IEEE 802.11b 都兼容，因此，获得了众多厂商的广泛支持。

⑥ IEEE 802.11e：处于正在标准化阶段。该标准增强了 802.11 的 MAC 机制，它使用 TDMA 方式取代了类似 Ethernet 的 MAC 子层，提供了 QoS、服务类别、增强安全性和认证机制等，还可以为重要的数据增加额外的纠错功能。

⑦ IEEE 802.11f：处于正在标准化阶段。该标准旨在改善 IEEE 802.11 协议的切换机制，使用户能够在不同的无线信道或者在接入设备间漫游。它定义了 AP 间的协议 (Inter-Access Point Protocol，IAPP)，规定了 AP 之间必要的交互信息。这样就可以更好地支持 802.11 分布式系统功能，使不同厂家的 AP 互相兼容。

⑧ IEEE 802.11h：处于正在标准化阶段，定义了 802.11a 的频谱和发射功率管理(主要用于欧洲)。

⑨ IEEE 802.11i：旨在提高 802.11 的安全性。由于 WLAN 存在着安全性较差的缺点，为了提高安全性，IEEE 标准化组织又制定了 IEEE 802.1x 和 IEEE 802.11i。其中的 IEEE 802.1x 的验证协议已被诸多的 IEEE 802.11 标准所使用；而 IEEE 802.11i 的 WPA2 则作为加密标准，取代了易受攻击的采用静态密钥的无线对等保密(WEP)标准。IEEE 802.11i 标准在 WLAN 的建设中是十分重要的，因为，WLAN 的数据安全性是设备制造商和网络运营商应考虑的头等大事。IEEE 802.11i 标准是结合前期标准中用户端口的身份验证和设备验证，而对 WLAN 的 MAC 子层修改与整合后的标准。它定义了更加严格的加密格式，以及鉴权机制，从而改善了 WLAN 的安全性能。Wi-Fi 联盟采用了 IEEE 802.11i 标准作为 WPA2(Wi-Fi Protected Access，保护访问)技术的第二个版本，并于 2004 年初开始实施。

⑩ 处于标准化阶段 IEEE 802.11 的标准：处于通过阶段的标准有 IEEE 802.11e、IEEE 802.11f、IEEE802.11g、IEEE 802.11h、IEEE 802.11i 等。

### 4. WLAN 的应用

某学校的图书馆阅览室提供的无线网络接入功能，使得前来阅读的教师和学生可以随时通过自己携带的笔记本或阅览室的计算机(如图 6-19 右图所示)访问到 Internet 及有线网络(如图 6-19 左图所示)。这样的设计使得有线网络变得更加灵活和方便，这种无线网络与有线网络的应用连接结构如图 6-19 所示。所需的器件如下：

① 无线网卡：在各个 MT(移动终端，即移动计算机)上都要安装一片无线网卡。

② 无线接入点：相当于有线网络中的集线器，它一方面负责连接周边的无线站点 MT，形成星型网络结构；另一方面负责与有线网络的连接，因此要考虑其与有线网连接的接口。

总之，无线局域网的通信范围不受环境条件的限制，网络的传输范围得以拓宽，其最

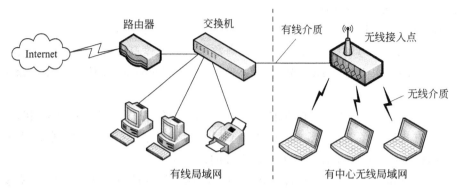

图 6-19　有中心 WLAN 拓扑结构与有线局域网的连接示意图

大传输范围可高达几十千米。例如,在有线局域网中两个节点间的最大距离通常被限制在几百米之内,即使采用一般的单模光纤也只能达到 3000m。而在无线局域网中两个站点间的距离目前可达到 50 千米。因此,无线局域网可以将分布距离在数千米范围内建筑物中的网络集成为同一个局域网。在实际应用中,无线网络可具有的功能、适用场合及优点归纳为表 6-9。

表 6-9　无线网络的适用场合和优点

| 适用场合 | 优　　点 |
|---|---|
| 不易接线的区域 | 在不易接线或接线费用较高的区域中提供网络服务,例如,有文物价值的建筑物,有石棉的建筑物,以及教室 |
| 灵活的工作组 | 需要不断进行网络配置的工作组,WLAN 能够降低成本 |
| 网络化的会议室 | 用户需要经常移动,如从一个会议室移动到另一个会议室时,需要随时进行网络连接,以获得最新的信息,并且可在决策时相互交流 |
| 特殊网络 | 现场决策小组使用 WLAN 能够快速安装、兼容系统软件,并提高工作效率 |
| 子公司网络 | 为远程或销售办公室提供易于安装、使用和维护的网络,如展馆 |
| 部门范围的网络移动 | 漫游功能使企业可以建立易于使用的无线网络,可覆盖所有部门 |

## 6.4.2　无线局域网中的硬件设备

无线局域网的硬件产品和设备一般包括:无线网卡、无线接入点(AP)、无线网桥、无线路由器和无线网关,其中使用最多的是:无线网卡、无线接入点(AP)和无线路由器。

### 1. 无线介质

WLAN 使用的是工作频段不同的无线传输介质,如无线电波和红外线。无线传输介质常用的类型如下:

① 无线电波:短波、超短波、微波。

② 光波:红外线、激光。

## 2. 无线网卡

无线网卡是无线终端(节点)接入网络的主要部件,也是计算机和无线网络的接口。无线网卡工作在数据链路层,负责完成数据的封装、差错控制和执行 CSMA/CA。

在 WLAN 中,每台计算机都需要安装无线网卡,通过无线网卡,计算机(无线节点)才能接入网络。无线网卡按照总线的接口类型可分为:PCI 无线网卡、USB 无线网卡和 PCMCIA 无线网卡(包括 CF 接口)等几种。便携机和台式机 PCI 无线网卡如图 5-19、图 5-20 和图 5-21 所示。

## 3. 无线接入点

(1) 无线接入点

无线网络往往不是单独工作,而是要与有线网络互连,以便存取有线网的资源,登录网络中的服务器,进而访问 Internet 中的资源。因此,AP 就是无线网和有线网之间的桥梁。AP 通过固定(LAN)线路连接到有线局域网中,通过无线介质与其他无线节点进行连接。

(2) AP 的功能

① 管理:负责频段的管理、漫游等指挥工作,由于一个接入点最多可连接 1024 台 PC (无线网卡)。当无线网络节点扩增时,网络存取速度会随着范围扩大和节点的增加而变慢,此时添加接入点可以有效控制和管理带宽与频段。

② 组网:AP 相当于有线网络中的集线器,其外形如图 5-13 所示。AP 用来连接周边的无线节点,例如,连接安装了无线网卡的计算机,形成以 AP 为中心的物理星型网络结构。

③ 连接有线局域网:如 WLAN 用户通过 AP 与有线局域网中连接后,即可使用其中的网络打印机。图 6-19 所示的 AP,可以理解为无线的集线器。在 AP 信号允许的覆盖范围内,安装了无线网卡的 PC 或便携机,就能够通过 AP 接入网络,从而实现资源共享或交互信息。

④ 附加服务:从现在的主流产品看,有些 AP 往往可以拥有很多内置服务,例如,可以提供 DHCP、打印服务等。

## 4. 无线网桥

无线网桥主要用于将两个或位于不同建筑物内的多个独立局域网互连为一个网络,可用于 Internet、数据传输、多媒体、图像和声音等多种网络的应用。

无线网桥可以提供点到点、点到多点的连接方式,它与功率放大器、定向天线配合即可将传输距离扩展到几十千米的范围。无线网桥与一般有线网桥不同的是,无线网桥支持无线连接,因此,省去了布线的烦琐。无线网桥一般被安装在建筑物的顶部,通常位于室外。在实际应用时,通常要使用两个或两个以上的无线网桥进行互连,而 AP 则可以单独使用。因此,当需要连接相距数千米的两个或两个以上的局域网时,由于借助于广域网技术租用线路的成本太高,自己布线却又可能遇到不可逾越的建筑物、河流等,即可借助于无线桥接等设备廉价、快速地实现多个远程建筑物之间的无线连接和资源共享。

总之,无线网桥主要用于将多个有线局域网,通过无线链路连接起来。无线网桥多用于异地间有线局域网互连。例如,在大型的园区网中,建筑物与建筑物之间的距离较远,一般都会超过100m。在有线网中,常采用铺设光缆的方法进行连接。而对于那些已建成的园区,开挖道路或铺设架空线缆都是耗时费力之事;如果采用在每个建筑物上安装无线网桥的方法来实现建筑间的互连,无疑是一种既经济,又简单、方便的方法。

### 5. 无线路由器

目前的无线路由器通常是指带有无线接入功能的路由器,其主要应用是用户上网和无线局域网的连接。由此可见,这类无线路由器就是单纯的 AP 与宽带路由器的结合型产品。借助于其路由器功能,可以实现家庭无线网络中的 Internet 连接共享,如可以实现 ADSL 或小区宽带的无线共享接入。市场上的无线路由器一般都支持专线 xDSL/Cable、动态 xDSL 和 PPTP 等几种接入方式,此外,它还具有 DHCP 服务、NAT 防火墙及 MAC 地址过滤等一些常见的网络管理功能。较好的路由器还可以提供多种安全和保密特性,如包括:双重防火墙(SPI+NAT)、多路 VPN(虚拟专用网),以及下一代无线加密 WPA 等。无线路由器在小型局域网(如家庭或小办公室)接入 Internet 时的产品如图 6-20 所示,其应用结构如图 6-21 所示。

图 6-20　D-Link DI-624+A 型
无线路由器

图 6-21　小型交换网通过无线宽带路
由器接入 Internet

总之,广义的无线接入点是移动计算机用户接入有线网络的最基本的设备,其主要用于宽带家庭、大楼内部以及园区内部,AP 的典型覆盖的半径距离从几十米至上百米。选择设备时的标准为 IEEE 802.11 系列。通过 AP 可以将移动终端(节点)接入无线网络,进而接入有线局域网和 Internet。在实际工程中,无线 AP 实际上是一个广义的名称,它是一切可接入设备的综合称谓,如可以是无线集线器、无线网桥、无线交换机、无线路由器及无线网关等各类无线设备。然而,我们学习时,应当注意到分布在不同层的网络设备的工作原理和作用是不同的。

综上所述,在无线网络飞速发展的今天,无线设备的品种和功能也是日新月异,然而,作为网络设备,无论怎么发展,每种产品都有自己独有的特点与使用场合,现将其归纳于

表 6-10。

表 6-10　常用无线网络设备的功能、应用范围与特点

| 功能＼名称 | 无线接入点 AP | 无线网桥 | 无线路由器 |
|---|---|---|---|
| 传输距离 | 覆盖多个信息点区域 | 两个或多个局域网之间的无线连接 | 接入 Internet 与覆盖多个信息点 |
| 应用范围 | 30～600m | 小于 50km | 30～500m |
| 无线连接的对象 | AP 客户端的无线网卡 | 楼宇之间的无线传输与小区电信级带宽的接入 | 家庭、办公室信息点的无线覆盖及接入 Internet |
| 工作在 OSI 模型的 X 层 | 物理层 | 数据链路层 | 网络层 |

## 6.4.3　无线局域网的拓扑结构

网络拓扑结构是网络设计的第一步,无线局域网的拓扑结构有点对点模式和基本模式两种,即无中心的对等式(Peer to Peer)拓扑和有中心的基本模式(Hub-Based)拓扑。

**1. WLAN 网络的拓扑类型**

常见的 WLAN 网络拓扑结构的工作模式有如下两种:
① 点对点模式(P2P):又称无中心拓扑。
② 基本模式:又称有中心模式拓扑。

**2. 无中心拓扑结构**

无中心拓扑是按照对等模式运行的域中解决方案,也是最简单的 WLAN 应用方案。

(1) 介质访问控制

采用 P2P 模式工作的对等式网络,一般使用公用广播信道传递数据,各个站点都可以公平竞争公用信道的使用权。其 MAC 协议大多数采用了 CSMA/CA 的多址访问控制协议。

(2) 组成与应用

这种方式是指无线网卡和无线网卡之间的通信方式。只要 PC 插上无线网卡即可与另一具有无线网卡的 PC 连接,对于小型的无线网络来说,是一种方便的连接方式,最多可连接 256 台 PC。无中心的对等式 WLAN 网络的组成结构如图 6-22 所示,其硬件组成如下:

① 给每台计算机安装一块无线网卡。

② 如果需要与有线网络连接,可以为其中的一台计算机,再安装一块有线网卡。这样,WLAN 中的其余计算机节点,就可以利用这台计算机作为默认网关,访问到有线网络,从而使用有线网中的共享资源和服务,如访问共

图 6-22　无中心对等式 WLAN 的组成结构

享打印机。

（3）工作特点

对等式方案是一种点对点的传输方式，网络中的任意两台计算机都可以与计算机直接通信，但是，只能一对一地互相传递信息，而不能同时进行多点的访问。其应用特点如下：

① 优点：网络的抗毁性好、建网容易、费用较低。

② 缺点：网中用户数（站点数）过多时，信道竞争成为限制网络性能的瓶颈；为了满足任意两个站点可直接通信，网络中计算机节点的布局将受环境的制约。因此，无中心拓扑结构只适用于用户节点数目较少的网络。

### 3. 有中心拓扑结构

有中心拓扑是指无线网络规模扩充或无线和有线网络并存时的通信方式。这种方式组建的 WLAN 按照基本模式运行，也是 802.11WLAN 最常用的方式。

（1）拓扑结构与硬件组成

有中心拓扑的 WLAN 的中心是无线接入点。每个计算机节点插上无线网卡后，即可通过 AP 接入点与其他计算机进行通信。有中心 WLAN 的拓扑结构通常为图 6-19 右图所示的星型结构，它按照基本模式运行。WLAN 与有线局域网的连接结构如图 6-19 所示。

（2）WLAN 与有线局域网的连接

如图 6-19 所示，AP 可以通过其双绞线以太网端口，如 100Base-TX，与有线网络相连接。之后，整个无线网的移动节点（终端）都能访问有线网络中的共享资源资源，如网络打印机，并且还可以通过有线网络中的路由器访问 Internet 中的资源。

（3）有中心拓扑结构的访问控制

在中心拓扑结构中，使用一个 AP 无线接入点充当中心站，所有移动终端对网络的访问均由其进行控制。这样，在网络业务量增大时，网络的吞吐性能，以及时延性能就不会急剧恶化。在有中心拓扑结构的 WLAN 中，每个移动节点，都应当在中心点 AP 所能够覆盖的范围之内；否则，将无法与其他节点进行通信。此外，中心点 AP 也是接入有线主干网的逻辑接入点。

（4）特点

① 优点：允许使用任何有线网络中的资源，运行应用程序或网络服务。

② 缺点：有中心网络拓扑结构的弱点是抗毁性差，中心点的故障将可能导致整个网络的瘫痪；此外，需要购买中心接入点，因而增加了网络成本。

### 4. 有中心 WLAN 的其他解决方案

（1）多接入点接入方案

当网络规模较大，超过了单个接入点的覆盖半径时，可以采用多个 AP 分别与有线网络相连，从而形成以有线网络为主干的多接入点的无线网络，所有无线节点（终端）可以先通过就近的接入点接入网络，进而访问整个网络的资源，从而突破无线网覆盖半径的限制。这就是无线网与有线主干网络的有机结合,这时的 AP 实际上是充当了无线网与有线主干网的转接器,如图 6-23 所示。

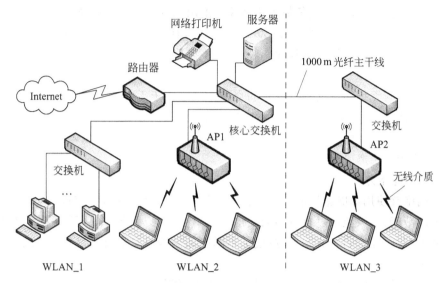

图 6-23  多 AP 与有线局域网的连接的应用示意图

（2）无线中继解决方案

无线接入点 AP 的另一种用途就是充当有线网络的延伸。

例如,在图 6-23 所示的园区网的 3 个部门中,每个部门都具有网络接口,这些接口均可以连接有线网的交换机。但是,园区网中有多个相距很远的信息点,一些节点采用了有线介质进行传输,如 LAN_1;另一些节点,采用有线传输时的布线成本很高;还有一些信息节点的周边环境比较恶劣,无法实施有线的布线工程;而且,有些信息节点的分布范围大大超过了单个 AP 的覆盖半径,如相距 1000m。这时,采用两个 AP 组建两个局部的WALN,如 WLAN_2 和 WLAN_3 实现的无线中继,极大地扩大了无线网络的覆盖范围,很好地解决了上述的各种问题。

## 6.4.4  组建无线局域网

组建无线局域网的流程与注意事项如下:

### 1. 无线局域网的组建形式

在组建 WLAN 时,首先应当确定网络拓扑,常见的拓扑混合形式有如下几种:
① 全无线网：如图 6-22 所示。
② 无线节点需要接入有线网络和 Internet,如图 6-19 和图 6-21 所示。
③ 两个有线网通过无线方式互连,如图 6-23 所示。

### 2. 无线网络应用时的几点注意事项

无线局域网技术与普通有线网络技术一样,也有多种选择。各种技术的应用都应当注意传输带宽、传输距离、抗干扰能力、安全性,以及适用范围等几个关键方面。

（1）传输带宽

无线网络的数据传输受到其最大传输速率的限制,因此,即使选择了最先进的无线网络技术,其传输速率最多也只能达到 300Mbps,这与有线局域网的 100Mbps、1Gbps 是无法比拟的。用户在使用时,会感到性能较差,也不够稳定。

（2）传输距离

虽然,有线与无线局域网都有信号的衰减。但是由于无线介质是在空气中传播的电磁波信号,因此,其受环境、气候条件变化的影响较大。例如,随气候条件改变,信号的衰减会忽低忽高,在实际应用时,经常达不到标称的最大值。又如,在电器设备使用频繁的室内,实际应用的距离更会大幅度缩短。

（3）抗干扰能力

有线网络常使用加屏蔽层的方法或技术来提高传输介质的抗干扰能力,而无线传输介质毫无屏蔽能力,只能通过自身的无线信号发射强度,以及频率、频跳等技术来增强抗干扰性能力,并由此增加了成本,并造成了不同产品在体积与使用上的一些区别。

（4）安全性

无线介质又被称为自由媒体,其信号没有边界,任何人都可能截获。因此,为了保证无线网络的安全性,应注意选择提供加密功能的产品,以获得更高的安全性。但安全性高的产品,也会因此而提高成本,降低兼容性。

（5）适用范围

无线网络更加适用那些移动特征较明显的网络系统,如移动办公,而有线网络更适用那些相对固定,对带宽要求较高的网络系统,如固定的办公网络。

（6）健康特性

在越来越关注健康的今天,在考虑设计无线网络时,必须考虑到无线设备无时无刻不在发射着的无线电波,这些电波不能排除潜在的健康隐患。因此,能用有线网络的还是尽量选择有线网络。

## 6.5 网络的接入与远程访问技术

随着网络的迅速普及,愈来愈多的 LAN 之间需要互连,并与因特网连接。因此,现代广域网技术的核心就是 Internet 的网络接入技术。

### 6.5.1 网络接入的基本知识

#### 1. 什么是网络接入技术

网络接入技术是指一个局域网与 Internet 相互连接的技术,或者是两个远程 LAN 与 LAN 间相互连接的技术。这里所指的"接入",是指用户利用电话线或数据专线等方式,将个人或单位的计算机系统与 Internet 连接,进而使用其中的资源;或者是使用电话线或数据专线连接两个或多个局域网,实现远程访问或通信。注意,有时网络接入常常专指宽带接入技术。综上所述,网络接入技术的实质就是网络互连技术。

**2. 网络接入技术中应注意考虑的因素**

① 带宽或速率的要求,可以指定上行和下行方向不同速率的带宽或速率。

② 即连即用,需要上网时即可连入 Internet。

③ 投资和运行费用合理、适宜。

④ 可靠性高,必要时设计双重接入通道,例如,使用路由器的一个主通道(高带宽)接入 Internet,使用路由器的一个备用接口(低带宽)辅助接入 Internet,这样当主通道出现故障时,还可以使用备用通道与外界连接,如图 6-25 所示。

**3. 接入技术的分类**

根据传输介质的不同,目前的接入技术主要分为以下几类:

(1) 铜线接入

铜线接入是指使用普通的电话铜线作为传输介质时的接入技术。为了提高铜线的传输速率,必须采用各种先进的调制技术和编码技术。铜线接入技术必须解决的是传输速率和传输距离之间的矛盾。常用的铜线接入技术如下:

① Modem,电话线调制解调器接入,最大的数据传输速率为 56Kbps。

② ADSL(Asymmetric Digital Subscriber Line),非对称数字用户环路接入采用频分复用技术,通过单对电话线路向用户同时提供语音电话和数据的服务。它可以为用户提供较高的数据传输速率,其下行方向的传输速率为 32Kbps~8.192Mbps,上行方向的传输速率为 32Kbps~1.088Mbps。

(2) Cable Modem 接入

即有线电视同轴电缆调制解调器接入方式,其最大的下行方向传输速率为 30Mbps,上行方向传输速率为 10Mbps。目前,中国存在大约 8000 万个有线电视用户,因此,这种接入技术被认为是信息高速公路中的优选方案之一。

(3) 光纤接入

光纤是目前传输带宽最宽的传输介质,被广泛地应用在局域网的主干网上。由于前面的两种接入技术各有优缺点,而光纤技术正在飞速地发展和普及,光纤网络的价格也在迅速下降,因此,光纤到户正在被人们接受和喜爱。目前,常用的是光纤到社区,双绞线入户,如长城宽带。

(4) 同轴电缆和光纤混合(HFC)接入

这是有线电视公司开发的一种基于 CATV 的光纤与同轴电缆的混合网络。HFC 是一种集电视、电话和数据服务于一体的宽带综合业务接入网。

用户的计算机、局域网与 Internet 的接入方式,从物理连接类型来考察,通常又可以分为专线连接、局域网连接、无线连接以及电话拨号连接等几种。而通常人们将网络的接入技术分为普通用户和专线用户两种方式。

**4. 广域网提供的通信服务**

在进行局域网接入 Internet 或进行远程网络的互连时,首先,必须考虑与广域网连接的方式、服务与类型。如家庭上网时,是选择通过 ADSL 电话线上网,还是通过歌华的电视线路上网。当前,可以选择的电信部门或 ISP(因特网服务提供商)的公用广域网服务有以下几种:

(1) PSTN

公用电话交换网(Public Switching Telephone Network),提供通过电话网的计算机通信服务,采用拨号呼叫方式,使用公用电话网进行远程通信时数据传输速率较低,最高速率为 56Kbps。它是以时间和距离计费的,因此费用较高。在公用数据网出现之前,它是远程数据通信的唯一传输途径。

(2) CHINAPAC(X.25)

公用分组交换网提供数据报和虚电路两类服务,可提供比普通电话线高的信道容量和可靠性。它是最常用的一种广域网资源,目前已连接了县以上的城市和地区。城市间的最高传输速率为 64~256Kbps,而用户的数据传输速率为 2.4Kbps、4.8Kbps 和 9.6Kbps。

(3) ISDN

ISDN(Integrated Service Digital Network)的中文名称是综合业务数字网,俗称"一线通",它采用数字传输和数字交换技术将电话、传真、数据、图像等多种业务综合在一个统一的数字网络中进行传输和处理,可以为用户提供电话、传真、可视图文及数据通信等经济有效的数字化综合服务。

① ISDN 的基本速率接口(BRI):向用户提供 2 个 B 通道,一个 D 通道。其中一个 B 通道的数据传输速率为 64Kbps 用来传递数据;D 通道一般用来传递控制信号,其传输速率为 16Kbps。因此,普通的 ISDN 线路提供的最高数据传输速率为 128Kbps,当 D 通道也用来传递数据时,BRI 的最高传输速率可达 144Kbps。

② ISDN 的基群速率接口(PRI):在不同地区和国家内的 PRI 提供的总传输速率有所不同,例如,在北美和日本的 PRI 提供 23B+D' 的数据通信服务,其最高的数据传输速率为 1.544Mbps;而欧洲、中国与澳大利亚等地区,向用户提供 30B+D' 的数据通信服务,最高的数据传输速率则为 2.048Mbps,D' 用来传递控制信号,其传输速率为 64kbps。目前,对于集团客户来说,这也是电信部门所能提供的具有较高速率、较高带宽的一种通信服务,具有较好的性能价格比。

(4) DDN

DDN(Digital Data Network)为数字数据网,而 CHINADDN 特指中国数字数据网。DDN 是随着数据通信业务的发展而迅速发展起来的一种新型网络。DDN 的主干网的传输媒介有光纤、数字微波、卫星信道等,而用户端的传输介质多采用普通电缆和双绞线。DDN 利用数字信道传输数据信号,这与传统的模拟信道相比有着本质的区别。DDN 传输的数据具有质量高、速度快、网络时延小等一系列的优点,特别适合于计算机主机之间、局域网之间、计算机主机与远程终端之间的大容量、多媒体、中高速通信的传输,DDN 可以说是我国的中高速信息通道。

DDN 通常可以向用户提供专线电路、帧中继、语音、传真及虚拟专用网等业务服务，工作方式均为同步。目前，DDN 网络的干线传输速率为 $2.048\sim33$Mbps，最高可达 150Mbps。向用户提供的数据通信业务分为低速（$50\sim19.2$Kbps）和高速两种，例如，北京用户可以根据通信速率的需要在 $N\times64$Kbps（$N=1\sim32$）之间进行选择，当然速度越快租用费用也就越高。如申请一条 128Kbps 的区内 DDN 专线，月租费大约为 2000 元。

DDN 作为一种特殊的接入方式有着它自身的优势和特点，也有着它特定的目标群体，它较之 ISDN 有着速率高、传输质量好、信息量大的优点，而相对于卫星通信又有时延小、受外界影响小的优势，所以它是集团客户和对传输质量要求较高、信息量较大的客户的最佳选择。

（5）xDSL

DSL（Digital Subscriber Line）表示数字用户环路，以铜质电话双绞线为传输介质的点对点传输技术。它使软件技术与电子技术有效结合，充分利用了在电话线路中未被利用的高频部分来传递数据。xDSL 中的"x"可以是 A、H、S、I、V 等，它们分别表示了不同的数据调制技术。目前，xDSL 技术发展非常迅速，其主要原因在于其较低的投入。它可以充分利用已有的电话通信线路，不必重新布线和改变基础设施。因此，xDSL 广泛地应用于宽带数据传输业务服务。例如，PC 高速上网、局域网高速接入 Internet、小型网络的远程访问、远程教学，以及视频点播等场合。目前，接入 Internet 时，主要采用 Modem 的接入方式。例如，ADSL 的最高下行数据传输速率为 8Mbps，但北京开通的 ADSL 个人用户的最高传输速率为 4Mbps。

（6）VSAT

VSAT（Very Small Aperture Satellite）表示超小口径卫星终端，即各个地球站终端通过静止的通信卫星，与主站一起构成卫星通信网。卫星通信网的用户需要在单位或驻地建立起 VSAT 站（终端），以便通过卫星进行数据通信。VSAT 适用于通信线路架设困难的场合，它容易受气候的影响，也不易在城市应用，其费用较高。

## 6.5.2  个人用户与 Internet 的连接方案

### 1. 拨号用户连入 Internet 时的条件

个人用户常常使用各类 Modem 和相应的线路。例如，可以使用普通 Modem、ADSL Modem、ISDN Modem、Cable Modem 等设备，通过 PSTN（公用电话交换网）的普通电话线、ADSL 电话线路、ISDN 电话线路、电视线路等多种设备和线路接入 Internet。需要的条件如下所述：

（1）个人计算机

个人计算机一般安装了操作系统，并安装有 TCP/IP 协议，如 Windows 98/2000 等，因此，可以用来操作、显示及处理文件。此外，利用其内置的网络服务功能可以方便地连入 Internet，并使用其中的资源和服务。

（2）一台 Modem

Modem 即调制解调器，有时也叫做"猫"，此处的 Modem 为广义 Modem，即可以指普通 Modem、ADSL Modem、ISDN Modem、Cable Modem 等通信设备。Modem 的主要作用是传递和变换计算机与线路之间的信号,例如,普通 Modem 是计算机的数字信号与电话线的语音信号之间进行转换的设备。

Modem 的形式主要有两种,一种插在计算机内,也叫内置 Modem,即"内猫",通常为插在计算机内部的卡;另一种连接在计算机的外部,也叫外置 Modem,即"外猫",通常是通过计算机的串口或 USB 口连接的独立设备。

(3) 一条线路

线路是网络上通信的媒体,用来传递调制解调器(Modem)输出或输入的信号,如电话线。

(4) ISP 的账号和密码

根据个人的需要,选择了 ISP 之后,就会得到一个 ISP 的账号和密码,以及拨入时使用的电话号码,如网通接入 ADSL 线路的账号和密码。

**2. PC 与 Internet 的连接方式**

个人用户使用广义 Modem 接入 Internet 时,硬件连接方式如下所述:

(1) PC 与 Internet 连接

家庭用户在连入 Internet 时,通常使用如图 6-24 所示的拨号方式,通过 Modem 和接入线,将用户计算机与连入 Internet 的 ISP 主机连接起来。整个通信过程都采用了 TCP/IP 协议,这个协议就是网络上计算机之间联系的语言,只有能够讲和理解该语言的计算机之间才能进行对话。

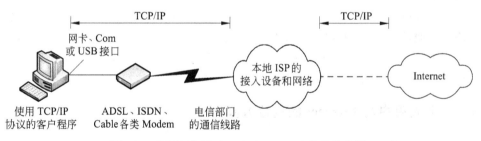

图 6-24　PC 通过 Modem 与 Internet 连接的示意图

(2) Modem 接入的应用特点

① 优点:所需设备简单,实现容易,投资和维持费用低廉。

② 缺点:速度可以选择,传输信号质量低、性能一般,可靠性不太高。

③ 适用场合:这种方式只适用于数据通信量较小的局域网或 PC 接入 Internet 时采用。

### 6.5.3　中型单位通过硬件路由器接入 Internet

对于大中型单位的用户来说,通常使用硬件路由器与 Internet 进行连接。

**1. 通过租用的广域网线路接入 Internet**

局域网用户采用"集线器(交换机)+路由器(或 Modem)"接入 Internet 时,常用方法的硬件结构如图 6-25 所示。首先应租用电信部门提供的公用网服务线路。例如,公用网采用 ADSL 线路时,路由器 WAN 接口的类型应与之匹配,而局域网采用了以太网,因此,其 LAN 接口采用了与之匹配的 RJ-45 端口。

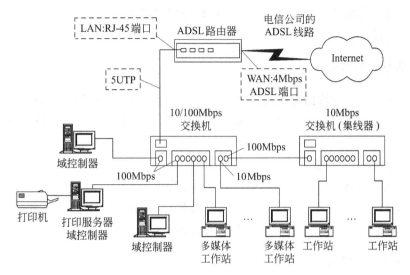

图 6-25　局域网通过 ADSL 路由器接入 Internet 的硬件结构

### 2. 硬件系统

中小型局域网经常通过 Router(路由器)接入 Internet,为此,除了局域网设备外,最重要的设备就是符合租用服务类型的路由器。

例如,使用 ADSL 线路时,其用户终端设备有两种:个人用户适用的 ADSL Modem (内置和外置),以及局域网适用的 ADSL Router。目前,市场上的 ADSL 路由器的最低价格为 150~400 元,上面还带有一个 4 口的交换机。对于较小的办公室网络,可以将多台计算机直接接入 ADSL 路由器的 RJ-45 端口;对于较大的局域网,则可以通过路由器的 LAN 端口(如 RJ-45)级联下一级的交换机或集线器;硬件设备主要有以太网接口的 ADSL Router、集线器(交换机)、计算机(网卡)、5 类 UTP、RJ-45 连接器和 ADSL 线路等,只需将该设备和其他计算机连接到局域网的集线器(交换机)上。

### 3. 软件系统

通常利用各计算机已安装的桌面操作系统(Windows XP/7)中的内置联网功能,如分别安装和设置好网卡的 TCP/IP 协议中的 IP 地址、子网掩码、DNS 地址和默认网关地址(即路由器的 IP 地址)等参数。

### 4. ADSL 接入的费用构成

包括"一次性投资"与"运行和维持"费用两部分。例如,对于如图 6-25 所示的局域网,其一次投资包括图中的路由器及其他硬件费用,维持费用为租用 4Mbps ADSL 线路的年费。

### 6.5.4 大型局域网的接入方案

较大的公司及企事业单位一般采用专线连接或局域网连接方式。这里主要指用户利用网络电缆将自己的计算机接入一个大型机构或单位已建立好的网络,这个网络再通过路由器或其他设备接入 Internet。

**1. 专线接入的特点**

通过公用通信网的数据专线接入 Internet 时,可以租用或铺设专线,此线路由大型机构或单位独占,因此,称之为专线。目前,常见的专线接入主要有 X. 25、帧中继、DDN、光纤等几种类型。

① 专线上网的优点是:通信速率高,适合于业务量大的网络用户使用,此外,接入 Internet 后,网上的所有用户均可以使用 Internet 提供的服务。

② 专线上网的缺点是:专线上网的用户需要专门的线路(专线)和路由器等专用设备,因此,一次投资、日常运行和维护费用都比较高。

**2. 专线接入的结构**

大公司及企事业单位用户的接入技术主要通过公用数据网的数据专线和拨号上网两种方式,其接入的硬件结构如图 6-26 所示。图中的主链路采用了高带宽的数据专线,备份链路采用了低带宽的拨号接入方式。

**3. 帧中继(FR)接入技术**

帧中继接入时的硬件结构如图 6-26 所示。广域网中的帧中继技术,以简化网络规程、提高网络传输速度、缩小延时时间、提高吞吐量为目标,提供高达 1.54～45Mbps 速率的高速宽带业务服务。

**4. DDN 接入技术**

DDN 是由光纤、数字微波或卫星数字传输通道和数字交叉连接的复用设备等专用设备组成的数字基干传输网络。它没有交换的功能,只有交叉连接的功能。DDN 向用户提供专用的数字数据的传输信道,支持点到点、点到多点的通信方式,并提供半永久的业务传输网,从而为用户建立专用数据网提供了条件,因此,也称为专线数据网。电信部门利用 DDN 提供的电路构成了各种数据网和业务网,如分组交换网等。

DDN 使用了多种传输介质,例如,光纤、数字微波和卫星通信等,用户端可以使用普通的双绞线和同轴电缆。

(1) DDN 接入服务

DDN 的用户网络接入方式如图 6-26 所示,这种接入方式主要指用户端局域网通过路由器接入 DDN 网,实现各远程 LAN 的连接,或者接入 Internet。在上述的局域网互连中,DDN 作为数据通信的支撑网络,可以为用户提供高速、优质的数据传输通道。

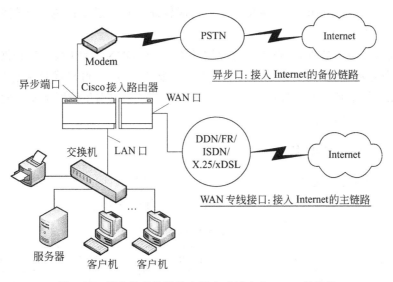

图 6-26　带有备份链路的专线方式接入 Internet 的结构

① 用户终端网络的接入方法：

- 距离较近时，可以直接接入 DDN 网。
- 距离较远时，可以通过用户集中设备接入 DDN 网。
- 通过 2048Kbps 数字电路接入 DDN。
- 通过模拟电路接入 DDN。

② DDN 提供的网络间互连的方法：

- 局域网之间通过 DDN 互连。
- 分组交换网与 DDN 互连。
- 用户的交换网与 DDN 互连。
- 专用 DDN 与公用 DDN 互连。

（2）专线用户接入 DDN 网的费用

目前，我国的 DDN 专线方式的通信速率通常为 64Kbps，也可以根据需要租用合适速率的专线，最高为 2Mbps。DDN 主要适用于业务量大、使用频繁、要求的传输质量高和速度快的，具有大量数据传输业务的大型企事业单位用户，例如，银行、证券公司等。

DDN 专线的基本月租费，从 2000～20000 元人民币不等，因此，个人和中小企业一般很少采用。我国的数字数据网简称为 ChinaDDN，即中国数字数据网。

### 5. 光纤接入技术

光纤接入主要指使用光纤为传输介质，采用的具体接入技术可以是不同的。常用的光纤接入技术可以分为光纤环路技术、光纤和同轴电缆的混合技术（HFC）两种。其中，光纤环路技术采用全光纤、全数字化的传输方式；HFC 技术的主干部分采用光纤，用户部分采用同轴电缆经各分支器接入终节点用户，因此降低了网络成本。例如，CATV（有线电视）网采用的就是 HFC 技术，其接入时，使用 Cable Modem 连接入户的同轴电缆；而局域网通过光纤接入 Internet 时,涉及的专业技能较高,因此,通常由电信部门的专业人员进行设计与施工。

光纤接入可用于高质量、高宽带的应用环境,比如 DDN 专线(数字数据网)、B-ISDN(宽带综合业务数字网)与 ATM(异步传输模式)服务专线等,可以满足大客户的接入要求。由于光纤技术具有的各种特点,使得以光纤为介质的数据传输网络不断发展,并逐步成为现代通信技术的主流。

**6. 用户接入技术的性能比较**

目前使用方式最多的还是拨号上网,例如,利用 PSTN、ISDN 与 DDN 专线及相应设备拨号上网,现将它们的各种性能和费用比较如下,如表 6-11 所示。

表 6-11    PSTN、ISDN 与 DDN 专线上网比较表

| 比较项目 | PSTN | ISDN | ADSL | DDN 专线 |
| --- | --- | --- | --- | --- |
| 连接方式 | 拨号 | 拨号 | 拨号 | 专线 |
| 速率/bps | 低于 56K | 64K~2.048M | 1~8M | 9.6K~2M |
| 承载信号 | 模拟信号 | 数字信号 | 模拟信号 | 数字信号 |
| 传输质量 | 低 | 很高 | 很高 | 高 |
| 支持多任务 | 弱 | 强 | 强 | 弱 |
| 支持多媒体 | 弱 | 强 | 强 | 弱 |
| 一次性投入 | 低 | 较低 | 较高 | 高 |
| 使用费用 | 低 | 较高 | 较高 | 高 |
| 使用灵活性 | 按需连接 | 按需连接 | 按需连接 | 永久连接 |

综上所述,大型局域网中的用户接入 Internet 的方式通常有两类,即局域网接入方式和计算机接入方式,前者使用交换机或路由器接入 Internet 或网络,后者使用接入设备(Modem 或数据终端设备等)接入 Internet 或网络。

## 6.5.5    局域网之间的远程互连技术

对于大中型单位的局域网用户来说,除了需要与 Internet 连接,访问 Internet 中的共享资源外,还会遇到远程局域网之间的互连问题。例如,大型调查公司在各地的分公司需要进行互连共享数据,其业务员在异地对公司内部局域网的访问等都是远程访问的示例。

**1. RAS 远程访问**

RAS 的中文全称是远程访问服务,英文全称是 Remote Access Service。RAS 技术是指将位于本地网络以外的计算机或局域网,连接并访问本地网络及资源的技术。当启用远程访问时,远程客户可以通过远程访问技术像直接连接到本地网络一样来使用本地网络中的资源。

## 2. 小型局域网的 RAS 解决方式

小型局域网的远程访问服务的解决方案主要有以下两种：

① RAS 连接的远程访问方式：是指通过建立的远程拨号网络，实现的远程客户端的访问方式。例如，利用模拟电话线路、普通 Modem，以及建立的 Windows 2003/2008 的 RAS 服务器，实现 RAS 客户机的远程访问。

② VPN 连接的远程访问方式：VPN 的中文全称是虚拟专用网络，英文全称是 Virtual Private Network。VPN 是指利用 Internet 和 VPN 服务器建立起的点对点的专用逻辑信道实现的远程访问。作为 VPN 的客户端，在任何位置都可以通过 Internet，及 VPN 服务器实现远程访问。如利用模拟电话线路、ADSL Modem，使用 Windows 2003/2008 服务器就可以建立起以 VPN 服务器为访问控制中心的远程访问网络。

小规模局域网的远程访问大都采用了虚拟专用网络。VPN 是一门网络新技术，它为我们提供了一种通过公用网络安全对企业内部专用网络进行远程访问的连接方式。

## 3. 大中型局域网的 RAS 解决方案

对于大中型的局域网，通常使用专用的网络设备（远程访问路由器）来实现远程局域网之间的互连。通过远程路由器设备，以及电信部门的专用线路实现的远程访问的解决方案如图 6-27 所示。

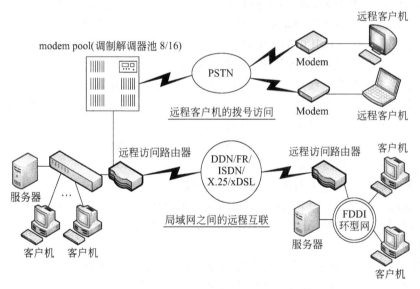

图 6-27　远程客户机和远程局域网之间的互联方案

在图 6-27 中，上部分是通过远程访问路由器中的同步接口连接的 Modem(8/16)池，用来实现多个远程客户机通过电话线和 Modem 进行的远程访问。

在图 6-27 的下部，系统是通过远程访问路由器实现的远程域网之间的相互访问，在这个方案中，还可以通过远程访问路由器上的其他广域网端口、接入设备及线路，如基带 Modem 和 DDN 线路接入 Internet。

## 习题

1. 局域网硬件结构设计时应考虑的两个因素是什么？

2. 设计网络拓扑时应考虑的基本原则是什么？

3. 10Base-T 与 3 种快速以太网有什么异同？

4. 写出共享式和交换式网络的区别？在 100Base-TX 的共享式和交换式以太网的核心设备上，如果都连接了 3 台计算机，请写出两种网络的广播域和冲突域的数量。

5. 什么是高速局域网？当前提高网络性能的方法的主要思路和方法有哪两个？

6. 提高网络性能的几种常用的解决方案是什么？

7. 100Base-TX 交换式局域网划分了 4 个 VLAN？从广播域和冲突域的角度看，与没划分时相比有什么变化？

8. 100Base-TX 和 10Base-T 两个局域网，使用集线器的双绞线级联端口连接时，网络最远工作站之间的距离是多少(画图标明)？

9. 什么是虚拟局域网？使用 VLAN 的优点有哪些？建立 VLAN 的技术条件是什么？

10. 实现虚拟局域网时的基本原则有哪些？划分方法有哪些，各有什么特点？

11. 虚拟局域网和一般局域网最根本的区别是什么？关联又是什么？

12. 局域网的软件系统通常包括哪几类软件？各有什么用？

13. IEEE 802.11b 和 IEEE 802.11g 的最大传输速率各是多少？覆盖的最大半径大约是多少？IEEE 802.11b 采用的介质、介质访问控制方法、工作模式和使用的技术是什么？

14. 什么是 WLAN，写出其中英文全称。什么情况下需要使用 WLAN？

15. 无线局域网中，常用的设备是什么？各自的功能是什么，适用在哪些场合？

16. 画出有中心拓扑的无线局域网，并列出使用的主要设备名单。

17. 当两个以太网中的信息节点之间的距离超过 AP 允许的半径时，组建 WLAN 时应采用的方案是什么？请画出结构示意图，标明主要部件。

18. LAN 接入 Internet 时的首选设备有哪几种？分别画出使用 ADSL、ISDN 和 DDN 时的用户端网络系统结构图。

19. 调制解调器除了拨号上网之外，还有什么功能？

20. 画出通过 ISDN 网卡和 Modem 实现局域网用户接入 Internet 的连接示意图。

21. 在局域网中如何使用 ADSL 实现与 Internet 的连接？又如何实现远程网络工作站与局域网的连接？

22. DDN 的最高传输速率是多少？对应的投入和运行费用分别为多少？

23. DDN 的用户接入方式有哪几种？所用的设备都是什么？

24. 经过调查写出局域网使用 DDN 接入 Internet 的过程。

25. 某个公司目前的网络结构如图 6-28 所示，采用了具有中央集线器的以太网，由于网络节点的不断扩充，各种网络应用日益增加，网络性能不断下降，因此该网络急需升级和扩充，请问：

    ① 为什么该网络的性能会随着网络节点的扩充而下降？分析一下技术原因。

    ② 如果要将该网络升级为 100Mbps 交换式以太网，应该如何解决？画出拓扑结构

图,并列出需要更换的网络设备。

③ 如果在该网络中,所有客户机与服务器之间的通信非常频繁,为了克服出入服务器通信量的瓶颈,该如何处理?

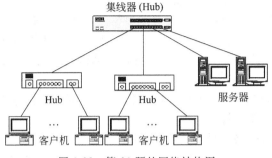

图 6-28　第 26 题的网络结构图

26. 由 4 个集线器组成的网络拓扑结构如图 6-29 所示。12 个工作站分布在 3 个楼层中,构成了 3 个局域网,即 LAN1(A1、A2、A3、A4)、LAN2(B1、B2、B3、B4)和 LAN3(C1、C2、C3、C4)。假定用户管理的性质需要发生变化,须将 A1、B1、C1 和 B4 四个节点,A2、A3、B2、C2 四个节点,A4、B3、C3、C4 四个节点划分为 3 个工作组。若在不改变网络拓扑结构,及网络工作站的布线工程连接的前提下,希望限制接收广播信息的工作站数量,应如何实现上述要求? 请说明理由,画出新的网络系统结构图,并说明需要改变的硬件设备和软件。

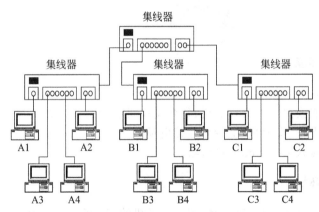

图 6-29　第 27 题的网络结构图

27. 某个单位的 3 个部门根据自己特定的需要,计划建两个相距 1000m 的 100Mbps 交换式以太网。要求如下:

① 画出网络系统结构示意图。在图中,标出最远节点之间的距离值,各部分使用传输介质类型,并列出需要使用的网络设备清单。

② 设计一个 5 个信息点的 WLAN 网络,该无线局域网需要使用有线局域网中的资源。画出网络系统结构示意图,列出需要使用的网络设备清单。

③ 若使用有线网中的一个交换机连接这个有 5 个信息点的 WLAN 网络,应如何连接? 需要添加什么设备?

28. 某学校的图书馆楼已建立了两层交换式以太网,现在需要增加两个具有 WLAN 功能、信息节点可移动的阅览室。

    (1) 用户需求

        ① 每个阅览室设计 10 个无线信息点。

        ② 两个阅览室信息点间的最大覆盖半径为 800m 左右。

        ③ 两个阅览室中的各个无线信息节点要求与其他使用有线网的房间一样,可以使用有线网络中的共享打印机,并能够通过有线网中的路由器接入 Internet。

    (2) 设计要求

        为两个阅览室设计两个有中心拓扑的 WLAN 网络。具体要求如下:

        ① 写明设计思路与设计过程。

        ② 画出图书馆网络的系统结构示意图。

        ③ 写出所设计的 WLAN 性能参数,如传输速率、覆盖半径、使用条件等。

        ④ 列出所需购买的部件清单,如新增设备的名称、数量、型号(标明主要参数)和参考价格。

29. 当一个中小型单位的 100Base-TX 交换式局域网与 Internet 两个网连接时,使用什么接入技术? 请为其进行设计,并画出连接示意图? 说明所设计方案的特色和主要性能指标,以及投资和维持费用的组成。

30. 请为上述局域网中的远程工作站访问该局域网的方法进行选择和设计。画出连接示意图,并说明主要互连部件的作用及维持系统运行的费用组成。

# 实训环境和条件

## 1. 网络硬件环境

① 网络环境。

② 每组一台交换机和 4 台计算机;每台交换机连接两台计算机。

③ 具有网络设备(交换机)的专用连接电缆。

④ 具有可以接入 Internet 的路由器。

## 2. 网络软件环境

① 安装了 Windows 的主机一台,并与交换机的 RJ-45 端口连接。

② 真实路由器和交换机内置的设置程序;也可以使用网络设备的仿真软件完成主要实验,如 Cisco 设备模拟器;实验中"××"为学号,如 01、02、…、36 等。

# 实训项目

### 实训 1:划分 VLAN

(1) 实训目标

① 了解网络互连设备的配置流程,学习网络设备的基本配置。

② 划分 3 个基于端口划分的 VLAN,每个 VLAN 中有两台计算机。

(2)实训内容

① 完成初始配置和上电引导任务。

② 为两台交换机配置设备名称 S × × 1 和 S × × 2,并配置 IP 地址,如 192.168. × ×.1 和 192.168. × ×.2。

③ 为每台计算机配置与交换机同网段的 IP 地址,如 192.168. × ×.11~192.168. × ×.14。

④ 在交换机中,显示 VLAN 1 的配置信息以及成员状况。

⑤ 在超级终端中,使用交换机的配置命令完成 3 个 VLAN 的划分任务。

⑥ 划分前和划分后用 ping 命令测试各个 VLAN 主机间的连通性。

**实训 2:接入 Internet**

(1)实训目标

① 学习网络设备的基本配置。

② 掌握网络互连设备的配置流程。

③ 掌握局域网中的计算机通过交换机与路由器访问 Internet 的设置。

(2)实训内容

① 完成交换机和路由器的初始配置和上电引导任务。

② 设置好路由器与 LAN 和 WAN 连接的端口参数,如 LAN 口地址为 192.168. × ×.1。

③ 为两台交换机配置设备名称 S × × 1 和 S × × 2,并配置 IP 地址,如 192.168. × ×.10 和 192.168. × ×.20;设置好 DNS 服务器地址及默认网关地址,如 200.200. 200.1 及 192.168. × ×.1。

④ 通过两台计算机的 IE 访问 Internet 网站。

# 网络的软件系统与计算模型

计算机网络除了必须拥有的硬件组成之外，还必须加上网络软件，才能构成一个完整的计算机网络系统。网络的软件系统如何加载与运行、何为网络操作系统、常见网络操作系统类型及网络工作模式是什么？这些都是本章要解决的问题。

**本章内容与要求：**

- 了解计算机网络的软件系统。
- 了解常用的网络操作系统。
- 掌握计算机网络系统的计算模式。
- 掌握 C/S、B/S 的特点。

## 7.1 计算机网络的软件系统

网络中的各种软件可以分布在主机（服务器或客户机）中，也可以存在于通信节点和网络的连接设备内。在主机中一般具有实现多层协议功能的软件，而在通信节点或连接设备内，一般只支持网络层及以下各层协议的软件。

**1. 网络软件系统的层次划分**

计算机系统的软件一般包括 3 个部分：操作系统、编程语言和数据库管理系统以及用户应用程序，只有将这些软件依次调入机器内存之后，计算机才能进行正常工作。

与网络中的计算机系统类似，计算机网络的软件系统也是分层次的，网络计算机在工作时，只有将各层软件依次调入内存以后，才能进行正常的通信，共享网上的资源。

**2. 网络软件的 3 种主要类型**

（1）网络操作系统

网络操作系统是最主要的网络软件，它通常被安装在服务器上，并对网络实施高效、安全的管理，并使各类网络用户能够在各种网络工作站的站点上去方便、高效、安全地享用和管理网络上的各种资源，它还为用户提供各种网络服务功能以及负责提供网络系统安全性的管理和维护。

（2）网络管理软件

网络管理软件用于监视和控制网络的运行。网络管理主要包括自动监控设备和线路的情况、网络流量及拥挤的程度、虚拟网络的配置和管理等。上述这些功能对于较大规模的网络来说是非常必要的。网络管理软件集通信技术、网络技术和信息技术于一体，通过调度和协调资源，进行配置管理、故障管理、性能管理、安全维护和计费等管理，达到网络可靠、安全和高效运行的目的。网络管理系统作为一种网络工具，应具备的功能如下：

① 自动发现网络拓扑结构和网络配置。

② 告警功能。

③ 监控功能。

④ 灵活的增减网络管理系统的功能的能力。

⑤ 能够管理不同厂商的网络设备，并支持第三方软件的运行。

⑥ 访问控制功能。

⑦ 友好的界面操作功能。

⑧ 具有编程接口和开发工具。

⑨ 具有故障记录和报告生成功能。

常用的网络管理软件有：HP 公司的 Openview、IBM 公司的 Netview 等。

（3）各种应用软件平台和客户端软件

用户通常可以利用各种应用软件的平台，开发属于自己业务范围内的网络应用软件。常用的开发平台为：基于客户机/服务器（Client/Server）或浏览器/服务器（Browser/Server）模式的各种信息管理系统和数据库应用管理系统。常见的应用软件平台有以下几种。

① 数据库管理系统：Oracle、Sybase、SQL Server、FoxPro 和 Access 等。

② 办公及管理信息系统软件：Office、MIS、Notes/Domino 等。

③ 客户端必要软件：在浏览器/服务器工作模式中，客户机上使用的各种浏览器软件，如 Internet Explorer、遨游、世界之窗等。

（4）其他网络软件

① 下载软件，如迅雷、网际快车、网络蚂蚁等。

② 杀毒软件，如 360 安全卫士、卡巴斯基反病毒、Norton Antivirus、金山毒霸、瑞星杀毒软件等。

③ 网页制作软件：如 Macromedia Dreamweaver、Macromedia Fire Works 等。

网络应用软件的开发是网络建设中的一项艰巨而又重要的任务，没有应用软件，拥有再好的网络硬件也无济于事。因为这就像建好一条高速公路以后，没有车在上面行驶一样，会给投资者造成极大的浪费，而这一点正是当前各种局域网建设中的共同弊病之一。此外，应用软件的相应开发和使用人员的培养也是急需解决的问题之一。

前面所说的网络协议提供了网络中计算机之间通信的约定和规则，而实现网络所具有的各种功能和规则，还需要其他的网络软件。上述各种网络软件分布在主机（服务器或客户机）中，也存在于通信节点和网络的连接设备内。通常在主机中具有实现多层协议功能的软件，而通信节点或连接设备内一般只需要支持网络层以下的三层或两层协议的软件。

## 7.2  网络操作系统

计算机网络就像 PC 需要 DOS 和 Windows 等操作系统一样，也需要有相应的操作系统，这就是网络操作系统。网络操作系统是整个网络的核心，它实际上是一些程序的组合，是网络环境下用户与网络资源之间的接口，它能够实现对网络的控制和管理。它还可以通过网络，向网络上的计算机和外部设备提供各种网络服务。人们在选择使用 PC 局域网的产品时，很大成分是在选择网络操作系统。由于所有网络提供的功能都是通过该网络的操作系统来实现的，因此，网络操作系统的水平就代表了网络的水平。

### 7.2.1  网络操作系统的定义和功能

一般操作系统的英文名称为 Operating System，简称为 OS，而网络操作系统的英文名称为 Network Operating System，简称为 NOS。

**1. 网络操作系统的定义**

网络操作系统是为了实现网络通信的有关协议，并为网络中各类用户提供网络服务的软件集合。它的主要目标就是使用户能够在网络上的各个计算机站点去方便、高效地享用和管理网络上的各种资源。因此，网络操作系统的基本任务就是要屏蔽本地资源和网络资源的差异性，为用户提供各种网络服务功能，完成网络资源的管理，同时它还必须提供网络系统安全性的管理和维护。

**2. 网络操作系统的功能**

网络操作系统作为一种管理网络对象使用的操作系统，通常会同时具有操作系统和网络管理系统两方面的功能。现做如下简单介绍：

（1）作为操作系统应具有的基本功能

作为操作系统，网络操作系统应具有处理机管理、存储器管理、文件管理和设备管理等基本功能。

（2）作为网络管理系统应具有的功能

① 提供通信交往能力。网络操作系统应该能够在各种不同的网络平台上安装和使用，通过实现各类网络通信协议，能够提供可靠而有效的通信交往能力。例如，网络操作系统应该能够支持各类不同物理传输介质的使用，支持使用不同协议的各种网卡和各类介质的访问控制协议和物理层协议。

② 能向各类用户提供友好、方便和高效的用户界面，便于进行网络管理，也便于资源的使用和管理，并具有迅速响应用户提出的服务请求的能力。

③ 能支持各种常见的多用户环境，也应当支持多个用户的协同工作。

④ 能有效地实施各种安全保护措施，并实现对各种资源存取权限的控制。

⑤ 提供关于网络资源控制和网络管理的各类实用程序和工具。例如，常用的系统管理工具有系统备份、性能监测、设置参数、安全审计与安全防范等。

⑥ 提供必要的网络互连支持,例如,提供网桥、路由或网关等功能的支持。

（3）网络服务

用户建立计算机网络的目的是使用网络提供的各种服务,提高工作效率和生产率。因此,网络服务就是网络操作系统通过网络服务器向网络工作站(客户机)或者网络用户提供的有效服务,基本的网络服务如下:

① 文件服务:包括文件的传输、转移和存储、同步和更新、归档(备份数据)等。

② 打印服务:包括共享、优化打印设备的使用。

③ 报文服务:提供"携带附件的电子邮件"的服务功能。

④ 目录服务:允许用户维护网络上各种对象的属性信息。例如,对象可以是用户、打印机、共享资源及服务器等。

⑤ 应用程序服务:提供应用程序的前端接口。例如,通过安装在客户计算机上的前端程序来查询主数据库服务器,经服务器处理后,将客户机请求的应答信息通过这个接口返回给用户。

⑥ 数据库服务:主要负责数据库的复制和更新,解决数据库的变化与协调问题。

总之,网络操作系统通过各种网络命令,完成实用程序、应用程序和网络间的接口功能;并向各类用户提供网络服务,使用户可以根据各自具有的权限去使用各种网络资源。例如,网络操作系统至少应包含用户向网络登录和注册的管理功能;用户作业提交、进入与处理的请求功能;文件传输服务功能;电子邮件服务功能;非本地打印功能;文件或文档的浏览、查询等功能。

## 7.2.2　网络操作系统的分类

目前流行的网络操作系统主要有 UNIX、Novell、Windows 和近年来流行的 Linux 几个主要系列。进入 20 世纪 90 年代以来,计算机网络互连,不同网络的互连等问题就成为热点。所以,网络操作系统便朝着能支持多种通信协议、多种网络传输协议、多种网络适配器和工作站的方向发展。下面简单介绍几种常见的网络操作系统。

**1. UNIX 网络操作系统**

UNIX 网络操作系统是麻省理工学院开发的一种在分时操作系统基础上发展起来的网络操作系统。UNIX 是目前功能最强、安全性和稳定性最高的网络操作系统。UNIX 是一个多用户、多任务的实时操作系统,它通常与硬件服务器产品一起捆绑销售。

UNIX 的应用重点是大型高端网络。在 Internet 中,较大的服务器大都使用了 UNIX 操作系统。由于 UNIX 不易被普通用户掌握,而且价格昂贵,因此,中小型网络很少使用。

**2. NetWare 网络操作系统**

NetWare 是 Novell 公司于 1981 年推出的网络操作系统的名称。由于,它具有先进的目录服务环境,集成和方便的管理手段,简单的安装过程和良好的可靠性等特点,曾经广泛应用于中小型的局域网。然而,随着微软网络操作系统的逐步完善,其市场占有率逐年下降,现在的中小型局域网已经很少使用了。NetWare 从 1981 年推出的版本 1.X 开始发展到了 NetWare 6.5 后,发展为 OES V1/V2(Open Enterprise Server)开放式的企业服务器平台。

### 3. Windows 网络操作系统

Windows 1.0 是微软公司于 1983 年推出的第一款操作系统。1993 年微软推出了针对网络服务器使用的网络操作系统 Windows NT 后,又推出了功能更强大的 Windows 2000/2003/2008 等多个不同服务器版的网络操作系统。

当前的最新版本是 Windows Server 2008,其提供了多种功能强大的网络服务功能,如活动目录服务、DNS 服务、DHCP 服务、打印服务、邮件服务、路由和远程访问服务、媒体服务等,以及各种应用程序服务器,如 Web 网站和 FTP 等。

Windows Server 2008 具有体系结构独立、支持多线程和多任务、集中化的用户环境,以及基于 C/S 网络结构的域和基于对等式网络结构的工作组的管理功能。微软的最新 NOS 的系统结构是建立在最新操作系统理论基础上,具有良好的用户界面和兼容性,对 Internet/Intranet 技术的强大支持,并且在可靠性、高效性、连接性上有了很大的改善与提升。因此,被广泛应用在中小型局域网中。本书后半部分将以 Windows Server 2008 为主线来实现中小型 Intranet 的基本管理。为此,其相关的功能和特点随后再做介绍。

### 4. Linux 网络操作系统

最初,Linux 是由芬兰的赫尔辛基大学的学生 Linux 与 Benedict Torvalds 等,通过 Internet 组织的开发小组共同编写的,后来,又有众多的软件高手加盟并参与开发。

由于 Linux 的源代码公开,任何用户都可以根据自身的需要对 Linux 的内核进行修改。正因为如此,Linux 网络操作系统才得以长足发展,迅速普及,成为了具有 UNIX 网络操作系统特征的、新一代的网络操作系统。

(1) Linux 的特点

① 免费获得,无须支付任何费用。

② 可以在任何基于 X86 平台或者是 RISC 体系结构的计算机系统上运行。

③ 可以实现 UNIX 操作系统的所有功能。

④ 强大的网络功能:Linux 具有可以与其他操作系统相媲美的多任务、多用户、多平台、多线程、虚拟存储管理、虚拟控制台、高效磁盘缓冲和动态链接库等强大的应用功能。

⑤ 源代码公开:Linux 是一个开放使用的自由软件。正是由于 Linux 的源代码开放,才使得它更适合于广大需要自行开发应用程序的用户,以及那些需要学习 UNIX 命令工具的用户。

⑥ 具有丰富的系统软件和应用软件的支持。

(2) Linux 的适用场合

基于上述的种种理由,使得 Linux 成为一种可以与 Windows 抗衡的,极具发展潜力的操作系统。它可以运行各种网络应用程序,并能够提供各种网络服务。

综上所述,NetWare、Windows 的服务器版,以及 Linux 均可用于中小型局域网,主要用做网络服务器上的操作系统;而 UNIX 常用于金融、电信系统等部门的高端大型网络中。

### 7.2.3 网络操作系统的选择

常见的网络操作系统(NOS)各具特色,而且涉及一系列的技术问题,例如,涉及网络的拓扑结构、网络服务器支持、网络的站点访问、网络连接设备的支持、网络内部连接方式、工作站内存的占用、网络的容错功能、网络的管理和安全性等多方面的因素。所以,选择网络操作系统时应当考虑如下几个方面。

① 符合国际标准和工业标准:应从综合性能和标准化两方面进行考虑。

② 兼容性:选择操作系统时硬件的兼容性也是要考虑的重要因素,例如,某办公室购置了网卡,但由于所选的操作系统却不支持,只好安装了其 NOS。

③ 网络规模:各种 NOS 对网络客户的数量均有限制,因此,应根据网络的规模进行选择,并注意留有充分的扩充余地。

④ 可靠性:在前面介绍的 4 种 NOS 中,比较起来 UNIX 的可靠性相对较高,早期的 Windows NT/2000 可靠性较低。如果企业的保密性要求中等,则可以选择 Windows 2000;如果安全性要求较高,则应选择安全性能更好的 NetWare、UNIX、Linux 和可靠性方面改善了的 Windows Server 2003/2008。

⑤ 对路由和远程访问的支持:各种 NOS 都提供了路由和远程通信的工具,例如, Windows 2003/2008 服务器版提供了远程访问、软件路由器、VPN(虚拟专用网)、 Internet 连接共享等远程通信与访问的功能。

⑥ 能获得众多的应用软件并支持现有的应用:凡是有众多应用软件支持的网络操作系统必定是市场占有率较高的操作系统,如 Windows 的各种版本。

⑦ 应具有良好的管理功能、方便的开发平台以及安全保证。

目前,人们广泛使用 Windows XP/7 及 Windows Server 2003/2008 来组建办公网、企业网和校园网等中小型的 Intranet 性质的网络,因而,Windows 不但成为了最流行的操作系统,也是计算机应用和网络技术专业必须熟练掌握的一种操作系统。

## 7.3 计算机网络系统的计算模式

不同的网络模型的工作特点和所提供的服务是不同的,因此用户应当根据所运行的应用程序的需要选择自己适宜的网络类型。网络上的数据或者信息可以分别由工作站、服务器或者是客户机和服务器双方的计算机共同进行处理。因此,网络模型(network model)就是指网络上计算机处理信息的方式,也被称为网络的计算模式。在网络发展进程中,有如下几种网络计算模式:

① 主机-终端机式网络模型。

② 专用服务器式网络模型。

③ 客户/服务器式网络模型。

④ 浏览器/服务器式网络模型,即以浏览器为客户机主要软件的主从式计算模式。

⑤ 对等网络网络模型的分布处理模式。

在这几种结构中，"主机-终端机"和"专用服务器"的集中式处理网络模式主要应用于银行等具有特殊安全要求的大型计算机网络系统，在中小型局域网中并不多见。因此，本书重点介绍几种常见的网络系统模型的组成结构与模式特点。

### 7.3.1 客户机/服务器网络模型

从 20 世纪 90 年代以来流行的是客户机/服务器网络模型，其英文名称为 Client/Server，简称为 C/S，这种结构又被称为主/从结构。

#### 1. 客户机/服务器网络模型的组成结构

C/S 结构的网络模型结构如图 7-1 和图 7-2 所示。C/S 结构的网络是一种开放结构、集中管理、协作式处理方式的、主从式结构的网络。

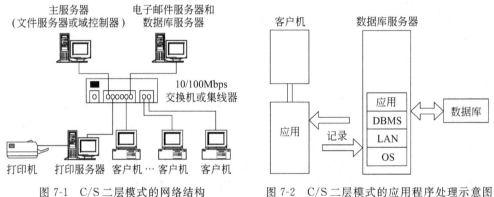

图 7-1　C/S 二层模式的网络结构　　　　图 7-2　C/S 二层模式的应用程序处理示意图

① 开放结构：是指系统是开放的，如果需要可以随时添加新的客户机和服务器，或增添新的网络服务。集中管理主要是指网络操作系统对网络和网络用户的集中控制与管理。而协作处理是指客户机与服务器协同工作，共享处理能力。主从式是指客户机提出服务请求，服务器提供服务的处理方式。

② 物理结构：初学者应当注意的是多个客户和服务器程序可以安装在一台计算机的硬件上，也可以安装在多台计算机的硬件中；但是两者的物理结构与逻辑结构并不相同。例如，在公司网络中，作为服务器的物理计算机只有一台，但是，它安装了 DHCP、DNS 服务器功能后，既可作为 DHCP 服务器，也可以作为 DNS 服务器；又如，作为网络用户的客户机上，既安装了邮件客户端程序 Outlook，也安装了 Web 客户端程序 IE。这时物理上只有一台服务器，而逻辑上为多台服务器。

③ 身份灵活：在 C/S 结构的网络中，可以将多种需要处理的工作任务分别分配给相应的客户机和服务器来完成。网络中的客户机和服务器并没有一定的界限，必要时两者的角色可以互换。在 C/S 网络中，到底谁为客户机、谁为服务器完全按照其当时所扮演的角色来确定。一般的定义是：提出服务请求的一方称为"客户机"，而提供服务的一方则称为"服务器"。例如，数据库服务器上的客户在使用网络打印服务时，该服务器的身份就是打印客

户机,而在其为客户机提供数据和信息检索服务时,其身份就是数据库服务器。

目前的网络结构大都是 C/S 结构,这也是网络与信息技术发展的主要方向。C/S 结构发展迅速的主要原因在于其低廉的价格、高度的灵活性、简单的资源共享方式,以及良好的扩充性。扩充性能是指系统的开放程度,这里主要指在系统的硬件或软件改变时,系统仍具有连接的能力。

**2. 适用的网络操作系统**

目前,流行的各种网络操作系统,如 Microsoft 公司的 Windows 2003/2008 服务器版,或 Novell 公司的 NetWare 5. X/6. X 版本等网络操作系统都支持 C/S 网络结构。理论上说,C/S 结构可以由异种机(使用不同操作系统的计算机)构成。但是,在实际应用中一个局域网内部大都使用了同一公司的操作系统,例如,服务器安装的是 Windows Server 2003/2008,而客户机上安装的是 Windows XP/7。

在服务器和客户机的计算机上,除了需要安装 NOS 和 OS 外,还要安装各种硬件的驱动程序,如网卡、显卡、声卡等。此外,还要安装各种应用程序架构自己的信息系统。

**3. 应用场合**

C/S 模式的适用性广泛,常被应用于各种要求安全性能较高、便于管理、具有各种 PC 档次的中小型单位中,例如,公司、企事业单位的办公网络和校园网。

**4. C/S 结构的文件管理方式**

C/S 结构与其他结构在硬件组成、网络拓扑、通信连接等方面基本相同。但是,在网络的管理运行方式上有所不同。在 C/S 结构的网络中,服务器的管理方式由专用服务器式网络的文件管理方式,上升为数据库管理方式。由此可见,C/S 结构是数据库技术的发展、普遍应用与局域网技术发展相结合的成果。

## 7.3.2 浏览器/服务器网络模型

随着 Internet /Intranet 的广泛使用,计算机"网络化"和"信息化"是当今企事业单位发展的总趋势。随之而来的是 Web 技术的出现和全面普及。C/S 网络应用系统的结构也发展为最新的 B/S(Browser/Server,浏览器/服务器)网络结构。

**1. 浏览器/服务器网络结构**

B/S 结构的客户端采用了人们普遍使用的浏览器,因此,它是一个简单的、低廉的、以 Web 技术为基础的"瘦"型系统。其网络结构中,除了原有的服务器外,还增添了高效的 Web 服务器。这就是 20 世纪 90 年代中期(1996 年)以后开始出现,并迅速流行的浏览器/服务器结构。B/S 网络结构的示意图,以及实现时的网络结构如图 7-3 和图 7-4 所示。

基于 B/S 模式的网络信息系统,通常采用以下的三层或更多层的结构:

客户机(浏览器)——Web 服务器——数据库服务器

图 7-3　B/S 三层模式的网络结构示意图

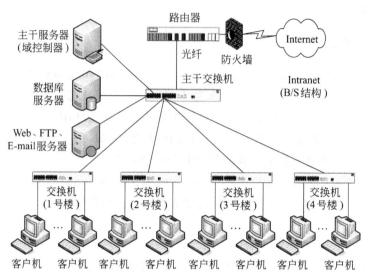

图 7-4　B/S 三层模式的网络结构

### 2. B/S 网络的工作特点

B/S 模式以 Web 服务器为系统的中心,客户机端通过其浏览器向 Web 服务器提出查询请求(HTTP 协议方式),Web 服务器根据需要向数据库服务器发出数据请求。数据库则根据查询或查询的条件返回相应的数据结果给 Web 服务器,最后 Web 服务器再将结果翻译成为 HTML 或各类脚本语言的格式,并传送给客户机上的浏览器,用户通过浏览器即可浏览自己所需的结果。

使用 B/S 结构的浏览器访问数据库的三层方式,与 C/S 结构的二层结构相比,具有成本低,易于更新和改动,用户可以自行安装浏览器软件,并使用通用的浏览器进行访问,与网络平台完全无关,客户端软件廉价,安全保密控制灵活等显著的优点。

### 3. 适用场合

B/S 结构的网络是现在的网络应用系统的主流方式,因此,适用于各种规模网络的应用系统,如基于 Web 的信息管理系统、办公系统、人事管理系统等。

## 7.3.3　C/S 和 B/S 网络模型的总结

这些结构的网络中都有至少一台高性能的网络服务器,因此,基于这些结构的网络模型可以说都是"基于服务器管理"的网络模型。

**1. C/S 和 B/S 网络模型特点**

① 这些网络都需要一台或多台服务器硬件,因此,硬件投资比对等网大。

② 这类网络的系统的安全管理、用户管理、文件访问和数据备份等功能都较强。

③ 这些网络中的大部分共享数据,不像对等网那样完全分布在网络的各个主机中,因此,其相应的管理工作量减少了许多。

④ 这类网络还具有其他种种优点:用户在主控服务器,如域服务器上,通常拥有一个集中控制和管理的用户账户,因此,这类网络具有安全性较好,资源、各种对象易于管理与维护的特点。

⑤ C/S 和 B/S 模式的网络都是近年来流行的网络模型,它们是基于服务器结构的网络模型。其中的 C/S 结构面向网络的管理,用于网络中的用户、计算机、资源和各种对象的管理;而 B/S 结构则是面向应用,主要用于网络中的应用和信息系统。两者往往共存在一个 Intranet 中。例如,微软的按照 C/S 模式工作的网络名称是"域"网络,其中的 S 是指域控制器,使用的是 Windows 2003/2008 服务器版程序;而 C 是指普通用户所在计算机的操作系统,通常使用 Windows XP/7 等桌面操作系统。

总之,上述两种流行的网络模型已为广大用户所接受,因此,被广泛地应用在目前的局域网管理和应用中。

**2. 优点**

① 集中化的安全管理措施:身份识别、登录验证、资源访问的控制与审核。

② 专用的主控服务器:C/S 模式域网络中的 Windows 2003/2008 域控制器。

③ 便于访问:Windows 2003/2008 域中的"一个用户,一个账户"的管理策略。

④ 完善的备份机制:Windows 2003 /2008 中的备份系统。

⑤ 同步化的文件:集群与多主复制技术,如多个域控制器的定期自动同步。

**3. 缺点**

① 昂贵的服务器:在基于服务器的网络中,至少要配置一台专用的主控服务器。与普通的计算机相比,由于服务器使用了专用的服务器技术,配置较高,因此价格要贵得多。

② 专职管理员:由于基于服务器的网络中拥有众多的通用或应用服务器,相对于对等式网络来说,具有提供的服务多样、硬件和软件的管理复杂、网络节点多、服务不能断线等特点,因此,需要专职的系统管理员对其进行网络管理。

## 7.3.4 对等式网络模型

几乎在基于服务器网络中的客户机/服务器结构出现的同时,发展了另一种新型的网络系统结构——对等式网络模型。

**1. 对等式网络系统的构成**

按照对等式(Peer-to-Peer,P2P)模型工作的网络简称为对等网,其使用的拓扑结构、硬件、通信连接等方面与客户机/服务器和浏览器/服务器结构几乎相同,唯一不同的是其硬件差别。对等网无须功能强大的、对网络进行集中控制与管理的主控服务器,如域控制器或文件服务器;因而,也就无须购置专门的服务器硬件和网络操作系统,其硬件组成结构可以使用各种类型的局域网,如100Base-T以太网。

**2. 适用场合**

对等网适用于小型办公室、实验室、游戏厅和家庭等小规模网络。

**3. 对等网适用的操作系统**

常见的操作系统都具有内置对等网的功能,如微软各版本的操作系统 Windows XP/7等;又如,其他支持对等网的操作系统产品还有 Novell 的 Personal NetWare、Linux,台湾的产品有智邦的 Lansoft、友讯的 Lansmart,以及宏伟的 Topware 等。

总之,使用上述的各种操作系统,都可以方便地组建对等网。

**4. 对等网的特点**

对于以资源共享为主要目的的小型办公室来说,对等网是最好的选择。因为,这样允许用户自己处理自己的安全问题,可以省去庞大而且昂贵的服务器,加上网络功能使用的是原有流行操作系统上内置的连网功能,无须购置专门的网络操作系统,因而使总成本大为减少。由于在对等网中,是每台计算机的管理员自行管理安全问题,因此,与基于服务器的网络相比,其高度灵活性的代价是:在文件管理、存储器管理和多任务处理等方面比较差。

(1) 优点

① 节点地位平等,使用容易,且每台计算机上的资源都可直接共享。

② 利用计算机中已安装的桌面操作系统中内置的网络功能即可组建成对等式网络,如使用 Windows XP/7。由于对等网的实现、维护与使用都很方便,因此,也是很多小型公司或单位使用的主要网络模式。

③ 价格低廉、大众化。

④ 不需要专门的服务器与专职网络管理员。

(2) 缺点

① 无用户的集中管理,谁都能通过管理员账户进入网络,安全性能较差。

② 文件管理分散,因此数据和资源分散,数据的保密性差。

③ 需要对用户进行培训。

## 习题

1. 网络的软件系统主要由哪几类组成?
2. 一般操作系统应具备哪5大功能? 各解决什么问题?
3. 网络操作系统是如何定义的? 它应具备哪些功能?

4. 在选择网络操作系统时应当考虑哪些主要问题？

5. 当前流行的网络操作系统有哪几种？各有什么特点？适用于哪些场合？

6. 什么是网络服务？它能提供哪些基本服务？

7. 什么是目录服务？它和文件服务的区别是什么？

8. 常见的网络模型有几种？各有什么特点？

9. C/S 与 B/S 模式有什么联系？在结构上又有什么不同？各用在什么地方？

10. 在什么网络模式中,客户机通过浏览器的 HTTP 协议提出服务请求,并将返回的信息通过浏览器提供给网络客户？返回的信息通常是什么方式？什么是网络中间件？它有什么用途？常用的中间件有哪些？

11. 当有 40 台计算机组建网络时,除了资源共享之外,还需要集中账户管理和信息管理功能。请问应选择哪种网络模式进行用户和资源的管理？在微软网络中,应当组建的网络名字是什么？

12. 办公室的原有 10 台计算机都装有 Windows XP/7,现在要求实现网络上应用软件和硬件(办公室内的一台打印机)的共享,使用对等网结构组建局域网是否是最佳选择？在微软网络中应当组建的网络名字是什么？

13. 试比较客户机/服务器、浏览器/服务器和对等式网络结构的异同。

14. B/S 模式的三层网络模型是由哪 3 个主要层次组成的？

15. C/S 模式的两层网络模型是由哪 2 个主要层次组成的？

16. 试比较客户机/服务器、浏览器/服务器和对等式网络结构的异同。

# 第8章

## 实现工作组网络

当物理网络成功建立后,怎样安装 Windows XP/Vista/7? 什么是网络功能或网络组件? 又如何实现家庭、宿舍、小型办公室的网络? 如何设置才能实现网络中的用户、计算机和资源的安全访问? 这些都是本章需要解决的问题。

**本章内容与要求:**

- 了解小型办公(对等网)网络的硬件组成。
- 了解工作组网络的实现流程。
- 掌握 Windows 操作系统的安装步骤。
- 掌握网络功能(组建)的配置内容。
- 掌握组建 Windows 工作组网络的方法。
- 掌握工作组网络中用户和组账户的管理方法。
- 掌握工作组中文件资源的共享与访问。

## 8.1 工作组网络的基本知识

小型局域网在工作时,通常采用了对等模式,在微软网络中,这种网络被称为工作组网络。工作组网络具有:设置简单、管理容易、使用方便和成本低等特点。

**1. 工作组网络的定义**

工作组(workgroup)是一组由网络连接而成的计算机群组,并由每台计算机的管理员分散管理账户和资源的小型网络。

**2. 工作组网络的硬件结构与组成**

小型局域网中的计算机经常采用工作组的组织方式。无论网络的硬件标准是 100Base-TX、1000Base-T,或者是 FDDI 网络。所有的计算机通过其安装的微软操作系统都可以加入到工作组网络中。但是,目前使用最多的硬件结构还是以太网,常用的百兆交换式以太网的硬件结构如图 8-1 所示,这是一个典型以太网,其硬件组成如下:

① 局域网内互连设备:交换机(集线器)或无线接入点 AP。

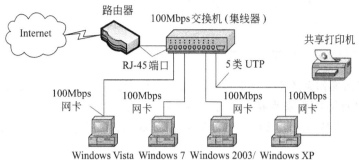

图 8-1　单交换机(集线器)的 100Base-TX 网络结构

② 计算机：安装了 Windows 的计算机。

③ 网卡：每台计算机至少安装一块网卡，如 100Mbps 双绞线以太网卡或无线网卡。

④ 其他：直通或交叉双绞线(两头安装有 RJ-45 连接器)及共享打印机等共享资源。

⑤ 网络接入设备：目前各种规模的网络都需要接入 Internet，使用最多的设备就是路由器。

### 3. 工作组网络的计算模型

在不同的桌面操作系统或网络操作系统中组建对等式网络时，其称谓应该根据其操作系统规定的组织方式来确定，如在微软网络中安装的对等式(Peer-to-Peer)模式工作的网络被称为工作组。在如图 8-1 所示的工作组网络中，当任何一台计算机(Windows XP)的用户想要使用另一个计算机(Windows 7)中的某个目录中的文件时，只须由该计算机的管理者共享(开放)自己计算机中的文件夹即可，而无须其他计算机的服务或转发。

### 4. 工作组网络的管理方式

工作组网络的特点是资源和账户都位于本机，并由各个计算机上的管理员分散进行管理。在工作组(即对等网模式)网络中，每一台计算机的地位都是平等的。每一台安装了 Windows 的计算机上都有一个基于本机的本地目录数据库。

在工作组网络中，由每台计算机的本地管理员分散管理自己本机的目录数据库，例如，建立用户账号、设置共享资源、设置本地安全信息等。本地资源在经过适当的权限设置后，也可以实现安全共享。

### 5. 工作组网络的适用场合

工作组网络适用于小型办公室、实验室、游戏厅和家庭等小规模网络，微软操作系统对工作组成员要求是"不超过 10 台计算机"。超过以后，工作组网络的维护将变得十分困难。对于以资源共享为主要目的的小型办公室来说，工作组网是最好的选择。因为，这样既允许用户自己处理自己的安全问题，又可以省去庞大而且昂贵的服务器；此外，由于使用的是原有操作系统中内置的联网功能，因而无须购置专门的网络操作系统，使总成本大为减少。

由于工作组网络允许用户自行管理安全问题,因此,这种灵活性的代价是此类网络结构在账户管理、文件管理、存储器管理和多任务处理等方面均比较差。

**6. 工作组网络常用的操作系统**

大多数桌面操作系统都支持对等式模式的工作组网络,很多单位都采用了桌面操作系统中内置的网络功能来直接组建工作组网络。无论使用微软操作系统的 Windows XP/Vista/7,还是 Windows 2003/2008 服务器版都可以方便地实现工作组网络。

**7. 工作组网络的工作特点**

(1) 优点

① 节点地位平等,使用容易,且工作站上的资源可直接共享,并自行管理。

② 无须购置专用软件,利用操作系统中内置的网络功能,即可组建起工作组网络。

③ 建立、安装与维护都很方便。

④ 价格低廉、大众化。

(2) 缺点

① 分散管理的本地目录数据库。

② 账户和资源由分散在各个计算机中的本地管理员管理。

③ 无集中管理,安全性能较差。

④ 文件管理分散,因此数据和资源分散,数据的保密性差。

⑤ 需要对用户进行培训,否则经常会出现网络问题。

⑥ 工作组成员的数目一般受操作系统版本所限,如微软操作系统的不多于 10 台。

总之,按照对等式工作的工作组网络的拓扑结构、硬件等与 C/S 或 B/S 等网络模式的差别不大,其主要区别在于网络管理的软件工作模式。因此,既可以使用 10Base-T 以太网标准,也可以使用 FDDI 标准来架构工作组网络的硬件系统。但是,目前最流行的还是使用 10Base-T 或 100Base-TX 双绞线以太网来实现工作组网络。

# 8.2　安装操作系统 Windows 7

购买一台新计算机后,第一,我们会安装自己喜欢的操作系统;第二,安装各种硬件驱动程序,使得各种硬件的工作正常;第三,安装自己喜欢的应用软件;第四,根据实际需要加入局域网或 Internet。

实际上,无论安装的是 Windows XP/7 桌面操作系统,还是安装 Windows 2000/2003/2008 服务器版的网络操作系统,其安装方法和步骤都是相似的。常用的两种安装方法是:第一,使用物理驱动器和安装光盘进行安装;第二,使用操作系统安装光盘的备份(映像)文件进行安装,如 Windows 7.GHO。前者为典型的安装方法,后者适用于大量主机的快速安装。通常可以使用第一种方法安装,之后将其系统分区制成分区的映像文件,再用制作的映像或备份文件安装其他计算机。因此,下面将重点介绍第一种安装方法。

### 1. 进入主板 BIOS 设置光驱为第一引导设备

在安装计算机的操作系统时，由于使用安装光盘进行安装，因此，先要进入主板的BIOS，并将光驱设置为第一引导盘。

① 在计算机中，必须先进入主板的 BIOS 设置菜单，如在计算机启动时及时按 Del 键，即可进入如图 8-2 所示界面。如果按键不及时，请按复位按钮，重新操作直到出现图 8-2 所示界面。

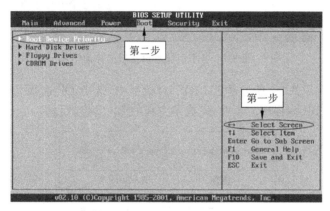

图 8-2　虚拟机中 BIOS-Boot 界面

② 在图 8-2 所示的 BIOS 菜单中，根据右下角的提示按"→"或"←"键，选择菜单命令 Boot(引导)，按 Enter 键，打开如图 8-3 所示界面。

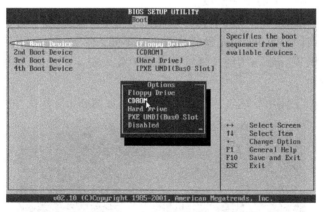

图 8-3　在 BIOS 中设置第 1 引导盘

③ 在图 8-3 所示的 Boot 设置对话框中，选中 1st Boot Driver(第 1 引导驱动器)选项，按 Enter 键；在激活的菜单中，选择 CDROM 选项；随后，依次设置好其他引导驱动器，如图 8-4 所示。

**说明**：不同计算机主板的 BISO 的设置菜单的界面和命令方式会有所区别，一般界面都有操作提示，例如，图 8-2 右侧窗口的各种操作提示，如按 Esc 键为 Exit(退出)本菜单，按 F10 键为"存盘和退出"等。

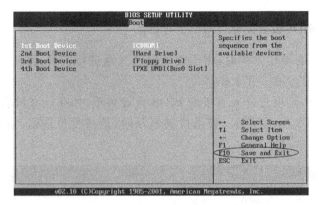

图 8-4　各个引导盘设置后的界面

④ 在图 8-5 所示的"存盘与退出 BIOS"对话框中,选中 Ok 选项后,按 Enter 键则保存设置参数,退出 BIOS 程序。至此,完成了主板的 BIOS 参数设置。

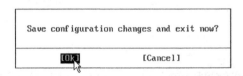

图 8-5　"存盘与退出 BIOS"对话框

### 2. 使用物理驱动器安装 Windows 7

(1) 安装 Windows 7 的第一阶段

① 将一张可启动的 Windows 7 操作系统安装盘放入光驱(I),由于磁盘分区的数目不一样,因此,每台计算机的物理光盘的盘符可能不同。

② 在准备安装 Windows 7 的计算机的光驱中放入安装光盘后,按机箱上的"复位"按钮,重新启动计算机。

③ 在系统重新启动进入光盘后,稍后,即可进入如图 8-6 所示的"安装 Windows 7"窗

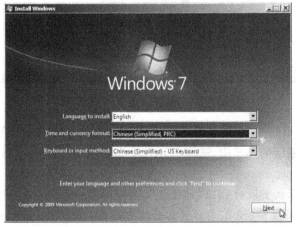

图 8-6　"安装 Windows 7"窗口

口,选中要安装的语言、时区、键盘格式后,单击 Next 按钮,打开如图 8-7 所示窗口。

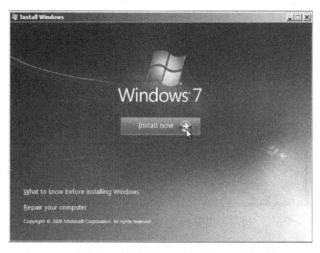

图 8-7 "现在安装"窗口

④ 只需跟随安装向导程序,即可完成 Windows 7 系统的安装任务,如图 8-7～图 8-10 所示。

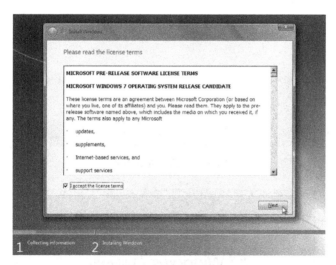

图 8-8 许可协议

(2) 安装的第二阶段——设置 Windows

① 当出现图 8-11 所示的"首次登录"对话框时,输入用户名,如 sxh,输入计算机名,如 Win7_SXH,单击 Next 按钮,打开如图 8-12 所示界面。

② 依次选择和输入:用户密码(图 8-12)、产品密码(图 8-13)、设置方式(图 8-14)、时区-日期-时间(图 8-15)、计算机的位置(图 8-16),之后重新启动系统。

③ Windows 7 的登录窗口如图 8-17 所示,输入用户名和用户密码后,即可开始使用 Windows 7。至此,已经完成了系统的安装与基本设置。

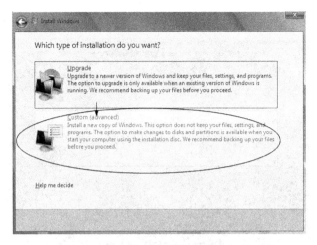

图 8-9　选择安装类型

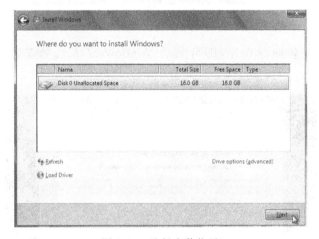

图 8-10　选择安装位置

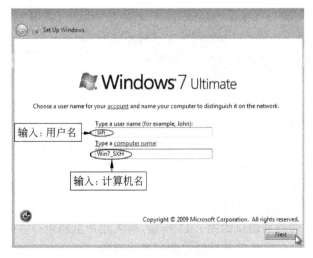

图 8-11　首次登录对话框

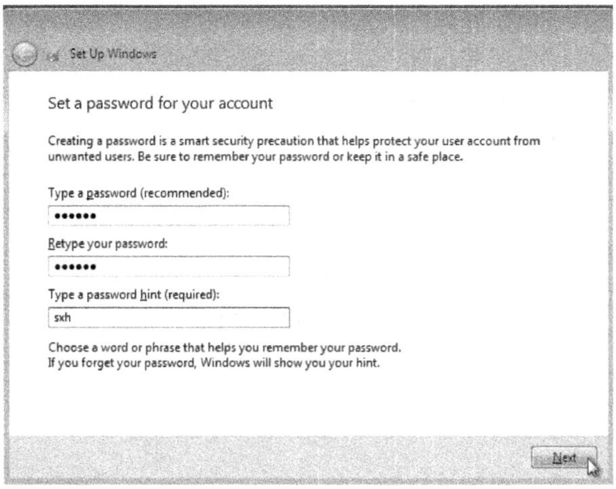

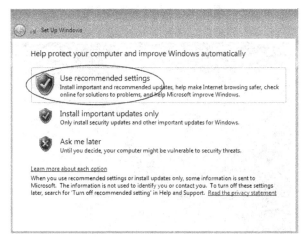

图 8-12　设置账户密码

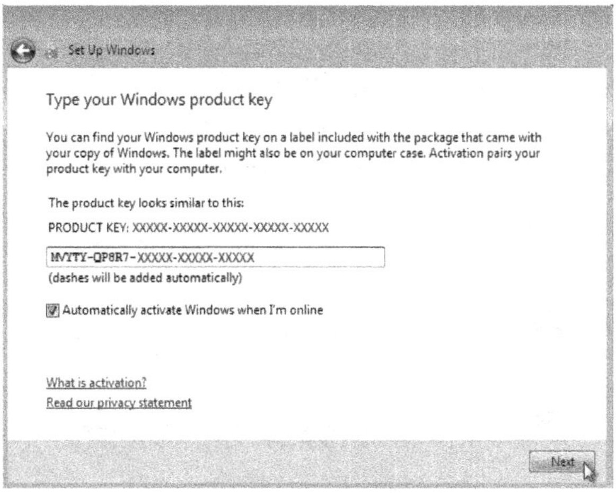

图 8-13　输入 Windows 产品密码

图 8-14　选择设置方式

图 8-15　设置时区-日期-时间

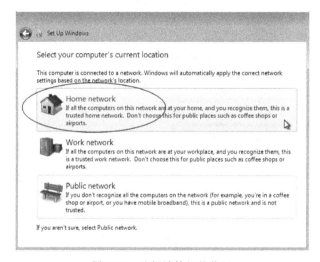

图 8-16　选择计算机的位置

图 8-17　安装设置后的登录对话框

### 3. 安装的 Windows 7 的汉化语言包

由于安装的是英文版,因此,需要选择安装语言包,如安装汉化包。安装的步骤如下:

① 在 Windows 7 英文版系统成功登录后,将"Windows 7 语言包"光盘插入物理光驱。

② 依次选择 Start→Control Panel 选项,如图 8-18 所示。

③ 在图 8-19 所示的 Control Panel 窗口中选中 Clock Language and Region 选项。

④ 在图 8-20 所示的窗口中选中 Change Display Language(变化显示语言)选项,打开图 8-21 所示对话框。

⑤ 在图 8-21 所示的对话框中选择

图 8-18  选择 Windows 7 Control Panel 选项

Keyboards and Language 选项卡,单击 Install/uninstall languages 按钮,打开图 8-22 所示对话框。

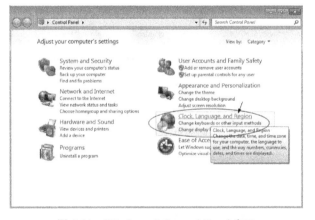

图 8-19  Windows 7 Control Panel 窗口

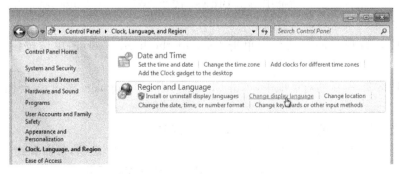

图 8-20  Clock,Language and Region 窗口

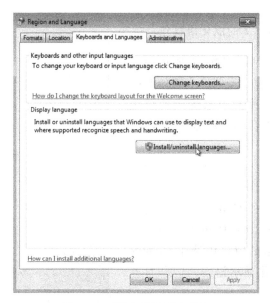

图 8-21 "键盘/语言"选项卡

⑥ 在图 8-22 所示的对话框中选中 Install display languages 选项。

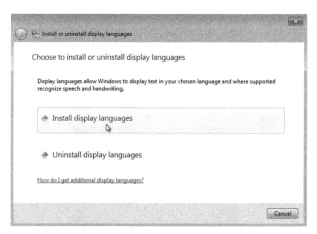

图 8-22 "安装显示的语言"对话框

⑦ 在图 8-23 所示的对话框中单击 Browse 按钮,浏览定位 Windows 7 语言包光盘中的汉化文件;之后,单击 Next 按钮。

⑧ 在图 8-24 所示的对话框中单击 I accept the license terms 单选按钮,然后单击 Next 按钮。

⑨ 在图 8-25 所示的对话框中,单击 Change display language 按钮,打开图 8-26 所示对话框。

⑩ 在图 8-26 所示的对话框中单击 Log off 按钮。

⑪ 重新启动计算机后,再次进入 Windows 7,选择"开始"选项,可以看到中文显示的命令选项。至此,已经完成了 Windows 7 及其汉化包的安装任务。

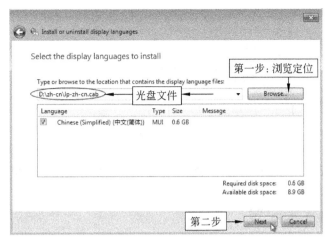

图 8-23 "选择要安装的显示语言文件"对话框

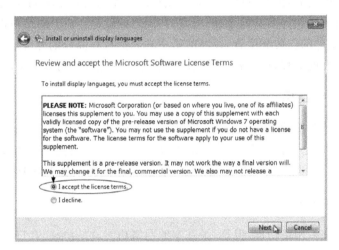

图 8-24 "阅读和接受软件许可协议"对话框

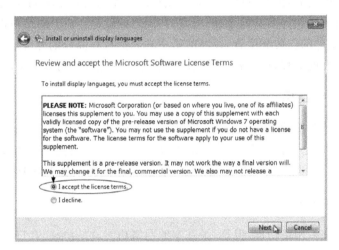

图 8-25 "选择显示语言"对话框

图 8-26  "结束生效"对话框

安装操作系统的步骤是相似的,因此,读者可以参照本节完成不同 NOS 或 OS 的安装。

# 8.3  网络的基本配置

在配置各种网络时,虽然网络操作系统或桌面操作系统各不相同,网络的模式各不相同,但是,配置时却存在许多共同之处。这些共同之处就是:关于网络硬件、系统软件、网卡的安装、网络组件的安装和配置,以及网络中常规信息等部分的配置。这些部分的设置是完成网络连通性的关键,也是管理其他网络服务的起点和不可缺失的步骤。

## 8.3.1  配置网络组件

由于同一台计算机的不同网卡会连接到不同的网络,因此,网络功能(组件)是针对网卡进行设置的。因此,管理员必须针对网卡所连接的网络进行相应的设置。另外,Windows Vista/7 以前的版本将"网络功能"称为"网络组件",如 Windows 2000/XP。

### 1. 网络功能(网络组件)简介

在网络中有许多网络功能,但是,最基本的网络功能就是协议、客户和服务。

(1) 网络协议

网络中的协议是网络中计算机之间通信的语言和基础,是网络中相互通信的规程和约定。在 Windows XP/Vista/7 中常用的协议和功能如下:

① TCP/IP 协议:是为广域网设计的一套工业标准,也是 Internet 上唯一公认的标准。它能够连接各种不同网络或产品的协议,也是 Internet 和 Intranet 的首选协议。其优点是:通用性好、可路由、当网络较大时路由效果好;其缺点是:速度慢、尺寸大、占用内存多、配置较为复杂。TCP/IP 协议有 IPv4 和 IPv6 两个版本,当前经常设置的是 IPv4。

② AppleTalk 协议:使用该协议可以实现 Apple 计算机与微软网络中的计算机和打印机通信,该协议为可路由协议。

③ Microsoft TCP/IP 版本 6:用于兼容 IPv6 设备。

④ NWlink IPX/SPX/NetBIOS Compatible Protocol 协议:用于与 Novell 网络中的计算机,以及安装了 Windows 9x 的计算机通信。

⑤ 可靠的多播协议:用于实现多播服务,即发送到多点的通信服务。

⑥ 网络监视器驱动程序：用于实现服务器的网络监视。

当我们对常用的协议有所了解之后，应当能够对其进行正确的选择。由于只有协议相同才能相互通信，因此，选择和配置协议的原则是协议相同。例如，服务器上应当选择所有客户机上需要使用的协议，客户机应当安装服务器中有的协议；如某台安装了微软操作系统的计算机需要与 Novell 网通信时，必须选择它支持的协议，如 NWlink 等协议。当我们建设一个 Intranet，或者接入 Internet 时就必须采用 TCP/IP 协议。

（2）网络客户

网络中的客户组件提供了网络资源访问的条件。在 Windows 中，通常提供以下两种网络客户类型：

① Microsoft 网络客户端：选择了这个选项的计算机，可以访问 Microsoft 网络上的各种软硬件资源。

② NetWare 网络客户端：选择了这个选项的计算机，不用安装 NetWare 客户端软件，就可以访问 Novell 网络 NetWare 服务器和客户机上的各种软硬件资源。

（3）网络服务

网络中的服务组件是网络中可以提供给用户的各种网络功能。在 Windows Server 2003/2008 中，提供了以下两种基本的服务类型。

① Microsoft 网络的文件和打印机共享服务是最基本的服务类型。

② Microsoft 服务广告协议。

总之，管理员必须针对网卡进行网络功能（组件）的选择和设置，通常已经添加的项目就不再显示。微软网络中的任何一台计算机都需要进行网络功能的设置，操作都是相似的。但是，操作系统不同设置的位置会有所变化，下面仅以微软的 Windows XP 和 Windows 7 为例。

**2. Windows XP 中网络组件的设置**

① 依次选择"开始"→"连接到"→"显示所有连接"选项；在打开的窗口中右击"本地连接"命令，在快捷菜单中选择"属性"选项，打开如图 8-27 所示对话框。

② 在图 8-27 所示的对话框中，打开"常规"选项卡，即可进行网络组件的设置，如确认"Microsoft 网络客户端"、"Microsoft 网络的文件和打印机共享"选中后，选中"Internet 协议（TCP/IP）"选项，单击"属性"按钮，打开如图 8-28 所示对话框。

③ 在图 8-28 所示的对话框中，将 IP 地址设为 192.168.137.2，子网掩码设为 255.255.255.0；之后，依次单击"确定"按钮，关闭图 8-27 和图 8-28 所示对话框。

说明：无论是 Windows 的哪个版本，第一，应注意选择"Microsoft 网络客户端"及"Microsoft 网络的文件和打印机共享"两个复选框；第二，在配置同一个子网的主机时，各计算机配置的"子网掩码"和"网络编号"的值应该都相同，而"主机编号"则应不同。

**3. Windows 7 中网络功能的设置**

① 在图 8-29 所示的 Windows 7 桌面中，单击任务栏右侧的"网络"图标，然后在激活的快捷菜单中，选择"打开网络和共享中心"选项，打开如图 8-30 所示窗口。

图 8-27 "常规"选项卡

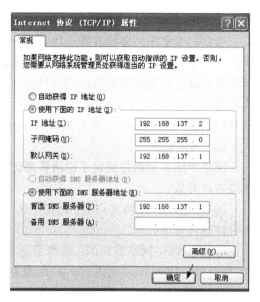

图 8-28 "Internet 协议(TCP/IP)属性"对话框

图 8-29 Windows 7 系统的桌面

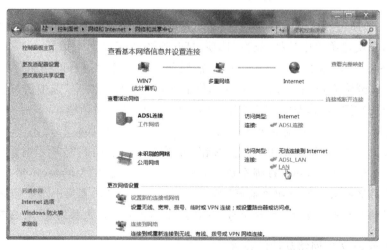

图 8-30 Windows 7 的"网络和共享中心"窗口

② 在图 8-30 所示的 Windows 7 的"网络和共享中心"窗口中,单击连接中的网卡连

接选项,如,LAN,打开如图 8-31 所示对话框。

③ 在图 8-31 所示的"Local Area Connection 状态"对话框中单击"属性"按钮,打开如图 8-32 所示对话框。

④ 在图 8-32 所示的 Windows 7 的"Local Area Connection 属性"对话框中,取消选择"Internet 协议版本 6(TCP/IPv6)"复选框,然后选择"Internet 协议版本 4(TCP/IPv4)"复选框,单击"属性"按钮。

图 8-31  Windows 7 的"Local Area Connection
状态"对话框

图 8-32  Windows 7 的"Local Area Connection
属性"对话框

⑤ 在图 8-33 所示的"Internet 协议版本 4(TCP/IPv4)属性"对话框中,将 IP 地址设为 192.168.0.2,子网掩码设为 255.255.255.0;如果需要接入 Internet,还可以设置默认

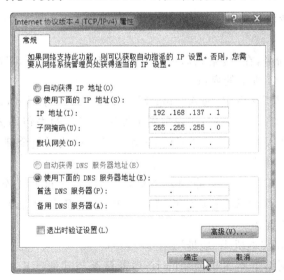

图 8-33  Windows 7 的"Internet 协议版本 4(TCP/IPv4)属性"对话框

网关、首选 DNS 服务器地址。单击"确定"按钮,而后,依次单击"关闭"按钮,关闭各对话框,完成网卡的设置。

## 8.3.2 网络连通性测试

配置好网络功能后,应先进行网络连通性测试,以验证网络的连接与工作是否正常。

### 1. 测试命令

管理员经常使用操作系统内置的一些程序判断网络的状态、参数等,如使用 ping 命令进行网络连通性的测试。ping 命令是在"命令提示符"窗口中使用的测试连通性的命令。ping 命令的说明和使用步骤如下:

(1) ping 127.0.0.1

① 命令格式: ping 127.0.0.1。

② 作用:用来验证网卡是否可以正常加载、运行 TCP/IP 协议。

③ 结果分析:正常时将显示如图 8-34 所示的结果;如果显示的信息是"目标主机无法访问",则表示该网卡不能正常运行 TCP/IP 协议。

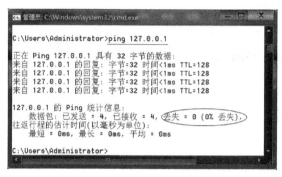

图 8-34 "ping 127.0.0.1"正常时的响应

④ 故障处理:重新安装网卡驱动、设置 TCP/IP 协议,如果还有问题,则应更换网卡。

⑤ 操作步骤:

* 选择"开始"命令,在"搜索和运行程序"文本框中,输入"cmd"命令;之后,按 Enter 键,打开图 8-34 所示的窗口。

* 在"命令提示符"窗口中,输入"ping 127.0.0.1"命令,按 Enter 键;正常时,应显示"……丢失＝0(0％丢失)",这表示用于测试数据包的丢包率为 0％;当显示"请求超时……丢失＝4(100％丢失)"时,表示测试用的数据包全部丢失。因此,该网卡不能正常运行 TCP/IP 协议。

**说明**:使用"ping 127.0.0.1"命令正常时,这仅表示发出的 4 个数据包通过网卡的"输出缓冲区"从"输入缓冲区"直接返回,没有离开网卡;因此,不能判断网络的状况。

(2) ping 本机 IP 地址

① 命令格式: ping"本机 IP 地址"。

② 作用:验证网络上本主机使用的 IP 地址是否与其他计算机使用的 IP 地址发生冲突。

③ 结果分析：正常的响应如图 8-35 所示，应显示"……丢失＝0(0％丢失)"，表示本机的 IP 地址已经正确入网；如果显示的信息是"请求超时……丢失＝4(100％丢失)"时，则表示所设置的 IP 地址、子网掩码等有问题。

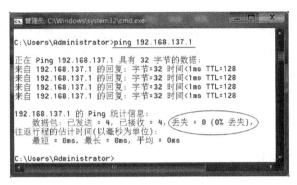

图 8-35　ping 本机 IP 地址正常时的响应

④ 操作步骤：输入"ping 192.168.137.1"(ping 本机 IP 地址)，如图 8-35 所示。

⑤ 故障处理：如果 IP 地址冲突，则应当更改 IP 地址参数，重新进行设置和检测。

(3) ping 同网段其他主机 IP 地址

① 命令格式：ping"本网段已正常入网的其他主机的 IP 地址"。

② 作用：检查网络连通性好坏。

③ 结果分析：正常的响应窗口如图 8-36 所示，即显示为"……丢失＝0(0％丢失)"等信息；如果出现"请求超时……丢失＝4(100％丢失)"时，则表示本机不能通过网络与该主机连接。

④ 操作步骤：输入"ping 192.168.137.2"(本网段其他主机的 IP 地址)，如图 8-36 所示。

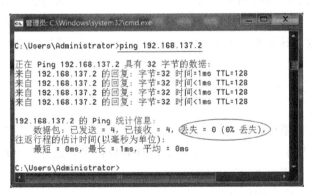

图 8-36　ping 其他主机 IP 正常时的响应

⑤ 故障处理：应当分别检查集线器(交换机)、网卡、网线、协议及所配置的 IP 地址是否与其他主机位于同一网段等，并进行相应的更改。

**2. 网络功能配置的思考**

通过以上的设置与检测的操作，我们不但可以掌握组建微软网络中网络功能(组件)

配置的具体方法,还可以从中得出以下一些有益的结论:

① 驱动程序:先安装好网卡驱动程序,以确保网络数据通信的正常进行。

② 网络功能(组件):应根据网卡所处的网络,选择合适的网络协议、客户和基本服务。

③ 配置参数:在网络组件中,还应当配置好网络协议。常用的协议有 TCP/IP 协议和 IPX/SPX 协议,只有在这些协议正确安装设置后,网络才能真正连通。在使用 Internet 技术的 Internet、Intranet、Extranet 中必须选择 TCP/IP 协议。

④ 命令测试环境:使用 ping 命令检测时,应暂时关闭软件防火墙,否则无法进行测试。

## 8.4 实现工作组网络

在微软的工作组网络中,对等网是以工作组方式来实现的,工作组网络的账户管理和资源管理都是分散在每台计算机上的。因此,读者应正确理解工作组网络与对等网之间的关系,熟练掌握实现微软工作组网的步骤,并清楚工作组基于本机(地)的账户与资源管理方法,以及组建工作组的操作技能和安全访问网络资源的方法。

### 1. 设置 Windows 7 主机的常规信息

在工作组网络的硬件、软件、驱动和网络功能(组件),以及网络测试工作完成后,应当进行的是常规信息的设置,如"计算机"和"工作组"名称等的设置。

(1) 计算机名

计算机名称用于识别网络上的计算机。连接到网络中的每台计算机都有唯一的名称。计算机名不能与其他计算机的名称相同。当两台计算机名称相同时,就会导致计算机通信冲突的出现。计算机名称最多为 15 个字符,但是,不能包含有空格或下述专用字符:

; : " < > * + =\ →?,

(2) 工作组名

工作组名称是网络计算机加入的群组名称,用户可以根据管理需要将计算机组成多个工作组。例如,使用 WG02 表示网络 2 班的计算机群组。这样在组建工作组后,网络 1 班的所有计算机都会出现在 WG02 中。

(3) Windows 7 中常规信息的设置

组建 Windows 7 工作组网络时,首先设置协议;在网络连通后,就应当进行网络的常规设置,如计算机名、工作组名、网络发现、文件和打印机共享等。

① 在启动 Windows 7 后,依次选择"开始"→"控制面板"选项,打开如图 8-37 所示窗口。

② 在图 8-37 所示的"控制面板"窗口中,选中"系统和安全"选项,打开如图 8-38 所示窗口。

图 8-37　Windows 7 的"控制面板"窗口

③ 在图 8-38 所示的窗口中,选中"查看该计算机的名称"选项。

图 8-38　Windows 7 的"系统和安全"窗口

④ 在图 8-39 所示的 Windows 7 的"系统"窗口中,选中"更改设置"选项,打开如图 8-40 所示对话框。

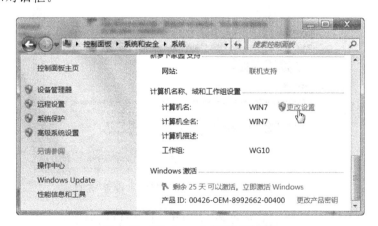

图 8-39　Windows 7 的"系统"窗口

⑤ 在图 8-40 所示的 Windows 7 的"系统属性"对话框中,核对"计算机全名"和"工作组"名;要更改时,单击"更改"按钮,打开图 8-41 所示对话框进行修改;否则,单击"确定"按钮。

图 8-40　Windows 7 的"系统属性"对话框　　　　图 8-41　"计算机名/域更改"对话框

⑥ 在图 8-41 所示的"计算机名/域更改"对话框中,可以进行更改;之后,单击"确定"按钮,重新启动计算机使得设置生效。

⑦ 在图 8-30 所示的 Windows 7 的"网络和共享中心"左侧窗口中,选中"高级共享设置"选项,打开如图 8-42 所示窗口。

图 8-42　Windows 7 中的"高级共享设置"窗口

⑧ 在图 8-42 所示的"高级共享设置"窗口中,单击"启用网络发现"单选按钮,并单击"启用文件和打印机共享"单选按钮,单击"保存修改"按钮。

至此,已经完成了 Windows 7 工作组有关的常规信息设置。

说明:同一工作组中计算机的工作组的名称应当一致,而计算机名则不能与网络中的其他计算机相同,例如,将工作组名设为 WG10,而计算机名设置为 PC20××(其中的××为学号)。由于在班级网络中,学号是唯一的,因此,也就保证了计算机名的唯一性。

### 2. 设置 Windows XP 主机的常规信息

① 确认网络组件已经设置,即 TCP/IP 协议、客户和服务已经设置好。

② 依次选择"开始"→"控制面板"→"系统"选项,打开如图 8-43 所示对话框。

③ 激活图 8-43 所示的对话框,选择"计算机名"选项卡,单击"更改"按钮。

④ 在激活的图 8-44 所示的"计算机名称更改"对话框中,先输入"计算机名",如WINXP10;再输入其隶属的"工作组"名称,如 WG10;最后,单击"确定"按钮。

图 8-43 "计算机名"选项卡

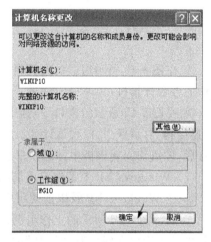

图 8-44 "计算机名称更改"对话框

⑤ 在激活的"欢迎加入工作组"对话框中,单击"确定"按钮。

⑥ 在激活的"计算机名更改生效"对话框中,单击"确定"按钮,完成工作组常规信息的设置。按提示信息重新启动计算机后,设置生效后的"计算机名"选项卡,如图 8-43 所示。至此,工作组常规信息的设置已经完成。重新启动计算机令所有设置信息生效。

### 3. 查看和访问工作组

工作组组建成功后,需要查看和确认各个计算机成员是否已正常加入了指定的工作组。在宿主机(Windows XP)和客户机(Windows 7)中,查看工作组成员的情况。至此,工作组网络已经组建成功。

(1) Windows 7 中工作组成员的访问

① 在 Windows 7 中,右击"开始"图标,激活快捷菜单,从中选择"打开 Windows 资源管理器"选项,如图 8-45 所示。

图 8-45 Windows 7 工作组所选计算机(库)窗口

② 在图 8-45 所示窗口的左侧目录树中,展开"网络"选项;在右侧窗格将显示出工作组中的各台计算机,如 WG10 中的 WIN7 和 WINXP10。

③ 在图 8-45 所示的窗口中,选中要访问的工作组成员计算机,如 WINXP10,在激活的"连接到"对话框中,输入该计算机的用户名和密码,单击"确定"按钮,通过该计算机的验证后,即可访问到该机中的已共享资源。

(2) Windows XP 中工作组成员的访问

① 在 Windows XP 及以前的版本中,双击各计算机桌面上的"网络邻居"图标。

② 激活图 8-46 所示的工作组窗口,可以查看各个计算机加入工作组的状况,如所有计算机已正确加入到名为"WK10"的工作组中。

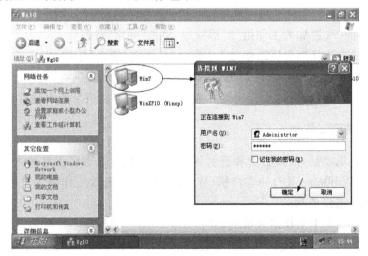

图 8-46 Windows XP 的工作组窗口

③ 在图 8-46 所示的窗口中,单击要访问的工作成员,如 Win7;在弹出的"连接到…"对话框中输入所选计算机的用户名和密码,单击"确定"按钮,通过该计算机的验证后,即可访问到该机中的已共享资源。

说明:无论微软的哪种操作系统,当工作组中的所有其他计算机的图标都出现时,则表示小型的工作组网络已经初步组建成功。余下的工作只是如何使用工作组网络了。

## 8.5 网络文件资源的访问

在网络中,文件夹及其中的文件是最基本的共享资源,因此,共享文件夹的访问服务自然成为了网络功能服务中的最基本服务。在组建工作组网络后,如何实现网络文件的访问?

### 8.5.1 网络文件资源访问基础

#### 1. 网络文件访问的流程

在各个计算机上开放和使用共享资源的流程或方法,无非就是"开放共享"和"访问(使用)"共享资源(通常是文件夹)两部分。网络文件的访问目标是既要实现共享资源的互访,又要保证文件资源的安全。

① 开放共享资源:是指在资源计算机中,设置拟开放的共享资源。其设置包括:共享名、访问者和访问权限的设置。

② 访问共享资源:是指在使用资源的计算机中,能够快速地定位及访问到网络中已经开放的共享资源。在不同模式的网络中,用户可以使用多种不同的访问方法。

#### 2. 不同操作系统中文件资源共享的方法

(1) 当前主流操作系统中文件资源共享的方法

在当前主流操作系统 Windows Server 2008 和 Windows Vista/7 中,文件资源的两种共享方法有:公用文件夹共享和普通文件夹共享。

(2) Windows XP 等早期操作系统中文件资源共享的方法

在早期操作系统中,如 Windows 2000/XP,以及 Windows Server 2003 计算机上,文件资源的共享只有普通文件夹共享一种。

#### 3. UNC 格式及其应用场合

在网络中涉及网络共享资源时,必然会涉及 UNC,其相关概念如下:

① UNC:Universal Naming Covention,即通用命名标准。

② UNC 的定义格式:

\\计算机名(IP)\资源的共享名

- 符合 UNC 定义的共享资源的名称为 \\ servername \ sharename:其中的 servername 是服务器名称,即资源主机名称(计算机名或 IP 地址);sharename 是资源的共享名。

- 目录或文件的 UNC 名称：除了上述的定义外，还可以将目录的路径包括在共享名称之后，其使用的语法为"\\servername\sharename\directory\filename"（\\计算机名(IP 地址)\共享名\目录\文件名）。

③ UNC 格式使用：用户可以在许多地方，通过不同方法，采用 UNC 方式来直接调用某台主机上的共享资源。由于 UNC 直接指明了共享资源的地址和名称，因此，比在网上邻居搜索资源快得多。例如，用户可以在后面将要介绍的"映射网络驱动器"对话框、"运行"对话框、"地址栏"等处直接使用 UNC 格式来访问各类共享资源。

**4. 特殊共享资源**

管理员应当了解系统中存在的特殊共享资源的作用，掌握隐藏共享的命名方法。

（1）特殊共享资源管理共享

① 管理共享：又被称为特殊共享。它们不是由管理员建立的，而是操作系统根据计算机的配置自动创建的。特殊共享资源可以用于管理或者是由操作系统调用。在"我的电脑"里，这些特殊共享资源是不可见的。在通常情况下，建议不要删除或修改特殊共享资源。即使更改了上述的特殊共享资源（例如 ADMIN＄）的权限，当终止并重新启动服务器服务，或者是重新启动计算机后，这些共享还会恢复其默认的设置。但是，这个规则仅适用于系统默认的管理共享，并不适用于那些由用户自行创建的共享名以"＄"结尾的隐含共享资源。

② 查看特殊共享：单击桌面最下部任务栏中的"库"图标![库图标]，在打开的图 8-45 所示窗口中，右击左侧目录树中的"计算机"，在快捷菜单中选择"管理"选项，在激活的窗口中选择"共享文件夹"→"共享"选项，如图 8-47 所示。

图 8-47　查看特殊共享

（2）内置特殊共享资源的类型

由于图 8-47 中所示的特殊共享是工作组计算机中存在的。当操作系统版本不同，环境不同时，该窗口显示的特殊共享也会不同，有些只在特定场合出现。通常，NOS 比 OS 的特殊共享的类型更多，现将 NOS 和 OS 中常见的特殊共享的含义简介如下：

① drive letter(驱动器盘符)＄：管理员（Administrators、Backup Operators、Server Operators组的成员）可以使用C＄、D＄、E＄等默认的管理共享连接到指定驱动器的根目录中，进行共享操作。

② ADMIN＄：代表在计算机远程管理时使用的资源。该资源的路径被自动地定义为系统的安装目录，例如C:\Windows或C:\WINNT。

③ IPC＄：代表共享的命名管道资源。在进行计算机的远程管理时，或者是查看计算机的共享资源时才会使用IPC＄。

④ NETLOGON(DC)：代表域控制器上进行"网络登录"服务时需要使用的所有资源。删除此共享资源将会导致域控制器所服务的所有客户计算机不能正常工作。

⑤ SYSVOL(DC)：代表域控制器上进行网络服务时需要使用的所有资源。删除此共享资源将会导致域控制器所服务的所有客户计算机不能正常工作。

⑥ PRINT＄：代表远程管理打印机过程中所用的资源。

⑦ FAX＄：代表传真客户端在发送传真的过程中，所使用的服务器共享。该共享文件夹用于存储临时文件。

（3）用户设置的隐含共享

共享名的形式有两种，即sof或soft＄，前者为显式共享，后者为隐藏共享，即在网络直接搜索时不可见的共享。只在用户打算隐藏自己的共享资源时，才在设置的共享资源名后面加上字符＄。对于隐含共享用户应当注意以下几点：

① 在使用隐含共享时，应当注意"＄"是共享名的一部分。

② 隐含共享文件夹被系统认做特殊的共享资源，这种共享资源在"Windows资源管理器"中是不可见的，如将共享文件夹soft的共享名设置为"soft＄"。

③ 使用系统隐含的默认共享或自定义的隐含共享时一般采用UNC许可法方式，如映射驱动器方法、运行栏或地址栏中输入UNC名称等。

**5. 什么是网络发现**

网络发现是Windows Vista/2008/7中的一种网络设置。这项设置将会影响到网络中计算机的互相查看。因此，在这些计算机中，必须先将网络发现改为自定义或启用，如图8-42所示。

网络发现的3种状态的含义如下：

① 启用：设置为此状态时，方能允许用户所在计算机与其他计算机之间的相互查看。在进行共享文件和打印机时，需要先将"网络发现"选项设置为这种状态。

② 禁用：设置为此状态时，将禁止用户所在计算机与其他计算机间的相互查看操作。

③ 自定义：这是一种混合状态，在此状态下，表示网络发现的有关部分已设置为启用，但并不是在所有范围都为启用状态，如在局域网中的主机可以相互发现，但在互联网与局域网间的主机是禁止相互发现的。

## 8.5.2 普通文件共享方法

普通文件共享的方法是工作组中最常用的，也是每位网络用户必须掌握的基本方法。

**1. 共享和共享文件夹**

① 共享：指定的资源共享后，其他用户从网络上访问到它。因此，网络中的资源只有实现共享，才能被其他计算机访问。

② 共享文件夹：是指网络上其他用户可以使用的、非本计算机上的文件夹。

③ 权限：用来控制资源的访问对象及访问的权限或方式。权限由对象的所有者分配。

④ 共享资源：是指可以由多个其他设备或程序使用的任何设备、数据或程序。对于Windows 来说，共享资源指所有可用于网络用户访问的资源，如文件夹、文件、打印机和命名管道等。共享资源也可以专指服务器上网络用户可以使用的资源。

**2. 设置共享的权限用户**

在 Windows 操作系统中，可以设置共享权限的用户为 Administrator 或者是Administrators 组的成员。

**3. 通过"资源管理器"创建共享文件夹**

(1) Windows 7 的资源管理器设置共享

创建共享是指开放自己的共享资源。操作时一般包括设置共享和共享权限两项。在安装了微软操作系统 Windows 的计算机上，通过"资源管理器"开放共享资源的步骤如下：

① 打开"资源管理器"的方法：在 Windows 2000/2003/XP/Vista/2008 计算机上，单击"开始"按钮，右击"开始"按钮，在打开的快捷菜单中，选择"资源管理器"选项。

② 在图 8-48 所示的"资源管理器"窗口中，选中允许他人访问的资源，如"D:\00-VPC"，右击，在快捷菜单中，依次选择"共享"→"特定用户"选项。

图 8-48 Windows 7 资源管理器快捷菜单

③ 在打开的图 8-49 所示的"选择要与其共享的用户"对话框中,核对已经列出的可使用资源的共享用户,然后展开用户列表,从中选择要添加的共享用户,如 guolimin,单击"添加"按钮,添加选中的用户。重复上述步骤,直至添加完所有的用户,单击"共享"按钮,打开如图 8-50 所示的对话框。

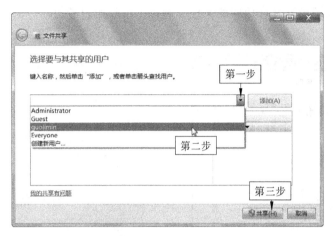

图 8-49 "选择要与其共享的用户"对话框

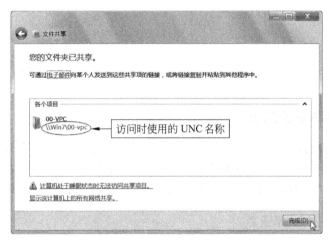

图 8-50 "您的文件夹已共享"对话框

④ 在打开的图 8-50 所示的"您的文件夹已共享"对话框中,显示了访问此共享文件夹的 UNC 名称,单击"完成"按钮。至此,已经完成普通文件夹共享的操作。

(2) 在 Windows XP 中设置共享

在 Windows XP 中设置共享的方法与 Windows 7 的方法十分类似,只是由于 Windows XP 中默认的是简单文件共享,如果采用常规设置方法,则需要更改文件夹属性。操作步骤如下:

① 在"资源管理器"窗口中,依次选择菜单命令"工具"→"文件夹选项",在弹出的"文件夹选项"对话框中,选择图 8-51 所示的"查看"选项卡。

② 在图 8-51 所示的对话框中,取消选择"高级设置"选项区域中的"使用简单文件共享(推荐)"复选框,单击"确定"按钮。

③ 右击要共享的文件夹,如"tool",在快捷菜单中选择"属性"选项。

④ 在激活的图 8-52 所示的选项卡中,输入共享名,如 Tool＄,单击"权限"按钮,在打开的对话框中,分别设置允许访问此文件夹的每个用户账户和组账户的访问权限后,跟随向导可完成设置。

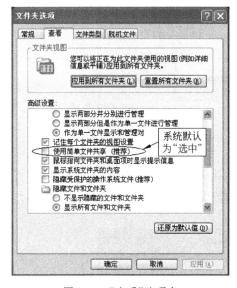

图 8-51 "查看"选项卡

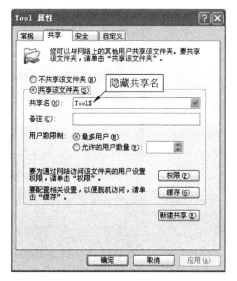

图 8-52 "共享"选项卡

### 8.5.3 使用共享资源的方法

开放共享资源后,用户就可以通过网络使用已共享的资源了。在计算机的"网上邻居"中,可以直接使用各个计算机共享的显式共享文件夹;当然,也可以使用将要介绍的"映射网络驱动器"方法来使用共享资源。总之,方法很多,下面仅介绍几种常用的方法:

**1. 直接浏览访问共享资源**

在 Windows 计算机的"网上邻居"或"网络"中,用户可以直接浏览工作组中已开放的共享资源。通常在连接远程主机时,会被要求输入在资源计算机上的用户账号和密码,只有通过资源主机的连接验证后,才能根据已被赋予的访问权限来使用共享资源。

(1) 适应场合

直接浏览访问共享资源的方法只适用于未隐藏的显式共享资源,如共享名为"soft"的共享资源。

(2) 在 Windows 7/Vista 中直接访问共享资源

操作步骤如下:

① 在 Windows 7/Vista 中,依次选择"开始"→"计算机"命令。

② 打开图 8-45 所示的网络(库)窗口,双击共享资源所在的计算机图标,如

WINXP10，弹出如图8-53所示的"输入网络密码"对话框，正确输入在该主机中的用户名和密码后，单击"确定"按钮，通过验证后，在网络窗口的右侧将显示出该主机中的所有显示共享的资源，可以从中选择自己需要的资源，如图8-54所示。

图 8-53　Windows 7 的"输入网络密码"对话框

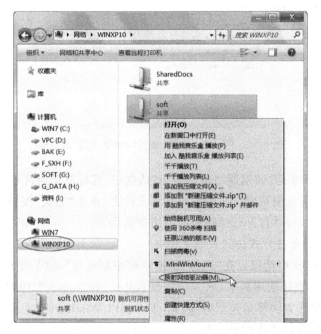

图 8-54　Windows 7 的网络（库）窗口

### 2. 使用 UNC 格式访问共享资源

用户可以在"映射网络驱动器"对话框、"运行"对话框、地址栏中直接使用 UNC 格式访问各类共享资源。

（1）映射网络驱动器的方法

① 网络驱动器：是指使用 UNC 路径映射生成的网络驱动器。

② 适应场合：映射驱动器使用共享资源的方法既能够用于共享名为"soft"方式的显式共享资源，也适用于共享名为"tool＄"方式的隐藏共享资源以及允许访问的系统默认的 C＄、D＄…式的用于管理的特殊共享。

③ 操作步骤：在 Windows 7 中映射网络驱动器的步骤如下：

- 在 Windows 7 中，依次选择"开始"→"计算机"命令选项，打开如图 8-54 所示窗口，当出现图 8-53 所示的"输入网络密码"对话框时，输入该计算机的用户名和密码。
- 在图 8-54 所示的网络(库)窗口，右击选中的共享资源，如 SOFT，在弹出的快捷菜单中选择"映射网络驱动器"命令，打开如图 8-55 所示对话框。

图 8-55　Windows 7 的"映射网络驱动器"对话框

- 在图 8-55 所示的"映射网络驱动器"对话框中，选择驱动器符号，如 Z，单击"浏览"按钮，可以重新浏览定位要映射的共享文件夹，单击"完成"按钮，完成映射网络驱动器的操作，自动打开已经映射的网络驱动器 Z。

(2) 使用 UNC 命名方式访问共享文件夹

在各种 Windows 中均可以在"运行"、"搜索程序和文件"或"资源管理器"窗口中，通过 UNC 命名方式，直接使用共享，如"soft"(显示共享)和"tool＄"(隐藏共享)。由于在不同操作系统中的操作方法都是相似的，因此，下面仅以 Windows 7 为例。

单击"开始"图标，在"搜索程序和文件"文本框中，输入要访问资源的 UNC 名称，如\\WINXP10\tool＄(隐藏共享的 UNC 名称)，按 Enter 键。在如图 8-53 所示对话框中，输入用户名和密码，如图 8-56 所示。通过验证后将打开要访问的共享文件夹。

图 8-56　UNC 命名方式的访问对话框

（3）在 Windows 地址栏中以 UNC 命名方式访问特殊共享

在 Windows 中，打开"资源管理器"，在地址栏中输入 UNC 命名的特殊共享资源，如 \\winxp_pro\D$，在打开的"连接到 winxp_pro"对话框中，输入在该计算机中具有 D$ 访问权限的用户名和密码，如图 8-57 所示。

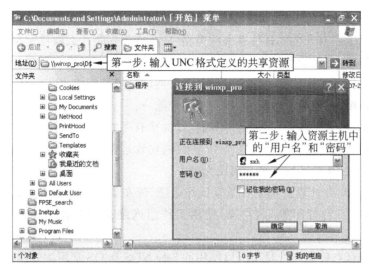

图 8-57　UNC 方式访问特殊共享资源对话框

# 8.6　组建工作组网络的流程

工作组网络是计算机和网络应用人员应具有的职业素养。现将工作组的组建流程归纳如下：

① 准备和连接好网络硬件：经过制作网线和测试网线、连接网络硬件设备、安装网卡、连接网卡等环节，完成组建网络硬件的过程。

② 安装操作系统：在工作组的各台计算机上，根据各自的需要安装好操作系统，如 Windows XP/Vista/7 等。

③ 安装硬件驱动：安装好网卡、声卡、显卡、Modem 等驱动程序。

④ 设置网络功能或网络组件：设置好网络的功能，如客户、协议、服务和网络发现等。

⑤ 设置常规信息：设置好计算机名、工作组名等信息。

⑥ 设置用户账户和组账户：为了安全，要为每台计算机设置好本地的用户和组账户。

⑦ 网络应用软件：安装和设置必要的应用软件，如 Web 服务器、主页制作、代理服务器和安全防护等软件。

⑧ 网络资源的安全共享：在各个计算机中，开放共享文件夹、打印机等共享资源，并设置好用户的访问权限。

⑨ 网络资源的访问：采用直接浏览、UNC 命名方式访问网络中的共享资源。

## 习题

1. 购买一台新计算机后,经过哪些步骤才能将该计算机加入工作组网络?

2. 在新计算机上需要安装的软件有哪些类型,应当首先安装什么软件? 再安装什么?

3. 在设置网络时,需要设置的网络功能(组件)有哪几种? 在网络中起到什么作用?

4. 请说明同一计算机安装的不同网卡的网络功能(组件)是否应当一样?

5. 什么是工作组、本地目录数据库、用户和用户账户?

6. 什么是共享、共享文件夹? 系统常用的特殊共享有哪些? 各有什么用?

7. 如何检测网络的连通性,以及 TCP/IP 协议的安装是否正确?

8. 什么是 UNC? 其命名格式是如何定义的?

9. 办公室原有 10 台计算机都装有微软操作系统,现在要求实现网络上应用软件和硬件(办公室内的一台打印机)的共享,使用工作组网络是否最佳选择? 请画出网络结构图。

10. 组建工作组(对等网)时,写出可以使用的 3 种 NOS 和 OS 常用微软操作系统的名称。

11. 什么是工作组? 工作组网络有哪些特点? 适用在什么场合?

12. 如果需要更改微软计算机的本机的硬件设置,应当以什么身份登录?

13. 在使用一个非本地计算机(计算机名：PC1026)的共享资源(共享名：tool)时,在"映射网络驱动器"对话框中的"驱动器"文本框中,选择网络驱动器的代号"G：",写出设置时的 UNC 名称。

14. 使用共享资源的方法有几种? 直接使用和 UNC 命名方式访问各适合于什么场合?

15. 实现资源共享的主要步骤有哪两个? 为了网络资源的安全,应当做些什么?

16. 什么是资源的安全互访? 如何实现? 实现时的设置内容有哪些?

17. 在 Windows Server 2008和 Windows Vista/7 工作组网络中,有几种常用的实现资源互相访问的方法? 在 Windows 2000/XP 的工作组网络中,又有几种资源共享的方法?

18. 什么是网络发现? 其 3 种状态是什么,各代表什么含义?

19. 在组建工作组网络时,如果只允许工作组内的用户互相访问,而不允许互联网上的用户访问,应当将网络发现设置成什么?

20. 什么是默认的特殊共享? 是否可以删除这些隐含的特殊共享资源?

21. 管理员如何在工作组的其他计算机上,远程管理自己计算机中的管理共享,如,C ＄、D ＄?

22. 什么是自定义的隐藏共享? 请举例说明在设置了隐藏共享后,如何从网络中访问它?

## 实训环境和条件

**1. 网络硬件环境**

① 已建好的 10/100/1000Mbps 以太网,至少包含带计算机网卡的 2 台以上的计算机。

② 计算机的配置:内存不小于 512MB,硬盘不小于 4GB,有光驱。

**2. 网络软件环境**

① 安装了 Windows 2000/XP 或 Windows Server 2003 的主机一台。

② 安装了 Windows Vista/7 或 Windows Server 2008 的主机一台。

③ 上述操作系统的安装光盘或安装程序。

## 实训项目

**1. 实训 1:安装操作系统与设置网络功能(组件)**

(1) 实训目标

① 掌握安装 OS 或 NOS 的主要步骤。

② 明确网络功能(组件)的类型,掌握网络功能(组件)设置。

(2) 实训内容

在计算机中安装 Windows Server 2008 或 Windows XP/7,并完成下述的内容:

① 安装 Windows XP/7 或 Windows Server 2003/2008。

② 添加网卡驱动程序:在"设备管理器"中查看并记录网卡的 IRQ 和 I/O 地址。

③ 安装和配置网络组件:网络中最基本的组件就是网络的协议、客户和服务。

*   确认添加的协议:Internet 协议版本 4(TCP/IPv4),配置为静态 IP,如 IP 为 192.168.0.XX(XX:1~254,为学号或计算机编号)、子网掩码为 255.255.255.0。

*   添加网络客户,如安装 Microsoft 网络客户端。

*   添加基本网络服务,如安装 Microsoft 网络的文件和打印机共享。

④ 使用 ping 命令进行网络的连通性测试。

**2. 实训 2:组建 Windows Vista/7 或 Windows Server 2008 工作组网络**

(1) 实训目标

① 组建 Windows 7 和 Windows Server 2008 工作组网络。

② 掌握不同 Windows(主流操作系统)版本组建工作组网络的方法。

③ 掌握不同操作系统中进行文件资源的安全共享和访问的方法。

④ 掌握公用文件夹的使用方法。

（2）实训内容

① 网络常规信息配置：主要指计算机名称（H01）、工作组名称（wl01）等的配置。

② 创建本地用户和组：建立两个账户 U1、U2，一个本地组 Zu1（包含 U1、U21）。在图 8-47 的左侧目录树中，选择"本地用户和组"选项，右击"用户"选项，选择"新用户"命令，跟随向导即可完成创建用户的操作；同理，右击"组"选项，完成组的创建。

③ 设置共享文件夹、设置访问控制权限：实现网络资源的安全互访。如建立一个共享目录"D:\software"，将其设置为共享，添加 Zu1 组，并赋予其更改权限，删除 everyone 组的默认读取权限。

④ 使用其他计算机开放的共享资源：先在其他计算机中登录，通过"网上邻居"访问到计算机中已共享的"D:\software"；再通过 UNC 命名的两种方法访问上述的已共享文件夹（映射网络驱动器法和在"运行"栏，通过 UNC 命名方式访问到已共享的资源），在"连接到"对话框中，使用 U1 账户和密码进行连接，并验证该文件夹的访问权限是否为"更改"。

**3. 实训 3：组建 Windows 2000/XP 或 Windows Server 2003 工作组网络**

（1）实训目标

① 组建 Windows Server 2003 和 Windows 2000/XP 专业版的工作组网络。

② 掌握不同微软操作系统（早期版本）组建工作组网络的方法。

③ 掌握不同操作系统中进行文件资源的安全共享和访问的方法。

（2）实训内容

同"实训 2"实训内容。

# 实现域网络

在中型以上的 Intranet 中,网络中的计算机与各种对象经常采用 C/S 的工作模式。在一个成功建立的硬件系统中,如何让一台计算机升级成域控制器,并让网络中的其他计算机(Windows XP/7)加入到"域"网络? 在域中又应当如何发布和访问共享资源? 这些都是本章要解决的问题。

**本章内容与要求:**

- 了解域网络的组织结构、应用特点与组件流程。
- 了解活动目录的基本知识。
- 掌握安装 Windows Server 2008 的方法。
- 清楚实现域网络的流程。
- 掌握建立域控制器的方法。
- 掌握微软网络客户机加入域的方法。
- 掌握 Windows 域中资源的分布和访问控制方法。

## 9.1 域控制器与活动目录的基本知识

活动目录是域网络实现与管理的基础,域网络与工作组网络相比的最大不同就在于前者提供了基于活动目录与域控制器的集中管理和目录服务。因此,在实现域网络时,必须清楚活动目录的有关知识。

### 9.1.1 活动目录及其服务

**1. 目录、文件目录和目录服务**

(1) 目录与文件目录

提起目录人们一般会想起生活中记录着联系人的电话、姓名、通信地址和 E-mail 等属性信息的通信簿;提起文件目录,一定可以关联到资源管理器中的文件夹,其中存储着子目录、文件及它们的属性信息。总之,在计算机中,文件目录用于记录文件的有关信息。

（2）目录服务

目录服务就是使用户能够方便、快捷地在目录中查找所需数据的服务。

### 2. 活动目录和活动目录服务

（1）活动目录的组织结构特点

活动目录以 Windows 的分布式域网络为基础进行组织和架构，作为网络管理核心的域控制器通过自己的活动目录提供目录服务。

（2）活动目录

活动目录（Active Directory，AD）建立和存储了域中的各种对象，如用户、组、计算机、组织单位、打印机、共享文件夹等。

（3）活动目录服务

在域网络中，各种活动目录中各种对象数据被存储在活动目录数据库中，利用活动目录服务可以集中组织、管理和控制各种对象。

### 3. 活动目录的适用范围和应用对象

活动目录既可以应用于一个中型的计算机网络上，也可以应用于跨地区的大型局域网中。文件、文件夹、打印机、计算机、用户、组织单元和域等都可以成为活动目录管理的对象。

### 4. 活动目录提供的服务和应用

微软的活动目录采用了 Internet 的系列化技术标准，集成了各种人们熟悉的关键技术服务和应用，如 DNS（域名服务）、DHCP（动态主机配置）服务、E-mail（电子邮件服务）和网络管理等。

## 9.1.2 活动目录的应用特征

Active Directory 的目录服务使用结构化的数据存储结构作为目录信息的逻辑层次结构。

### 1. 层次化的逻辑结构和包容型的物理结构

（1）逻辑结构

活动目录是由组织单元（OU）、域（Domain）、域树（Tree）、森林（Forest）等逻辑对象构成的、层次型的逻辑结构。

（2）物理结构

活动目录的物理结构由用于管理的一个或多个域控制器，以及站点构成。

### 2. 面向对象的存储结构

活动目录以对象的形式存储网络中各种元素的信息，每个对象都有特殊的属性信息。

（1）对象

Windows 2003 网络中的每个对象都是一个实体，它通过其属性来描述自己的特征。

（2）活动目录的存储形式

活动目录以对象的形式存储有关网络元素的各种信息,通过属性来描述各种对象的具体特征。这种面向对象的存储机制,在组织的同时,也实现了对象的安全控制。

**3. 使用容器结构的组织模型**

组织单元是组织和管理一个域内所有对象的容器,它能包容用户账号、用户组、计算机、打印机,以及其他的组织单元。

（1）容器

容器虽有自己的名称,但它并非是一个实体,而是由多个对象或其他的容器所构成。

（2）组织单元

组织单元(Organization Units,OU)是活动目录中的一个容器,它可以包括多个对象,或者是包括其他的组织单元。如在图 9-1 所示的单域系统中,为某校的各个学院(信息学院、管理学院等)分别建立起一个包含该院中各种对象的 OU。每个 OU 中包含该院的所有用户账号、组、计算机,以及该院的打印机等多个对象。从而使得该校的管理更加符合自然状态,层次更加清晰。

**4. 域、域树和森林式的组织结构**

（1）域网络

单域网络是域网络中最简单的组织。这种网络只有一个域,如图 9-1 所示。这个域中可以包含多个组织单位,每个组织单位中又包含了该部门中的所有对象,如计算机、打印机、组、用户和共享文件夹等。这是中小型域网络最常采用的逻辑结构,也是我们将要实现的典型域网络。

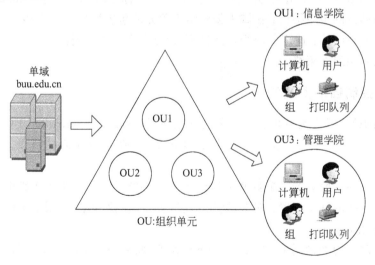

图 9-1　单域网络结构示意图

（2）域树网络

域树网络的结构如图 9-2 所示,这种网络由多个域组成,多个域享有共同的域名空间,如"buu. edu. cn"。每个域的组成与"单域"结构相仿,即一个域由多个组织单位组成,每个组织单位内又包含属于自己单位的多种管理对象。

（3）域林网络

域林,即多域树网络,其结构如图 9-3 所示,这种网络由多棵域树组成,每棵域树中的各个域享有共同的域名空间,而不同的域树使用的域名空间是不同的,如图 9-3 中所示的"buu. edu"和"bd. edu"。

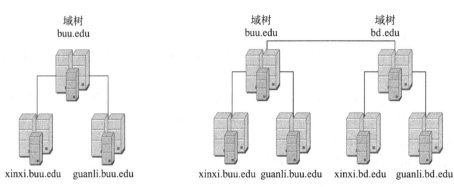

图 9-2　单域树的域树结构图　　　　　　　图 9-3　多域树的域林结构图

**5. 活动目录的规划**

活动目录规划是指在实现域网络前计划好各种对象所在的位置及隶属关系。

① 规划网络的域结构,如在域、域树和域林结构中选择单域结构。

② 规划域的管理模式,如在单域中安装两个域控制器,以增强可靠性。

③ 规划网络的 DNS 结构,并用规划好的 DNS 名称空间,如 xxxy. buu. edu. cn。

④ 规划单位的组织结构:在域中创建组织单元的包容层次结构模型。

⑤ 规划站点结构:这部分应当包括带宽、建立单个站点的时间等。

⑥ 规划要用组的策略。

## 9.1.3　域控制器的安装流程

域网络的核心是作为管理各种对象的域控制器(Domain Controller,DC)。它是域网络的主干服务器,在其建立过程中会自动建立 DNS 服务器和活动目录。其安装流程如下:

① 准备好独立服务器:安装 Windows Server 2003/2008 位于工作组中的计算机。

② 进行网络的基本配置:网卡、网络功能(客户、协议和服务)、网络常规信息(计算机名称、工作组名)等。

③ 域控制器的系统分区必须是 NTFS 格式,如果不是,应事先进行转换,如使用 convert 命令转换。

④ 安装活动目录,建立域控制器。

⑤ 网络资源的开放、发布、使用与管理。

## 9.2 建立独立服务器

网络操作系统是网络系统管理的起点,也是各种网络服务的基石。因此,在确定了网络的组织结构之后,就要确定在每台计算机上,安装何种类型的操作系统,之后,才能进行安装操作。

### 9.2.1 安装操作系统相关的知识

#### 1. 微软操作系统家族成员

微软操作系统分为客户机和服务器上安装的两种类型,每种类型又包括多个家族成员。大多数家庭或作为客户机的计算机都安装桌面操作系统(OS),如 Windows 2000/XP/7。作为中型 Intranet 中提供控制与管理的服务器上会安装服务器版产品(NOS)。

#### 2. 微软公司的服务器版产品

Windows Server 2008 中文版是 Windows Server 2003 的升级换代产品,它是流行网络操作系统中的一种,特别适用于构建各种规模的企业级和商业网络。它也是多用途网络操作系统,可以提供文件服务器、邮件服务器、打印服务器、应用程序服务器、Web 服务器和通信服务器等功能。本书重点介绍的是各种服务器的管理。选择的版本不同,对硬件设备的支持、性能、提供的服务功能就不同。因此,用户应当根据本单位网络的应用需要进行选择。Windows Server 2008 产品共有 8 个版本,下面介绍其中最常用的几个版本:

(1) Windows Server 2008 Standard(标准版)

Windows Server 2008 标准全功能版,包含 5 个客户端访问许可,该版特别适用于构建中小规模的企业级和商业网络。它是全功能、多用途的网络操作系统,可以提供文件服务器、打印服务器、应用程序服务器、Web 服务器和通信服务器等各种功能。

(2) Windows Server 2008 Enterprise(企业版)

Windows Server 2008 Enterprise 全功能版,含 25 个客户端访问许可,该版本既可适用于上述场合,也可以进一步用于电子商务和行业应用下的网络操作系统。它可以支持更多的 CPU 的 SMP(对称多处理器技术)、内存、群集功能,以及 64 位的计算平台。群集功能可以允许两台 Windows Server 2008 以群集的形式连接在一起,这样其中的任何一台服务器出现故障时,另一台就可以立即替代原有计算机的服务。Windows Server 2008 全功能企业版与全功能标准版相比,对硬件的支持更高,因此可用于更大规模、更复杂的网络管理,例如,适合于用户数量较多、所需功能更多的大型企事业单位或公司。

(3) Windows Server 2008 Datacenter(数据中心版)

Windows Server 2008 全功能数据中心版是微软迄今为止开发的功能最强大的网络操作系统。它是向更高端企业市场的一个新品种,属于 64 位的产品。除了具有 Windows Server 2008 全功能企业版的所有功能之外,其支持更多的 CPU、具有 SMP 功能和更大的内存,以及更多节点的集群服务。由于该版本增加了大量数据的优化处理功能,因此,它特别适用于处理大量数据的服务器使用,如适合那些安装了重要数据库的企事业单位或公司。

（4）Windows Server 2008 for Itanium-based Systems（Itanium 安腾系统版）

该版本主要支持具有安腾系列 CPU 的各类专用服务器。安腾 CPU 处理器是英特尔公司家族的第一位 64 位的成员,安腾 CPU 的架构与传统的 X86 CPU 完全不同,其设计时没有考虑用于当前的 Windows 系统的应用,而定位于各类专用服务器使用的 RISC CPU。

（5）Windows Server 2008 Web 版

Windows Server 2008 Web 版是微软推出的一个产品,顾名思义,其主要目的是用于 IIS 7.0 Web 服务器使用。因此,该版主要用来生成与 Web 有关的应用程序、页面和服务。通过它可以快速开发或部署基于 XML Web 的应用程序,实现高质量的 Web 服务与托管。受其开发目的所限,它支持的 CPU 和内存有限,此外,不支持服务器的集群功能。在安装 Windows Server 2008 时,其硬件的需求随着版本的不同而有所不同,表 9-1 列出了安装 Windows Server 2008 的最小需求。

表 9-1　安装 Windows Server 2008 主机的配置条件

| 项　　目 | 最 小 配 置 | 推 荐 配 置 |
| --- | --- | --- |
| 硬盘 | 10GB | 30GB 以上 |
| 内存 | 512MB | 2GB 以上 |
| CPU | 1GHz（32 位版） | 2GHz 以上 |
| DVD 光驱 | 1 个 | 1 个 |
| 高速网卡 | 1 块 | 2 块以上 |

**3. 确认要安装的产品**

在域网络中,提供各种服务的计算机应当安装服务器版软件,如域控制器应当安装 Windows Server 2008,域网络使用网络服务的客户机,则应当安装桌面操作系统,当然,也可以使用计算机上原有的操作系统直接加入域。

**4. 文件系统的选择**

在操作系统中,目录和文件的磁盘分区记录都是由文件分配表（File Allocation Table,FAT）进行统一管理、分配和控制的。因此,在安装微软操作系统前,还需要明确操作系统所在分区的文件系统格式。在安装微软操作系统时,可供选择的文件系统格式有 FAT32 和 NTFS 两种。

（1）NTFS 文件系统的主要特点

Windows Server 2008 是一种网络操作系统的软件,它的文件系统格式为 NTFS（NT File System）格式。它与 Windows 98/2000 相比最大的不同就是提供了 NTFS 5.0 文件系统。NTFS 文件系统的主要特点如下:

① 良好的容错性能：在 NTFS 文件系统中，用来记录文件信息的 MFT（Master File Table）会自动存储备份。因此，当磁盘发生故障时，可使用备份文件恢复文件的配置信息。

② 分区容量：NTFS 的最大分区/卷为 16TB（千吉字节），比 FAT 32 分区的 32 GB（吉字节）大得多；另外，NTFS 分区与 FAT 32 分区不同的是，其容量增加，但性能不会降低。

③ 支持活动目录。

④ 高安全性：可以实现文件和本地资源的访问权限的控制，支持数据的加密和 EFS 文件系统的加密，支持文件和目录的审核。

⑤ 文件压缩功能：NTFS 支持对文件或目录的压缩格式，可以更有效地利用磁盘空间。

⑥ 高可靠性：NTFS 文件系统支持热修复功能，当磁盘扇区出现故障时，系统可以在运行的同时自动标记坏扇区，从而增强了磁盘的可靠性。

（2）选择 NTFS 文件系统的理由

① 仅使用 Windows Server 2008/2003 网络操作系统，或者计算机是域控制器。

② 系统要求文件级的安全性。如需要对单个文件的访问权限进行控制与管理。

③ 系统对本地安全性要求较高。如需要限制用户从本机登录时对资源的访问。

④ 需要将安装 Windows Server 2008 的计算机设置为域控制器。

⑤ 需要对文件或目录进行审核，如要求记录对本地文件或目录的访问事件。

⑥ 需要 Windows Server 2008 文件的压缩。

⑦ 需要更高的分区容量。

⑧ 支持热修复。当 NTFS 分区的磁盘产生坏扇区时，可以自动将其标注为不可使用，因此，提高了磁盘系统的可靠性。

（3）FAT32 文件系统

在磁盘分区中，选择 FAT 32（File Allocation Table）文件格式的主要目的是，可以同时使用 DOS（FAT）、Windows 98（FAT 32）和 Windows XP/2000，以及其支持的应用软件。

**5. 硬盘空间的规划**

当用户安装的计算机是全新硬盘安装的时候，在安装前，应当进行磁盘空间的规划。

对于安装 Windows Server 2008 的分区，建议至少预留的磁盘空间在 20GB 以上，以满足今后可能出现的安装需求，例如，安装活动目录、常见的网络服务、日志，以及操作系统交换文件时所需的空间等。

对于安装微软一般操作系统的计算机，如 Windows 7 的系统分区，建议预留的磁盘空间至少在 15GB 以上，以满足今后可能出现的安装用户应用系统平台和应用程序的需要。

**6. 硬盘空间的调整**

计算机的一个磁盘最多可以创建 4 个主分区或 3 个主分区和 1 个扩展分区。在安装操作系统之前、之后、安装过程中都可以改变分区的大小。有许多工具和方法可以对磁盘分区的大小和格式进行操作。推荐的技术方案如下：

① 直接从光盘引导和启动微软操作系统的安装盘；在安装过程中，可以创建或改变

(删除、选择、格式化)磁盘分区的尺寸和格式。

② 如果是全新硬盘，在安装操作系统之前，安装程序将引导用户进行分区的划分。

③ 在安装 Windows 操作系统之前或之后，都可以使用 PartitionMagic(硬盘分区魔法师)划分或改变磁盘分区的尺寸。

### 7. 选择安装方式

(1) 利用安装光盘直接从 DVD-ROM 启动安装

目前，大部分的计算机都支持使用操作系统的安装光盘直接安装的方法。

从 DVD-ROM 启动并安装操作系统的方法适用范围广，操作简单。但是，仅适于少量计算机的安装场合，因此，这是单个服务器安装时最常用的安装方法。

(2) 从硬盘的安装目录启动安装程序

如果用户的硬盘足够大，则推荐用户先将安装光盘上的所有安装目录和文件，复制到本地计算机上的某个目录下，再进行安装。由于是从硬盘安装操作系统，因此，这种方法的安装速度较快，适用于网络中的单台计算机的安装，如某台计算机需要安装多重引导的操作系统，其安装步骤如下：

① 进入 DVD-ROM 盘。

② 将光盘中名为 sources 的安装目录，全部复制到硬盘上。

③ 转入 sources 目录。

④ 在"运行"窗口中，输入安装启动命令"J:\sources\setup. exe"，其中：J:\sources 为安装文件 setup. exe 所在的目录名称。

(3) 硬盘克隆安装(＊)

当需要对大量同类型的计算机进行安装时，有时采用硬盘克隆的方法。首先，使用前面介绍的任何一种方法安装好一台计算机；然后，利用克隆软件(如 Ghost)，生成硬盘系统分区的映像文件；最后，利用同样的克隆软件，将映像文件恢复到其他计算机的硬盘分区，从而达到快速安装和配置的目的。

(4) 硬盘保护卡安装(＊)

有条件的网络管理中心，应当为所有主机购置硬盘保护卡。之后，即可利用硬盘保护卡来安装与维护网络。这种方法无疑是一种较好的方法。当网络传输速度较快时，则完成整个计算机房的安装比重新安装一台计算机所需的时间还少。但是，需要提醒用户注意的是，加装硬盘保护卡之后，系统运行的速度会明显降低，有时还会影响到各种操作系统的功能。这种方法适用于大量集中管理的计算机的安装与维护。

在实验室或网吧中，通常具有大量同类型的计算机，而且其安装和日常管理工作较为复杂。此时如果每台计算机花费 150～250 元购置硬盘保护卡，必定会取得良好的管理和维护的效果。硬盘保护卡的安装步骤如下：

① 逐台安装好硬盘保护卡、网卡和传输介质。

② 规划并安装好一台计算机的所有软件。

③ 将安装好的计算机设置为发射台。

④ 将其他未安装的计算机设置为接收台。

⑤ 使用发射台上的发射传输功能，将规划和安装好的系统同时发送、传输到所有的接收端计算机上。

⑥ 传输完毕之后，需要对每台计算机的特殊参数逐一修改，如有关 IP 地址、计算机名、工作组名等信息。

⑦ 以后，每台计算机上的硬盘保护卡将会按规划的时间，来自动保护每台计算机的硬盘内容。例如，每次启动恢复、每日恢复原来系统的内容等。

总之，使用上面标注有 * 的方法，不但可以快速安装网络，还可以在计算机出现故障时，快速恢复网络中的每台计算机中的系统。

## 9.2.2 从光盘安装 Windows Server 2008

安装网络操作系统 Windows Server 2008 Standard(全功能标准版)的方法与第 8 章中安装 Windows 7 的方法类似，下面将简要介绍其安装的主要步骤。

### 1. 设置光盘引导

接通计算机电源，启动计算机，进入主板 BIOS 设置菜单进行设置，如图 8-2 和图 8-3 所示。在计算机主板的 BIOS 设置菜单中，先将"1st Boot Device"(第一引导驱动器)设置为"CDROM"。之后，保存 BIOS 的设置退出。按 F10 键后，在弹出的窗口中单击 Ok 按钮，保存并退出(Save and Exit)BIOS 的设置窗口。

### 2. 安装的第 1 阶段

① 将 Windows Server 2008 的光盘放入光驱内，然后重新启动计算机，并按照屏幕的提示，从 DVD-ROM 引导系统。

② 当屏幕出现"Windows is loading files…"时，表示安装程序已正常启动，正在加载安装文件。

③ 当出现图 9-4 所示对话框时，选择下载要安装的语言，如"中文(简体)"，在进行其

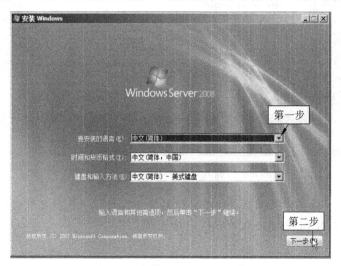

图 9-4 "安装 Windows"对话框

他项目的选择后,单击"下一步"按钮,打开如图 9-5 所示对话框。

④ 在图 9-5 所示的"现在安装"对话框中,单击"现在安装"按钮,打开如图 9-6 所示对话框。

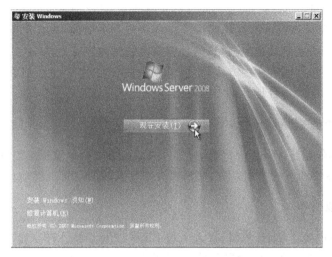

图 9-5  "现在安装"对话框

⑤ 在图 9-6 所示的"输入产品密钥进行激活"对话框中,输入产品密钥后,单击"下一步"按钮,打开如图 9-7 所示对话框。

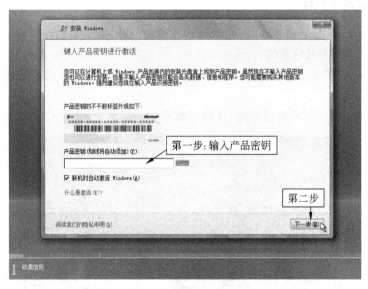

图 9-6  "输入产品密钥进行激活"对话框

⑥ 在图 9-7 所示的"选择要安装的操作系统"对话框中,选择拟安装的操作系统版本后,单击"下一步"按钮,打开如图 9-8 所示对话框。

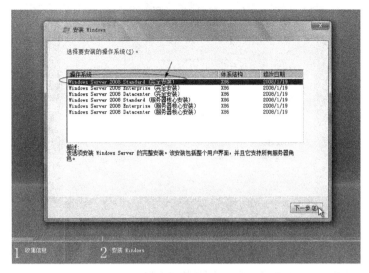

图 9-7　"选择要安装的操作系统"对话框

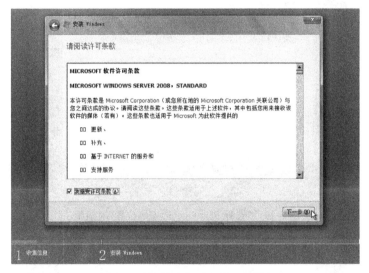

图 9-8　"请阅读许可条款"对话框

⑦ 在图 9-8 所示的"请阅读许可条款"对话框中,选择"我接受许可条款"复选框后,单击"下一步"按钮,继续安装,打开如图 9-9 所示对话框。

⑧ 在图 9-9 所示的安装类型选择对话框中,双击"自定义(高级)安装全新的Windows,……"选项后,打开如图 9-10 所示对话框。

⑨ 在图 9-10 所示的选择 Windows 的安装位置对话框中,选择安装的磁盘分区和位置,如选中"磁盘 0",之后,单击"下一步"按钮,继续安装过程,直至出现如图 9-11 所示对话框。

⑩ 完成安装步骤后,安装程序会自动复制一些系统文件,并重新启动系统。

图 9-9 安装类型选择对话框

图 9-10 "选择 Windows 的安装位置"对话框

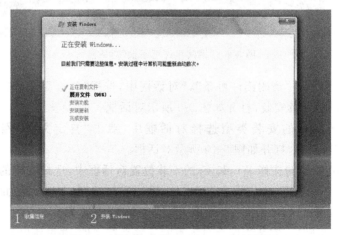

图 9-11 "正在安装 Windows…"对话框

⑪ 在重新启动计算机后,出现图 9-12 所示的要求更改密码界面,单击"确定"按钮,打开如图 9-13 所示界面。

图 9-12　要求更改密码

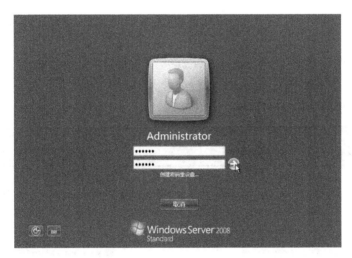

图 9-13　管理员密码更改界面

⑫ 在图 9-13 所示的管理员密码更改界面中应输入合格的密码,当出现"……密码不符合要求"的提示对话框时,用户应当重新输入符合要求的密码,直至合格。例如,输入的密码为"aaa111＋＋＋"后,单击 Enter 键,之后,将打开如图 9-14 所示界面。

说明:在 Windows Server 2008 服务器中,服务器的管理员密码要求十分苛刻。其要求是密码的组合必须是由"字母"、"数字"和"非字母非数字"的字符组成。另外,密码要求足够长。千万不要遗失 Administrator 管理员账户的密码,它是管理 Windows Server 2008 服务器的起点和钥匙。

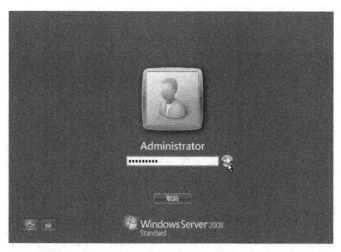

图 9-14　Windows 2008 的登录验证界面

**3. Windows Server 2008 的"登录测试"**

① 如果计算机内只安装了一个操作系统,则系统启动后,会直接进入如图 9-14 所示界面。

② 在图 9-14 所示的 Windows Server 2008 企业版登录对话框中,输入管理员账户名 "Administrator"及其密码后,按 Enter 键,登录 Windows Server 2008 本机进行验证,成功后,自动打开如图 9-15 所示窗口。

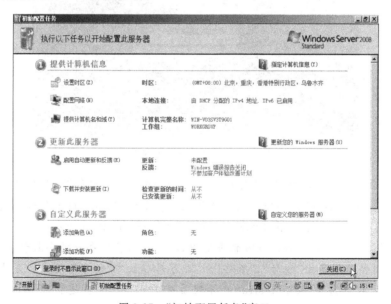

图 9-15　"初始配置任务"窗口

③ 在图 9-15 所示的"初始配置任务"窗口中,如果选择了"登录时不显示此窗口"复选框,则以后再次登录时,将不再显示,否则将每次打开这个窗口。

至此,已经完成了 Windows Server 2008 独立服务器的安装过程。此后,还应检查显卡、声卡和网卡等硬件设备的工作是否正常,不正常时,应安装和配置相应的驱动程序,直至各硬件设备的工作都正常为止。

# 9.3 建立域控制器

## 9.3.1 域模式网络概述

在域网络中,网络的组织方式是 C/S 模式,网络中各个计算机的地位是不平等的,它们是按照 C/S 模式进行工作的。在域网络中,提供域中对象集中管理和服务的域控制器就是服务器,当用户从所在计算机上登录时,其所在的计算机就被称为客户机,其提出登录域的请求,将会被上传到域控制器进行该用户的登录验证。

**1. 域的基本概念**

(1) 域的组织结构

域网络的组织结构如图 9-16 所示。

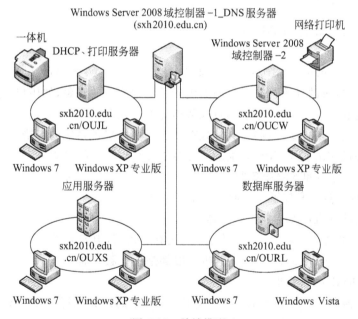

图 9-16　单域模型

(2) 域的定义

在 Active Directory 中,域是指由管理员定义的计算机、用户、组、计算机等各种对象的集合。这些对象共享公用的目录数据库、安全策略以及与其他域之间的安全关系。

(3) 域控制器与活动目录数据库

每台计算机都有一个本地目录数据库,其中包含了计算机内部的用户和组账户等安全信息。域是安全与集中管理的一个基本单位,域中的域控制器内的活动目录数据库中包括了域内所有的计算机、用户、共享文件夹等各种对象的安全信息。

全域的活动目录数据库存储在域控制器中,并由域内所有的计算机和用户共享。域的管理员通过运行 Windows Server 2008 的域控制器,对活动目录数据库进行集中控制和管理。

在图 9-16 所示的单域模式中,所有的域控制器都是平等的。活动目录采用了多主复制式的管理模式,使得活动目录可以在多个域控制器之间,自动实现目录的复制和管理,因此,能很好地实现一个用户,一个账号的目录服务目标。

(4) 域的目录服务目标

在域中,对大部分用户来说的服务目标是"一个用户,一个账号"。

**2. 域的工作方式**

在同一域中工作的客户机(工作站)或服务器,无论是在近程(通过传输介质连接)的较小区域内,还是在远程(通过电信服务和互连设备连接)的较广的范围内,只要被定义在相同的域,彼此之间就是有关联的"伙伴",就可以享用域中的资源。

**3. 域中计算机的分类**

在域结构的网络中,计算机身份是一种不平等关系。

(1) 域控制器

域控制器(Domain Controller,DC)通常是运行 Windows Server 2008 的、NTFS 格式的、安装了活动目录的计算机。域控制器包括了域中所有的对象,如用户、组等信息,以及域的安全策略的设置,它是域中活动目录数据库的所在地。

域中可以设置多台域控制器,其好处在于彼此可以提供系统的容错功能,当其中的一台域控制器关机或出现故障时,其他的域控制器还可以继续提供服务。

(2) 成员服务器和独立服务器

① 成员服务器。安装了微软服务器版,如 Windows Server 2003/2008,又加入域的非域控制器的计算机被称为成员服务器。

② 独立服务器。一台加入了工作组,而没有加入域,但安装微软服务器版,如刚安装了 Windows Server 2003/2008 的计算机一般都是独立服务器。

(3) 域中的其他计算机

除了上述两种安装了服务器版的计算机外,域中的计算机还可能是安装了微软桌面操作系统 Windows 2000/XP/7 等的计算机,即域中的工作站。

总之,在域网络中,安装了微软操作系统的(非域控制器)计算机,都应先加入域;之后,才能使用域中有效的用户账号登录到域。只有在通过活动目录数据库验证后的用户,才能使用域中的资源与服务。由于登录域的计算机都使用了域控制器的服务,因此,又被称为域的客户机(工作站)。

**4. 采用域模式的特点**

① 组织良好的对象：在域中，一般将用户、计算机、应用程序、文件等物理对象按照部门组织为组织单元。每个组织单元都由相应部门中的某个部门管理员具体进行管理。在这种方式中，公司内部的每个部门都会构成一个组织单元，网络中心的管理员实际管理的是多个组织单元，而不是分布在各部门的独立的各种资源和对象。

② 简单的信息资源定位方式：在域中，将各种资源对象发布到目录成为可用的域对象后，用户或管理员就可以方便而简单地定位、使用和管理这些资源。例如，在域中，某打印机对象，在没有发布之前，用户必须通过它的确定位置来使用它，而在发布后，用户可以在目录的对象列表中直接定位和使用它。

③ 集中的账户管理：在一个域中，所有用户账户的管理和整个网络的安全策略都可以在单个点上进行，即在各个域控制器上进行管理。

④ 资源的集中管理：域中的资源是分散在域中的每台计算机上的，这些资源除了能够由每台计算机的管理员管理外，还能够由域管理员在一点进行集中管理。他们可以利用系统自动建立的共享目录 C $ 和 D $ 进行管理，还可以给资源分配 Permission（访问权限），指定 Audit（审核）规则。

⑤ 多主复制模型：域中的多台域控制器采用的多主复制技术，提高了系统的性能、可靠性、实用性和灵活性。这是因为各个域控制器会自动更新，即定期地互相复制活动目录。例如，域中有两台域控制器，在其中一台上建立了账户，过一段时间就会自动复制到网络的其他域控制器的目录数据库中，使得管理更加灵活和方便。又如，一台域控制器因故障停止运行后，其他域控制器还可以进行正常的目录服务。

⑥ 单一登录（一个用户，一个账户）：域中的用户只需要拥有一个用户，就可以访问域中各计算机上被授权访问的各种共享资源。与之不同的是，在工作组网络中，任何一个用户，只有在每个资源计算机上都拥有账户，才能够访问工作组网络中任何一台计算机上的共享资源，即基于每台计算机本地的"多个账户，多点登录"的分散管理方式。

**5. 包容式的逻辑组织模型**

在 Windows Server 2003/2008 域中，可以使用单域、单域树、域林等方式来组织系统。中小型网络常采用在域中创建多个组织单元的方法来组织域中的各种对象。这就是包容式的组织模型。在这种包容式的逻辑模型内，组织单元是组织管理域内所有对象的容器，它不但可以包容计算机，还可以包容用户账号、用户组、共享设备和其他的组织单元。例如，我们可以为一个企业建立一棵单域树，在域树中为企业中的人力资源部、销售部、生产部等分别建立相应的组织单元，每个组织单元中包含各自的用户、计算机、打印机、组等对象，当然，还可以建立下级的组织单元，例如，在销售部所属单元中，再建立下级单元 OUxs1 和 OUxs2。

由于这种"单域＋组织单元"的结构，具有更加清楚的管理结构，因而，这种层次型包容结构可以更好地反映企业内部的组织结构。网络的管理者通过所建立的包容结构，可以使大型系统中的域、域树中的每个对象都编排和显示在全局目录中，从而使用户在使用某一项服务时,能够轻易地定位对象,而不用知道它在域树结构中的具体位置。

## 9.3.2 建立域控制器前的准备工作

在建立 Windows Server 2008 域控制器前,要确定域控制器的安装方法,并进行必要的准备工作。

### 1. 建立域控制器的方法 1

通过运行"DCPROMO"命令,既可以建立域控制器,也可以降级域控制器。

### 2. 建立域控制器的方法 2

在 Windows Server 2008 中,可以通过内置的专用工具来启动活动目录的安装向导完成域控制器的建立工作。使用这种方法,不但能够完成第一台域控制器及其活动目录的建立工作,还可以完成卸载现有域控制器的工作。

### 3. 建立域控制器前的准备工作

我们将已经安装了 Windows Server 2008,但尚未安装成域控制器,也没有安装活动目录的计算机称为独立服务器。通常的做法是:先将充当服务器的计算机安装为独立服务器,再根据情况将其升级为域控制器。建立域控制器的必要条件和准备工作如下:

(1)准备好独立(成员)服务器

由于域控制器是通过升级的方式来实现的,因此,用户应当安装和准备好一台装有 Windows Server 2008 的独立服务器或成员服务器。

(2)准备好 NTFS 分区

域控制器的活动目录数据库必须建立在 NTFS 磁盘分区上才能实现,并保证系统的安全性。如果用户在安装 Windows Server 2008 时,已将系统分区转换为 NTFS 分区,则符合要求;否则,应使用"convert C:/FS:NTFS"命令,其中"C"为需要转换格式的磁盘盘符。

(3)规划好 DNS 名称空间

由于 Windows Server 2008 的域名是采用 DNS 结构来命名的,因此,在完成独立服务器和成员服务器转换为域控制器的操作之前,还要进行 DNS 名称的规划工作,即为域网络分配一个符合 DNS 规格的域名,例如,在图 9-2 所示的域树网络中,使用 DNS 域名 buu.edu 和 xinxi.buu.edu 分别代表联合大学,以及下属的信息学院。

(4)建立 DNS 服务器

在域结构的网络中,域控制器会将自己注册到 DNS 服务器内,以便其他计算机通过 DNS 服务器来查找域控制器及其他对象。因此,在网络的内部至少要安装一台 DNS 服务器。这台 DNS 服务器既可以在建立域控制器的时候同时建立,也可以事先建立。

## 9.3.3 通过专用工具建立第一台域控制器

在实现图 9-16 所示的单域网络的逻辑结构时,需要建立两台域控制器。在 Windows

Server 2008 中,组建一个全新的域网络时,所安装的第一台域控制器将生成第一个域,这个域也被称为根域,图 9-16 所示系统中的 sxh2010.edu.cn 就是根域。

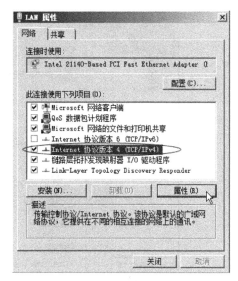

图 9-17　"LAN 属性"对话框

**1. 设置网卡的网络功能**

① 依次选择"开始"→"网络"命令,在打开窗口的工具栏中,双击"网络和共享中心"选项,然后单击"Local Area Connection"后面的"查看状态"选项,打开"Local Area Connection 状态"对话框,单击"属性"按钮,打开如图 9-17 所示对话框。

② 在图 9-17 所示的"LAN 属性"对话框中,选中需要配置的协议,如"Internet 协议版本 4(TCP/IPv4)",确定客户和服务已经选择后,单击"属性"按钮。

③ 在打开的"Internet 协议版本 4(TCP/IPv4)属性"对话框中,单击"使用下面的 IP 地址"单选按钮后,输入分配给本计算机的 IP 地址、子网掩码、默认网关、首选 DNS 服务器,如 192.168.137.100、255.255.255.0、192.168.137.1、192.168.137.100 等,单击"确定"按钮,完成网络功能的配置。可以参照图 8-33 进行设置。

**2. 设置计算机名**

由于独立服务器的计算机名将作为 DC 的完整域名的一部分,而升级为域控制器后,将不能修改,因此,一定要在升级前修改好计算机名。

① 安装 Windows Server 2008 后,每次系统都会自动打开图 9-18。如果不希望每次都自动打开此窗口,则可以在右侧窗口中选中"登录时不要显示此控制台"复选框。

② 依次选择"开始"→"所有程序"→"管理工具"→"服务器管理器"选项,或者单击图 9-18 中状态栏中的"服务器管理器"图标,均可手动打开图 9-18 中的全部界面。

③ 在图 9-18 所示的"服务器管理器"窗口中,在右侧窗格中将显示有关计算机的各种信息,选中"更改系统属性"选项,打开图 9-19。

④ 在图 9-19 所示的"计算机名"选项卡中单击"更改"按钮。

⑤ 打开图 9-20 所示的"计算机名/域名更改"对话框,第一,在"计算机名"栏目中,输入要更改的计算机的名,如 DC2010;第二,在"隶属于"栏,可以添加或更改计算机要加入的区域,独立服务器应当选择工作组,如"WG10";更改后,单击"确定"按钮。

⑥ 应先按照系统的提示重新启动计算机,待设置生效后,再进行升级域控制器的操作。

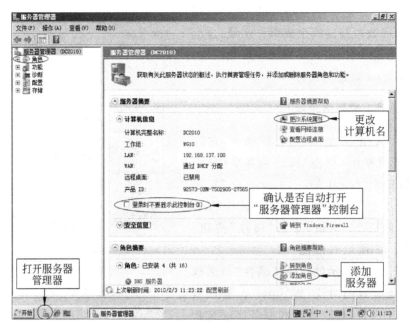

图 9-18　"服务器管理器-角色"窗口

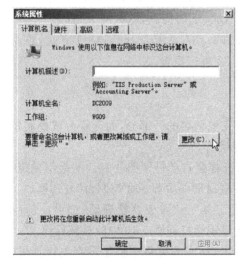

图 9-19　"计算机名"选项卡

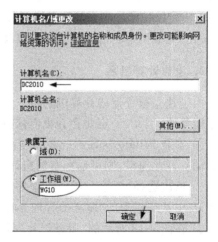

图 9-20　"计算机名/域更改"对话框

### 3. 通过服务器管理器建立第一台域控制器

通过 Windows Server 2008 中的专用工具"服务器管理器"即可轻松地建立 DC、活动目录和 DNS。当第一台域控制器的计算机名为"DC2010",规划的域名为"sxh2010.edu.cn"时,成功建立的第一台域控制器的完整域名应当为"DC2010.sxh2010.edu.cn"。

① 打开图 9-18 所示的"服务器管理器",在其左侧窗口中选择角色目录,在右侧窗口中选中"添加角色"选项。

② 在打开的图 9-21"开始之前"对话框中,单击"下一步"按钮。

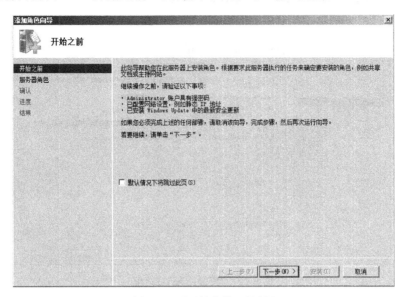

图 9-21 "开始之前"对话框

③ 在打开的图 9-22 所示的"选择服务器角色"对话框,选择"Active Directory 域服务"复选框后,单击"下一步"按钮。

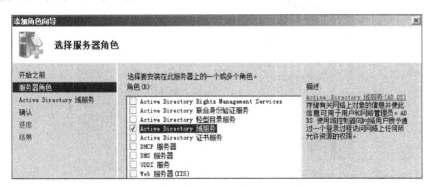

图 9-22 "选择服务器角色"对话框

④ 在打开的"Active Directory 域服务"对话框中,单击"下一步"按钮。

⑤ 在打开的"确认安装选项"对话框中,单击"安装"按钮。

⑥ 完成后将显示图 9-23 所示的"安装结果"对话框,单击"关闭"按钮。但是,由提示可知,还需要运行"DCPROMO.exe"程序,才能成功安装域控制器;因此,既可以直接单击"关闭该向导并启动 Active Directory……"选项,打开如图 9-24 所示对话框;也可以在"运行"窗口中手动运行"DCPROMO.exe"程序。

⑦ 打开"欢迎使用 Active Directory 域服务安装向导"对话框,单击"下一步"按钮。

⑧ 打开"操作系统兼容性"对话框,单击"下一步"按钮。

⑨ 打开图 9-24 所示的"选择某一部署配置"对话框,单击"在新林中新建域"单选按

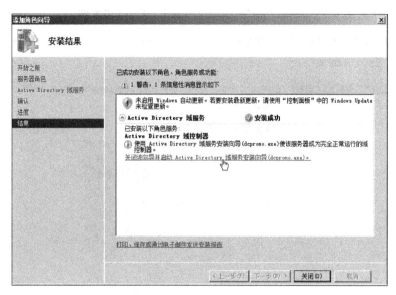

图 9-23　"安装结果"对话框

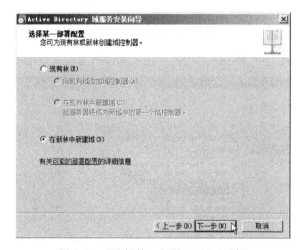

图 9-24　"选择某一部署配置"对话框

钮后,单击"下一步"按钮。

　　⑩ 打开图 9-25 所示的"命名林根域"对话框,输入规划的域名,单击"下一步"按钮。

　　⑪ 打开图 9-26 所示的"设置林功能级别"对话框,选择 Windows Server 2008 后,单击"下一步"按钮。

　　⑫ 打开图 9-27 所示的"其他域控制器选项"对话框,选择"DNS 服务器"复选框,单击"下一步"按钮。

　　⑬ 打开图 9-28 所示的"无法创建该 DNS……"对话框,单击"是"按钮。

　　⑭ 打开图 9-29 所示的"数据库、日志文件和 SYSVOL 的位置"对话框,接受默认选择,单击"下一步"按钮。

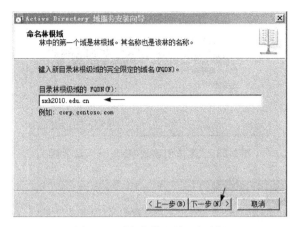

图 9-25 "命名林根域"对话框

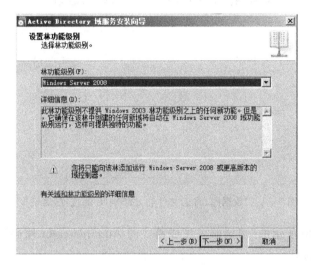

图 9-26 "设置林功能级别"对话框

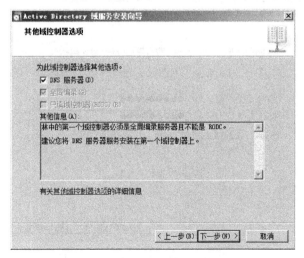

图 9-27 "其他域控制器选项"对话框

图 9-28 "无法创建该 DNS……"对话框

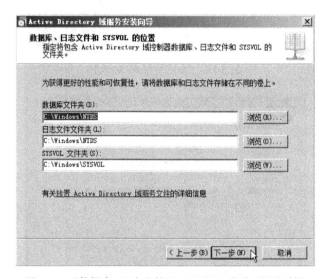

图 9-29 "数据库、日志文件和 SYSVOL 的位置"对话框

⑮ 打开图 9-30 所示的"目录服务还原模式的 Administrator 密码"对话框,输入密码后,单击"下一步"按钮。

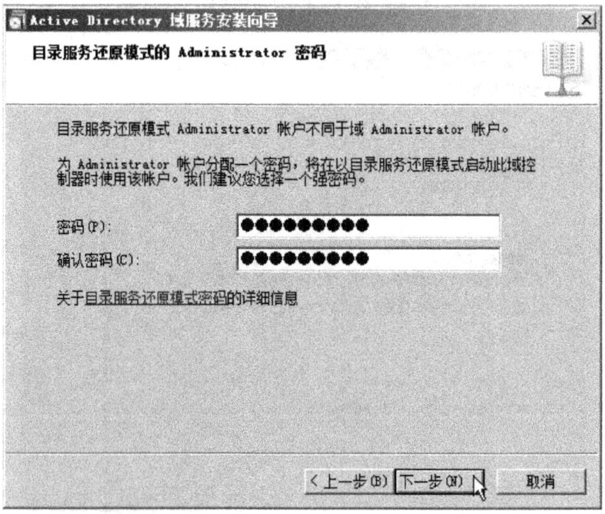

图 9-30 "目录服务还原模式的 Administrator 密码"对话框

⑯ 打开图 9-31 所示的域控制器的"摘要"对话框,单击"下一步"按钮。

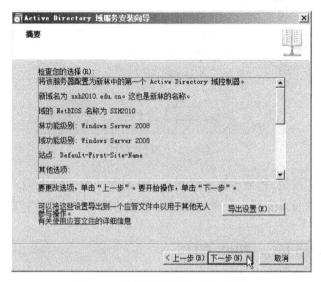

图 9-31　域控制器的"摘要"对话框

⑰ 完成后出现重新启动提示对话框,单击"立即重新启动"按钮,重新启动登录。

至此,已经完成第一台域控制器的建立任务;重新启动后,完成域控制器和活动目录的建立工作。

### 9.3.4　通过安装向导命令——DCPROMO 建立域控制器

通过 DCPROMO 命令也可以调用活动目录安装向导完成域控制器的建立。

**1. 活动目录安装向导命令(DCPROMO)应用介绍**

① 从独立服务器建立域控制器,即升级操作。
② 如果域控制器已经安装完毕,用户可以建立域中的其他的域控制器或建立子域。
③ 如果域控制器已经安装完毕,可以通过这个命令还原为独立服务器,即降级操作。
④ 此命令适合于 Windows 服务器各版的操作,而各服务器版的专用工具是有差别的。

**2. 应用 DCPROMO 命令**

应用 DCPROMO 命令的操作步骤提示如下:
① 依次选择"开始"→"运行"命令选项,打开如图 9-32 所示对话框。
② 在图 9-32 所示的 Windows Server 2008 的"运行"对话框中,输入升级(降级)域控制器的命令"dcpromo",单击"确定"按钮。
③ 稍后,在打开的"Active Directory 服务安装向导"对话框中,单击"下一步"按钮。
④ 打开"操作系统兼容性"对话框,单击"下一步"按钮。
⑤ 打开图 9-24 所示的"选择某一部署配置"对话框,单击"在新林中新建域"单选按

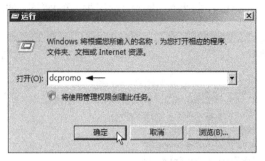

图 9-32 "运行"窗口

钮后,单击"下一步"按钮;其余步骤参照 9.3.3 节的图 9-24～图 9-30。

至此,通过活动目录安装向导来创建域控制器和活动目录的过程结束。

# 9.4 登录 Windows 2008 的域

在域模式网络中,系统管理分为服务器(域控制器)和客户机(登录域的计算机)两个部分。因此,客户机的设置是组建域网络不可缺少的部分,也是管理的基本技能。

## 9.4.1 Windows 客户机登录域的准备工作

客户机是用户登录域和使用网络服务与资源的主要接口,网络管理员面临的大量日常工作就包含客户机的配置与维护工作。在域中的各种客户机连接前,应进行基本配置的检查,检查时应着重注意以下一些问题:

① 网络硬件是否安装良好:检查网络设备、传输介质和网卡工作是否正常,以及操作系统下的网卡驱动程序是否安装、设置和诊断正确等。

② 域控制器已正常启动:已安装并成功升级为域控制器,准备好欲登录的域名称。

③ 正确安装、选择和配置网络协议:客户机 TCP/IP 协议的设置,如首选 DNS 服务器的地址通常设置为域控制器的 IP 地址,客户机的子网掩码和网络编号也与 DC 相同。

④ 登录管理员和用户名:设置客户机时需要使用域控制器管理员的用户名和密码,而登录域需要域中建立的有效用户名和密码。

## 9.4.2 Windows 7 客户机登录到域

在微软域网络中,各种客户机的操作都是相似的,只是界面有少量区别。本节以主流操作系统中的 Windows 7 为例,进行加入域的操作。在 Windows Server 2008 中的操作是类似的。

### 1. 管理员登录本机

在 Windows 客户机上,以本地管理员账户登录本机。输入本机管理员的用户名 Administrator 及密码,单击登录确认的按钮,经本机的目录数据库验证后即可。如需使用其他用户名登录,单击"切换用户"按钮。

说明:当用户需要更改本机设置时,在 Windows 的客户机端,必须以本机管理员的账户和密码进行本机登录,如 Administrator;否则,系统为查看模式,不能更改系统设置。

**2. 设置网卡与确认网络连通**

① 依次选择"开始"→"控制面板"→"网络和 Internet"→"网络和共享中心"选项。

② 打开图 9-33 所示的"网络和共享中心"窗口,双击"本地连接"链接。

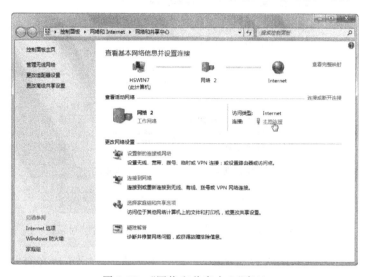

图 9-33 "网络和共享中心"窗口

③ 打开图 9-34 所示的"本地连接状态"对话框,单击"属性"按钮。

④ 打开图 9-35 所示的"本地连接属性"对话框,确认"Microsoft 网络客户端"、

图 9-34 "本地连接状态"对话框

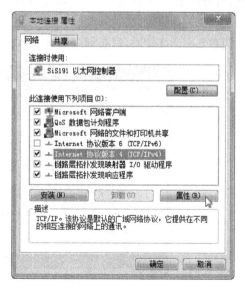

图 9-35 "本地连接属性"对话框

"Microsoft 网络的文件和打印机共享"等网络功能类型已经选中,然后选择使用协议前的复选框,如"Internet 协议版本 4(TCP/IPv4)"复选框,单击"属性"按钮。

⑤ 在图 9-36 所示的"Internet 协议版本 4(TCP/IPv4)属性"对话框中,可以进行网络协议的设置,如 IP 地址、子网掩码和首选 DNS 服务器,单击"确定"按钮。

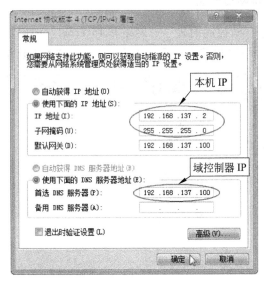

图 9-36　"Internet 协议版本 4(TCP/IPv4)属性"对话框

⑥ 在图 9-33 所示的"网络和共享中心"左侧窗口中,选中"更改高级共享设置"选项,在打开的窗口中,确认已经启用"网络发现"和"文件和打印机共享"两项。依次关闭各个窗口,完成针对网卡的网络功能类型设置。

⑦ 单击"开始"图标,在"搜索程序和文件"文本框中,输入"cmd"命令,单击"搜索"按钮,打开图 9-37 类似的"命令提示符"窗口,输入"ping 域控制器的完整域名",如果显示的丢包率 Lost=0%,则表示与域控制器的连接正常,可以进行加入域的操作;若显示的是丢包率 Lost=100%,则必须先解决基本设置与连通性的问题。

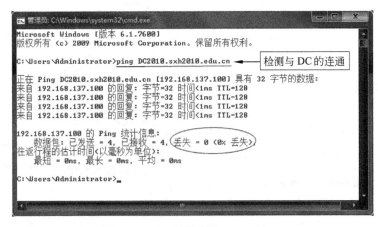

图 9-37　ping 域控制器 FQDN 窗口

**说明**：第一，在设置登录域前，应当先设置好网络功能（组件）选项，尤其是"使用下面的 DNS 服务器地址"区域；由于 DNS 服务器与域控制器集成在一台主机上，因此，该地址应为域控制器的 IP 地址，而非本机的 IP 地址；否则，加入域时，可能出现"…指定的域不存在，或无法联系"等出错信息；设置后，应当使用 ping 命令进行检测。此外，在当前网络中，大都使用了 Internet 协议版本 4，因此，还应注意在图 9-35 中，取消选择"Internet 协议版本 6(TCP/IPv6)"复选项。

### 3. 加入域

① 依次选择"开始"→"计算机"选项，在打开的窗口中，选中"系统属性"选项。

② 打开图 9-38 所示的"系统"窗口，查看计算机当前的状态，如位于工作组 WG10 中，单击"更改设置"选项。

图 9-38 "系统"窗口

③ 在打开的图 9-39 所示的"计算机名/域更改"对话框中，可以实现更改计算机名、加入域、更改加入的工作组（域）等功能。在加入域时，在"隶属于"选项区域中，单击"域"单选按钮后，输入 Windows 的客户机要加入的域名，如"sxh2010.edu.cn"，单击"确定"按钮。

④ 在打开的图 9-40 所示的域管理员身份的确认对话框中，输入在域控制器中具有将工作站加入域权利的用户账号，而不是客户机的系统管理员账户或其他账户，如输入域控制器的管理员账号 Administrator 和密码，单击"确定"按钮。

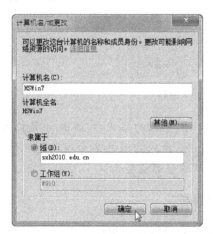

图 9-39 "计算机名/域更改"对话框

图 9-40 域管理员身份的确认对话框

⑤ 如果成功地通过了域的验证，将打开图 9-41 所示的欢迎加入域对话框，否则提示出错信息；最后，单击"确定"按钮。当出现重新启动计算机的询问对话框时，单击"确定"按钮，重新启动计算机。

⑥ 重新启动计算机后，出现"客户机登录域"窗口。由于目的是登录到域，而不是登录本机，因此，应当选择"其他用户"，并输入在域中有效的用户名和密码，如使用域控制器建立的 glm 账户时，其登录窗口的格式的用户名为"sxh2010\glm"，密码栏应输入域账户的密码。之后，单击"确认"按钮，通过 DC 的验证后，即可访问域。

图 9-41　欢迎加入域对话框

⑦ 成功登录域后，再次打开图 9-42 所示的"系统"窗口，可以看到计算机当前处于域中，因此，只能访问域资源，而不能进行本机管理。

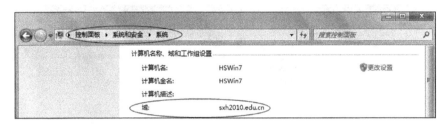

图 9-42　Windows 7 客户机加入域后的"系统"窗口

**说明：**

- 在登录域时，不知道如何登录时，请单击"如何登录到其他域？"链接；将会出现图 9-43 所示窗口，其提示的登录域的格式为"域名\域用户名"，如 sxh2010\glm。输入的用户名和密码要通过网络传输到选定域控制器的活动目录数据库中进行验证；因此，无论是网络故障，还是用户名或密码的错误都将导致登录失败。

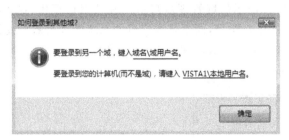

图 9-43　"客户机登录域"的提示窗口

- 当需要更改本机设置时，则应登录到本机。此时，登录的格式为"本机计算机名\本机用户名"，如 HSWIN7\Administrator。此时，输入的用户名和密码是在计算机本地目录数据库中进行验证，因此，网络故障不会影响登录。

### 4. 管理域的工具——Active Directory 用户和计算机

管理域的专用工具集成在"服务器管理器"中，通过它可以建立和管理整个域网络。

（1）Active Directory 与域集成的 DNS

① 选择"开始"→"服务器管理器"选项,打开图 9-44 所示窗口。

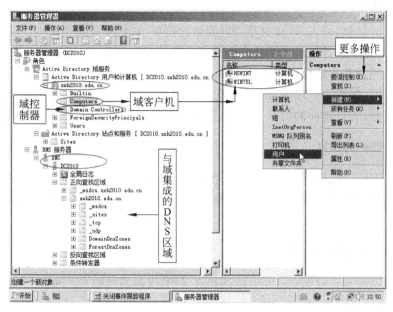

图 9-44 "服务器管理器"窗口

② 在图 9-44 所示的"服务器管理器"窗口中,选择"Active Directory 用户和计算机"目录;在左侧目录中展开 DNS 目录,可以看到与活动目录集成的专有搜索区域,如_tcp、_udp 等,如果没有这些专有目录,通常 DC 的 AD 不能正常工作。

（2）查看和管理域中的计算机

在"Active Directory 用户和计算机"中,可以查看和管理选定的计算机(客户机和 DC)。

① 在图 9-44 所示的"服务器管理器"窗口中,选择"Active Directory 用户和计算机"目录;在左侧目录中展开 Computers 目录,可以看到所有已经加入域的客户机;右击选中的计算机,从快捷菜单中可以选择需要进行的操作。

② 在图 9-44 所示的"服务器管理器"的左侧目录中展开 Domain Controllers 目录,可以查看和管理域中的 DC,如打开选中 DC 的"计算机管理"窗口。

③ 在图 9-44 所示的右侧窗格,单击"更多操作",从展开的快捷菜单中,可以选择要进行的操作,如选择"新建"→"用户"命令,可以开始创建新用户的工作。

## 9.5  活动目录中基本对象的管理

在 Active Directory 活动目录中,对象有很多种,如用户、组、计算机、打印机、共享文件夹等。微软网络中最基本的管理对象是用户、计算机和共享文件夹,其中的用户账户和计算机账户均代表物理实体,它们不但是活动目录中的安全主体,还被自动分配了安全标识符。

在微软域网络中,只有带安全标识符的对象,才能登录到网络,进而访问域中的资源。

### 1. 用户账户

用户是访问网络的人,计算机是访问网络的设备,它们都是物理实体。用户账户和计算机账户是为用户和计算机提供的安全凭证。有了相应的账户,用户和计算机才能登录网络。此外,用户账户还可以被赋予权限,使其按照指定的时间、权限来访问网络及资源。

活动目录中的账户可以设置的内容包括多种属性,如账户名称(用户名或计算机名)、口令、隶属的组、可以访问的资源与权限,以及账户所有者拥有的个人文件夹等多项信息。

### 2. 用户账户的作用

用户账户用来验证用户的身份或管理其他对象;此外,通过活动目录对用户账户的设置,不但可以对域中的共享资源进行访问授权,还可以审核(跟踪和记录)用户所执行的操作。

### 3. 活动目录中支持的账户类型

在 Windows Server 2003/2008 的活动目录中,支持两类账户类型。

(1) 本地用户账户

本地用户账户是指在 Windows Server 2003/2008 计算机没有升级为域控制器之前,在本地的安全数据库中建立的账户。这些本地账户,在升级为域控制器后会被移动到活动目录数据库内,并保存在 Users 目录内。

(2) 域用户账户

在域控制器上,由管理员建立的用户账户就是域用户账户,该账户保存在域控制器的活动目录数据库内。此类账户具有全局性,可以在域中的任何一台计算机上登录,并访问域中所有授权访问的资源对象。在域控制器建好之后,每个域用户在登录前,应当向域的管理员申请一个用于登录的用户账户及密码。用户在登录时,应输入有效的用户名和口令,经过域控制器的验证和授权后,即可访问域中已授权的资源。

### 4. 内置用户账户

建立域控制器后,管理员利用系统的内置账户来完成整个域的管理工作。

(1) 内置用户的定义

那些未经建立就存在的账户被称为内置账户或自带账户。

(2) 两个典型内置账户

在 Windows 操作系统安装后,至少会有以下两类内置账户:

① Administrator(管理员账户):具有辖区内的最高权力和权限。DC 中的管理员账户既可以管理域中的活动目录数据库,如各种对象的属性,也可以管理域控制器的本地目录数据库。

② Guest(客户账户):默认状态为"禁用",使用前须手工启用。Guest 账户是为临时登录网络的用户提供的,它仅有少量的权利和权限。

开启域 Guest 账户的步骤如下：

① 在图 9-45 所示的"服务器管理器"窗口中，选择"Active Directory 用户和计算机"中要管理的域目录，如 sxh2010. edu. cn;之后，选择其中的 Users，在中间窗格可以看到所有内置的用户账户；右侧窗格为选定对象的操作窗口，单击"更多操作"，可以展开选项的下拉菜单，如图 9-44 所示。

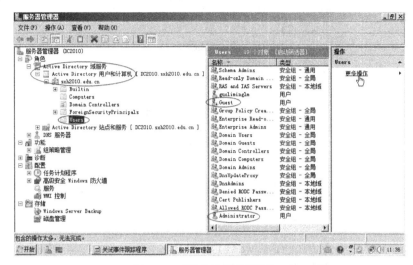

图 9-45 "服务器管理器"窗口

② 如 Guest(来宾)账户，该账户只有少量的权限，因此，可以供临时用户使用；其默认状态为"禁用"。

③ 在图 9-45 所示窗口中，选中 Guest(来宾)账户，单击鼠标右键，选择"属性"命令。在"账户"选项卡中，拖动右侧的滚动条，取消选择"账户已禁用"复选项，单击"确定"按钮；成功启用后，其黑色禁用符号消失。

**5. 自定义账户及账户管理**

在域控制器建立后，由管理员手工创建的非自动具有的账户为自定义账户。

**6. 建立域用户账户**

① 使用具有管理权限的账户登录 Windows Server 2008 域控制器，如 Administrator。

② 依次选择"开始"→"服务器管理器"命令，打开图 9-45 所示窗口。

③ 在图 9-45 所示窗口左侧的目录树中，选中创建用户的位置，如依次选择"Active Directory 用户和计算机"→sxh2010. edu. cn→Users 选项，在右侧窗格中，单击"更多操作"，在下拉菜单中选择"新建"→"用户"选项，参见图 9-44。

④ 打开图 9-46 所示的"新建对象-用户"对话框，输入用户的一些必要信息，如输入登录用户的用户名"glm"、姓、名等之后，单击"下一步"按钮。

⑤ 在图 9-47 所示的"新建对象-用户"对话框中，输入用户登录时使用的密码(口令)，还可以对用户密码的性质进行设置，如选择"密码永不过期"复选框；之后，单击"下一步"按钮，打开图 9-48 所示对话框。

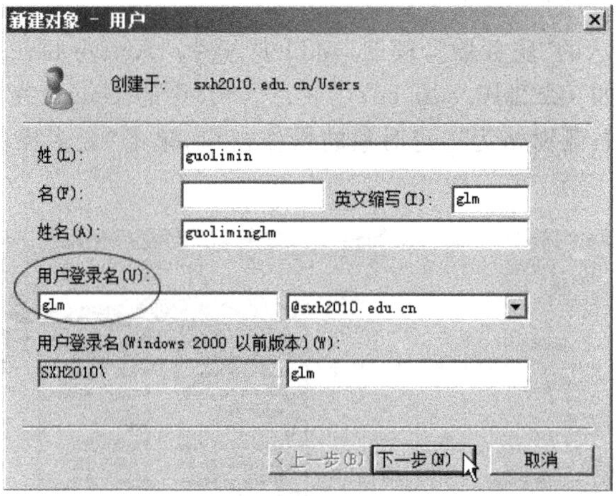

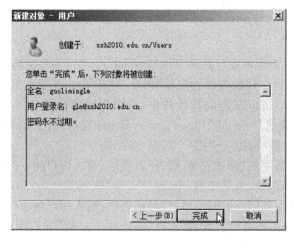

图 9-46 "新建对象-用户"对话框之信息设置

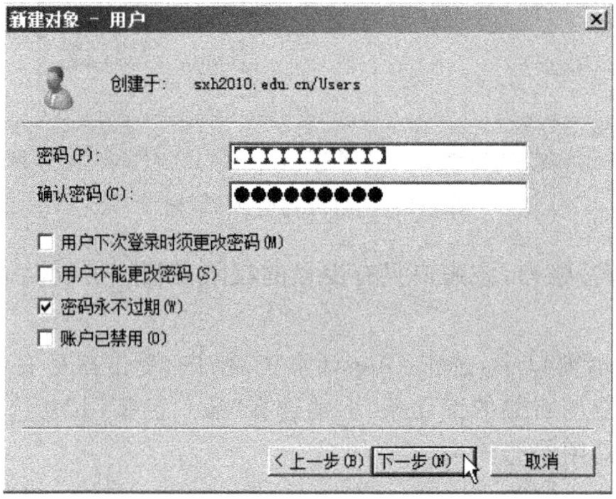

图 9-47 "新建对象-用户"对话框之密码设置

图 9-48 "新建对象-用户"对话框之完成新建

说明：在图 9-47 所示的对话框中，第一，"密码"与"确认密码"文本框中的密码最少为 7 个字符，而且不能包含用户登录名中超过两个以上的连续字符；第二，密码的大写和小写是不同的，如密码"glm123＋＋"和"GLM123＋＋"分别代表不同的密码；第三，如果选择了"用户不能更改密码"复选框后，可以避免多个用户使用同一账户时，某个用户自行更改密码。

⑥ 在图 9-48 所示的"新建对象-用户"对话框中，单击"上一步"按钮，可以返回前一个对话框进行修改，单击"完成"按钮，完成新建用户的管理任务。

⑦ 如果出现图 9-49 所示的对话框，则表示创建用户对象的任务没有完成；原因是在图 9-47 所示对话框中输入的密码不符合要求；此时，应单击"确定"按钮，然后返回图 9-47 所示的对话框，再次重新输入符合要求的密码，如输入的密码为"aaa111＋＋＋"。

图 9-49　无法创建用户时的密码提示对话框

完成之后，在"服务器管理器"的中间窗格的列表中，可以看到新建的用户"guolimin"。参照图 9-44 和以上的操作步骤，根据图 9-16 所示的域网络的规划，依次完成各个组织单位（部门）、用户账户、组账户等对象的创建和管理工作。

# 9.6　管理和访问域中的共享文件夹

在实现域网络后，大量的日常工作就是管理活动目录中的各种资源对象，其中最重要的就是共享文件夹对象。因此，管理员应当十分熟悉文件夹对象的发布与管理方法。

## 1. 工作组与域中共享文件夹的区别

在工作组中，通常使用资源直接共享，以及在网络中搜索已共享资源的方法来使用共享资源。但是，使用时需要长时间的网络搜索，或者能够准确提供资源的名称与位置，如 \\DC2010\soft，其 UNC 格式为 \\计算机名\共享名。

在工作组中查找共享资源的方法就将像我们在书架中找一本书，需要一本一本地查找；如果只有一个书架，则不用花费很长时间就能找到。而在将要介绍的域的活动目录中，查找共享资源（目录服务的对象）就像在已编录的图书馆中查找书目那样方便；用户只要有一点线索，就可以很快地从检索目录中，快速找出书的有关信息。因此，在较小的网络中，我们使用哪种方法都可以搜索到需要的资源；而在较大的网络中，则应当通过活动目录来查找、定位、管理和使用网络中的各种资源，否则管理和使用对象的效率都很低。

### 2. 什么是资源发布

资源发布是指在活动目录中,添加一个可以指向资源所在位置的、活动目录中的对象。例如,当我们将一个共享打印机发布到活动目录后,这个打印机的物理位置并未改变,只是在活动目录中添加了一个映射的对象。当用户访问这个打印机时,活动目录将引导用户到达该打印机的实际位置。发布资源对象与共享资源的区别如表 9-2 所示。

表 9-2　发布资源对象与共享资源的比较

| 名　称 | 随机访问控制列表 | 所包含的内容 | 存储位置 |
|---|---|---|---|
| 发布对象 | 可以控制用户访问或修改发布对象的属性 | 关于共享资源的位置、名称等各种属性信息 | 活动目录中 |
| 共享资源 | 可以控制用户对共享资源的访问 | 资源实际包含的内容,如共享文件夹中的文件、文档和数据 | 网络中某台计算机的硬盘上 |

### 3. 发布已共享的"共享文件夹"

在活动目录中,共享资源的管理包括"共享"资源和"发布"资源两个步骤。

(1) 共享"本地文件夹"

在资源计算机上,共享要发布的文件夹的操作与工作组中完全一样。

如在主机 WIN7BL 上,将 D:\soft 设为共享,要求赋予 Administrator(管理员)"完全控制"权限,赋予 everyone(从网络访问的所有用户)"读取"权限。其操作步骤如下:

① 进入 Windows 7 操作系统,依次选择"开始"→"计算机"选项,在打开的"计算机"窗口中,右击"计算机"图标 ◢▇,从快捷菜单中选择"管理"选项,打开图 9-50 所示窗口。

图 9-50　Windows 7 的"计算机管理"窗口

② 在图 9-50 所示的 Windows 7 的"计算机管理"窗口中,可以看到该计算机中所有的共享资源,如特殊共享 C$等。打开共享文件夹,右击其中的"共享"选项,从菜单中选择"新建共享"选项,跟随向导完成新建共享的任务,如图 9-51~图 9-54 所示。

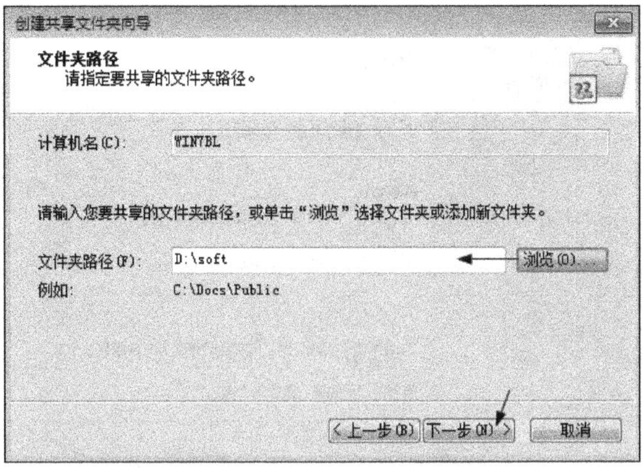

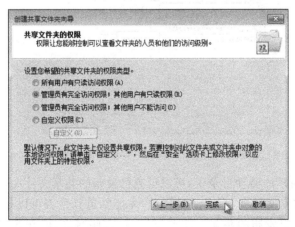

图 9-51　Windows 7 的"文件夹路径"对话框

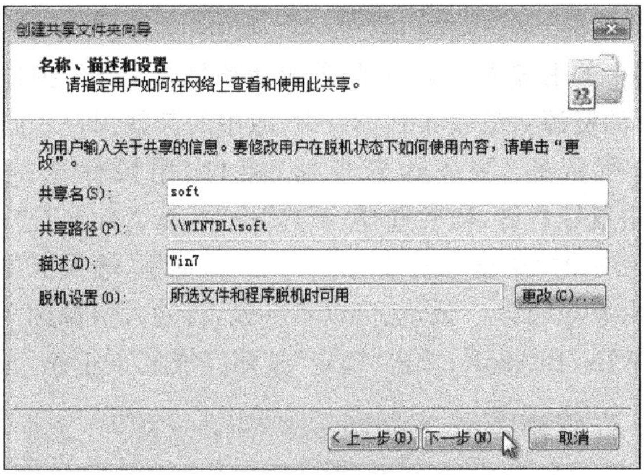

图 9-52　"名称、描述和设置"对话框

图 9-53　Windows 7 的"共享文件夹的权限"对话框

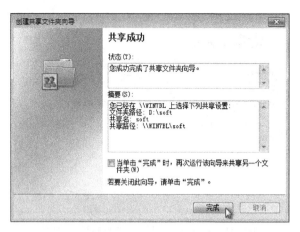

图 9-54 "共享成功"对话框

（2）发布"共享文件夹"

就像图书馆将买来的书编入目录一样，若想活动目录服务发挥作用，必须先将域中各台计算机上打算共享的资源对象发布到 AD 中，域中的其他用户才能通过 AD 检索到。

① 打开图 9-45 所示的"服务器管理器"窗口，用鼠标选中要发布的位置，如sxh2010.edu.cn，单击鼠标右键，依次选择"新建"→"共享文件夹"选项。

② 打开图 9-55 所示的"新建对象-共享文件夹"对话框，输入资源对象的发布名称，如S1，发布的名称与原共享名可以一致，也可以不一致，再输入资源的 UNC 名称"\\资源主机名\共享名"，如\\WIN7BL\soft，单击"确定"按钮完成发布任务。

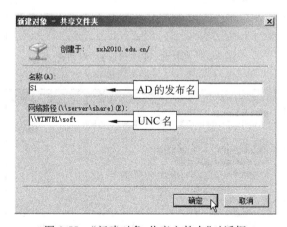

图 9-55 "新建对象-共享文件夹"对话框

③ 在图 9-56 所示的活动目录中，可以见到已发布的共享文件夹，如已发布的"S1"。

④ 已发布的共享文件夹，只有经过测试，才能知道其是否可以正常工作。在图 9-56中，选中中间窗格中已发布的共享文件夹"S1"，在右侧窗格，展开 S1 下面的"更多操作"的下拉菜单，选择"浏览"选项，发布成功时应当打开图 9-57 所示的共享文件夹，并可以访问其中的共享资源。否则，说明发布的资源有问题，解决方法有两种：第一，确认发布的文件夹存在，并且已共享；第二，确认所发布共享文件夹的 UNC"网络路径"是否正确。

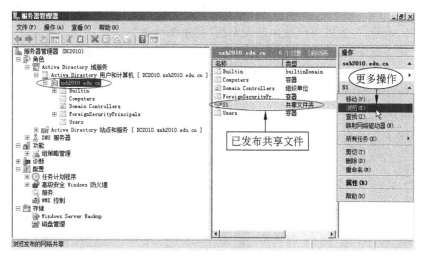

图 9-56　AD中已发布的浏览共享文件夹窗口

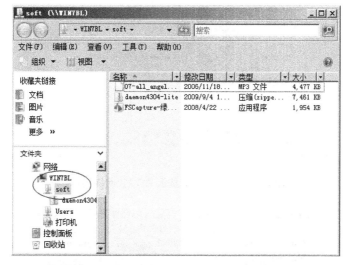

图 9-57　从 AD 浏览打开的共享文件夹窗口

### 4. 管理已发布的"共享文件夹"

已发布的共享文件夹是通过其属性对话框进行管理的。由于活动目录是通过发布对象的名称属性来访问网络路径指定的共享文件夹的,因此,只要名称没有改变,用户就感觉不到重新定位了共享文件夹的物理目录。在工作组中,倘若"共享文件夹"所在计算机出现故障,将导致共享资源的访问无法进行。但是,在域的活动目录中,可以在用户没有察觉的情况下,将发布的"共享文件夹"重新定位到其他主机的一个替代的物理已共享文件夹上。

### 5. 访问已发布的"共享文件夹"

在域中各计算机上,通过活动目录查找和使用资源的方法十分相似。下面仅以使用活动目录中发布的"共享文件夹"为例来说明活动目录中对象的查找、搜索和使用方法。

（1）Windows 7 主机访问域中已发布的"共享文件夹"

① 重新启动计算机后，在"客户机登录域"窗口，使用域控制器的有效账户登录，如用户名为 sxh2010\glm，输入该账户的密码后，单击"确认"按钮。

② 成功登录到指定域后，依次选择"开始"→"计算机"命令。

③ 打开图 9-58 所示的窗口，在左侧窗格选中"网络"，右侧窗格将显示该域中所有的计算机，单击工具栏出现的"搜索 Active Directory"选项，打开图 9-59 所示对话框。

图 9-58　Windows 7 显示 AD 的"网络"窗口

图 9-59　Windows 7 的"查找共享文件夹"对话框

④ 在图 9-59 所示的"查找共享文件夹"对话框中,其操作步骤如下:

• 在"查找"下拉列表框中,选择要查找的目录对象的类型,如"共享文件夹"。

• 单击"开始查找"按钮,将列出搜索到的已经发布的"共享文件夹"对象列表,如 S1、DCTOOL 等。

• 右击要访问的对象,如 DCTOOL,打开快捷菜单。

• 选择"浏览"选项,即可浏览到活动目录中已经发布的共享文件夹的内容。

(2) 在 Windows Server 2008 主机上访问域中的"共享文件夹"

在 Windows Server 2008 主机上访问域中已发布的共享文件夹的方法与 Windows 7 类似。

① 重新启动计算机后,用域中的有效账户登录计算机。

② 成功登录到指定域后,依次选择"开始"→"网络"命令。

③ 在打开的如图 9-60 所示的"网络"窗口中,选中本机的计算机名,如 DC2010,在菜单栏出现"搜索 Active Directory"工具栏选项,单击该选项。

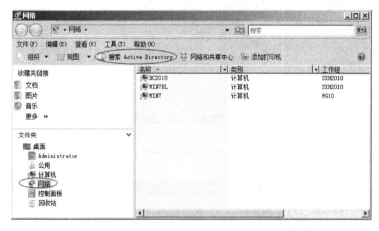

图 9-60　Windows Server 2008 显示 AD 的"网络"窗口

④ 在图 9-59 所示的"查找共享文件夹"对话框中的操作步骤如下:

• 在"查找"下拉列表框中,选择要查找的目录对象的类型,如共享文件夹。

• 单击"开始查找"按钮,将列出搜索到的已经发布的"共享文件夹"对象列表,如 S1、DCTOOL 等。

• 右击要访问的对象,如 S1,打开快捷菜单。

• 选择"浏览"选项,即可浏览到活动目录中已经发布的共享文件夹的内容。

(3) Windows XP 主机访问 Windows 2008 域中发布的"共享文件夹"

① 在启动窗口的"登录到 Windows"的三栏登录对话框的最后一栏,选择登录域的 NetBIOS 名称,如"sxh2010";之后,输入域的用户名及密码。

② 在域中的 Windows XP 计算机上,选择"开始"→"网上邻居"命令,打开图 9-61 所示窗口。

说明:开始菜单中,如果没有"网上邻居"选项,第一,右击"开始"命令,从快捷菜单中,选择"属性"选项;第二,在打开的对话框中,选中"开始菜单"选项卡;第三,单击"自定义"按钮;在"自定义-开始-菜单"对话框中,选中"高级"选项卡;第四,在打开的对话框中,选择"网上邻居"复选框。

③ 在图9-61所示的"网上邻居"窗口中的操作如下:

• 选择"搜索 Active Directory"选项。
• 在右侧的"查找"下拉列表框中,选择要查找的目录服务对象,如共享文件夹。
• 单击"开始查找"按钮。
• 选择右侧窗口下部搜索到、要使用的"共享文件夹",如 DCTOOL。
• 右击,选择"浏览"或"打开"选项,即可浏览选中共享文件夹的内容。

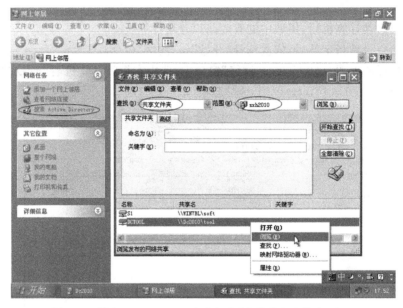

图 9-61   域中 Windows XP 客户机的"查找共享文件夹"窗口

## 习题

1. 什么是域的网络组织方式？建立域有什么好处？适用在什么场合？
2. 在微软网络中域的工作模式是什么？
3. 什么是目录数据库？它根据网络的组织方式的不同分为几种？区别如何？
4. 什么是目录服务？活动目录的特征有哪些？活动目录的主要功能有哪些？
5. 活动目录的管理工具是什么？它可以管理的对象有哪些？
6. 目录服务的目标是什么？域网络是如何实现这个目标的？
7. 在工作组和域网络中,目录数据库存放的位置有何区别？
8. 组建域结构网络的优点是什么？
9. 什么是对象、属性和容器？写出活动目录中的5种对象,以及两种容器对象的名称。
10. 在工作组中的共享文件夹和活动目录中新建的共享文件夹有什么区别？

11. 在工作组中与在域中使用共享资源有什么相同与不同？

12. 如何进行 Windows Server 2008 与 Windows 7 工作站进行域方式的互联？分别写出服务端和客户端的主要操作步骤。

13. 使用什么命令可以将 Windows Server 2008 独立服务器升级为域控制器？升级的条件是什么？

14. 当 Windows Server 2008 独立服务器升级为域控制器时，除了命令提示符的方法外，是否可以一次完成升级、安装活动目录和 DNS 服务器？

## 实训环境和条件

### 1. 网络硬件环境

① 已建好的 10/100/1000Mbps 以太网，至少包含带计算机网卡的 2 台以上的计算机。

② 客户计算机的配置：内存不小于 512MB，硬盘不小于 15GB，有光驱。

### 2. 网络软件环境

① 一台安装了 Windows Server 2003/ 2008 的主机充当域控制器。

② 一台安装了 Windows Vista/7 的主机充当域的客户机。

③ 一台安装了 Windows 2000/XP Professional 的主机充当域的客户机。

④ Windows Server 2003/ 2008 的安装程序及光盘。

## 实训项目

### 1. 实训 1：安装网络操作系统

（1）实训目标

掌握安装 Windows Server 2003/2008 的方法。

（2）实训内容

安装 Windows Server 2003/2008 操作系统，生成独立服务器。

### 2. 实训 2：将独立服务器升级为域控制器

（1）实训目标

使用两种方法中的一种将已安装好的独立服务器升级为域控制器。

（2）实训内容

① 方法 1：通过"服务器管理器"将独立服务器升级为域控制器，并安装 DNS 服务器。

② 方法 2：使用"DCPROMO"命令，从独立服务器建立域控制器和活动目录，并自动

安装 DNS 服务器。

**3. 实训 3：建立微软的域结构网络**

（1）实训目标

实现 Windows 7/XP 加入 Windows Server 2008 创建的域。

（2）实训内容

① Windows 7 与 Windows Server 2008 域方式互连。

- Windows Server 2008 端：用户以管理员身份登录域控制器，做好登录域的准备。
- Windows 7 客户机端：用户以本机管理员身份登录本机做好登录域的准备。
- 登录到 Windows Server 2008 域。

② Windows XP 专业版与 Windows Server 2008 域方式互连。

- Windows Server 2008 端：以管理员身份登录域控制器，做好登录域的准备。
- 客户机端：以本机管理员账户登录本机，完成 Windows XP 登录域的设置。
- 将 Windows XP 专业版工作站登录到 Windows Server 2008 域。

**4. 实训 4：实现某学校的单域网络管理**

（1）实训目标

掌握 Windows Server 2003/2008 的域中组织单位的管理，组建一个单域网络。

（2）实训内容

① 建立一个学校的域控制器，域名为 wlxx. edu. cn(xx 为学号)。

② 画出规划的逻辑结构图，如 OUxx(信息系)、OUJX(机械制造系)、OUGL(管理系)、OU 自动化(系)等 4 个顶级组织单位；在活动目录中，建立所规划的顶级组织单位。

③ 在顶级组织单位 OUxx 中，建立二级组织单位。如"OUxx1"和"OUxx2"。

④ 在每层的组织单位建立后，规划添加属于该部门的各种对象，例如，用户账户(3 个)、组(1 个)、计算机账户(1 台)等。

⑤ 截取"Active Directory 计算机和用户管理"工具的已经完成的目录结构图。

**5. 实训 5：在活动目录中发布和管理资源对象——共享文件夹**

（1）实训目标

掌握在域控制器中，资源对象的发布与管理。

（2）实训内容

在 Windows 2003/2008 域中发布和重新定位共享文件夹的具体要求如下：

① 在域的 Windows XP/7 或 Windows Server 2003/2008 客户机的"C："盘中，建立两个文件夹 S1 和 S2，复制两个工具压缩文件到每个文件夹中，共享这两个文件夹。

② 在域控制器中，发布共享文件夹 S1 和 S2，使用发布名称"soft1"和"soft2"。

③ 在活动目录中验证所发布的共享文件夹是否正常，应能够浏览到 S1 和 S2 的内容。

# 第10章

## DNS 服务与 TCP/IP 配置管理

随着 Internet 技术的普及,越来越多的局域网要求组建的是使用 Internet 技术的 Intranet。如何管理,才能使用 www. xixi. edu. cn 进行信息访问? 又应当如何解决 TCP/IP 参数的自动配置与管理? 这些都是常见的网络管理问题,也是本章要解决的主要问题。

**本章内容与要求:**

- 掌握 DNS 服务系统的管理方法。
- 理解 TCP/IP 协议的两种配置管理方法。
- 掌握 DHCP 系统的配置管理技术。

## 10.1 网络中的域名解析服务

随着 Internet 技术的普及,无论是中小型的 Intranet,还是全球互联的 Internet,都离不开工作在应用层的 DNS 服务。因此,在 TCP/IP 网络中,大都提供了 DNS 服务。有了 DNS 服务器,用户才能在网络中使用诸如 www. buu. edu. cn 的主机域名进行访问。

### 10.1.1 DNS 相关的基本知识

在 Internet 或 Intranet 环境中,人们为了进行通信必须知道各自计算机的地址,但是那些枯燥且无意义的 IP 地址是很难记住的。而为了使用 Internet 或 Intranet 上的各种资源,又必须使计算机能够识别 IP 地址或计算机的物理地址。人们通过 DNS 服务系统解决这些问题。

#### 1. 域名和域名系统的概念

① 域名(Domain Name,DN):又称为主机识别符、主机域名或主机名。由于数字型的 IP 地址很难记忆,所以在 Internet 和 Intranet 中,大都使用了简单明了的、由字符串组成的、有规律的、容易记忆的名字来代表因特网上的主机,如 www. sohu. com,这种域名是一种更高级的地址形式,也是一种逻辑地址。

② DNS(Domain Name System):域名系统由分布在世界各地的 DNS 服务器组成。

DNS 担负着将形象的主机域名翻译为数字型 IP 地址,或者是将 IP 地址翻译为主机域名的工作。这种翻译工作被人们称为域名解析。例如,有了 DNS 服务器的服务,当在浏览器中输入新浪网站的主机名"www. sina. com"时,才能自动变成其对应的 IP 地址,进而找到新浪网的主机。

**2. 域名的层次结构**

(1) DNS 的名字

完整的 DNS 名字由不超过 255 个英文字符组成。在 DNS 的域名中,每一层的名字都不得超过 63 个字符,而且其所在的层必须唯一。这样,才能保证整个域名在世界范围内不会重复。

(2) DNS 名称的树状组织结构

在 Internet 或 Intranet 上整个域名系统数据库类似于计算机中文件系统的结构。整个数据库仿佛是一棵倒立的树,如图 10-1 所示。该树状结构表示出整个域名空间。树的顶部为根节点,树中的每一个节点只代表整个数据库的某一部分,也就是域名系统的域,域还可以进一步划分为子域。每一个域都有一个域名,用于定义它在数据库中的位置。在域名系统中,域名全称是从该域名向上直到根的所有标记组成的串,标记之间由"."分隔开。

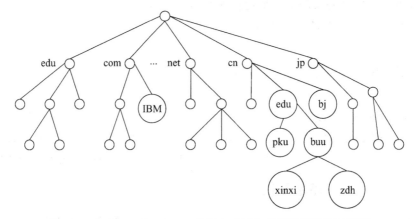

图 10-1　Internet 或 Intranet 的层次型域名系统树状结构示意图

**3. 互联网络的域名规定**

(1) 根域

如图 10-1 所示,位于该结构顶部的为根域,它代表整个 Internet 或 Intranet,根名为空标记"/",但在文本格式中被写成"."。根域由多台 DNS 服务器组成。根域由多个机构进行管理,其中最著名的是 Inter NIC,为 Internet 网络信息中心的英文缩写,负责整个域名空间和域名登录的授权管理,由分布在各地的子机构组成,如中国的域名管理机构为 CNNIC。

(2) 第一级域名(顶级域名)

根域下面的即第一级域,英文为 top-level domain,其域名被称为顶级域名。该层由多个组织机构组成,包含有多台 DNS 服务器,并分别进行管理。负责一级域名管理的著名机构是 IAHC,即 Internet 国际特别委员会,它在全世界 7 个大区,选择了不超过 28 个的注册中心来接受表 10-1 所示的通用型第一级域名的注册申请工作。

表 10-1　Internet 顶级(第一级)域名的代码及含义

| 序号 | 域名代码 | 适用机构 | 序号 | 域名代码 | 适用机构 |
|---|---|---|---|---|---|
| 1 | ac | 学术单位 | 9 | info | 信息服务机构 |
| 2 | com | 公司、商业机构 | 10 | name | 个人域名 |
| 3 | edu | 学术与教育机构 | 11 | pro | 专业人员(医生、律师) |
| 4 | gov | 政府部门 | 12 | areo | 航空公司、机场 |
| 5 | mil | 军事机构 | 13 | coop | 商业合作组织 |
| 6 | net | 网络服务机构 | 14 | museum | 博物馆及文化遗产组织 |
| 7 | org | 协会等非赢利机构 | 15 | <国家代码,Country code> | cn、de,如表 10-2 所示 |
| 8 | biz | 商业组织 | | | |

由表 10-1 可以看出,前面 8 个域名对应于组织模式,第 15 个域名对应于地理模式(在主机名中,大小写字母等价)。组织模式是按组织管理的层次结构划分所产生的组织型域名,由 3 个字母组成。而地理模式则是按国别地理区域划分所产生的地理型域名,这类域名是世界各国和地区的名称,并且规定由两个字母组成,例如,“cn”和“CN”都表示中国,如表 10-2 所示。

(3)第二级域名

在顶级域名的下面可以细化为多个子域,由分布在各地的 Inter NIC 子机构负责管理。第二级域名,由长度不定的字符组成,该名字必须是唯一的,因此,在使用前必须向 Inter NIC 子机构注册,例如,当用户需要使用顶级域名 cn 下面的第二级域名时,就应当向中国的域名管理机构 CNNIC(中国互联网络信息中心)提出申请,如 cn 下面的 edu、com、bj、hb 等。由此可见,第二级域名的名字空间的划分是基于“组名”(group name)的,它在各个网点内,又分出了若干个“管理组”(administrative group)。

(4)子域名

第三级以下的域名被称为子域名,对于一个已经登记注册的域名来说,可以在申请到的组名下面添加子域(subdomain),子域下面还可以划分任意多个低层子域,如 edu. cn 中的 tsinghua、buu 等,这些子域的名称又称为本地名。

(5)主机名

主机名位于整个域的最左边,一个主机名标志着网络上的某一台计算机,例如,域名中的“www”通常用来标识某个子域中的 WWW 服务器,“ftp”常常用来标识文件服务器。

综上,IP 地址、域名(DN)和域名系统(DNS)担负着因特网上计算机主机的唯一定位工作。在 Internet 或 Intranet 环境中,人们为了进行通信必须知道各自主机的地址。

表 10-2　顶级(第一级)域名中国家或地区的部分代码

| 地区代码 | 国家或地区 | 地区代码 | 国家或地区 |
|---|---|---|---|
| AR | 阿根廷 | IT | 意大利 |
| AU | 澳大利亚 | JP | 日本 |
| AT | 奥地利 | KR | 韩国 |
| BE | 比利时 | MO | 中国澳门 |
| BR | 巴西 | MY | 马来西亚 |
| CA | 加拿大 | MX | 墨西哥 |
| CL | 智利 | NL | 荷兰 |
| CN | 中国 | NZ | 新西兰 |
| CU | 古巴 | NO | 挪威 |
| DK | 丹麦 | PT | 葡萄牙 |
| EG | 埃及 | RU | 俄罗斯 |
| FI | 芬兰 | SG | 新加坡 |
| FR | 法国 | EA | 南非 |
| DE | 德国 | ES | 西班牙 |
| GL | 希腊 | SE | 瑞典 |
| HK | 中国香港 | CH | 瑞士 |
| ID | 印度尼西亚 | TW | 中国台湾 |
| IE | 爱尔兰 | TH | 泰国 |
| IL | 以色列 | UK | 英国 |
| IN | 印度 | US | 美国 |

#### 4. 完整的域名和域名空间

如北京联合大学信息学院域控制器的完整主机域名是"www.xinxi.buu.edu.cn",自右向左,第一级域名是cn,表示中国;第二级域名是edu,即中国的教育机构;第三级域名buu是edu的一个子域,代表北京联合大学;而其下一级的子域名为"xinxi",表示该学校下面的信息学院;位于最左边的"www"是主机名,代表Web服务器主机。假定该主机对应的IP地址是"200.200.200.6"。在Internet上访问该系统时,既可以使用上述的主机名或域名,也可以使用它的IP地址。域名有关的术语如下:

(1) FQDN

符合规定的DNS域名,被称为完全合格的域名"FQDN"。完整的DNS名字由不超过255个字符组成。在DNS域名中,每一层的名字不得超过63个字符,而且在其所在的层必须唯一。这样,才能保证整个域名在世界范围内不会重复。

（2）完整域名空间

在 Intranet 中，一个完整而通用的层次型主机名（即域名）由如下 3 部分组成：

**本地名.组名.网点名**

由于在子域前面还有主机名，因而最终的层次型主机名可表示为：

**主机名.本地名.组名.网点名**

DNS 域名空间呈现出层次分明的树状结构，任何域名构成在解析时，从右至左进行，其域名顺序依次为：根域、一级域名、二级域名、子域名等。在 Internet 中，5 级以上的域名或主机名是很少见的。每个子域内部的名称是由本域的管理员随便设置的，但是，在 Internet 上使用的域名需要事先申请。

### 5. DNS 与活动目录的联系与区别

在域网络中，建立域控制器时会同时生成 DNS 服务器。那么普通的 DNS 服务器与域控制器中活动目录使用的域名的关联和区别是什么？

（1）DNS 是一种独立的名称解析服务

DNS 的客户机向 DNS 服务器发送 DNS 名称查询的请求，DNS 服务器接收名称查询后，通常会先在本地存储的数据库中进行查询；但是，也可以设置为直接向外界的 DNS 服务器查询。DNS 服务不需要活动目录就能够运行，使用 Windows 2003/2008 服务器的各个版本，无论是否建立域控制器或活动目录，都可以建立 DNS 服务器。

（2）活动目录是一种依赖 DNS 的目录服务

活动目录（Active Directory，AD）采用了与 DNS 一致的层次划分和命名方式。当用户和应用程序进行信息访问时，活动目录提供信息储存库及相应的服务。AD 的客户使用轻量级目录访问协议（LDAP）向 Active Directory 服务器发送查询请求时，需要 DNS 服务来定位 Active Directory 服务器。因此，活动目录的服务需要 DNS 的支持才能工作。

（3）活动目录与 DNS 具有相同的层次结构

虽然活动目录与 DNS 具有不同的用途，并分别独立地运行，但是用于 DNS 的单位名称空间和活动目录却具有相同的结构，例如"xinxi. buu. edu. cn"既是 DNS 的域，也是活动目录的域。

（4）DNS 区域可以在活动目录中直接建立和存储

如果用户需要使用 Windows Server 2003/2008 的 DNS 服务，其主区域文件可以在建立活动目录时直接生成，并存储在 Active Directory 中，这样才能方便地复制到其他域控制器的活动目录中。

### 6. 地址解析的类型与方向

Internet 利用地址解析的方法将用户使用的域名方式的地址解析为最终的物理地址，中间经历了两层地址的解析工作。

（1）FQDN 与 IP 地址之间的解析方向

DNS 系统的域名解析包括**正向解析**和**逆向解析**两个不同方向的解析。

① 正向解析：是指从主机域名到 IP 地址的解析。

② 逆向解析：是指从 IP 地址到主机域名的过程。

例如，正向解析将用户习惯使用的域名，如 www.sina.com，解析为其对应的 IP 地址；反向解析将新浪网站的 IP 地址解析为主机域名。

DNS 系统中的正向区域存储着正向解析需要的数据，而反向区域中存储着逆向解析需要的数据。无论是 DNS 的服务器，还是客户机，以及服务器中的区域，只有经过管理员配置后，才能完成 FQDN（完全合格域名）到 IP 之间的解析任务。

（2）IP 地址与物理地址之间的解析方向

在 TCP/IP 网络中，IP 地址统一了各自为政的物理地址，这种统一仅表现在自 IP 层以上使用了统一形式的 IP 地址。然而，这种统一并非取消了设备实际的物理地址，而是将其隐藏了起来。因此，在使用 Internet 技术的网络中必然存在着两种地址，即 IP 地址和各种物理网络的物理地址。若想把这两种地址统一起来，就必须建立两者之间的映射关系。

① 正向地址解析：是指从 IP 地址到物理地址（如 MAC 地址）之间的解析。在 TCP/IP 网络中，由正向地址解析（ARP）协议自动完成正向地址的解析任务。

② 逆向地址解析：是指从物理地址（如 MAC 地址）到 IP 地址的解析。在 TCP/IP 网络中，由逆向地址解析协议（RARP）自动完成逆向地址的解析任务。

（3）两级地址解析的实现

① 物理地址与 IP 地址间的解析：只要设置了 TCP/IP 协议，系统就可以自动实现 IP 地址与物理地址之间的转换工作。

② IP 地址与主机域名间的解析：只有当 TCP/IP 协议与 DNS 系统均设置完成后，主机域名与主机 IP 地址之间的转换过程方能自动进行。

### 7. 区域和区域文件

（1）区域

区域（zone）就是图 6-1 所示域树结构中的某一部分。通过创建区域，可以让用户将域名空间划分为更小的区段。用于存储用户指定区域内所有主机的数据文件被称为区域文件，该文件必须存储在 DNS 服务器内或活动目录中。

在同一台 DNS 服务器内，可以存储不同多个区域的数据，一个区域的数据又可以存储到多台 DNS 服务器中。为了管理的方便，常常将一个 DNS 的区域划分为多个子域，这样可以分散管理负荷。在创建区域时，同一区域内的所有子域的域名空间必须是连续的，例如，不能创建一个既包括"zdh.sxh2009.edu"子域，也包括"xinxi.sxh2009.edu"子域的区域，因为这两个子域分别处于两个独立的域名空间。但是，却可以创建一个既包括"sxh2009.edu"区域，也包括"net.sxh2009.edu"的子域区域，因为这两个区域位于同一个域名空间"sxh2009.edu"内。

（2）区域文件

区域文件（zone file）就是保存了 DNS 服务器所管理区域内的、与主机相关资源记录的文件。当使用 DNS 控制台创建区域时，所对应的区域文件会自动生成，默认的区域文件名是"区域名.dns"。该文件存储在％SystemRoot％（表示系统文件夹 Winnt 或

Windows)下的 System32\DNS 目录中,如区域名称"xinxi.xsgs.com.cn"所对应的区域文件名是"xinxi.xsgs.com.cn.dns"。

### 8. DNS 的主服务器和辅助服务器

(1) 主服务器

主服务器是指在这台计算机上创建区域后,对该区域记录进行直接管理的服务器,该服务器存储了所创建区域的直接信息,因此,可以进行添加、删除或修改记录等操作。

(2) 辅助服务器

辅助服务器是指这台计算机上创建区域后,从其他服务器中复制了所有记录的服务器,即该服务器中存储了所创建区域的复制信息。因此,不能对其中的记录进行添加、删除和修改等操作。

为了提高 DNS 系统的容错性能,加快查询速度,以及均衡主服务器的负载,管理员可以在网络中创建辅助服务器。

### 9. DNS 服务的查询模式

DNS 服务有递归和迭代两种查询模式。在大多数场合,DNS 查询是在本地完成的,因此,服务器默认的配置是支持递归查询过程。

(1) 递归查询

① 定义:在主机名称的查询过程中,能够使得 DNS 客户端直接获得完整的解析结果的查询方式被称为递归查询。

② 应用场景:DNS 客户机的浏览器与本地 DNS 服务器之间的查询通常是递归查询。客户端的程序送出查询请求后,如果本地 DNS 服务器内没有需要的数据,则本地 DNS 服务器会代替客户端向其他 DNS 服务器进行查询。本地 DNS 会将最终结果返回给客户机的浏览器。因此,从客户机端看,是直接得到了查询的结果。

(2) 迭代查询

① 定义:在 DNS 的迭代查询中,客户端得到的不是最终查询结果,而是下一个 DNS 服务器的地址。这种不断返回中间 DNS 服务器地址的查询过程就是迭代查询。

② 应用场景:在 Internet 中,客户对 DNS 服务器之间的查询就是迭代查询。

客户机浏览器向本地 DNS 服务器查询 www.sina.com 的迭代查询过程:

- 客户机向本地 DNS 服务器提出查询请求。
- 本地服务器内没有客户机请求的数据,因此,本地 DNS 服务器就代替客户机,向其他 DNS 服务器查询,假定使用"根提示"的方法,会向根域"."的 DNS 服务器查询,即向默认的 13 个根域的 DNS 服务器之一提出请求。根域的 DNS 服务器将返回顶级域服务器的 IP 地址,例如,com 的 IP 地址。
- 本地服务器随后向该 IP 地址所对应的 com(顶级)域的 DNS 服务器提出请求,该顶级域服务器返回二级域的 DNS 服务器的 IP 地址,例如,"sina.com"的 IP 地址。
- 本地服务器向该 IP 地址对应的二级域服务器提出请求,由二级域服务器对请求做出最终的回答,例如,www.sina.com 的 IP 地址。

### 10.1.2 安装 DNS 服务器

在安装 DNS 服务器之前,首先,应确认系统中是否已经安装了 DNS 服务器;其次,只有安装了服务器版的计算机才能安装 DNS 服务器。

**1. 需要安装 DNS 服务器的场合**

在域网络中安装域控制器的过程中,已经自动生成和安装了 DNS 服务器,无须再次安装。在工作组网络中,如果需要在网络内部使用域名访问,就应当安装 DNS 服务器。

**2. DNS 服务器的基本功能**

① 具有保存了主机对应 IP 地址的数据库,即管理一个或多个区域(Zone)的数据。

② 可以接受 DNS 客户机提出的主机名称对应 IP 地址的查询请求。

③ 查询所请求的数据,若不在本服务器中,能够自动向其他 DNS 服务器查询。

④ 向 DNS 客户机提供其主机名称对应的 IP 地址的查询结果。

**3. 安装 DNS 服务器**

(1) 准备条件

在 Windows Server 2003/2008 独立服务器上,安装 DNS 服务器时,必须以 Administrators 组成员账户的身份登录计算机,才能添加 DNS 服务;其次,应将充当 DNS 服务器计算机的 IP 地址设置为静态的。

① 依次选择"开始"→"网络"命令,在"网络"窗口中选择"网络和共享中心"。

② 在打开的图 10-2 所示的"网络和共享中心"窗口中选择"本地连接",单击"查看状态"。

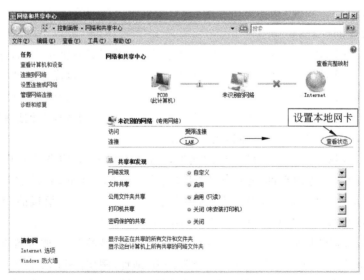

图 10-2 "网络和共享中心"窗口

③ 在"本地连接状态"对话框中,单击"属性"按钮。

④ 在"本地连接属性"对话框中,取消选择"Internet 协议版本 6"复选框,选择"Internet 协议版本 4"复选框,单击"属性"按钮。

⑤ 在"Internet 协议版本 4 属性"对话框中,手工配置好 DNS 服务器的 IP 地址、子网掩码、默认网关、首选 DNS 服务器地址等信息,如分别输入"192.168.137.100"、"255.255.255.0"、"192.168.137.1"、"192.168.137.100"等,最后,依次单击"确定"按钮,关闭各个对话框,完成本机网卡参数的设置任务。

（2）通过"服务器管理器"中的"角色服务"安装 DNS 服务器

① 依次选择"开始"→"服务器管理器"命令,在图 10-3 所示的"服务器管理器"窗口的右侧,双击"添加角色"选项。

图 10-3　"服务器管理器"窗口

② 在打开的"开始之前"对话框中,单击"下一步"按钮。

③ 在图 10-4 所示的"选择服务器角色"对话框中,选择要安装的服务器,如"DNS 服

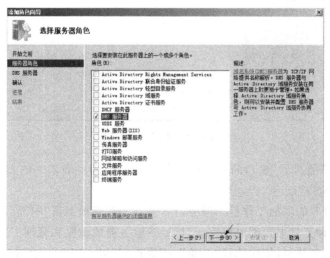

图 10-4　"选择服务器角色"对话框

务器"后,单击"下一步"按钮。

④ 打开图 10-5 所示的"确认安装选择"对话框,单击"下一步"按钮。

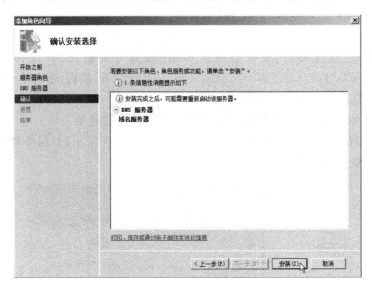

图 10-5 "确认安装选择"对话框

⑤ 稍后,出现图 10-6 所示的"安装结果"对话框,单击"关闭"按钮。

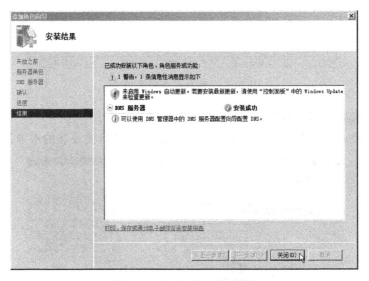

图 10-6 "安装结果"对话框

⑥ 在"服务器管理器"窗口的左侧目录列表中,应能看到新添加的 DNS 服务器。

(3) 启用 DNS 控制台

完成 DNS 服务的添加工作后,"服务器管理器"和"管理工具"中都会增加 DNS 选项。管理员通过这两种工具平台都可以完成对 DNS 服务器的设置和管理工作。

启用 DNS 服务器时,依次选择"开始"→"管理工具"→"DNS"命令,可以打开独立的

DNS 窗口,如图 10-7 所示。

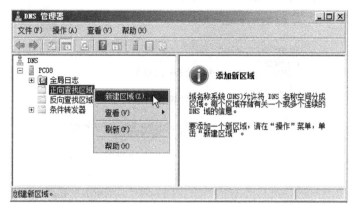

图 10-7　独立的 DNS 控制台

### 10.1.3　创建正向和反向查找区域

创建 DNS 服务器后,需要建立正向和反向查找区域;前者用来存储主机域名到 IP 地址解析的数据,后者用于存储 IP 地址到主机域名解析的数据。

**1. 创建方法**

在创建"pxjg.com.cn"区域时,可以采用两种实现方法,用户应根据自身的情况选择:

① 方法 1:一次创建区域"pxjg.com.cn";此种方法推荐在企业网内部使用,当只建立一个 DNS 服务器时推荐使用这种方法。

② 方法 2:先创建一级域,如 cn 区域,再创建二级域 com,最后创建子域 pxjg。当网络中设置有多个分级 DNS 服务器时,或者创建的 DNS 服务器需要接入 Internet 的某个区域时,推荐使用这种方法。

**2. 在独立服务器中一次创建正向主要区域**

采用一次创建 DNS 区域"pxjg.com.cn"的操作步骤如下:

① 在图 10-7 所示的 DNS 窗口左侧,右击"正向查找区域"选项,选择快捷菜单中的"新建区域"命令。

② 打开"欢迎使用新建区域向导"对话框,单击"下一步"按钮。在如图 10-8 所示的"区域类型"对话框中,单击"主要区域"单选按钮,然后单击"下一步"按钮。图中各选项的说明如下:

* 主要区域:保存了资源记录数据库的授权备份。在主要区域中,可以进行记录的创建、读写或修改。域中的主 DNS 服务器负责维护域中的主要区域数据库。
* 辅助区域:标准辅助区域中维护的是区域数据库的只读备份,其中的资源记录是从标准主要区域中通过 DNS 区域传输复制过来的,因此,其数据是不能修改的。

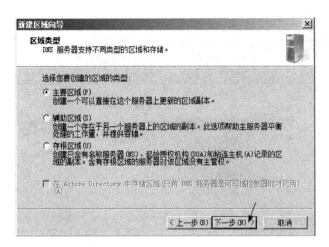

图 10-8　新建区域"区域类型"对话框

- 存根(Stub)区域：存根区域中保存的是区域数据库的信息副本,但存根区域中只保存该区域中已授权的 DNS 服务器的资源记录。

③ 打开图 10-9 所示的"区域名称"对话框,一次性输入区域名称,如"pxjg.com.cn",单击"下一步"按钮。

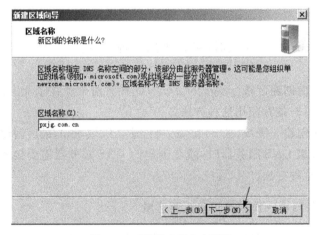

图 10-9　"区域名称"对话框

④ 打开图 10-10 所示的"动态更新"对话框,选择确定动态更新的方式,如选择"只允许安全的动态更新"选项;之后,单击"下一步"按钮。

⑤ 打开图 10-11 所示的"区域文件"对话框,单击"下一步"按钮。

⑥ 在打开的"正在完成新建区域向导"对话框中,单击"完成"按钮,完成"新建正向查找区域"的任务。

⑦ 完成正向区域的创建后,在图 10-12 所示的 DNS 窗口中,可以看到刚刚创建的正向查找区域"pxjg.com.cn"。

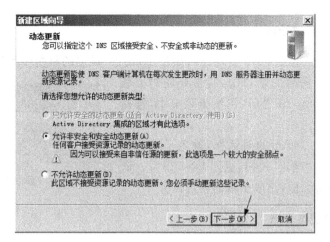

图 10-10 "动态更新"对话框

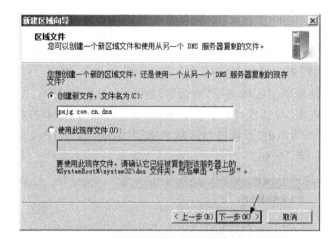

图 10-11 "区域文件"对话框

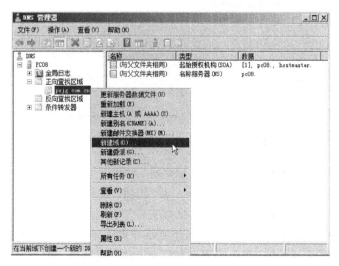

图 10-12 DNS 管理器的"新建主机"窗口

### 3. 在 DNS 中创建子域

在图 10-12 所示的 DNS 中实现"cw. pxjg. com. cn"域名的解析步骤如下：

① 在图 10-12 所示的窗口中，右击要创建子域的区域，如 pxjg. com. cn；之后，在快捷菜单中，选择"新建域"选项。

② 打开图 10-13 所示的对话框，输入子域的域名，如"cw"后，单击"确定"按钮，返回 DNS 窗口。依次关闭各个中间对话框，完成子域的创建任务。

图 10-13　"新建 DNS 域"对话框

### 4. 创建反向搜索区域

创建正向查找区域后，应先建立反向查找区域，再建立正向查找区域中的主机（A）记录。这样，在反向查找区域中，与主机记录对应的指针记录就可以不用建立而会自动生成。在工作组的服务器管理器的 DNS 中，创建反向查找区域的操作步骤如下：

① 在图 10-12 所示的窗口中，选中"反向查找区域"选项后，单击右侧窗格中的"更多操作"，在菜单中选择"新建区域"命令。

② 打开"欢迎使用新建区域向导"对话框，单击"下一步"按钮。

③ 打开"区域类型"对话框，单击"主要区域"单选按钮，然后单击"下一步"按钮。

④ 打开图 10-14 所示的"反向查找区域名称"对话框，单击"IPv4 反向查找区域"单选按钮，然后单击"下一步"按钮。

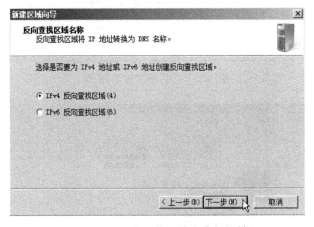

图 10-14　"反向查找区域名称"对话框

⑤ 打开图 10-15 所示的"反向查找区域名称"对话框，输入 DNS 服务器的 IP 地址中的网络标识码，如"192.168.137"，单击"下一步"按钮。

⑥ 打开图 10-16 所示的反向区域的"区域文件"对话框，单击"下一步"按钮。

⑦ 在打开的"动态更新"对话框中，选择更新方式后，单击"下一步"按钮。

⑧ 打开图 10-17 所示的"正在完成新建区域向导"对话框，单击"上一步"按钮，可以返回前一个对话框进行修改；单击"完成"按钮，完成"新建反向查找区域"的任务。

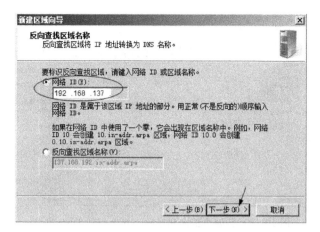

图 10-15 "反向查找区域名称"对话框

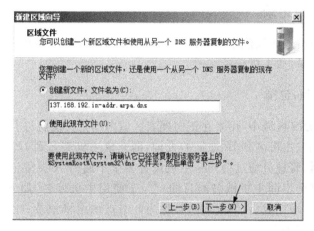

图 10-16 反向区域的"区域文件"对话框

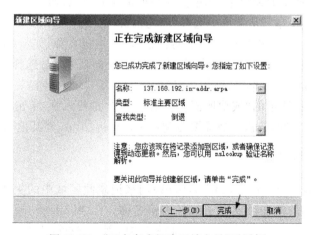

图 10-17 "正在完成新建区域向导"对话框

⑨ 完成反向查找区域的创建任务后,打开图 10-18 所示的"服务器管理器"窗口,可以看到刚创建的反向查找区域"137. 168. 192. in-addr. arpa"。

图 10-18　已创建正向和反向查找区域的 DNS 窗口

## 10.1.4　创建资源记录

在正向和反向搜索区域建立后,为了实现虚拟主机技术,并实现主机域名的访问,还要建立一些数据记录,如主机记录。

### 1. 主机(A 类型)记录

主机记录在 DNS 区域中,用来在正向搜索区域内建立主机名与 IP 地址的关系,以供从 DNS 的主机域名、主机名到 IP 地址的查询,即完成主机域名到 IP 地址的映射。在实现虚拟主机技术时,管理员通过为同一主机设置多个不同的 A 类型记录,来达到同一 IP 地址的主机对应多个不同主机域名的目的。为了使用主机域名,如 www.pxjg.com.cn 进行访问,在所有子域完成后,需要创建被称为叶节点的主机记录;叶节点就是域树中的终节点。其操作步骤如下:

① 在图 10-18 所示的窗口中,选中需要添加记录的区域,如 pxjg.com.cn;之后,在右侧窗格中单击"更多操作",从菜单中选择"新建主机"选项。

② 打开图 10-19 所示的"新建主机"对话框,输入主机名称,如 www,输入 DNS 服务器的 IP 地址,如 192.168.137.10,如果已建立了反向区域,则选择"创建相关的指针(PTR)记录"复选框,最后,单击"添加主机"按钮。

③ 打开图 10-20 所示的"成功地创建了主机记录"的提示框,单击"确定"按钮。

④ 重复步骤①～③,依次完成需要创建的 ftp、mail、print 等其他主机记录。

### 2. 起始授权机构记录

起始授权机构(Start of Authority,SDA)用来记录此区域中的主要名称服务器以及管理此 DNS 服务器的管理员的电子邮件信箱名称。在 Windows Server 2003/2008 中,每次创建一个区域,就会自动建立一个 SOA 记录,因此,这个记录就是所建区域内的第一条记录。修改和查看该记录的方法为:在图 10-18 所示的 DNS 窗口中,选中区域,在窗口右侧,右击"起始授权机构(SOA)"选项,在快捷菜单中,选择"属性"选项,打开其属性对话框,即可修改或查看配置信息。

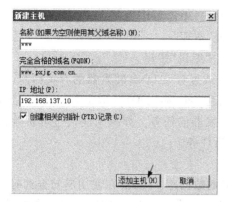

图 10-19　"新建主机"对话框　　　　　图 10-20　"成功建立了主机记录"提示框

### 3. 名称服务器记录

名称服务器(Name Server,NS)用来记录管辖此区域的名称服务器,包括主要名称和辅助名称服务器。在 Windows Server 2003/2008 的 DNS 控制台中,每创建一个区域就会自动建立这个记录。需要修改和查看该记录的属性时,可以在图 10-18 所示的 DNS 窗口中,先选中区域;再在窗口右侧,右击"名称服务器"选项,在打开的"名称服务器属性"对话框中,可以查看或修改配置。

### 4. DNS 服务器的其他设置

DNS 服务器经过上述设置之后,已经能够完成网络内部的域名解析工作。对于大中型的 Intranet 来说,DNS 服务器的其他重要设置简介如下:

(1) DNS 转发器的设置

当网络内的用户需要访问 Internet 的资源时,还需要配置转发服务器。在 Windows Server 2008 的 DNS 控制台中,查看"接口"信息及转发器的设置步骤如下:

① 依次选择"开始"→"服务器管理器"命令,打开图 10-21 所示窗口。

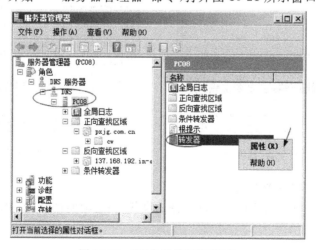

图 10-21　"服务器管理器"窗口

② 在图 10-21 所示的"服务器管理器"窗口中,选中需要配置的 DNS 服务器的计算机名,如 PC08,在"计算机名称"窗格,右击"转发器"选项。

③ 打开图 10-22 所示的"转发器"选项卡,单击"编辑"按钮。

④ 在"编辑转发器"对话框中,可以设置、修改或查看该 DNS 转发器的有关信息。在显示的加深的"单击此处添加 IP 地址或 DNS 名称"处,输入 DNS 服务器的 IP 地址或 FQDN 名称;通过系统的解析验证后,完成添加转发器的任务。如果未能通过解析验证,将出现提示,即通过根提示完成进一步的域名解析任务。

（2）查看 DNS 服务器的根提示

在任何 DNS 服务器中,都不会拥有所有域名的数据库。因此,在使用递归查询时,为了使 DNS 服务器能够正确地执行递归查询,DNS 服务器中应当有其他 DNS 服务器的联系信息,这些 DNS 服务器的信息是以根提示的形式提供的。根提示实际上就是一张初始的 DNS 服务器的资源记录列表,本地 DNS 服务器可以利用这些记录定位其他的 DNS 服务器。位于资源列表中的 DNS 服务器对 DNS 域名空间树的根具有绝对控制权。但是,如果本地 DNS 服务器是域控制器,则可能由于"."根域的存在,不会显示根提示列表,如果需要公网的根提示资源,应当先删除与活动目录集成的 DNS 区域中的"."域。查看和设置 DNS 服务器的根提示的步骤如下:

① 在图 10-22 中,选择"根提示"选项卡。

② 打开图 10-23 所示的"根提示"选项卡,其中列出了在公网有效的 13 个根域的 DNS 服务器的地址。当然,也可以手工添加其他的根 DNS 服务器。此外,还应注意根提示中的提示,即客户端只有在得不到转发器的查询结果时,才会转到根提示进行处理。

图 10-22　"转发器"选项卡

图 10-23　"根提示"选项卡

（3）有关 DNS 服务器的其他设置

DNS 服务器的其他设置还有启动文件的设置、创建辅助区域、根提示、动态更新的设置等。

## 10.2 TCP/IP 网络的常用管理方法

人们常将 TCP/IP 网络的管理说成 IP 地址管理,其实并非只是 IP 地址的管理,而是包括了 TCP/IP 的 IP 地址、子网掩码、默认网关等多个相关参数的管理。在使用 TCP/IP 的网络中,有多种可以使用的管理方法,每种方法适用于不同的网络对象和场合。TCP/IP 网络的管理方法可以分为以下 3 类:

① 静态 IP 地址管理。

② 自动专用地址管理。

③ 动态 IP 地址管理。

在这几种管理方式中,第一种方法经常使用,在前面的网络管理中使用的都是静态管理方法;第二种方法很简单,将在本章做简要介绍;第三种是网络管理员必须熟练掌握的、应用最多的一种管理方法,也是本章的重点内容。

### 1. 静态 IP 地址及 TCP/IP 的静态管理

(1) 静态 IP 地址

静态 IP 地址是指为一个主机配置的 IP 地址是固定不变的,也可以理解为是静态(即手工)分配的 IP 地址。

(2) TCP/IP 的静态管理

TCP/IP 的静态管理是指在进行 IP 地址的规划之后,由网络管理员对网络中的每一个主机,及各种网络设备(路由器或网关)进行手工配置。这些配置包括一切与 TCP/IP 协议有关的各种信息,如 IP 地址、子网掩码、默认网关地址、首选 DNS 服务器等。

(3) 适用场合

在较小的局域网中,经常使用静态管理方式。配置时,网络管理员对网络中的各主机的 TCP/IP 协议逐一进行手工配置。在局域网内部,所配置的 IP 地址通常没有什么特殊的要求,而在 Internet 上使用的静态 IP 地址需要到指定的机构去申请。

### 2. 自动专用 IP 地址及 TCP/IP 的动态管理

(1) 什么是 APIPA

APIPA 是 Automatic Private IP Addressing 的英文缩写,其中文名称是"自动专用 IP 寻址"。它是 Windows 98 以后微软各操作系统版本的一个增强功能。

(2) 自动专用 IP 地址及 APIPA 的动态管理

当网络中设置有 DHCP(动态主机配置)服务器时,倘若因为某种原因,如 DHCP 服务器尚未开启、IP 地址池的 IP 地址已经告罄或者是 DHCP 服务器出现故障,都会导致 DHCP 客户机无法索取到 IP 地址。这时,计算机就会自动产生一个自动专用的 IP 地址。在使用这个 IP 地址之前,该主机还要使用广播的手段将这个 IP 地址发送到网络上进行确认,如果这个 IP 没有其他主机使用,则使用所产生的这个 IP;否则重复上述过程,直至得到一个尚未使用的 IP。自动产生的 IP 地址的网络标识为 169.254,其范围为 **169.254.0.1~**

**169.254.255.254**,自动配置的默认子网掩码为255.255.0.0。

（3）适用场合

对于小型的家庭或办公室网络,网络中通常不设置DHCP服务器。为了简化TCP/IP协议的配置管理,用户可以将所有的计算机设置为自动获得IP地址。这样,网络中的每台计算机都会被分配一个自动产生的自动专用IP地址,该地址是在169.254.0.1~169.254.255.254范围内的IP地址。这些地址不能在Internet上使用,但是可以在小型办公室中使用。Windows的当前版本都支持APIPA功能,因此,微软计算机网络都适用。

### 3. 动态IP地址及TCP/IP的动态管理

（1）动态IP地址

动态IP地址是指由网络中的DHCP服务器动态分配的IP地址。一个使用DHCP服务的主机,每次入网时,所使用的IP地址可以是不相同的。这是由于各主机在连入网络时,会向DHCP服务器临时租借一个IP地址,用过之后还会归还给DHCP服务器。这种临时租借的IP地址,每次的值不一定相同,因此称为动态IP地址。

（2）DHCP协议

DHCP是Dynamic Host Configuration Protocol的英文简写,其中文名称是"动态主机配置协议"。它是一种简化主机IP配置管理的TCP/IP高层的协议。DHCP协议标准为动态管理IP地址、自动配置DHCP客户机的TCP/IP协议参数提供了有效的管理手段。

（3）TCP/IP的动态管理

当网络中主机数目较多时,为了方便管理,网络中通常配置有一个或多个DHCP（动态主机配置协议）服务器。它们负责为网络中的客户机提供动态的IP地址,并对TCP/IP协议有关的各种配置信息进行统一的管理。例如在Internet上,各ISP向用户提供服务时,除了提供给用户主机一个动态IP地址外,还会同时提供其他各种有关的信息。这种由管理员配置的DHCP服务器,为网络客户自动提供配置信息服务的方式就是TCP/IP协议的动态管理。

（4）适用场合

适用于具有较多主机的场合,如大中型局域网,以及各ISP（Internet服务商）等,大都使用了TCP/IP的动态管理。此时,只要在客户机上选择了"自动获得IP地址"和"自动获得DNS服务器地址"选项,客户机就可以自动获得TCP/IP协议配置所需要的各种信息。

适用于主机数量较多,但是所获得的静态IP地址数量不够多的场合。在一些Intranet或ISP站点中,由于IP地址紧缺,经常只能获得少于网络节点数目的网络地址,例如,一个具有500个节点的网络,仅获得一个C类网络地址,如果使用静态IP地址管理的话,最多只能配置254个节点。但是,网络中的500个节点并非同时工作,因此,如果同时工作的节点最大数目不超过254个,则使用DHCP服务是解决这个问题的最佳途径。

在使用TCP/IP协议的网络上是利用IP地址来表示网络中的每台计算机的。为此,网络中每一台使用TCP/IP协议的主机都必须分配一个唯一的IP地址及其他相关参数。

因此,作为网络管理员,应当对 TCP/IP 的 3 种管理方式都十分熟悉。

## 10.3　网络主机的自动配置管理

在大中型网络中,通常使用 DHCP 服务器对 TCP/IP 网络中的主机实行 TCP/IP 协议的自动配置管理。

### 10.3.1　DHCP 系统管理流程

① 准备好 DNS、默认网关等与设置相关的服务器。
② 安装 DHCP 服务器。
③ 配置 DHCP 服务器。
④ 域中 DHCP 服务器的授权(工作组中的 DHCP 服务器不必授权)。
⑤ DHCP 服务器的管理。
⑥ 配置 DHCP 客户机。

### 10.3.2　DHCP 系统涉及的基本知识

在大中型以上的 Windows 网络中,通常使用 TCP/IP 的动态管理技术。因此,作为网络管理员,应当正确理解 DHCP 服务器的应用目的、工作原理及相关概念。

#### 1. 使用 DHCP 的主要目的

在 Internet(互联网)、Intranet(企业内联网)和 Extranet(企业外联网)中使用 DHCP 服务的主要原因有以下 4 个:

① 提供安全可靠的 TCP/IP 配置:很多普通用户对 TCP/IP 不了解,因此,无法正确配置其基本参数。其次,管理员或用户在对 TCP/IP 的 3 个参数进行配置时,可能手误将一些参数输错,结果也会导致计算机不能正常通信。

② 避免 IP 冲突:DHCP 服务器的自动配置管理可以有效地防止由于各种原因而引起的 TCP/IP 协议参数重新配置而引起的 IP 地址冲突问题。

③ 极大地减少了配置管理工作量:自动配置管理可以大大降低管理员手工配置主机的工作强度。另外,有些计算机需要经常在多个子网间移动,这将给客户和不同网段的管理员造成使用和配置方面的严重负担。因为当客户机处于某一子网时,它必须使用属于这个子网的 IP 地址才能与该子网中的其他计算机通信。因此,当客户机从一个子网中迁移至另一个子网时,必须及时地更改所使用的 TCP/IP 的多个参数,方能正常通信。

④ 网络中的 IP 地址资源紧缺:如申请到的网络地址所允许的节点数目少于网络中实际的节点数目,但是,大于网络中同时工作的节点数目。

由于在 TCP/IP 网络中引入 DHCP 服务器后,可以极大地减少网络管理工作量,更有效地利用有限的 IP 地址资源。为此,在大中型网络中,大都安装了 DHCP 服务器。这样,广大的 Internet、Intranet 用户只需登录到 ISP 或大中网络,即可获得 DHCP 服务器提供的自动配置服务。

### 2．DHCP 服务的基本概念

（1）DHCP 的工作模式

DHCP 系统采用了 C/S 网络工作模式，因此，其实现技术包括服务器和客户机两端。

① DHCP 服务器：在网络中提供 DHCP 服务的计算机被称为 DHCP 服务器。它能够提供 IP 地址、子网掩码、默认网关（路由）、DNS 服务器地址等各种信息的自动配置服务。

② DHCP 客户机：在 TCP/IP 网络中使用 DHCP 服务的计算机被称为 DHCP 客户机。

（2）DHCP 服务器动态配置和管理的信息

DHCP 服务器中的信息数据库可以向 DHCP 客户机提供如下 TCP/IP 协议的配置信息：

① DHCP 的自动配置内容有：子网掩码、默认网关（IP 路由器）、DNS 服务器和 WINS 服务器等。

② 提供有效使用的 IP 地址池：包括可以提供给客户使用的 IP 地址区域，以及保留下来用于手工配置的保留 IP 地址信息。

③ 有效租约期限的控制：DHCP 服务器对于客户机的租约指定了 IP 地址的有效期范围，如指定为永久租用或限定租期。

（3）DHCP 服务器和客户机可以安装的操作系统

① DHCP 服务器：只能安装微软的服务器版本的操作系统，如 Windows NT/2000/2003 服务器版。

② DHCP 客户机：可以安装微软各个版本的操作系统，但是安装服务器版本软件的计算机应当是非 DHCP 服务器的计算机，如可以是安装了 Windows NT/2000/XP 专业版或服务器版的计算机。

### 3．DHCP 服务的工作原理

DHCP 的工作原理如图 10-24 所示，主要包括以下 4 个阶段。

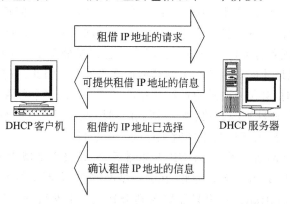

图 10-24　DHCP 服务器工作过程

① 广播租借信息：DHCP 客户机向 DHCP 服务器发出请求,要求租借一个 IP 地址。这是由于此时的 DHCP 客户机上的 TCP/IP 尚未初始化,还没有一个 IP 地址,因此,只能使用广播的手段,向网上所有 DHCP 服务器发出租借请求。

② 广播回复可提供信息：网上所有接收到该请求的 DHCP 服务器,首先检查自己的 IP 地址池中是否还有空余的 IP 地址。如果有,则向该客户机发送一个"可提供 IP 地址"(offer)信息。此时,由于客户机尚无 IP 地址,因此,仍然使用广播发送的手段。

③ 广播回复确认信息：DHCP 客户机一旦接收到来自某一个 DHCP 服务器的"可提供 IP 地址"的(offer)信息时,它就向网上所有的 DHCP 服务器发送广播,表示自己已经选择了一个 IP 地址。

④ 广播确认信息：被选中的 DHCP 服务器向 DHCP 客户机广播发送一个确认信息,而其他的 DHCP 服务器则收回它们的"可提供 IP 地址"(offer)的信息。

## 10.3.3　建立 DHCP 服务器

### 1. DHCP 服务器的安装条件

① 安装了 Windows 2000/2003/2008 服务器版的计算机。
② 启动并安装了 DHCP 服务功能的计算机。
③ DHCP 服务器本身必须具有静态 IP 地址、子网掩码和默认网关。
④ 在配置 DHCP 服务器之前,应当规划好其 IP 地址池。

### 2. 管理 DHCP 服务器的术语

① 作用域：网络上可使用的 IP 地址连续范围,如 192.168.137.1~192.168.137.254。
② 排除范围：为了满足网络中需要使用静态 IP 地址的服务器或计算机的需求,在提供的 IP 地址范围中,应当排除一些 IP 地址,被排除的 IP 地址不会租借给其他客户机使用。因此,网络中可以租借给 DHCP 客户机使用的 IP 地址数量为"作用域的 IP 个数－排除地址的 IP 地址个数"。
③ 租约：用于确定客户机可以使用的时间范围。
④ 保留：为一些需要租用固定 IP 地址的客户保留永久和固定的 IP 地址。通常为网上的路由器等硬件设备保留 IP 地址,确保其租用到相同的 IP 地址。
⑤ 选项类型：指定 DHCP 服务器在向其客户机提供 IP 地址租约时,同时提供的其他自动配置信息。如子网掩码、默认网关(路由器)、DNS 服务器、WINS 服务器等,应根据网络中提供的其他服务进行选择和设置。

### 3. 设置 DHCP 服务器的"本地连接"

参见第 10.1.2 节中的"准备条件"部分,即采用静态管理的方法设置好 DHCP,服务器的 IP、子网掩码、默认网关、DNS 等信息。

### 4. 安装 DHCP 服务

在安装 DHCP 服务器时,通常会遇到以下两种不同的安装情况：

① 域网络：既可以在域控制器上安装与其集成的 DHCP 服务器，也可以在域中的成员服务器上安装。

② 工作组网络：指在独立服务器上安装 DHCP 服务器。

无论是上述哪种情况，安装的步骤都是相似的，只是域中的 DHCP 服务器需要授权，而工作组中的则无须进行授权操作。下面仅以工作组中的 DHCP 为例进行介绍：

① 依次选择"开始"→"服务器管理器"命令，打开图 10-3 所示窗口。

② 打开图 10-3 所示的"服务器管理器"窗口，双击右侧的"添加角色"选项。

③ 打开"开始之前"对话框，单击"下一步"按钮。

④ 打开图 10-25 所示的"选择服务器角色"对话框，选择要安装的服务器，如"DHCP 服务器"，之后，单击"下一步"按钮。

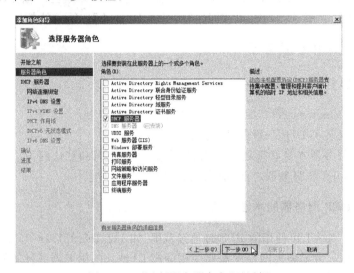

图 10-25 "选择服务器角色"对话框

⑤ 在打开的"DHCP 服务器"对话框中，单击"下一步"按钮，打开图 10-26 所示对话框。

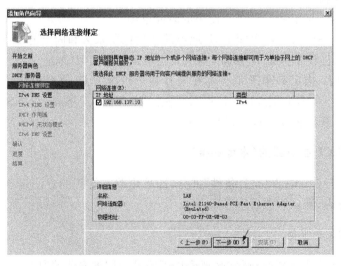

图 10-26 "选择网络连接绑定"对话框

⑥ 在图 10-26 所示的对话框左侧,依次选择 DHCP 服务器要设置的项目,如选择"网络连接绑定",之后,单击"下一步"按钮,打开图 10-27 所示对话框。

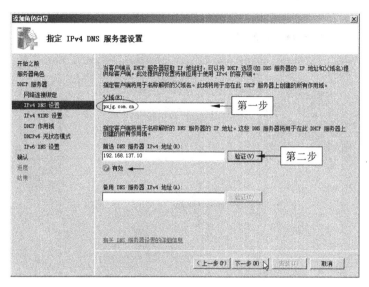

图 10-27 "指定 IPv4 DNS 服务器设置"对话框

⑦ 在图 10-27 所示的"指定 IPv4 DNS 服务器设置"对话框中,输入 DNS 服务器的各种信息,单击"验证"按钮,验证显示"有效"时,单击"下一步"按钮。否则,需要先解决DNS 服务器的问题。

⑧ 在图 10-28 所示的"指定 IPv4 WINS 服务器设置"对话框中,选择是否建立 WINS服务器,如单击"此网络上的应用程序不需要 WINS"单选按钮,如果要建立 WINS 服务器,应输入其 IP 地址,之后,单击"下一步"按钮。

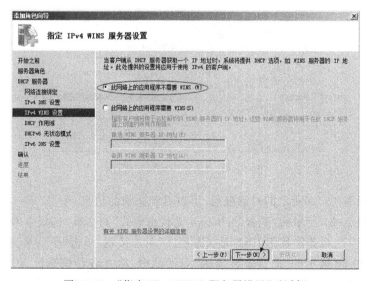

图 10-28 "指定 IPv4 WINS 服务器设置"对话框

⑨ 打开图 10-29 所示的"添加或编辑 DHCP 作用域"对话框,在添加作用域之前,中间为空白,单击右侧的"添加"按钮。

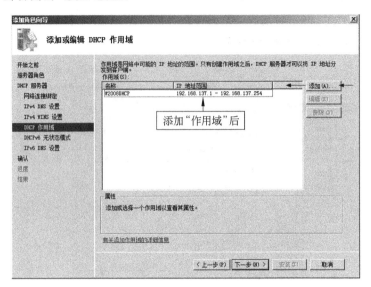

图 10-29 "添加或编辑 DHCP 作用域"对话框

⑩ 打开图 10-30 所示的"添加作用域"对话框,填写本地网络或子网的连续 IP 范围及其他信息。每个子网只能有一个连续的作用域,如 C 类地址的 IP 地址使用范围为 192.168.137.1～192.168.137.254,单击"下一步"按钮。

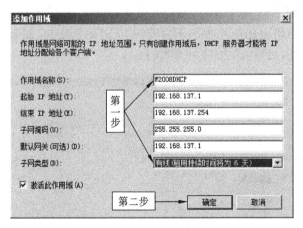

图 10-30 "添加作用域"对话框

⑪ 在返回图 10-29 所示的对话框后,可以看到添加的信息,单击"下一步"按钮。

⑫ 打开图 10-31 所示的"配置 DHCPv6 无状态模式"对话框,选择是否需要支持 IPv6 协议,如单击"对此服务器禁用 IPv6 无状态模式"单选按钮,单击"下一步"按钮。

⑬ 在图 10-32 所示的"确认安装选择"对话框中,检查各种信息配置是否正确,如果需要修改前面的信息,则单击"上一步"按钮,返回进行修改;否则,单击"下一步"按钮,打开"安装结果"对话框,单击"关闭"按钮。

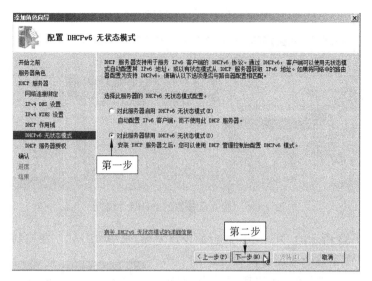

图 10-31　"配置 DHCPv6 无状态模式"对话框

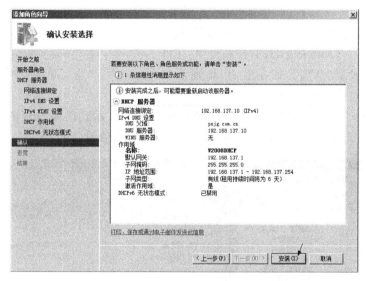

图 10-32　"确认安装选择"对话框

至此,安装 DHCP 服务的过程完毕。此后,在"服务器管理器",以及"管理工具"的命令菜单中都会增加一个用于启动 DHCP 的选项,使用这两者都可以控制、管理与设置 DHCP 服务器。

## 10.3.4　DHCP 服务器的配置

### 1. 启动 DHCP 控制台查看基本配置

DHCP 服务器建立后还要进行一些设置才能提供服务。启动 DHCP 控制台的方法:
① 在 Windows Server 2008 的任务栏,依次选择"开始"→"管理工具"→DHCP 命

令,可以打开独立的 DHCP 控制台,如图 10-33 所示。

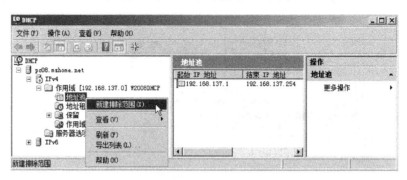

图 10-33　独立服务器的 DHCP 控制台

② 在图 10-33 所示的 DHCP 控制台的窗口左侧,选中"IPv4"。在控制台的右侧窗口中,可以查看和管理整个地址池的设置。如右击窗口左侧的"地址池"选项,在快捷菜单中,选择"新建排除范围"命令。

③ 打开图 10-34 所示的"添加排除"对话框,输入排除的 IP 地址或范围后,单击"添加"按钮。

④ 在图 10-33 所示的 DHCP 控制台中,还可以修改或添加设置"选项",如在图 10-35 所示窗口的左侧,选中"作用域"选项。

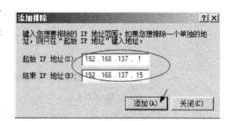

图 10-34　"添加排除"对话框

⑤ 在图 10-35 所示的"作用域选项"窗口的右侧可以看到已经设置的作用域信息。需要修改时,右击选中的项目,单击"属性"命令,即可进行修改。

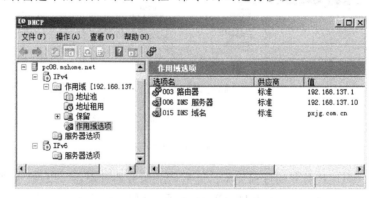

图 10-35　DHCP 的"作用域选项"窗口

**说明**:在图 10-34 所示的"添加排除"对话框中,既可以排除一段连续的 IP 地址,也可以排除单个的 IP 地址;填写之后,单击"添加"按钮,完成添加任务;被排除的 IP 地址通常是服务器等使用的静态 IP 地址;排除后,这些地址就不会被租借给客户机使用。配置后,即可建立起可租用的 IP 地址池。当 DHCP 客户机请求 IP 地址时,DHCP 服务器将从地址池的地址范围中,抓取一个尚未使用(出租)的 IP 地址,并将其分配给提出请求的

DHCP 客户机使用。

**2. 通过服务器管理器的 DHCP 进行控制管理**

DHCP 建立后,需要对 DHCP 服务器进行控制和管理时,可以在任务栏中,依次选择"开始"→"服务器管理器"→DHCP 命令,在打开窗口的右侧,即可选中要进行的操作,如选中"停止",即可停止当前 DHCP 服务器的服务,之后,选择"启动"选项,可以再次启动已经停止服务的 DHCP 服务器。

## 10.3.5 DHCP 客户机的设置

按照客户机/服务器的工作模式,DHCP 客户机是指那些使用 DHCP 服务功能的计算机。因此,安装微软各版操作系统的计算机都可以成为 DHCP 客户机,其设置大致相同。由于各 Windows 主机的操作类似,因此,仅以 Windows 7 客户机的设置为例:

① 登录本机:用户应以本机管理员的身份登录,如 Administrator 账户;否则没有修改、设置和管理的权限。

② 在 Windows 7 中,选择"开始"→"控制面板"→"网络和 Internet"命令,在打开的窗口中,选择"网络和共享中心"。

③ 在"网络和共享中心"窗口的"本地连接"栏,单击"查看状态"处的链接。

④ 在打开的"本地连接状态"窗口中,单击"属性"按钮,打开图 10-36 所示对话框。

⑤ 在图 10-36 所示的"LAN 属性"对话框中,选择"Internet 协议版本 4(TCP/IPv4)"复选框;之后,单击"属性"按钮,打开图 10-37 所示对话框。

图 10-36　Windows 7 的"LAN 属性"对话框

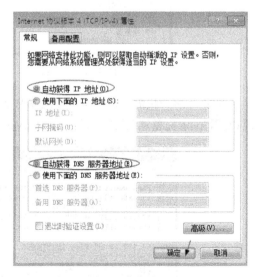

图 10-37　Windows 7 的"Internet 协议版本 4 (TCP/IPv4)属性"对话框

⑥ 在图 10-37 所示的"Internet 协议版本 4(TCP/IPv4)属性"对话框,单击"自动获得 IP 地址"和"自动获得 DNS 服务器地址"单选按钮,单击"确定"按钮,返回图 10-36 所示对话框。

⑦ 在图 10-36 所示对话框中,单击"确定"按钮,完成客户端的设置。

⑧ 最后,依次关闭各对话框,完成 Windows 7 客户机的设置任务。

**1. Windows 客户机获得信息的查看与测试**

① 在 Windows 7(Vista)主机中,选择"开始"命令,在"搜索和运行程序"文本框中,输入"cmd"命令后,按 Enter 键。

② 打开图 10-38 所示的"命令提示符"窗口,输入"ipconfig/all"命令,按 Enter 键,将会显示该计算机从 DHCP 服务器自动获得的 IP 地址、子网掩码和默认网关等基本信息。

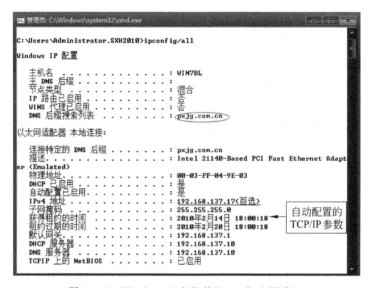

图 10-38　Windows 7 主机的"ipconfig/all"窗口

③ 由于客户机需要加入域或使用 WWW 服务,因此,需要测试自动获得的 DNS 服务状况;使用"ping 完整域名"命令,如"www.pxjg.com.cn",正常的响应如图 10-39 所示。

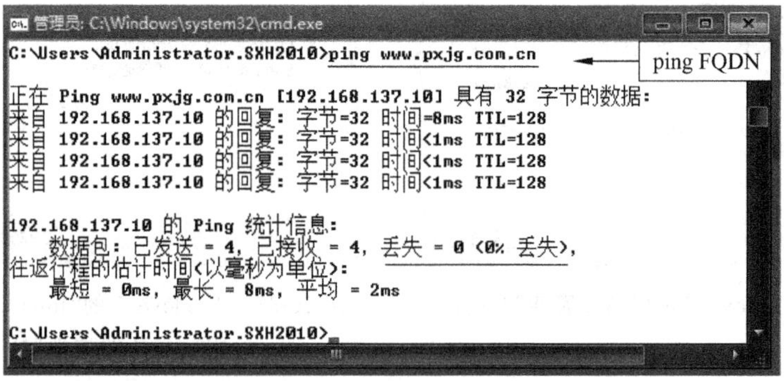

图 10-39　Windows 7 主机的"ping FQDN"窗口

**2. DHCP 控制台查看和管理客户机**

在图 10-40 所示的 DHCP 服务器的左侧窗口,展开"地址租用"选项,可以看到客户机租用的 IP 地址,如 192.168.137.17。在右侧窗格即可对选中的客户机进行查看与操作。

图 10-40　在 DHCP 控制台查看 Windows 7 的租约

在使用 DHCP 服务器的网络中,DHCP 服务器断电或终止服务后,DHCP 客户机将自动使用自动专用地址中的一个地址,即获得 169.254.0.1～169.254.255.254 中的一个地址,以及 255.255.0.0 的子网掩码。在使用自动专用地址期间,客户机还会不断查询DHCP 服务器是否已经工作,DHCP 服务器恢复工作后,客户机将重新获得其服务。由于只能获得 IP 地址和子网掩码两个参数,因此,只能进行简单的资源共享,不能通过默认网关接入 Internet,也不能使用 DNS 服务器的服务。

总之,在 Windows 的 DHCP 客户机上配置 TCP/IP 协议时,只须将 IP 地址和首选DNS 服务器选项分别设置为"自动获得一个 IP 地址"和"自动获得 DNS 服务器地址"即可;但在 Windows NT 计算机上,则应设置为"从 DHCP 服务器上得到 IP 地址"。

# 习题

1. 什么是层次型的命名机制? DNS 的命名机制是层次型的,还是非层次型的?
2. 主机域名的工作模式是什么? 请简述域名空间的组织与管理机制。
3. 域控制器与独立服务器中的 DNS 服务器有什么区别?
4. 什么是 DNS? DNS 服务器应具有的基本功能是什么?
5. 如何安装 DNS 服务器? 安装时分为哪几个主要步骤?
6. 如何设置 DNS 服务器? DNS 控制台能完成什么功能?
7. 什么是区域? 什么是区域文件? 标准的区域文件存放在系统的什么地方?
8. 在区域中,常用的记录有哪些? 各记录了什么信息,起什么作用?
9. DNS 正向搜索完成什么功能? 反向搜索又完成什么功能?
10. FQDN 的中文名称是什么? 举例说明一个 FQDN 中的一级域名。

11. 如何配置静态的 DNS(Windows 7/XP)客户机？需要设置哪些内容？

12. 请简述 DNS 服务子系统客户机的配置要点。

13. 什么是 DNS 系统中的转发器？它有什么用？

14. TCP/IP 协议的基本参数有哪些？各部分的意义是什么？

15. 如何在 Windows 中安装、配置与测试 TCP/IP 协议？试分析响应结果。

16. IP 地址的分配和使用的基本规则如何？网络地址和主机地址的使用规则各有哪些？

17. 在局域网和 Internet 中 IP 地址的使用是否一样？如果不一样，请说明理由。

18. TCP/IP 协议中 IP 地址的管理包括哪几种方法和内容？

19. 什么是静态 IP 地址、动态 IP 地址？

20. 为什么要对 IP 地址进行动态管理？

21. 在 Windows Server 2003/2008 中 DHCP 服务器的安装、设置与管理要点有哪些？

22. 在什么情况下，需要进行 DHCP 服务器的授权？哪些账户或组的成员具有授权资格？

23. 在域网络中，授权的和未授权的 DHCP 服务器的作用是否一样？

24. 如何设置 DHCP 客户机？如何检测 DHCP 客户机获得的动态 IP 地址及其他信息？

25. 在使用 DHCP 服务器的网络中，DHCP 断电后，DHCP 客户机是否还能够进行资源共享？此时，它们获得的 IP 地址是什么网段的？

26. 什么是 IP 地址、子网掩码、默认网关和首选 DNS 服务器地址？它们各有什么用？

27. 使用"ipconfig/?"命令查看常用的参数有哪些。请解释 ipconfig/renew 的用途。

28. 使用"ping/?"和"ipconfig/?"命令查看其常用参数。

## 实训环境和条件

① 网络环境(参照第 8、9 章)。

② 安装有 Windows Server 2003/2008 的计算机，充当 DHCP 和 DNS 服务器。

③ 安装有 Windows XP/Vista/7 的计算机，充当 DHCP 客户机。

## 实训项目

### 1. 实训 1：完成 DNS 服务器的安装，建立 DNS 的正(反)向查找区域

(1) 实训目标

实现使用"lhdx. edu. cn"域名访问网络中资源和定位计算机的目的。

(2) 实训内容

① 3 个虚拟主机的名称分配如下：

• 一台 WWW 服务器，IP 为 192.168.137.1，计算机域名为 www.lhdx.edu.cn。

• 一台 FTP 服务器，IP 为 192.168.137.1，计算机域名为 ftp.lhdx.edu.cn。

• 一台打印服务器，IP 为 192.168.137.1，计算机域名为 email.lhdx.edu.cn。

② DNS 服务器端：启用 DNS 服务,添加区域和主机记录。
- 建立正向查找区域"edu. cn"后,再建立子域"lhdx"。
- 在建立好的子域"lhdx"中,建立主机记录 www、ftp 和 email 等。
③ 配置静态 DNS 客户机：TCP/IP 协议、高级 DNS 属性等,其中域后缀为 lhdx. edu. cn。
④ 在 DNS 客户机的"命令提示符"窗口,使用"ping www. lhdx. edu. cn"、"ping print. lhdx. edu. cn"检查 DNS 服务是否正常。

**2. 实训 2：建立多个 DNS 服务器**

(1) 实训目标
建立和管理两个以上的 DNS 服务器。
(2) 实训内容
① 在 DNS 服务器的控制台中,对两个以上的 DNS 服务器(例如,域名后缀分别为 lhdx. edu. cn 和 xinxi. edu. cn)进行管理,如添加、删除和修改 DNS 服务器。
② 在上述的 DNS 服务器的区域内,添加主机记录,并在局域网中各个计算机的浏览器中使用所设置的主机名或别名进行访问,例如,别名为 zdh、mail、www 的主机。
③ 设置转发器和默认网关的地址,实现客户机使用域名对 Internet 的访问,如实现对 www. sina. com 和 www. sohu. com 网站的访问。

**3. 实训 3：完成 DHCP 服务器和客户机端的设置**

(1) 实训目标
在一个 Intranet 中,第一,实现 www. lhdx. edu. cn 主机域名访问;第二,实现 DHCP 服务子系统。掌握设置 DHCP 服务器与客户端的基本管理技术。
(2) 实训内容
① DHCP 服务器端的设置。
- 安装和配置 DHCP 服务器,含静态 IP 地址、子网掩码等信息。
- 在 DNS 控制台创建区域(wl10XX. edu,XX 为学号)、主机记录(www、ftp);添加 DHCP 服务器,启动 DHCP 控制台。
- 设置"IP 地址池"：添加"作用域"和"排除地址"。
- 检查与管理"作用域"选项：子网掩码、路由器(默认网关)、DNS 服务器和 WINS 服务器等。
- 设置的租约为"1 天"。
② 分别在 Windows 98/2000/XP/2003 的 DHCP 客户机上完成客户端的设置。
- 在 Windows 的"命令提示符"窗口,使用"ipconfig /all"命令程序,检测计算机所配置的 TCP/IP 协议有关的各种信息,并对其响应进行分析和记录。
- 在 Windows 的"命令提示符"窗口中,使用"ipconfig /release"和"ipconfig /renew"命令程序释放并再次获得 IP 地址。
- 在客户机端 ping "www. wl10XX. edu"。

③ 在 DHCP 服务器端的管理。

记录和管理有效租用的客户机的计算机名称。

### 4. 实训 4：完成 TCP/IP 网络的自动管理目标

（1）实训目标

一个具有 800 台主机的中型 Intranet,已经申请并获得了一个 C 类网络的地址,其网络 IP 为 200.200.200.0。

（2）用户需求分析

该网络具有 800 台主机,其中的各种服务器(含 DHCP 服务器)需要 20 个静态 IP 地址,同时使用的客户计算机的总数不超过 230 个,通过路由器接入 Internet。该 Intranet 要求可以实现 TCP/IP 协议的自动配置管理。

（3）实训内容与要求

① 进行系统分析与规划设计,正确选择 TCP/IP 的管理方法,并说明理由。

② 完成服务器和客户机的配置。

③ 检测网络中的 DNS 服务是否正常。

# 第11章

## 安全技术

使用计算机的人总是会遇到各种各样的安全问题,从物理问题到操作系统安全问题,上网过程中的问题,再到应用软件使用过程中的问题,方方面面,无时无刻不在干扰着我们的日常工作。想让你的计算机做到"完全安全"只是一种理想状态,而做到"尽可能的安全"则是一种理智的可行方案。本章从介绍安全技术的主要内容入手,详细谈论用户着重需要考虑的"系统平台安全"和"网络安全"问题,并就目前和人们生活越来越紧密的电子商务安全问题进行讨论。

**本章内容与要求:**

- 了解安全技术包括的主要内容。
- 掌握操作系统平台加固的方法。
- 掌握反病毒、反木马的原理及主要产品。
- 掌握系统备份及快速恢复方法。
- 掌握 Windows 防火墙及 IE 安全配置的主要方法。
- 掌握数字证书的保护方法。

## 11.1　安全技术概述

提到安全问题,人们最先想到的是最近几年给人们的生活带来巨大震荡的一系列事件:"尼姆达"、"求职信"、"冲击波"、"网络钓鱼"、"熊猫烧香"……每一次事件的爆发,带来的后果都是一样的,那就是直接及间接的经济损失。

安全技术主要包括如图 11-1 所示的 4 方面内容。

### 1.　物理安全

物理安全是保护计算机设备、设施(含网络)免遭地震、水灾、火灾、有害气体和其他环境事故(如电磁污染等)破坏的措施和过程。

图 11-1　安全技术的主要内容

### 2. 系统平台安全

系统平台安全主要是保护主机上的操作系统与数据库系统的安全,它们是两类非常成熟的产品,安全功能较为完善。对于保证系统平台安全,总体思路是先通过安全加固解决操作系统平台(一般用户使用的是 Windows 系列产品)的安全漏洞,然后采用安全技术设备来增强其安全防护能力。

### 3. 网络安全

计算机网络是应用数据的传输通道,并控制流入、流出内部网的信息流。网络安全最主要的任务是规范其连接方式,加强访问控制,部署安全保护产品,建立相应的管理制度并贯彻实施。一台计算机连接 Internet 后,就成为 Internet 的一员,网络的美妙之处就在于"你可以和任何人连接",而网络的可怕之处也在于"任何人都可以与你连接"。因此,在这种网络环境中,如何使资源得到有效的保护,使连接通道具有安全性、有效性、可用性和可控性,就是网络安全需要解决的问题。

### 4. 应用安全

应用安全是保护应用系统的安全、稳定运行,保障企业和企业用户的合法权益。保证应用系统安全,应加强以下几个方面的建设:

(1) 建立统一的密码基础设施,保证在此统一的基础上实现各项安全技术。

(2) 实施合适的安全技术,如身份鉴别、访问控制、审计、数据保密性与完整性保护、备份与恢复等。

## 11.2　系统平台安全

### 11.2.1　系统平台的安全加固

系统平台的安全加固是指根据对操作系统安全进行评估的结果,针对目前操作系统平台所存在的安全问题和安全隐患进行有针对性的补丁加固,并在不影响系统正常工作的前提下,对系统性能进行优化。

系统平台加固应包括以下主要内容:安装系统补丁、进行系统升级、系统配置安全加固、系统登录权限安全加固、关闭无用端口及进程、系统管理安全加固等多个方面。

#### 1. 安装系统补丁、进行系统升级

大量系统入侵事件是因为用户没有及时安装系统补丁或进行系统升级,应及时更新系统,保证系统安装最新的补丁。以 Windows 操作系统为例,Windows 提供两种类型的补丁:Service Pack 和 Hotfix。

Service Pack 是一系列系统漏洞的补丁程序包,最新版本的 Service Pack 包括了以前

发布的所有的 Hotfix。Hotfix 通常用于修补某个特定的安全问题，一般比 Service Pack 发布更为频繁。

　　以 Windows XP 操作系统为例，打开自动更新功能，可以确保系统在联网状态下，自动下载推荐的更新并安装它们。这样，就可以避免用户因长时间未定期更新系统而造成的系统问题。右击"我的电脑"，打开"系统属性"对话框，可以在"自动更新"选项卡（如图 11-2 所示）中看到，"自动更新"功能在默认情况下是处于开启状态的。

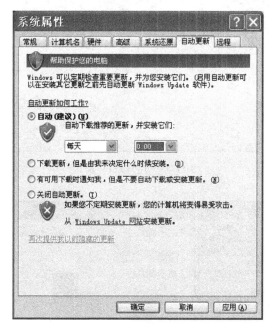

图 11-2　"自动更新"选项卡

### 2. 系统登录账户安全加固

　　主要包括以下一些系统账号的加固操作：设置用户登录密码、重命名 administrator 账号、禁用或删除不必要的账号、关闭账号的空连接等。依次在 Windows XP 操作系统的桌面上单击"开始"→"设置"→"控制面板"→"用户账户"命令，即可打开如图 11-3 所示的窗口。

　　单击某个用户账户，打开如图 11-4 所示的窗口，即可进行更改账户名称、创建密码、更改账户类型等工作。

　　注意，系统正常安装完成后，默认的计算机管理员账户是"administrator"，建议用户对此名称进行更改，并设置登录密码，此举可以避免很多因弱账户或弱口令引起的系统入侵事件，也可以阻止很多利用弱账户或弱口令进行传播的病毒的扩散。

### 3. 关闭无用进程及端口

　　进程一般分为系统进程、附加进程和普通进程（应用程序进程）。系统进程是系统运行的基本条件，有了这些进程，系统才能稳定地运行。附加系统进程不是系统必需的，只

图 11-3　"用户账户"窗口

图 11-4　更改用户账户设置

是运行某个系统进程时才需要,和附加系统进程一样,普通进程也只是用户打开某个应用程序时才在内存中产生的一个进程,可以根据需要通过服务管理器来增加或减少,因为运行的程序多了,进程也多,这样很消耗系统资源。

　　例如,在 Windows XP 系统里,表 11-1 中所示进程是一些基本的系统进程,是系统正常运行不可缺少的。

　　那么,如何查看和管理当前系统的进程呢? 一般有以下两种方式。

　　方式一:利用系统本身自带的工具。按 Ctrl＋Alt＋Del 组合键,打开"Windows 任务管理器",在"进程"选项卡中,可以直接查看或停止某一进程,如图 11-5 所示。

表 11-1　Windows XP 下的基本系统进程

| 进　　程 | 说　　明 |
|---|---|
| smss. exe | session manager(会话管理器) |
| csrss. exe | 子系统服务器进程 |
| winlogon. exe | 管理用户登录 |
| services. exe | 包含很多系统服务 |
| lsass. exe | 本地安全权限服务,控制 Windows 安全机制 |
| svchost. exe | 包含很多系统服务 |
| Explorer. exe | 资源管理器 |
| winMgmt. exe | 客户端管理的核心组件,通过 WMI(Windows 管理规范)技术处理来自应用客户端的请求 |

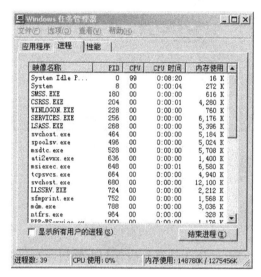

图 11-5　查看和管理系统进程

　　方式二:利用第三方工具查看系统进程。如利用"Windows 优化大师"软件附带的"进程管理"功能即可以完成查看和管理进程的工作。PCtools 里面的 PSlist. exe 用来列出进程,而 PSkill. exe 则用来结束某个进程。

　　查看打开端口的情况,一般有以下两种方式。

　　方式一:在 MS-DOS 下输入"netstat　-na"命令。

　　方式二:利用第三方的工具查看。如"Windows 优化大师"软件的端口分析查看功能。用 FPort 或 Active Ports 等工具也可很方便地查看到打开端口的情况。

　　因为端口是依赖于服务的,只要把服务停止,它对应的端口也就关闭了。例如:关闭80 端口,只需停止 WWW 服务,即通过"控制面板"→"管理工具"→"服务"命令将"World Wide Web Publishing Service"服务停止即可;若关闭 139 端口(139 端口的开启是由于NetBIOS 这个网络协议在使用它,通过 139 号端口入侵利用的就是它),在 Windows XP

下，依次选择"开始"→"设置"→"网络连接"命令，在"本地连接"的"属性"对话框中选择"Internet 协议（TCP/IP）"属性，单击"高级"按钮，进入"高级 TCP/IP 设置"对话框，打开WINS 选项卡，单击"禁用 TCP/IP 上的 NetBIOS"单选按钮，然后单击"确定"按钮，139端口就关闭了，如图 11-6 所示。

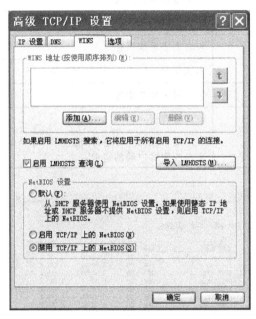

图 11-6　关闭 139 端口

## 11.2.2　反病毒

### 1. 病毒

"病毒"一词来源于生物学，因为计算机病毒与生物病毒在很多方面有着相似之处，由此得名"病毒"。

关于病毒的定义，目前最流行的是：计算机病毒，是一段附着在其他程序上的可以实现自我繁殖的程序代码。

还有些计算机程序代码会扰乱社会和他人，甚至起着破坏作用，这些都称为恶意代码。逻辑炸弹、特洛伊木马、繁殖器、病毒、蠕虫等计算机程序代码都是恶意代码。从严格概念上讲，计算机病毒是恶意代码的一种，它除了能够起到破坏作用之外，还具有程序上自我复制能力，需要依附在宿主程序上运行。然而，由于"病毒"一词非常形象且很具有感染力，因此，媒体、杂志，包括很多专业文章和书籍都喜欢用"计算机病毒"来指学术上的恶意代码。从这个意义上讲，"病毒"一词就不仅局限于纯粹的计算机病毒了。

### 2. 病毒的分类

（1）引导区病毒：20 世纪 90 年代中期时比较流行，现在已经比较罕见了。引导区病毒会感染软盘内的引导区及硬盘，而且也能够感染用户硬盘内的主引导区（MBR）。

（2）文件型计算机病毒：又称寄生病毒，通常感染执行文件（.EXE），但是也有些会感染其他可执行文件，如 DLL、SCR 等。每次执行受感染的文件时，计算机病毒便会发作。计算机病毒会将自己复制到其他可执行文件中，并且继续执行原有的程序，以免被用户所察觉。

（3）复合型计算机病毒：复合型计算机病毒具有引导区病毒和文件型计算机病毒的双重特点。

（4）宏病毒：宏病毒是攻击数据文件而不是程序文件。宏病毒专门针对特定的应用软件，可感染依附于某些应用软件内的宏指令，它可以很容易透过电子邮件附件、软盘、文件下载和群组软件等多种方式进行传播，如 Microsoft Word 和 Excel。宏病毒采用程序语言撰写，例如 Visual Basic 或 CorelDraw，而这些又是易于掌握的程序语言。宏病毒最先在 1995 年被发现，在不久后已成为最普遍的计算机病毒。

（5）蠕虫：蠕虫是另一种能自行复制和经由网络扩散的程序。它跟计算机病毒有些不同，计算机病毒通常会专注感染其他程序，但蠕虫是专注于利用网络去扩散。从定义上，计算机病毒和蠕虫是不可并存的。随着互联网的普及，蠕虫利用电子邮件系统去复制，例如把自己隐藏于附件，并在短时间内将电子邮件送给多个用户。有些蠕虫（如 CodeRed），更会利用软件上的漏洞去扩散和进行破坏。

### 3. 反病毒技术

要做到反病毒，必须做到"防"、"治"结合，并构建完整的防御体系，才能真正拒病毒于门外。反病毒技术主要包括以下 3 个方面。

（1）病毒预防技术

病毒的预防技术是指通过一定的技术手段防止病毒对系统进行传染和破坏。根据病毒程序的特征对病毒进行分类处理，而后在程序运行中，凡有类似的特征点出现，则认定是病毒。具体来说，病毒预防技术是通过阻止病毒进入系统内存，或阻止病毒对磁盘的操作尤其是写操作，以达到保护系统的目的。

病毒的预防技术主要包括磁盘引导区保护、加密可执行程序、读写控制技术和系统监控技术等。病毒的预防应该包括两个部分：对已知病毒的预防和对未来病毒的预防。目前，对已知病毒预防可以采用特征判定技术或静态判定技术，对未知病毒的预防则是一种行为规则的判定技术即动态判定技术。

（2）病毒检测技术

病毒检测技术是指通过一定的技术手段判定出计算机病毒的一种技术。病毒检测技术主要有两种，一种是根据计算机病毒程序中的关键字、特征程序段内容、病毒特征及传染方式、文件长度的变化，在特征分类的基础上建立的病毒检测技术；另一种是不针对具体病毒程序自身检验技术，即对某个文件或数据段进行检验和计算并保存其结果，以后定期或不定期地根据保存的结果对该文件或数据段进行检验，若出现差异，即表示该文件或数据段的完整性已遭到破坏，从而检测到病毒的存在。

病毒的检测技术已从早期的人工观察发展到自动检测某一类病毒，今天又发展到能自动对多个驱动器、上千种病毒自动扫描检测。目前，有些病毒检测软件还具有在不扩展由压缩软件生成的压缩文件内进行病毒检测的能力。现在大多数商品化的病毒检测软件不仅能够检查隐藏在磁盘文件和引导扇区内的病毒,还能检测内存中驻留的计算机病毒。

（3）病毒清除技术

病毒的清除技术是病毒检测技术发展的必然结果,是病毒传染程序的一种逆过程。从原理上讲,只要病毒不进行破坏性的覆盖式写盘操作,病毒就可以被清除出计算机系统。安全、稳定的计算机病毒清除工作完全基于准确、可靠的病毒检测工作。

病毒的清除严格地讲是病毒检测的延伸,病毒清除是在检测发现特定的病毒基础上,根据具体病毒的消除方法从传染的程序中除去病毒代码,并恢复文件的原有结构信息。

### 4. 反病毒软件分类

（1）扫描型

扫描型反病毒软件又可分为两种：签名扫描和启发式扫描。

签名扫描的工作方式是将计算机上的数据与一系列病毒签名进行比较。每个签名都是特定病毒的特征。当扫描程序发现文件、电子邮件或其他位置的数据与签名相匹配时,就会认为发现了病毒。不过,病毒扫描程序只能发现它知道的病毒。保持病毒扫描程序的病毒签名文件处于最新状态非常重要,因为每天都有新的病毒出现。

启发式扫描通过查找通用的恶意软件特征,来尝试检测新形式和已知形式的恶意软件。此技术的主要优点是,它并不依赖于签名文件来识别和应对恶意软件。但是,启发式扫描具有许多特定问题,如错误警报——此技术使用通用的特征,因此如果合法软件和恶意软件的特征类似,则容易将合法软件报告为恶意软件。慢速扫描——查找特征的过程对于软件而言要比查找已知的恶意软件模式更难,因此,启发式扫描所用的时间要比签名扫描的时间长。新特征可能被遗漏,如果新的恶意软件攻击所显示的特征以前尚未被识别出,则启发式扫描器可能会遗漏它,直至扫描器被更新。

现在主流病毒扫描方法是"样式匹配"。样式匹配就是在病毒扫描程序中预先嵌入标记病毒特征(样式)的数据库(称做定义数据库),然后将这一信息与检查对象逐个对照(匹配)来检测病毒。

例如,假设"A"这一病毒的样式可以用"265841377"来表示。病毒扫描软件就开始对可能感染这一病毒的文件的内容进行检查,如果文件出现有"265841377",就可以判断该文件已被 A 病毒感染。

病毒扫描软件中也有专门对付变异型病毒的办法。因为病毒再怎么伪装,当它进行感染时总要返回原来的样子,所以只要反推变异处理的过程,就可以还原病毒的本来面目。在这一剥去伪装的先期处理之后,就可以使用样式匹配来检测。这样的话同样也能通过样式匹配检测出病毒来。

（2）完整性检查型

完整性检查型软件采用比较法和校验和法,监视观察对象(包括引导扇区和计算机文件等)的属性(包括大小、时间、日期和校验和等)和内容是否发生改变,如果检测出变化,则观察对象极有可能已遭病毒感染。遗憾的是,这类软件只能在发生病毒感染之后,才能发现病毒,而且误报率相对较高,这是因为正常的程序升级和设置改变等原因都可以导致误报。另外,尽管这类软件不能报出病毒的类型和名称,但能够发现多态病毒和新的未知病毒,所以反病毒的能力相当强。

（3）行为封锁型

此技术着重于恶意软件攻击的行为,而不是代码本身。例如,如果应用程序尝试打开一个网络端口,则行为阻止防病毒程序会将其检测为典型的恶意软件行为,然后将此行为标记为可能的恶意软件攻击。

行为封锁型软件采用驻留内存在后台工作的方式,监视可能因病毒引起的异常行为,如果发现异常行为,便及时警告用户,由用户决定该行为是否继续。这类软件试图阻止任何病毒的异常行为,因此可以防止新的未知病毒的传播和破坏。当然,有的"可疑行为"也许是正常的,所以出现误报总是难免的。

现在,许多防病毒供应商在他们的解决方案中混合使用这些技术,以尝试提高客户计算机系统的整体保护级别。

**5. 反病毒软件选购指标**

在选购病毒防治软件时,需要注意的指标包括检测速度、识别率、清除效果、可管理性、操作界面友好性、升级难易度、技术支持水平等诸多方面。

（1）检测速度

对于采用特征扫描法检测病毒的,最低要达到每 30 秒能够扫描 1000 个文件以上。

（2）识别率

识别率越高,误报率和漏报率也就越低。可通过使用一定数量的病毒样本进行测试来鉴别识别率的高低,测试环境应达到正规的病毒样本测试数量在 10000 种以上,每种病毒的变种数量在 200 种以上。

（3）清除效果

可靠、有效地清除病毒,并保证数据的完整性,是一件非常必要且复杂的工作。

对于被感染的引导扇区,虽不一定要求恢复被破坏软盘的引导功能,但要求能够恢复被破坏硬盘的引导过程,否则不能算病毒清除成功。

对于被感染的可执行文件,不必要求清除后的文件与正常文件一模一样,只要可以正常、正确地运行即可。

对于含有宏病毒的文档文件,要求能够清除其中的宏病毒,保留正常的宏语句。

对于病毒的变种,优秀的反病毒软件不仅能够正确识别已有的病毒变种,而且也能够修复感染对象,使其正常工作。测试反病毒软件对病毒变种的适应能力,是对产品质量和技术水平的最好评估。

**6. 反病毒软件的工作方式**

（1）实时监视

实时监视构筑起一道动态、实时的反病毒防线。通过修改操作系统,使操作系统本身具有反病毒功能,拒病毒于计算机系统之外。时刻监视系统当中的病毒活动;时刻监视系统状况;时刻监视软盘、光盘、因特网、电子邮件上的病毒传染,将病毒阻止在操作系统外部。优秀的反病毒软件由于采用了与操作系统的底层无缝连接技术,实时监视占用的系统资源极小,一方面用户完全感受不到其对机器性能的影响,另一方面根本不用考虑病毒的问题。

（2）自动解压缩

文件以压缩状态存放,以便节省传输时间或节约存放空间,但也使得各类压缩文件成为计算机病毒传播的温床。而且现在流行的压缩标准很多,相互之间的兼容性也尚未完善。大多数反病毒软件产品都在深入了解各种压缩格式的算法和数据模型之后,与压缩软件的厂商进行技术合作,能够自动解压缩后查杀压缩文件中包含的病毒。

（3）病毒隔离区

将可疑文件放入隔离系统之前,自动对可疑文件进行压缩,为用户节省硬盘空间。病毒隔离区使反病毒工作后台化,不需再次扫描就能够列出所有发现的病毒,明晰的病毒信息一目了然,而不需要再从扫描记录文本中烦琐地查找。

在"隔离"窗口中可以管理可能被病毒或病毒变体感染,而后被用户隔离的文件。被隔离的文件使用一种特殊的格式保存,不会造成任何危险。每个被隔离的对象包含有如下信息：状态信息（被感染,可能被感染,被用户隔离等）,对象数据（如果被隔离的话）,对象的初始存放路径。

（4）升级

目前主要有以下 4 种升级病毒库的方式。

① 在线升级：当你已经登录上 Internet,并且有足够的带宽,可以使用这种方式连接服务器,下载并更新病毒库。

② 手工升级：在反病毒软件厂商的网页上有离线升级包下载,下载完成后只要直接双击,即可完成升级。它适用于在家里没条件上网的用户,从网吧或是朋友家下载升级包,复制到移动硬盘或闪盘中,带回家升级即可。

③ 局域网共享升级：首先将已升级到最新版本的那台机器下的病毒库文件夹设为共享,其他未升级的用户可以选择从局域网升级,输入相应的共享地址后即可将病毒库升级为最新版本。

④ 定时自动升级：用户可以自定义系统默认的自动升级时间,只要保证机器在这段时间里能够自动连接 Internet 即可。

**7. 防毒建议**

① 建立良好的安全习惯,不打开可疑邮件和可疑网站。
② 很多病毒利用漏洞传播,一定要及时给系统打补丁。
③ 安装专业的防毒软件升级到最新版本,并打开实时监控程序。
④ 为本机管理员账号设置较为复杂的密码,预防病毒通过密码猜测进行传播。

**8. 典型反病毒产品的使用**

金山毒霸 2009 杀毒套装是一款功能较强、方便易用的个人及家庭反病毒产品,套装中包括金山毒霸（如图 11-7 所示）、金山网镖和金山清理专家。各组件协同工作,保护计算机免受病毒、黑客、垃圾邮件、木马和间谍软件等网络危害。金山毒霸 2009 安装在用户计算机上后，即会自动启用。

图 11-7　金山毒霸 2009

① 病毒扫描。金山毒霸 2009 常见扫描方式包括：手动查杀、右键查杀、屏保查杀和定时查杀。在金山毒霸 2009"安全起点站"窗口中选择扫描位置，然后单击"开始扫描"按钮可以对特定位置进行手动查杀。

② 病毒处理。扫描发现的病毒或包含病毒或潜在安全风险的文件后，金山毒霸 2009 的处理方式包括：自动清除、通知并让用户选择处理、隔离、跳过、禁止访问此文件、仅修改标题为标识为病毒邮件或者直接禁止脚本运行。

③ 病毒库升级。单击金山毒霸 2009 主界面的"在线升级"按钮或选择"工具"→"在线升级"命令，都可以启动在线升级。升级分为快速升级和自定义升级两种模式，用户可根据需要自由选择。

④ 监控和防御。在"监控和防御"选项卡中，可以对"文件实时防毒"、"邮件监控"、"网页防挂马"、"恶意行为拦截"等进行设置。

⑤ 在"安全百宝箱"选项卡中，可以进行"垃圾文件清理"、"进程管理"等工作。

⑥ 另外，也可以通过"互联网服务"选项卡，即时获知金山网站的新闻和教程。

## 11.2.3　反木马

### 1. 木马

人们通常所说的木马，即特洛伊木马(Trojan)，是恶意代码的一种。

传说在公元前 1200 年的古希腊特洛伊战争中，希腊王的王妃海伦被特洛伊的王子掳走，希腊王率兵攻打特洛伊城，由于城墙坚固，希腊人久攻特洛伊城不下，最后佯装撤退，留下了内部装有勇士的木马。结果特洛伊人高兴地将木马作为战利品拉回城中。半夜时分,木马中的勇士出来打开城门,与攻城的大部队里应外合攻克了特洛伊城。这便是著名的荷马史诗中"特洛伊木马"的故事。不过,没有人能想到,在进入 21 世纪以后,正是黑客让"特洛伊木马"从史书上重新回到了人间! 现在,"特洛伊木马"特指那些内部包含有为完成特殊任务而编制的代码的程序,这些特殊代码一般处于隐蔽状态,运行时轻易发觉不了,其产生的结果不仅完全与程序所公开宣示的无关,而且带有极强的进攻性。例如一些QQ 截获器、盗号木马等。

**2. 木马的类型**

(1) 远程控制型

远程控制类型的木马可以说是 Trojan 木马程序中的主流,目前流行的大多数木马程序都是基于这个目的而编写的。远程控制型木马的工作原理是:在计算机之间通过某种协议(如 TCP/IP)建立起一个数据通道,通道的一端发送命令,而另一端则解释该命令并执行,并通过这个通道返回信息。其实质也就是一种简单的客户机/服务器程序。木马程序由两部分组成:一部分称为被控端(通常是监听端口的 Server 端),另一部分被称为控制端(通常是主动发起连接的 Client 端)。其实这类木马更接近于标准远程控制软件,它们之间的根本区别在于:远程控制软件的被控端会有醒目提示自己正在被监控,而木马则会千方百计隐藏自己。

这种类型的木马包括:冰河、灰鸽子、Byshell 木马等。

(2) 信息窃取型

这种类型的木马一般不需要客户端。它在设计时确定了木马的工作是收集被种植了木马的系统上的敏感信息,例如,用户名、口令等。这种木马悄悄地在后台运行,当木马检测到用户正在进行登录等操作(例如,用户登录自己的邮箱),木马就将用户登录信息记录下来。同时木马会不断地检测系统的状态,一旦发现系统已经连接到互联网上,就将收集到的信息通过一些常用的传输方式(如电子邮件或 ICQ 等)发送出去。

这种类型的木马包括:QQ 密码记录器、"魔兽世界木马变种"窃取《魔兽世界》账号、一些邮件内嵌木马窃取银行登录信息等。

**3. 木马的传播方式**

按照严格的概念来说,特洛伊木马不被认为是计算机病毒或蠕虫,因为它不自行传播。通常木马的传播方式有以下几种。

① 手工放置。

② 电子邮件传播。

③ 利用系统漏洞安装。

但是,病毒或蠕虫经常将特洛伊木马作为攻击负载的一部分复制到目标系统上,因此在人们的认识中,木马也属于病毒。

**4. 木马的特点**

① 木马要工作,其被控端程序必须在目标上运行。没有人会主动要求去运行它,但

是会有这么一天,有人对你抱以和善的微笑说,"我这有一个好游戏"、"我有漂亮的 MM 屏保和你分享一下"等,当你打开这些程序时,一个宿主程序已经悄悄潜入你的计算机,在目标主机上运行的步骤就这样完成了,这完全是人们疏于防范造成的。

② 木马一般会在以下 3 个地方安营扎寨:注册表、win. ini、system. ini。如"Acid Battery v1. 0 木马",它将注册表"HKEY—LOCAL—MACHINE \ SOFTWARE \ Microsoft\ Windows\ CurrentVersion\ Run"下的 Explorer 键值改为 Explorer＝"C:\ WINDOWS\expiorer. exe",木马程序与真正的 Explorer 之间只有"i"与"l"的差别。

③ 木马的服务器程序文件一般位置是在 C:\WINDOWS 和 C:\WINDOWS\system 中。为什么要在这两个目录下?因为 Windows 的一些系统文件在这两个位置,如果误删了文件,计算机可能崩溃,木马就利用了这种心理,选择这样的位置安置自己。

④ 木马的文件名尽量和 Windows 的系统文件接近。如木马 SubSeven 1.7 版本的服务器文件名是 C:\WINDOWS\KERNEL16. DLL,而 WINDOWS 有一个系统文件是 C:\WINDOWS\KERNEL32. DLL,它们只差一点点。木马冰河 3.0 版的其中一个服务器程序为 C:\WINDOWS\system\Kernel32. exe,和系统文件的区别在扩展名上面。

⑤ 木马程序使用相对固定的端口。例如,木马冰河使用 7626 端口,木马 NetSpy 使用 7306 端口。

⑥ 木马有很强的隐蔽性。早期的木马会在用户按 Ctrl＋Alt＋Del 组合键时,在进程列表中显露出来,现在大多数木马已经看不到了,只能采用内存工具来检查内存中是否存在木马。

⑦ 木马有很强的潜伏性。有些木马在表面上的木马程序被发现并删除以后,后备的木马在一定的条件下会跳出来。这种条件主要是目标计算机主人的操作造成的。例如,冰河 2.2 版本,在将木马程序 kernel32. exe 删除后,当用户打开一个记事本文件时,kernel32. exe 又会重生出来。

**5. 典型反木马产品的使用**

目前流行的反木马产品有:木马克星、木马清道夫、木马杀客、木马剑客等。下面以木马剑客单机测试版为例讲解典型反木马产品的使用。

木马剑客的安装只需启动安装程序,根据提示完成,过程简单无需赘述。正常安装后,程序会在系统启动后自动运行。

① 桌面右下角会显示木马剑客的运行图标 ,双击该图标后,可以看到如图 11-8 所示的病毒扫描窗口。通过选择"内存扫描"、"快速扫描"、"全面扫描"命令可以对系统进行不同形式的病毒扫描工作。

② 在主窗口的"系统管理"栏目中,通过选择"进程管理"窗口可以查看正在启动的进程及相对应的程序路径,在"启动管理"窗口中可以查看系统启动时自动启动的应用程序及对应的注册表位置。

③ 通过"系统管理"→"网络管理"窗口,可以查看到本机当前的所有网络连接情况及端口打开情况。通过"服务管理"窗口查看到系统服务列表及启动情况。

④ 在木马剑客的"高级功能"栏目中,可以查看"病毒隔离区"中已被隔离的可疑程

图 11-8　木马剑客病毒扫描窗口

序,并通过"系统修复"功能对一些被病毒破坏的区域或关联进行修复,还可以在"程序卸载"窗口中方便地卸载已安装的应用程序。

⑤ "注册更新"栏目中包括木马剑客的注册和在线更新两个功能,通过"自动更新"的选择可以使病毒库得到及时的更新,从而使系统更有效地抵抗木马病毒的侵扰。

### 11.2.4　系统备份与快速恢复

如今的操作系统变得越来越庞大,安装时间也越来越长,一旦遭遇了病毒或者是系统崩溃,重装系统实在是件费心费力的事情。GHOST 的出现为我们解决了快速备份与恢复系统这一棘手的问题。它能在短短的几分钟里恢复原有备份的系统,还计算机以本来面目。GHOST 自面世以来已成为个人计算机用户及机房管理人员不可缺少的一款软件,是一般用户的一门必修课。

GHOST 是 Symantec(赛门铁克)公司出品的系统备份软件,GHOST 就是"General Hardware Oriented Software Transfer"英文的缩写,意思是"面向通用型硬件传送软件"。由于 GHOST 是英文"鬼、精灵"的意思,大家都把它叫做"恢复精灵"。它的最大作用就是可以轻松地把磁盘上的内容备份到镜像文件中去,也可以快速地把镜像文件恢复到磁盘,还用户一个干净的操作系统。

一键 GHOST 是系统快速备份和恢复软件,可以实现高智能的 GHOST,只需按一下 K 键,就能实现全自动无人值守的备份和恢复操作,非常适合一般用户使用。

(1) 安装

确认第一硬盘为 IDE 硬盘,如果是 SATA(串口)硬盘,则需要在 BIOS 中设置为 Compatible Mode(兼容模式)。如果正在挂接第二硬盘/USB 移动硬盘/U 盘,需要先拔掉它们。

一键 GHOST 的安装过程非常简单。只需解压→双击"一键 GHOST 硬盘版.exe",即可启动安装程序。之后,一路单击"下一步"按钮,直到最后单击"结束"按钮即可。

（2）设置选项

依次选择"开始"→"程序"→"一键 GHOST"→"选项"命令，打开如图 11-9 所示的窗口。

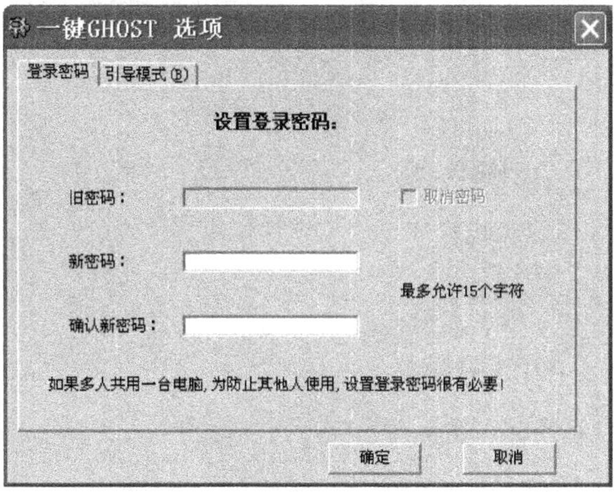

图 11-9 "登录密码"选项卡

设置登录密码可以防止在多人共用计算机的情况下，别人随意启动 GHOST 的备份和恢复功能。根据不同的计算机模式，在"引导模式"选项卡中选择不同的引导模式，如果设置后无法进入 DOS，则请更换其他选项。

（3）在 Windows 下运行

如果是在 Windows 下运行，可以依次选择"开始"→"程序"→"一键 GHOST"→"一键 GHOST"命令，根据用户原来是否做过系统备份（是否有映像存在）的具体情况，会自动显示不同的窗口。

情况 1：一键备份 C 盘（确保计算机在正常无毒的情况下运行），如图 11-10 所示。

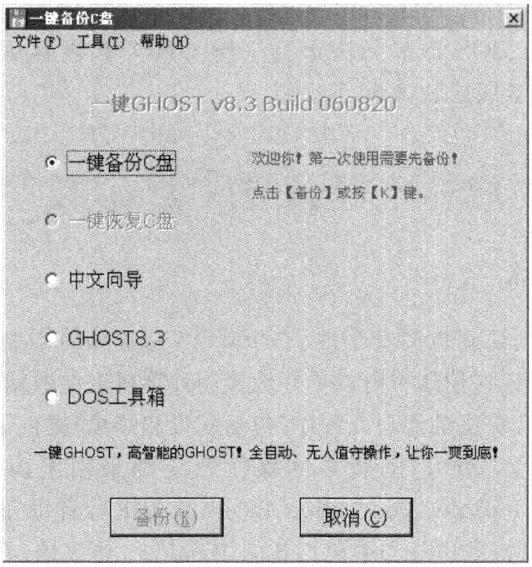

图 11-10 Windows 下无映像存在的运行窗口

情况 2：一键恢复（在杀毒、清除卸载类软件使用无效后，再使用本恢复功能），如图 11-11 所示。

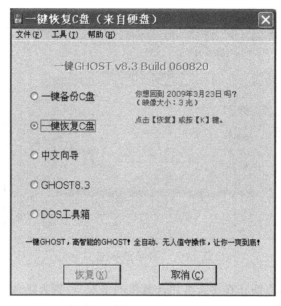

图 11-11　Windows 下有映像存在的运行窗口

（4）在 DOS 下运行

开机或重启，在开机引导菜单中选择"一键 GHOST"选项。

根据具体情况（映像是否存在）会自动显示不同的窗口。

情况 1：无映像存在，一键备份 C 盘。

情况 2：有映像存在，一键恢复 C 盘（来自硬盘）。

（5）其他方法

当在 Windows 和 DOS 下都无法运行一键 GHOST 硬盘版时，就需要使用一键 GHOST 的光盘版、优盘版或软盘版了。

## 11.3　网络安全

### 11.3.1　防火墙技术

防火墙有助于提高计算机的安全性。Windows 防火墙将限制从其他计算机发送到自己的计算机上的信息，这使用户可以更好地控制计算机上的数据，并针对那些未经邀请而尝试连接到自己的计算机的用户或程序（包括病毒和蠕虫）提供了一条防御线。

Microsoft Windows XP 以上版本的操作系统都采用了防火墙这种形式，称为 Internet 连接防火墙（Internet Connection Firewall，ICF），有助于提供更高的安全性。Windows XP Service Pack 2（SP2）中包括新的 Windows 防火墙，它取代了 ICF。下面以 Windows XP SP2 以上版本的操作系统为例，介绍 Windows 防火墙的基本配置。

① 在 Windows XP SP2 中启用和关闭 Windows 防火墙。

右击"网上邻居",打开"本地连接属性"对话框,选择"高级"选项卡,如图 11-12 所示。

单击"Windows 防火墙"的"设置"按钮,即可打开如图 11-13 所示的"Windows 防火墙"的设置对话框。也可以使用另一种方法打开 Windows 防火墙:选择"开始"→"设置"→"控制面板"→"安全中心"命令,在"管理安全设置"区域中单击"Windows 防火墙"选项。

图 11-12 "高级"选项卡

图 11-13 Windows 防火墙设置对话框

在"Windows 防火墙"对话框的"常规"选项卡中单击"启用(推荐)"单选按钮,即可阻止所有外部源连接到计算机,除了在"例外"选项卡中设置的例外情况。在不太安全的地方,可以选择"不允许例外"复选框来强化安全选项,即使在"例外"选项卡中设置的例外情况也会被忽略。

想要关闭 Windows 防火墙,则单击"关闭(不推荐)"单选按钮即可,当然要避免使用此设置,以防计算机更易受病毒和入侵的攻击。

② 配置 Windows 防火墙例外。

由于 Windows 防火墙会限制计算机与 Internet 之间的通信,因此可能需要为某些要求 Internet 开放连接的程序调整设置。对于 Windows 防火墙例外列表中的任何程序,无论应用程序是从何处运行,Windows 都会自动打开必要的连接。

通过选择"Windows 防火墙阻止程序时通知我"复选框,只要阻止了一个程序,Windows 防火墙都会显示一个通知对话框。

如果要允许例外的程序未在"例外"选项卡(如图 11-14 所示)中列出,则可以在计算机上的程序列表中搜索并添加。单击"添加程序"按钮,打开如图 11-15 所示的"添加程序"对话框,在列表中滚动选择要添加的程序,然后单击"确定"按钮。

当然,高级用户还可以通过单击"添加端口"按钮设置为某些单独的连接打开端口并配置连接的范围。

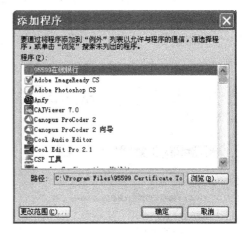

图 11-14 "例外"选项卡          图 11-15 在"例外"中添加程序

③ 配置 Windows 防火墙高级设置。

Windows 防火墙的"高级"选项卡（如图 11-16 所示）中提供了几项可以配置的设置。这些设置分为以下 4 个部分：

图 11-16 "高级"选项卡

- 网络连接设置。高级用户可以修改这些设置，以便为适用于计算机的单独硬件连接定义 Windows 防火墙设置。例如，可以将 Windows 防火墙配置为仅阻止连接至 USB 端口的设备的连接尝试，并允许通过网卡进行连接。独立计算机上的标准配置是为可用的每项硬件连接配置相同的设置。

- 安全日志记录。高级用户可以记录在 Windows 防火墙上尝试的成功和不成功连接。选择记录不成功的尝试时，则会收集 Windows 防火墙检测到并阻止的每次连接尝试的相关信息。选择记录成功的连接时，则会收集通过防火墙进入的每次成功连接的相关信息。这些信息集中在一起，就形成了进出计算机环境的所有事务的日志。
- ICMP。高级用户可以选择通过 Windows 防火墙使用 Internet 控制消息协议（ICMP）的哪些部分。要配置这些设置，必须深入了解 ICMP 机制。ICMP 的配置如果不正确，可能会严重影响计算机的安全性。
- 默认设置。具有管理员权限的用户可以使用此选项，将 Windows 防火墙设置还原为原始默认设置。

### 11.3.2　IE 的安全设置

浏览器是上网浏览网站的必备工具，目前用得最多的还是微软公司的 IE 浏览器。首先建议将 IE 升级到最新版本，以防范许多新漏洞。在 IE 中有不少容易被忽视的安全设置，通过这些设置用户能够在很大程度上避免网络攻击。

（1）清除自动完成表单和 Web 地址功能

IE 提供的自动完成表单和 Web 地址功能为用户带来了便利，但同时也存在泄密的危险。默认情况下自动完成功能是打开的，用户填写的表单信息，都会被 IE 记录下来，包括用户名和密码，当用户下次打开同一个网页时，只要输入用户名的第一个字母，完整的用户名和密码都会自动显示出来。当用户输入用户名和密码并提交时，会弹出自动完成对话框，如果不是自己的计算机这里千万不要单击"是"按钮，否则下次其他人访问就不需要输入密码了！如果不小心单击了"是"按钮，也可以通过下面步骤来清除：

① 单击 IE 浏览器菜单栏中的"工具"→"Internet 选项"命令。

② 单击"内容"选项卡，打开如图 11-17 所示的选项卡，单击"自动完成"中的"设置"按钮。

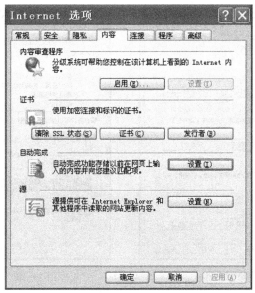

图 11-17　"内容"选项卡

③ 在弹出的"自动完成设置"对话框中,取消选择"表单上的用户名和密码"复选框。

④ 若要删除已经存储的表单数据和密码,只需单击"Internet 选项"→"常规"→"删除"命令,然后单击"删除表单"和"删除密码"按钮即可。

(2) Cookies 安全

Cookies 是 Web 服务器通过浏览器放在用户硬盘上的一个文件,用于自动记录用户的个人信息。有不少网站的服务内容是基于用户打开 Cookies 的前提下提供的。为了保护个人隐私,有必要对 Cookies 的使用进行必要的限制,方法是:

① 单击 IE 浏览器菜单栏"工具"→"Internet 选项"命令。

② 单击"安全"选项卡,选择"Internet 区域",单击"自定义级别"按钮。

③ 在"安全设置"对话框的 Cookies 区域,在"允许使用存储在您计算机的 Cookies"和"允许使用每个对话 Cookies"选项前都有"提示"或"禁止"项,由于 Cookies 对于一些网站和论坛是必需的,所以可以选择"提示"。这样,当用到 Cookies 时,系统会弹出警告框,用户就能根据实际情况进行选择了。

④ 如果要彻底删除已有的 Cookies,可单击"常规"选项卡,在"Internet 临时文件"区域中,单击"删除 Cookies"按钮即可,如图 11-18 所示。

(3) 分级审查

IE 支持用于 Internet 内容分级的 PICS(Platform for Internet Content Selection)标准,通过设置分级审查功能,可帮助用户控制计算机可访问的 Internet 信息内容的类型。例如,只想让家里的孩子访问 www.sohu.com.cn 网站,可以这样设置。

① 单击 IE 浏览器菜单栏"工具"→"Internet 选项"命令。

② 切换至"内容"选项卡,在"内容审查程序"区域中单击"启用"按钮。

③ 在弹出的"内容审查程序"对话框(如图 11-19 所示)中,单击"分级"标签页将"分级级别"调到最低,也就是零。

图 11-18　删除 Cookies

图 11-19　"分级"选项卡

④ 单击"许可站点"选项卡(如图 11-20 所示),添加信任站点,单击"始终"按钮将保证该网站始终成为信任网站。

⑤ 单击"确定"按钮创建监护人密码。重新启动 IE 后,分级审查生效。当浏览器在遇到 www.sohu.com.cn 之外的网站时,程序将提示"内容审查程序不允许您查看该站点"的提示,并不显示该页面。

(4) IE 的安全区域设置

IE 的安全区域设置可以让用户对被访问的网站设置信任程度。IE 包含了 4 个安全区域:Internet、本地 Intranet、可信站点、受限站点,系统默认的安全级别分别为中、中低、高和低。通过"工具"→"Internet 选项"菜单打开选项窗口,切换至"安全"选项卡,建议每个安全区域都设置为默认的级别,然后把本地的站点和限制的站点放置到相应的区域中,并对不同的区域分别设置。例如,网上银行需要 ActiveX 控件才能正常操作,而用户又不希望降低安全级别,最好的解决办法就是把该站点放入"本地 Intranet"区域,操作步骤如下:

① 通过"工具"→"Internet 选项"菜单打开选项窗口。

② 单击"安全"选项卡(如图 11-21 所示),选择"本地 Intranet"。

图 11-20 "许可站点"选项卡

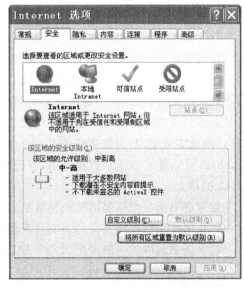

图 11-21 IE 的安全区域设置

③ 单击"站点"按钮,在弹出的对话框中,输入网络银行网址,添加到列表中即可。

## 11.3.3 密码的保护

密码是人们享受网络服务的重要指令,它不仅关系到个人的经济利益,也关系到个人隐私,因此,上网者应重视密码保护。

• 安装防病毒软件和防火墙,并保持日常更新和定时的病毒查杀。

• 使用 Microsoft Update 更新 Windows 操作系统,确保系统安全。

- 不要随意下载。建议去正规的网站下载,在网上随意搜索的资源可能暗藏病毒。下载后也要记得先查毒。
- 不要打开陌生的网址,即使是 QQ/POPO/MSN 上很熟的好友发送的,也要千万小心,因为很多病毒会伪装成好友发送消息。
- 不要把账号和密码明文保存在文档中,那样也是很危险的。
- 不要使用外挂,事实上很多外挂本身就是盗号的病毒。
- 定期更换密码,并且密码的长度要至少在 6 位数以上,使用数字和字母组合。
- 虽然家庭的计算机相对安全,但是我们建议绑定一款密码保护产品(如奇虎 360 保险箱、金山密保、瑞星账号保险柜、江民密保等),那样可以令上网更加安全,以备不测。

# 11.4 电子商务安全

## 11.4.1 数据证书的保护

### 1. 什么是数字证书

数字证书是网络用户的身份证明,相当于现实生活中的个人身份证。

现实生活中,两个不相识的人见面,互相自我介绍,“我是张三。”……“我是李四。”……如果没有身份证,两人也许会相互信任,也许就不会相互信任。而有了身份证,双方彼此出示身份证,因为身份证上有照片、姓名等信息,还有发证机构的印章,这个身份证是双方公认的可信第三方公安部门发放的,可以证明身份的真实性,证明“你确实是张三”,“他确实是李四”。数字证书在网上正是起着这个作用:用户 B 声称自己具有公钥 Kpkb,A 可以要求 B 出示数字证书,以证明 B 的公钥确实是 Kpkb,因为 B 的数字证书有 Kpkb 的信息。

数字证书由一个值得信赖的权威机构(证书颁发机构,简称 CA)发行,人们可以在交往中用它来鉴别对方的身份和表明自身的身份。

数字证书的格式一般采用 X.509 国际标准。

### 2. 数字证书的内容

数字证书一般包括下列内容:证书公钥,用户信息,公钥有效期限,发证机构的名称,数字证书的序列号,发证机构的数字签名。

一个典型的数字证书如图 11-22 所示。

### 3. 数字证书的作用

与数字证书相对应有一个私钥,用数字证书中公钥加密的数据只有私钥能够解密,用私钥加密的数据只有公钥能解密。运用上述原理使用数字证书,可以建立一套严密的身份认证系统,从而保证:

图 11-22　数字证书信息

- 信息除发送方和接收方外不被其他人窃取。
- 信息在传输过程中不被篡改。
- 发送方能够通过数字证书来确认接收方的身份。
- 发送方对于自己的信息不能抵赖。

**4. 数据证书的导出和转移**

① 打开 IE 浏览器的"工具"菜单→"Internet 选项"→"内容"选项卡,单击"证书"区域下的"证书"按钮,打开如图 11-23 所示的窗口。

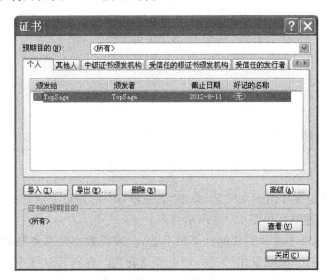

图 11-23　"证书"对话框

② 在"证书"对话框中选择要导出的个人证书，单击下方的"导出"按钮，即可打开"证书导出向导"对话框，按照向导的指引进行导出的过程。有些个人证书可以选择将私钥和证书一起导出，有些则提示"相关的私钥被标为不能导出"，则只有证书可以被导出，这种个人数字证书不能转移，只能在当前主机上使用（如图 11-24 所示）。

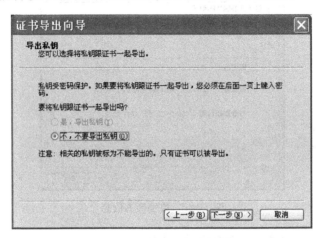

图 11-24    "导出私钥"对话框

③ 在证书导出过程中，可以用不同的文件格式导出证书，在如图 11-25 所示的"导出文件格式"对话框中选择相应的格式，单击"下一步"按钮。

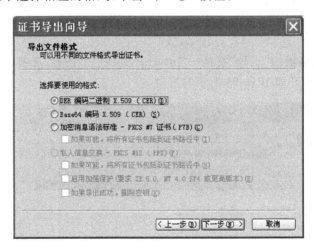

图 11-25    导出文件格式选择

④ 接下来，指定要导出的文件名，单击"下一步"按钮，即可完成证书的导出工作。导出后的数字证书文件图标如图 11-26 所示。

⑤ 如需把数字证书转移到其他计算机上去，只需将数字证书复制到其他计算机上，双击该证书文件，单击"安装证书"按钮，即可开始安装。在安装过程中，如果数字证书带有私钥信息，还需要用户正确输入私钥的保护密码，才能将带有私钥信息的数字证书完整地转移到其他计算机上。

⑥ 数字证书在安装导入到其他计算机上时,需要选择证书的存储位置(如图 11-27 所示)。一般个人的证书可以放在"个人"、"受信任人"和"其他人"等区域中,企业证书一般放在"受信任的根证书颁发机构"、"企业信任"等区域中。

图 11-26    导出后的证书文件图标

图 11-27    选择证书存储位置

## 11.4.2  网上支付

目前在保障网络购物安全方面,一些电子商务网站采用的货到付款方式是一种落后、效率也很低的办法,网络购物还是应该通过网上支付,而"支付宝"、"电子签名"等措施已经在保障安全方面起到了作用。

支付安全是消费者非常担心的问题,害怕钱付出去了,对方没有收到,甚至账号、密码被盗了。随着网上支付的发展,支付的安全问题变得越来越重要,这些都需要网上支付平台和银行的密切合作。只有解决了服务质量、安全、降低成本的问题,电子商务才能更好地发展。

下面,以用户群众多的支付宝为例,说明安全网上支付的方法。

支付宝交易,是指买卖双方使用支付宝网络技术有限公司提供的"支付宝"软件系统,且约定买卖付款方式是通过支付宝公司于买方收货后代为支付货款的中介支付的交易流程,具体流程如图 11-28 所示。

图 11-28    支付宝网上支付流程

- 买家先付款到支付宝,买家就不用担心把货款直接付给卖家而卖家不给发货的问题。
- 支付宝收到买家付款后即时通知卖家发货。
- 买家收到货物满意后通知支付宝付款给卖家。

为了保证买卖双方的利益,在交易过程中有超时机制启动,买卖双方必须关注自己的交易的超时时间,否则有可能造成损失。

用户在支付宝支付时选择任一银行卡支付通道后立即进入银行网关,银行卡资料全部在银行网关加密页面上填写,无论是支付平台(包含支付宝)还是网站都无法看到或了解到任何银行卡资料。网民输入卡资料提交过程全部采用国际通用的 SSL 或 SET 及数字证书进行加密传输,安全性由银行全面提供支持和保护,各银行网上支付系统对网上支付的安全提供保障。银行和支付宝以及商家之间是通过数字签名和加密验证传送信息的,提供层层安全保护。

## 习题

1. 安全技术主要包括哪几方面的内容?
2. 系统平台的手工加固有哪些常规方法?
3. 病毒有哪些分类? 试分析你曾经中过的病毒属于哪类病毒。
4. 详细分析你所使用的反病毒软件的功能内容,测试它的检测速度、识别率和清除效果。
5. 木马有哪些特点? 下载并安装一种反木马程序,测试它的功能。
6. Windows 防火墙都有哪些功能? 如何开启和禁用它?
7. IE 浏览器的安全设置都包括哪些内容?
8. 什么是数字证书? 它有哪些作用?
9. 目前主流的安全支付方法都有哪些? 试描述你的一次网上支付过程。

## 实训环境和条件

① Windows XP SP2 以上版本操作系统。
② 能够连接 Internet 的计算机。
③ 一至两种反病毒软件。
④ 一至两种反木马程序。
⑤ 一键 GHOST 软件。

## 实训项目

### 1. 实训 1:反病毒软件、反木马程序的安装和使用

(1) 实训目标
了解反病毒软件及反木马程序的工作机制。
熟悉一到两种反病毒软件及反木马程序的使用。
(2) 实训内容
① 选择一种反病毒软件和一种反木马产品进行安装。
② 分别将病毒库升级为最新。
③ 分别对本机进行全面扫描,并对扫描报告进行详细分析。

**2. 实训 2：配置 Windows 防火墙**

（1）实训目标

掌握 Windows 自带防火墙的配置方法。

（2）实训内容

① 开启 Windows 防火墙。

② 熟悉 Windows 防火墙的配置选项。

③ 设置一个例外程序，并验证例外设置是否已应用。

**3. 实训 3：系统备份及快速恢复**

（1）实训目标

掌握一键 GHOST 的快速备份和恢复方法。

（2）实训内容

① 安装一键 GHOST 软件。

② 对本机 C 盘进行快速备份。

③ 对本机 C 盘进行快速恢复。

**4. 实训 4：数字证书的安装、导出及转移**

（1）实训目标

了解主流的网上支付方法。

掌握数字证书的申请、查看、导出和转移的方法。

（2）实训内容

① 到支付宝网站，申请一个免费支付宝账户。

② 尝试申请支付宝数字证书。

③ 备份支付宝数字证书。

④ 查看和导出支付宝数字证书。

⑤ 转移支付宝数字证书到其他计算机。

# 第12章

## 电子商务基础与应用

　　Internet 技术的飞速发展带给人们一个全新的互联网世界,其中的电子商务已成为信息社会商务活动的主要形式。那么,什么是电子商务? 有几种常见的电子商务类型? 在网上,一般消费者的购物的形式是什么? 如何解决网上购物的安全问题? 如何选择支付形式? 这些都是本章要解决的问题。

　　**本章内容与要求**:
- 了解电子商务的基本知识。
- 掌握电子商务的基本类型。
- 掌握利用电子商务网址大全快速找到分类网站的方法。
- 了解电子商务系统的组成、物流与支付系统。
- 了解上网安全保护的基本措施。
- 掌握对于消费者而言的电子商务网站的应用技术。

## 12.1　电子商务技术基础

　　自跨入 21 世纪以来,Internet 正在发生着令人瞩目的变革。各种技术的飞速发展带给人们一个全新的互联网世界,并由此导致了人们在社会、经济、文化、生活等各方面的变化。其中,电子商务的产生与发展对人类社会的发展产生了重大的影响。

### 12.1.1　初识电子商务网站

　　电子商务是一种新型的商业运营模式,它可以涵盖社会生活的方方面面,例如,人们既可以通过 Internet 订餐、订票、购书,还可以通过手机短信订阅天气预报,也可以通过发送 E-mail 来邀请客户参加新产品的展销会。总之,通过 Internet、Intranet 和 Extranet,人们可以进行各种信息查询、广告的发布及电子支付等各类商贸活动。这些活动都属于电子商务活动的范畴。通过下面的操作,我们来认识一下"电子商务"网站。

　　使用"电子商务网址大全"进入网上商城(书城)"当当网"的步骤如下:

　　① 打开傲游(IE 7.0)浏览器。

　　② 在地址栏中输入"http://www.eckoo.com.cn",打开图 12-1 所示网站。

图 12-1　EC 酷"电子商务网址大全"网站

③ 在图 12-1 所示的 EC 酷"电子商务网址大全"网站中,可以选择各种类型的电子商务网站,如在"点击排行前十名"中,选中"当当网",即可带领用户进入选择的商城进行购物。

### 12.1.2　电子商务的基本知识

#### 1. 电子商务的产生与发展

电子商务是伴随着 Internet/Intranet 的技术飞速发展起来的。当前,电子商务的规模迅速膨胀,电子商务在全球的企业用户已达到上百万。统计资料表明,中国 2010 年第 1 季度 B2B 市场交易规模占整个电子商务交易市场的 91.67%,B2C 占 0.73%,C2C 占 7.6%;中国的电子商务市场正处于快速增长状态中。目前,中国的 500 强企业都已建立了网络交易系统。有报告预计到 2011 年,面向消费者个人的电子商务模式——B2C、C2C 市场规模总和将达 2149 亿元,由此可见,个人电子商务市场将迎来新一轮快速发展周期。

欧美国家电子商务的开展不过十几年,但欧美国家的电子商务业务却发展得如火如荼。在法、德等欧洲国家,电子商务所产生的营业额已占商务总额的 1/4,而在美国则高达 1/3 以上。中国的电子商务始于 1997 年。如果说美国的电子商务是"商务推动型",那么中国的电子商务则更多的是"技术拉动型"。这是中国电子商务与美国电子商务发展中最大的不同。中国的电子商务发展迅猛,截至 2007 年底,全国电子商务交易总额高达 2.17 万亿元,比 2006 年度增长了 90%。中国网络购物发展迅速,截至 2008 年 6 月底,网络购物用户人数达到 6329 万,半年内增加幅度高达 36.4%。截至 2008 年 12 月,电子商务类站点的总体用户覆盖已经从 9000 万户提升至 9800 万户。

（1）电子商务的发展进程

电子商务的推广应用是一个由初级到高级、由简单到复杂的发展过程，其对社会经济的影响也是由浅入深、由点到面的。从开始时的网上相互交流的需求信息、发布的产品广告，到今天的网上采购、接受订单、结算支付账款。总之，企业应用电子商务与消费者的应用类似，都是一个由少至多、逐步发展的过程。今天，中国的很多企业的网络化、电子化已经可以覆盖其全部的业务环节。从业务的应用领域看，企业电子商务也是一个逐步发展与完善的过程。例如，由早期商务活动仅使用电子订单、电子发票、电子合同、电子签名等，到后来包括支付活动的电子商务系统，人们可以通过网上银行、电子现金、电子钱包、电子资金转账等实现商贸活动中的支付环节。如今，电子商务系统已经发展到更为完善的阶段，人们不但可以完成早期商务系统可以完成的各种商务活动，还可以进行网上证券交易、电子委托、电子回执、网上查询等更多种方便、快捷的电子商务活动。

总之，可以预见，随着因特网进一步的发展，电子商务将以更快的速度、更多的形式，全面渗入到人们社会生活的方方面面。展望未来，一个跨越时间、空间的全球化的电子社会、电子生活、电子城市将会以全新的面貌出现在人们的面前。

（2）电子商务发展的 3 大阶段

① 第 1 阶段：电子邮件阶段。这个阶段被认为是从 20 世纪 70 年代开始的，电子邮件的平均通信量以每年几倍的速度增长着，至今已经逐步取代了纸质邮件。

② 第 2 阶段：信息发布阶段。这个阶段被认为是从 1995 年起，其主要代表为以 Web 技术为基础的信息发布系统，其以爆炸的方式成长起来，当前已经成为 Internet 中的最主要的应用系统。

③ 第 3 阶段：EC（电子商务）阶段。实际上 EC 在发达国家也处于开始阶段，但是，在短短几年里，就遍布了全中国，因此，EC 可以被视为另一个划时代的产物。因为，Internet 的主要用途之一就是电子商务。由此，可以肯定地说，Internet 终将成为当今电子商业信息社会的支撑系统。

**2. 电子商务与传统商务之间的关系**

纵观电子商务的发展历程，电子商务与传统商务密切相关，它们之间的关联如下：

① 电子商务的发展是以传统商务为基础而发展的。

② 电子商务的发展目的不是要取代传统商务模式，而是对传统商务的发展、补充与增强。

③ 在电子商务发展的过程中，传统企业的电子商务是我国电子商务发展的重点。

④ 电子商务系统是一个正在发展与完善的新生事物。因此，在发展中，必然会出现反复、问题与漏洞。

**3. 电子商务的定义与基本特点**

电子商务（Electronic Commerce，EC）实际上是一种基于网络的买卖活动。为了区别于人们已经沿袭了成百、数千年的"一手交钱，一手交货"的传统交易方式，人们将其称为电子商务。电子商务包括任何通过 Internet 或其他网络而完成的商务或贸易活动,如电子商务可以是网上购物、网上炒股、电子贸易、电子付款、网上银行等,当然,也可以包括实现政府职能部门在网上提供的电子化商务服务,如消费者可以通过职能部门的网站进行网上纳税、网上报关等。

电子商务被定义为:利用电子化的技术和网络平台实现的商品和服务的交换活动。通常,电子商务利用简单、快捷、低成本的电子通信方式,无须买卖双方见面即可实现各种商贸活动。其基本特点包含两个主要方面:其一,是以电子方式和网络进行的,如通过 Internet 查看与订购商品,通过 E-mail 确认;其二,是商贸活动,如通过 Internet 确定电子合同,通过网络银行支付交易的费用。

### 4. 电子商务的名称

(1) EDI

电子商务起源于电子数据交换(Electronic Data Interchange,EDI),如早期海关的报关、审批等进出口的商贸活动就是典型的 EDI 系统,它只是电子资料的交换。总之,EDI 是电子商务系统的起源与雏形,与现代的以 Internet 为依托的电子商务有着根本的区别。

(2) EC&EB

① 狭义的电子商务:英文名称是"Electronic Commerce",简称为 EC。人们通常将狭义电子商务理解为电子商务。EC 泛指通过因特网进行的全球范围内的商业贸易活动。

② 广义的电子商务:一般将 IBM 定义的电子商务 EB 称为广义电子商务,其英文全称为"Electronic Business",简称为 EB。它是指利用计算机、网络、信息等各种现代技术进行的各类商务或政务活动。

联合国国际贸易程序简化工作组对电子商务的定义是:采用电子形式开展的一切商务活动。现将 EB 的重要概念介绍如下:

- 交易主体:是商业企业、消费者、政府,以及其他参与方。
- 交易工具:在各主体之间通过电子工具完成,如通过浏览器、Web、EDI(电子数据交换)及 E-mail(电子邮件)等。
- 交易活动:可以是共享的各种形式的商务信息,如广告、商务邮件,以及管理信息系统完成的商务活动、管理活动或消费活动。总之,包含了各种形式的商务活动,如消费者通过网络缴纳税款、交纳罚金等。

### 5. 电子商务的应用模式及电子商务系统

电子商务系统通常是在因特网的开放网络环境下采用的基于 B/S 模式的应用系统。电子商务系统是以电子数据交换、网络通信技术、Internet 技术和信息技术为依托的,在商贸领域中使用的商贸业务处理、数据传输与交换的综合电子数据处理系统。

电子商务系统使得买卖的双方,可以在不见面的前提下,通过 Internet 实现各种商贸活动,如可以是消费者与商家之间的网上购物、商家之间进行的网上交易、商家之间的电子支付等各类商务、交易与金融活动。

**6. 电子商务系统中应用的主要技术**

电子商务综合了多种技术,包括电子数据交换技术(如电子数据交换 EDI、电子邮件)、电子资金转账技术、数据共享技术(如共享数据库、电子公告牌)、数据自动俘获技术(如条形码)、网络安全技术等。

## 12.1.3 电子商务对经济发展的影响

电子商务是因特网迅速发展、快速膨胀的直接产物,也是网络、信息、多媒体等多种技术应用的全新发展方向。由于因特网本身具有的开放性、全球性、低成本、高效率等特点,因此,这些优点自然地成为了电子商务的本质和内在特征,并使得电子商务大大超越了作为一种贸易形式所具有的本身价值,它不仅改变了企业自身的生产、经营、管理和销售活动,而且最终影响到了整个社会的经济运行结构,以及人们的购物活动。

电子商务通过网络实现交易,因此,可以改善客户服务,缩短流通时间,降低费用。

**1. 电子商务在经济发展中的主要优势**

① 降低成本:实现了交易的电子化、数字化和网络化,极大地降低了成本。

② 节省时间:突破了传统商务中时间和空间的限制,极大地提高了效率,如消费者通过网络从北京下单到商家"京东商城",到购买的商品到家,仅需 1～3 天。

③ 合理配置社会资源:淡化了地域的差异,如处于云南边陲的小城,也可以通过电子商务系统,享受到只有在现代化大都市中才能享有的资源。

④ 促进贸易、就业和新行业的发展:电子商务系统为企业与个人都创造了更多的贸易与就业机会,如某大学毕业生,到 C2C 平台(淘宝网)开店,不但自己获得了稳定的收入,还雇佣了数名网站的前台客户服务人员。而对于一些中小企业,通过电子商务系统,也能拥有和大企业一样的信息资源,从而提高了中小企业的竞争能力。

⑤ 改变了社会经济运行的方式与结构:重新定义了传统的流通模式,减少了中间环节,使得消费者可以从生产厂商处直接购买产品,改变了经济的运行结构与运作方式。

⑥ 促进了现代物流的发展:电子商务对现代物流产业的发展起到了极大的促进作用,它不仅为物流企业提供了良好的运作平台,还极大地方便了物流信息的收集与传递。最终形成了物流产业的多功能、信息化和一流服务的现代产业链。

⑦ 促进了电子政务的发展:电子政务是在电子商务背景下逐步发展与完善起来的新兴事物,其优势如下:

- 电子政务的出现有利于政府转变职能,提高运作的效率。
- 通过网上办公及对公众开放可以开放的信息资源库,政府可以简化办公流程,如已实现的网上政府税务系统、政府采购系统、网上公示或公告等。
- 政府的各个职能部门通过网络可以实现合作办公。
- 网上办公,辅以安全认证技术措施后,具有高可靠性、高保密性和不可抵赖性。
- 更好地实现社会公共资源的共享。
- 通过实施电子政务,还有利于提高政府管理、运作的透明度,提高公众的监管力度,达到廉政办公的目的。

**2. 电子商务的影响**

电子商务对经济的影响可以分为直接和间接两个部分。

（1）电子商务的直接影响

① 极度节约商务成本,尤其节约了商务沟通和非实物交易的成本。

② 极大提高商务效率,尤其提高了地域广阔但交易规则相同的商务效率。

③ 有利于进行商务(经济)宏观调控、中观调节和微观调整,可以将政府、市场和企业乃至个人连接起来,将"看得见的手"和"看不见的手"连接起来,既可克服"政府失灵"又可克服"市场失灵",既为政府服务又为企业和个人服务。

（2）电子商务的间接影响

① 促进整个国民经济和世界经济高效化、节约化和协调化。

② 带动一大批新兴产(事)业的发展,如信息产业、知识产业和教育事业等。

③ 物尽其用、保护环境,有利于人类社会可持续发展。作为一种商务活动过程,电子商务将带来一场史无前例的革命。

总之,电子商务对社会经济的影响会远远超过商务价值的本身。除了上述的优势外,它还将给就业、法律制度以及文化教育等带来巨大的影响。电子商务会将人类真正带入信息社会。

## 12.1.4 电子商务的特点

无论是电子商务,还是电子政务系统都是正在发展和成长的新生事物,其优势是明显的,但是也有着不足之处,现归纳如下:

**1. 电子商务的优点**

① 无须到购物现场,快捷、方便、节省时间。

② 有着无限的、潜在的市场,以及巨大的消费者群。

③ 开放、自由和自主的市场环境。

④ 直接浏览购物,与间接的银行支付、物流系统、采购等服务紧密结合。

⑤ 虚拟的网络环境,与现实的购物系统有机地结合。

⑥ 网络的公众化与消费者的个性化消费与服务良好地相结合。

⑦ 节约了硬件购物环境,简化了中间环节,直接向厂家购物,极大地降低了成本。

**2. 电子商务的缺点**

（1）货品失真

消费者经常遇到的是购买到的商品与网上展示的商品不符,或者是没有标签。这是由于网上展示商品的详细信息缺失而造成的,如前面说的可能是三无产品,但是,卖家不输入其商标部分;又如,颜色在照片中与实物往往会由于光线而产生变化。

（2）搜索商品宛如大海捞针

在网上购物时，消费者往往缺乏计算机方面的知识与操作技能，因此，同样的商品如何找到最低价格的商家往往成为最大的问题。例如，购买同一位置、同一个单元的二手房，不同中介的价格差异能在 10 万元；一件同样的上衣，价格差异也可能在 40% 以上。为此，用户在网上购物时，只能逐一登录各个网站，直到找到自己满意的货品。

（3）信用危机

电子商务与传统商务相比，有时会遇到上当受骗的现象。这是由于交易的双方互不见面，增加了交易的虚拟性。其次，当代中国社会的信用制度、环境、信用观念与西方发达国家相比，尚有差距。西方的市场秩序较好，信用制度较健全，信用消费观念已为人们普遍接受，因此，受骗的示例比中国少。这就要求中国的消费者提高保护自己的意识，保留足够的交易证据，以期减少自己可能发生的损失。

（4）交易安全性

由于 Internet 是开放的网络，电子商务系统会引起各方人士的注意；但是，在开放的网络上处理交易信息、传输重要数据、进行网上支付时，安全隐患往往成为人们恐惧网络与电子商务的最重要因素之一。据调查数据显示，不愿意在线购物的大部分人最担心的问题是遭到黑客的侵袭而导致银行卡、信用卡信息被盗取，进而损失卡中的钱财。由此可见，安全问题已经成为电子商务进一步发展的最大障碍。

（5）管理不够规范

电子商务在管理上涉及商务管理、技术管理、服务管理、安全管理等多个技术层面，而我国的电子商务属于刚刚兴起的阶段，因此，有些管理还不够完善。

（6）纳税机制不够健全

企业、个人合法纳税是国家财政来源的基本保证。然而，由于电子商务的很多交易活动是在无居所、无位置、无实名的虚拟网络环境中进行的，因此，一方面造成国家难以控制和收取电子商务交易中的税金；另一方面，也使得消费者无法取得购物凭证（发票）。

（7）落后的支付习惯

由于中国的金融手段落后、信用制度不健全，中国人容易接受货到付款的现金交易方式，而不习惯使用信用卡或通过网上银行进行支付。在影响我国电子商务发展的诸多因素中，网络带宽窄、费用昂贵，以及配送的滞后和不规范等并非最重要因素，而是人们落后的支付与生活习惯。

（8）配送问题

配送是让商家和消费者都很伤脑筋的问题。网上消费者经常遇到交货延迟的现象，而且配送的费用很高。业内人士指出，我国国内缺乏系统化、专业化、全国性的货物配送企业，配送销售组织没有形成一套高效、完备的配送管理系统，这毫无疑问地影响了人们的购物热情。

（9）知识产权问题

在由电子商务引起的法律问题中，保护知识产权问题又首当其冲。由于计算机网络上承载的是数字化形式的信息，因而在知识产权领域（专利、商标、版权和商业秘密等）中，版权保护的问题尤为突出。

（10）电子合同的法律问题

在电子商务中，传统商务交易中所采取的书面合同已经不适用了。一方面，电子合同存在容易编造、难以证明其真实性和有效性的问题；另一方面，现有的法律尚未对电子合同的数字化印章和签名的法律效力进行规范。

（11）电子证据的认定

信息网络中的信息具有不稳定性或易变性，这就造成了信息网络发生侵权行为时，锁定侵权证据或者获取侵权证据难度极大，对解决侵权纠纷造成了较大的障碍。如何保证在网络环境下信息的稳定性、真实性和有效性，是有效解决电子商务中侵权纠纷的重要因素。

（12）其他细节问题

最后就是一些不规范的细节问题，例如，目前网上商品价格参差不齐；主要成交类别商品价格最大相差 40%；网上商店服务的地域差异大；在线购物发票问题大；网上商店对订单回应速度参差不齐；电子商务方面的法律，对参与交易的各方面的权利和义务还没有进行明确细致的规定。

### 12.1.5　电子商务的交易特征

一般来说，电子商务覆盖了因特网所能覆盖的范围，以及各种应用领域。与其他商贸活动类似的是它是交互式的，即要求贸易的双方能够以各种方式进行交流，如使用旺旺工具实时交流，当然也可以使用手机、E-mail 等工具。总之，电子商务充分利用了计算机和网络，将遍布全球的信息、资源、交易主体有机地联系在一起，形成了可以创造价值的服务网络。电子商务与传统商务相比具有以下一些明显特征：

**1. 交易方式**

电子商务的基本特征是以电子方式（信息化）完成交易活动。

**2. 交易过程**

电子商务的过程主要包含：网上广告、订货、电子支付、货物递交、销售和售后服务、市场调查分析、财务核算、生产安排等。

**3. 交易工具**

电子商务的交换工具非常丰富，包括：电子数据交换、电子邮件、电子公告板、电子目录、电子合同、电子商品编码、信用卡、智能卡等。

**4. 交易中涉及的主要技术**

电子商务系统在交易过程中，涉及的主要技术有：网络技术、数据交换、数据获取、数据统计、数据处理技术、多媒体、信息技术、安全技术等。

### 5．交易平台

因特网及网络交易平台,如淘宝网提供的交易平台。

### 6．交易的时间与空间

很多电子商务网站号称的运行与交易时间为全天,即每周 7 天,每天 24 小时。然而,很多网站通常会在法定假期间不上班,或不能按照正常的交易时间完成交易。电子商务系统的交易空间,理论上是全球范围,然而由于支付手段、物流的限制,一般都局限于本国。

### 7．交易环境

电子商务系统的平台,通常是在 Internet 联网状态下运行的软件系统,因此,其交易的必要环境是 Internet 联网环境。

## 12．2　电子商务的基本类型

电子商务有多种分类方法,通常根据交易主体的不同可以分为 B2B、B2C、B2G、C2C、C2G、C2A 和 B2A 等 7 类,其中基本的是图 12-2 所示的 5 类。

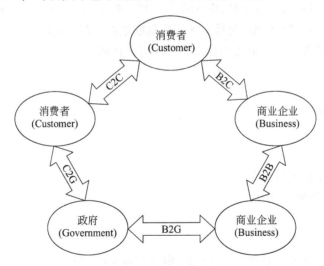

图 12-2　依消费主体不同进行的电子商务分类图

下面对各种电子商务模式进行简介。

### 1．企业间的电子商务 B2B 或 B-B 模式

B2B(Business to Business)是指企业间的电子商务,又称"商家对商家"的电子商务活动。B2B 是指企业间通过 Internet 或专用网进行的电子商务活动,如企业与企业间通过互联网进行的产品信息发布、服务与信息的交换等。

**说明**：B2B 中的 2(two)的读音与 to 相同,因此,用 2 代表 to,下同。

(1) B2B 电子商务模式的几种基本模式

① 企业之间直接进行的电子商务:如大型超市的在线采购,供货商的在线供货等。

② 通过第三方电子商务网站平台进行的商务活动:如国内著名电子商务网站阿里巴巴就是一个 B2B 电子商务平台。各种类型的企业都可以通过阿里巴巴进行企业间的电子商务活动,如发布产品信息、查询供求信息、与潜在客户及供应商进行在线的交流与商务洽谈等。

③ 企业内部进行的电子商务:企业内部电子商务是指企业内部各部门之间,通过企业内联网(Intranet)而实现的商务活动,如企业内部进行的商贸信息交换、提供的客户服务等。通常,在谈到电子商务时常指企业外部的商务活动。

(2) 支持 B2B 的著名网站

中国网库、阿里巴巴、电子电器网、慧聪网、八方资源等,如图 12-3 所示。

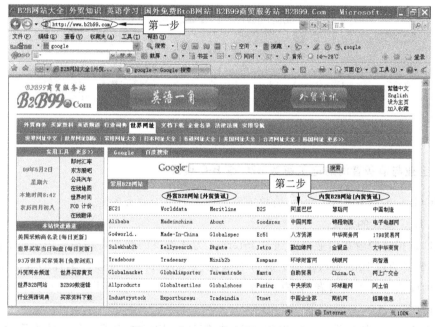

图 12-3 "B2B 网站大全"网站窗口

(3) B2B 按服务对象的分类

外贸 B2B 网站和内贸 B2B 网站,如图 12-3 所示。按行业性质还可分为综合 B2B 网站和行业 B2B 网站,如阿里巴巴和中国玻璃网、化工网等。

**2. 进入 B2B 综合网站"阿里巴巴"**

① 打开 IE 7.0 浏览器。

② 在地址栏中输入"http://www.b2b99.com/",打开如图 12-3 所示网站。

③ 在图 12-3 所示的"B2B 网站大全"网站窗口中,单击需要进入的网站,如"阿里巴巴"。

④ 在图 12-4 所示的"阿里巴巴"网站窗口,可以先注册,再选择需要进行的商贸活动,如发布供求信息、申请企业旺铺等。

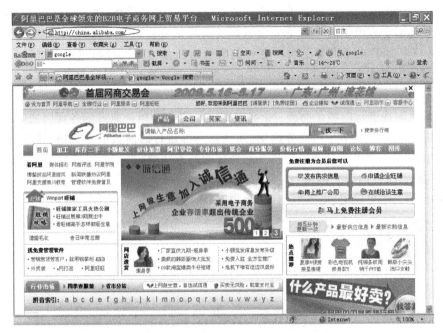

图 12-4　B2B"阿里巴巴"网站窗口

### 3. 企业与消费者间的电子商务 B2C 或 B-C 模式

B2C(Business to Customer)是我国最早产生的电子商务模式。

(1) B2C 模式的定义

B2C 是指消费者在商业企业通过 Internet 为其提供的新型购物环境中进行的商贸活动,如消费者通过 Internet,在网上进行的购物、货品评价、支付和订单查询等商贸活动。由于这种模式节省了消费者(客户)和企业双方的时间和空间,因此,极大地提高了交易的效率,节省了开支。

对用户来讲,在电子交易的操作过程中,B2B 比 B2C 要麻烦,前者通常是做批发业务,适合大宗的买卖;而后者进行的通常是零售业务,因此,更容易操作,但交易量较小。

(2) B2C 模式的著名网站

京东商城、亚马逊、当当网、ChinaPub、麦网 18、红孩子、凡客诚品(VANCL)等。

### 4. 进入 B2C 电子产品购物网站

① 打开 IE 7.0 浏览器。

② 在地址栏中输入"http://www.360buy.com",打开图 12-5 所示网站窗口。

③ 在图 12-5 所示的"京东商城"窗口中,首先进行注册,注册成功后即可进行商贸活动,如浏览购物、结算、查询订单等。

图 12-5　B2C"京东商城"网站窗口

### 5. 消费者对消费者 C2C 或 C-C

C2C(Customer to Customer)同 B2B、B2C 一样,是电子商务中的最重要的模式之一,也是发展最早和最快的电子商务活动。

（1）C2C 模式的定义

C2C 是指"消费者"对"消费者"的商务模式。它是指网络服务提供商利用计算机和网络技术,提供有偿或无偿使用的电子商务和交易服务的平台。通过这个平台,卖方用户可以将自己提供的商品发布到网站进行展示、拍卖;而买方用户可以像逛商场那样,自行浏览、选择商品,之后可以进行网上购物（一口价）或拍品的竞价。支持 C2C 模式的商务平台,就是为买卖双方提供的一个在线交易平台。

通过 C2C"网站大全"进入著名的"淘宝网"网站的步骤如下:

① 打开 IE 7.0 浏览器。

② 在地址栏中输入"http://www.dragon-guide.net/shengshi/c2c.htm",打开图 12-6 所示网站窗口。

③ 在图 12-6 所示的 C2C"网站大全"窗口中,列出了中国和外国的著名 C2C 网站的名称。单击"淘宝网",即可进入该网站,如图 12-7 所示。当然,也可以在图 12-1 所示网站中,直接单击"淘宝网"。

（2）中外 C2C 模式典型网站的区别

eBay 是美国 C2C 电子商务模式的典型代表。它创立于 1995 年 9 月,为全球首家网上拍卖的网站,成为 C2C 电子商务模式的先驱者,在欧美市场获得了巨大成功。在雅虎、亚马逊书店等著名网络公司普遍不能赢利的情况下,成为最早开始赢利的互联网公司

图 12-6 C2C"网站大全"窗口

图 12-7 C2C 淘宝网网站窗口

之一。

淘宝网成立于 2003 年 5 月,它是中国 C2C 市场的主角,它打破了 eBay 的拍卖模式,从中国网络市场的实际出发,开发出有别于 eBay 的中国模式的 C2C 网站。

eBay 网的重点服务对象是熟悉技术、收入较高的白领,以及喜欢收藏和分享的用户;而淘宝网的服务对象则是普通民众。此外,eBay 长于拍卖业务,而淘宝网则定位于个人购物网站。

(3) 支持 C2C 模式的著名网站

① C2C 中文网站:淘宝网、易趣网、雅宝网等,其直接网址如下:

- 淘宝网:http://www.taobao.com/
- 易趣网:http://www.eachnet.com/
- 1 拍网:http://www.1pai.com.cn/
- 雅宝网:http://www.yabuy.com/
- 嘉德在线:http://www.clubciti.com/
- 大中华拍卖网:http://www.ibid.com.cn/
- 易必得拍卖网:http://www.ebid.com.cn/

② C2C 英文网站:ebay(http://www.ebay.com)、Ubid、Onsale、Yahoo Auction 等。

(4) 使用直接网址进入淘宝网

① 打开 IE 7.0 浏览器。

② 在地址栏中输入"http://www.taobao.com",打开图 12-7 所示网站窗口。

③ 在图 12-7 所示的淘宝网窗口中,先进行注册,注册成功后即可进行商贸活动,如浏览购物、查询订单等,然后支付货款到第三方,如支付宝。

### 6. 消费者对政府机构 C2G

C2G (Customer to Government)是指"消费者"对"行政机构"的电子商务活动。

(1) C2G 模式的定义

C2G 专指政府对个人消费者的电子商务活动。这类电子商务活动在中国尚未形成气候,而一些发达国家的政府的税务机构,早就可以通过指定的私营税务或财务会计事务所用的电子商务系统,为个人报税,如澳大利亚。

(2) C2G 系统的最终目标和经营目的

在中国,C2G 的商务活动虽未达到通过网络报税的电子化的最终目标,然而,在我国的发达城市或地区,已经具备了消费者对行政机构的电子商务活动的雏形,如北京,"北京市地方税务局"网站如图 12-8 所示。总之,随着消费者网络操作技术的提高,以及信息化高速公路的飞速发展与建设,中国行政机构的电子商务的发展将成为必然,政府机构将会对社会的个人消费者提供更为全面的电子方式服务,也会向社会的纳税人提供更多的服务,如社会福利金的支付、限价房的网上公示等,都会越来越依赖 C2G 电子商务系统。

C2G 是政府的电子商务行为,不以赢利为目的,主要包括网上报关、报税等,对整个电子商务行业不会产生大的影响。

(3) 进入 C2G"北京市地方税务局"网站

① 打开 IE 7.0 浏览器。

② 在地址栏中输入"http://www.tax861.gov.cn",打开图 12-8 所示网站窗口。

③ 在图 12-8 所示的 C2G 的"北京市地方税务局"窗口中,可以进行有关的信息查询

图 12-8　C2G"北京市地方税务局"网站窗口

或操作,如单击"年所得 12 万元自行申报",可以进行查询或申报个人所得税的 C2G 电子商务活动。

### 7. 商家对政府机构 B2G

B2G(Business to Government)是指"企业(商业机构)"对"行政机构"的电子商务活动。

(1) B2G 模式的定义

B2G 是指商业机构对行政机构的电子商务,即企业与政府机构之间进行的电子商务活动。如政府将其有关单位的采购方案的细节公示在互联网的政府采购网站上,并通过在网上竞价的方式进行商业企业的招标。应标企业要以电子的方式在网络上进行投标,最终确定政府单位的采购方案。

(2) B2G 模式的发展前景

目前,B2G 在中国仍处于初期的试验阶段,预计会飞速发展起来,因为政府需要通过这种方式来树立现代化政府的形象。通过这种示范作用,将进一步促进各地的电子商务、政务系统的发展。此外,政府通过这类电子商务方式,可以实施对企业的行政事物的监控与管理,例如,我国的金关工程就是商业企业对行政机构进行的 C2G 电子商务活动范例,政府机构利用其电子商务平台,可以发放进出口许可证,进行进出口贸易的统计工作,而企业则可以通过 C2G 系统办理电子报关、进行出口退税等电子商务活动。

C2G 电子商务模式不仅包括上述的商务活动,还包括"商业企业对政府机构"或"企业与政府机构"之间所有的电子商务或事务的处理。如政府机构将各种采购信息发布到网上,所有的公司都可以参与竞争进行交易。

(3) 进入 B2G"北京市政府采购"网站

① 打开 IE 7.0 浏览器。

② 在地址栏中输入"http://www.ccgp-beijing.gov.cn",打开图 12-9 所示网站

窗口。

图 12-9　B2G"北京市政府采购"网站窗口

③ 在图 12-9 所示的 B2G 代表"北京市政府采购"网站窗口中,可以进行有关的商务活动,例如,对于设备生产厂家,可以进行投标,对于招标企业可以了解指标的情况。此外,事业单位还可以理解"协议采购商品"的报价、厂商等信息。

### 8. 商家对代理商 B2M

B2M(Business to Manager)对于 B2B、B2C、C2C 的电子商务模式而言,是一种全新的电子商务模式。

(1) B2M 模式的定义

B2M 模式是指由企业发布电子商业信息,经理人(代理人)获得该商业信息后,再将商品或服务提供给最终普通消费者的经营模式。

企业通过网络平台发布该企业的产品或者服务,其他合伙的职业经理人通过网络获取企业的产品或者服务信息,并且为该企业提供产品销售或者提供企业服务,企业通过合伙的职业经理人的服务达到销售产品或者获得服务的目的,职业经理人通过为企业提供服务而获取佣金。由此可见,B2M 模式的本质是一种代理模式。

(2) B2M 模式的特点

B2M 电子商务模式相对于以上提到的几种其他模式有着根本的不同,其本质区别在于这种模式的"目标客户群"的性质与其他模式的不同。前面提到的 3 种典型商务模式的目标客户群都是一种网上的消费者,而 B2M 针对的客户群则是其代理者,如该企业或该产品的销售者或者其他伙伴,而不是最终的消费者。这种模式与传统电子商务相比有了很大的改进,除了面对的客户群体不同外,B2M 模式具有的最大优势是将电子商务发展到线下。因为,通过上网的代理商才能将网络上的商品和服务信息完全地推到线下,既可以推向最终的网络消费者,也可以推向非网上的消费者,从而获取更多的最终消费者的利润。

### 9. 代理商对消费者 M2C

M2C(Manager to Customer)是针对于 B2M 的电子商务模式而出现的延伸概念。在 B2M 模式的环节中,企业通过网络平台发布该企业的产品或服务信息,职业经理人(代理人)通过网络获取到该企业的产品或服务信息后,才能销售该企业的产品或提供该企业服务。

(1) M2C 模式的定义

M2C 模式是指企业通过经理人的服务达到向最终消费者提供产品或服务的目的。因此,M2C 模式是指在 B2M 环节中的职业经理(代理)人对最终消费者的商务活动。

M2C 模式是 B2M 的延伸,也是 B2M 新型电子商务模式中不可缺少的后续发展环节。经理(代理)人最终的目的还是要将产品或服务销售给最终消费者。

(2) M2C 模式的特点

在 M2C 模式中,也有很大一部分工作是通过电子商务的形式完成的。因此,它既类似于 C2C,又不相同。

C2C 是传统电子商务的赢利模式,赚取的是商品的进货、出货的差价。而 M2C 模式的赢利模式,则更灵活多样,其赚取的利润既可以是差价,也可以是佣金。另外,M2C 的物流管理模式也比 C2C 灵活,如该模式允许零库存。在现金流方面,其也较传统的 C2C 模式具有更大的优势与灵活性,以中国市场为例,传统电子商务网站面对 1.4 亿网民,而 B2M 通过 M2C 面对的将是 14 亿的中国全体公民。

## 12.3　电子商务系统的组成

电子商务系统与其他网络系统类似,由硬件、软件和信息系统组成。因此,它是由各种交易实体通过数据通信网络连接在一起,能够实现电子商务活动的、能够有效运行的、复杂系统。

### 1. 硬件实体

在电子商务系统中,涉及的主要硬件实体如图 12-10 所示,其中的主要物理实体如下:

① 计算机与网络:计算机、企业网、电信服务、Internet 及其接入网络。

② 交易主体:消费者、商业企业(网站前台)、政府机构等。

③ 物流实体:物流、仓储与配送机构。

④ 网络支付和认证实体:银行与认证机构(第三方担保)。

⑤ 交易实体:网店及前台、网站的支撑交易平台。

⑥ 进出口实体:当涉及货物的进出口时,还需要海关支持的管理实体。

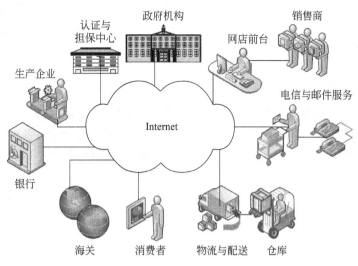

图 12-10　电子商务系统的实体结构图

**2. 电子商务系统的组成、结构与信息流**

① 系统组成：网络、各种交易实体、交易系统。

② 系统结构：因特网、企业网、外联网、物流网、电信网。

③ 信息流：交易信息、资金信息、物流信息。

# 12.4　电子商务中的物流、配送和支付

## 12.4.1　电子商务中的物流

### 1. 什么是物流

在电子商务系统中，物流是指物品从供货方到购货方的过程。

### 2. 物流的分类

物流分为广义物流和狭义物流两类。

① 广义物流：既包括流通领域，又包括生产领域，因此，是指物料从生产环节到最终成品的商品，并最终移动到消费场所的全过程。

② 狭义物流：只包括流通领域，是指商品在生产者与消费者之间发生的移动。一般，电子商务中的物流主要是指狭义物流，即商品如何从生产场所移动到消费者手中。

### 3. 现代物流系统的构成

现代物流活动的主要内容包括运输、装卸、仓储、包装等，运输业和仓储业是物流产业的主体。

物流产业的主体主要包括交通运输、仓储和邮电通信业 3 大类,如铁路运输业、公路运输业、管道运输业、水上运输业、航空运输业、交通运输辅助业、其他交通运输业、仓储业、邮电通信业。

**4. 物流的作用**

① 确保生产:从原料到最终商品都需要物流的支持,才能顺利进行。

② 为消费者服务:物流可以向消费者提供服务,满足其生活中的各种需求。

③ 调整供需:通过物流系统可以充分调整各地产品的供需关系,达到平衡。

④ 利于竞争:通过物流,可以扩展区域,有利于商品的竞争。

⑤ 价值增值:通过物流,可以使得某地的产品在异地销售,达到价值增值的目的。

**5. 电子商务中的配送**

(1)什么是物流配送

物流配送是按照用户的订单要求,经过分货、拣选、包装等运输货物的配备工作,最终经过运输和投递环节,将配好的货物送交消费者(收货人)的过程。

(2)配送的基本业务流程

① 备货。

② 储存。

③ 分拣和配货。

④ 配装。

⑤ 配送运输。

⑥ 送达服务。

(3)配送中心

在电子商务系统中,配送中心担负着配送流程中的主要工作。由此可见,配送中心是指:从事货物配备(集货、加工、分货、拣选、配货),并组织对最终用户的送货,以高水平实现销售和供应服务的现代流通企业。

① 大型商业企业通常设置有自己的配置中心,如以 G2C 模式工作的京东商城就有自己专门的配送中心,它能够完成配送流程的大部分工作;对于大城市,其物流中心可以直接送达;而对于处于边远地区的客户,它们也会聘请专门的商业快递公司。

② 对于小型网站或消费者,通常采用自己完成前期工作,后期的配送运输和送达服务则聘请专门的商业物流快递公司的方式,如按照 C2C 模式工作的淘宝网通常由"中通"、"申通"、"圆通"、"韵达"、"天天快递"和 EMS 等快递中心完成。这些快递中心,通常都有严格的管理,用户可以随时上网查询自己的订单在快递、配送过程中的状况。

(4)进入物流综合网站"快递之家"

① 打开 IE 7.0 浏览器。

② 在地址栏中输入"http://www.kiees.cn",打开图 12-11 所示网站窗口。

③ 在图 12-11 所示的"查询订单"窗口中,选中物流公司,如申通快递公司,输入订单号码,单击"查询"按钮。

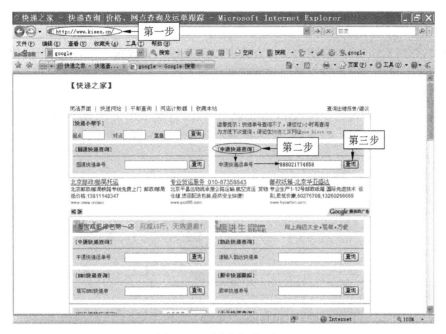

图 12-11 "查询订单"窗口

④ 在快递之家的订单查询结果窗口中,可以跟踪快件的传递状态,如当前的位置。

## 12.4.2 电子商务中的电子支付

在电子商务系统中,现在使用的电子支付和传统支付的方式区别很大。消费者习惯的传统支付主要有货到付款、邮局支付以及银行转账等 3 种形式。本节主要介绍与电子商务系统相关的电子支付。

### 1. 电子支付的定义

电子支付主要指通过互联网实现的在线支付方式。因此,可以将电子支付定义为:交易的各方通过互联网或其他网络,使用电子手段和网络银行等实现的安全支付方式。

在电子商务系统中,电子支付中最重要的安全环节就是如何通过网络银行进行安全支付,其涉及的技术含量也是最高的。

### 2. 电子支付实现的功能

① 网上购物:通过互联网可以直接购买很多商品或服务,如购买手机充值卡。

② 转账结算:现在各种网上银行大都支持消费结算,如实现水、煤气等消费结算或者是购物结算,以代替实体银行的现金转账。

③ 储蓄:进行网上银行的电子存储业务,如不同银行之间的存款和取款。

④ 兑现:可以异地使用货币,进行货币的电子汇兑。

⑤ 预消费:商业企业提供分期付款,允许消费者先向银行贷款购买商品。

### 3. 电子商务中的支付方式

目前,在网上购物时,常用的支付方式有以下几种。有数据表明,中国当前使用网上付款和银行支付(汇款)进行交易支付方式的比例大约占55%。

(1) 货到付款

货到付款又分为现金支付和POS机刷卡两种,这是B2C中有实力的商业企业经常采用的方式,如京东商城、当当网、亚马逊等都支持这种方式,其买入商品的交易流程如图12-12所示的①~⑥。

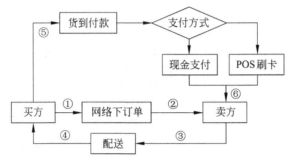

图 12-12    B2C 交易流程图

① 现金支付:与传统支付方式类似。其优点是:符合消费者的消费习惯,更加安全和可靠。其缺点是:对商家来说增加了风险和成本,如消费者收到自己定的货后,感觉不理想,也可能采取拒付的手段;另外,对时间和地点的限制较多,如较为偏僻的地区消费者直接收货与付钱的可能性就较小;还有手续复杂等问题,如为了避免自己的损失,消费者想先开箱验货,而商家要求先签字再开箱。

② POS机刷卡:对于实力强大的商业企业,大宗商品的支付可以使用配送人员的手持POS机刷卡付费。这种方式的优缺点同现金支付。

(2) 网上付款

网上付款中常用的支付方式是通过第三方支付平台进行支付。中国市场上的第三方支付工具有:支付宝、贝宝、财富通、99bill-快钱、网银在线、首信易支付、云网、环讯IPS等。下面简单介绍支付宝和财付通的特点。

① 支付宝:由阿里巴巴集团创办,它是在国内处于领先地位的,独立的第三方支付平台。支付宝为中国电子商务提供了简单、安全、快速的在线支付的解决方案。截至2008年7月,支付宝已经拥有9000万的账户,并以日增10万户的数量增长着,其用户覆盖了C2C、B2C、B2B等多个领域,日均交易额高达3.5亿元。支付宝的最大作用在于:通过支付平台建立了支付宝、商家与用户三方之间的信任关系,如图12-13所示。支付宝最主要的特点是:第一,启用了买家收到货,满意后卖家才能收到钱的支付规则,从而保证了整个交易过程的顺利进行;其次,支付宝和国内外主要的银行都建立了合作关系,因此,只要用户拥有一张各大银行的银行卡,即可顺利利用支付宝进行网络上的支付;第三,由于支付宝可以将商家的商品信息发布到各个网站、论坛,从而扩大了商品、商家的影响与

交易量,因此,又促进了商家将支付宝引入自己的网站。

图 12-13 "支付宝-商家-用户"信任关系

② 财付通:是由腾讯公司创办的,也是中国领先的一个在线支付平台。财付通与支付宝一样,可以为互联网的个人与企业用户,提供安全、便捷、专业的在线支付服务。财付通的综合支付平台的业务,同样覆盖了 B2B、B2C 和 C2C 等多个领域,如它提供了著名网站卓越网的网上支付与结算服务。此外,针对个人用户,财付通提供了包括在线充值、提现、支付、交易管理等名目繁多的服务功能,针对企业用户,财付通还提供了安全可靠的支付清算服务,以及 QQ 营销资源的支持。财付通的操作流程为:买家付款到财付通,财付通进行中介担保,买家收货满意后财付通付款给卖家。

(3)银行汇款

各大银行都支持银行汇款的方式,常用的有招商银行、工商银行等。

## 12.5 电子商务网站的应用

如今,电子商务已经非常普及,个人消费者可以在各类电子商务网站上进行购物、购书、订票、拍卖等。为了确保电子贸易的安全、有效,无论是个人用户还是企业用户,都应当十分了解交易中的注意事项,以及通过网络进行交易活动的流程。

### 12.5.1 网上安全购物

如今,在进行网上电子商务活动时,一定会遇到诈骗、假冒、产品质量伪劣等各种问题。因此,在进行网络购物时,用户必须加强防范意识,提高对网上各种骗局的识别能力。笔者推荐大家从以下几个方面进行考虑和防范。

**1. 谨慎选择交易对象和交易**

(1)交易对象的确定

对于网络上的商家,用户应当注意其是否提供有详细的通信地址和联系电话,必要时应打电话加以核实。例如,仔细观察和判断商家的 QQ 和电话是否随时可以进行联系。

(2)交易方式的确定

在进行网上购物时,为了确保资金的安全,应当尽量选择货到付款方式,或者是选择双方利益均可以保证的有第三方担保的交易方式,如淘宝网的支付宝平台。千万注意,不要轻易与商家进行预付钱款的交易,即使需要进行预付款的转账交易,交易的金额也不宜太高。

**2. 认真阅读交易的电子合同**

(1) 确认交易合同

目前,中国尚无规范化的网上交易专门法律,因而,事先约定规则是十分重要的。由于在网络上进行交易的规则或须知就是电子合同的重要组成部分,因此,在网上交易之前,用户应当认真阅读规则中的条款。

(2) 合同的主要内容

在电子交易中,应当注意的重点内容有:产品质量、交货方式、费用负担、退换货程序、免责条款、争议解决方式等。由于电子证据具有易修改性,因此,在大额交易时,应尽可能地将交易过程的凭证打印或保存,如使用抓图工具来抓取交易规则的内容界面。

**3. 保存好交易单据**

用户购物时,应注意保存交易相关的电子交易单据,包括:商家以电子邮件方式发出的确认书、用户名和密码等。我国《合同法》第十一条规定,以电子邮件等形式签订的合同属于书面合同的范畴。因此,建议用户在保存电子邮件时,应注意不要漏掉完整的邮件头,因为该部分详细地记载了电子邮件的传递路径。这也是确认邮件真实性的重要依据。此外,可以使用截图工具,保存好交易过程中的交易信息。

**4. 认真验货和索取票据**

用户验货时,应注意核对货品是否与所订购的商品一致,有无质量保证书、保修凭证,同时注意索取购物发票或收据。

**5. 纠纷的处理**

与现有法律的基本原则一致,在网络消费环境中遇到纠纷时,购买者可采取的方法有:与商家协商、向消费者协会投诉、向法院提起诉讼或申请仲裁等方式寻求纠纷的解决。

## 12.5.2　B2C方式网上购物应用

**1. B2C模式消费者的网上购物流程**

B2C模式消费者(买方)的网上购物流程如图12-14所示。

**2. 消费者B2C网站的购物应用**

传统购物是在商场,而在网上购物时进入的是网上商城。因此,用户在购物时,如何快速地找到网络上的商城是进行网络购物的关键。在大部分B2C网站中购物时的主要步骤是:首先注册一个用户,以后每次购物时,只需用申请到的账号登录并购物,最后进

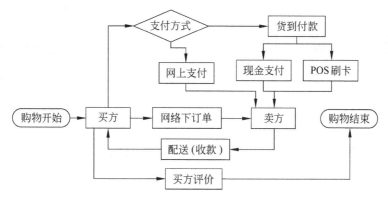

图 12-14　B2C 客户(买方)网上购物流程图

行支付。常见的 B2C 网站购物的步骤十分相似,因此,仅以卓越网站为例。

(1) 进入卓越网注册新用户

① 打开 IE 7.0 浏览器。

② 在地址栏中输入"https://www.amazon.cn",打开图 12-15 所示网站窗口。

图 12-15　亚马逊网站

③ 在图 12-15 所示的亚马逊网站中,单击"注册",打开图 12-16 所示窗口。

④ 在图 12-16 所示的亚马逊网站"注册新用户"窗口中,按照提示填写各项信息,输入验证码,单击"完成"按钮,完成新用户注册任务。

(2) 进入卓越网购物

进入卓越网购买书籍的步骤如下:

① 打开 IE 7.0 浏览器。

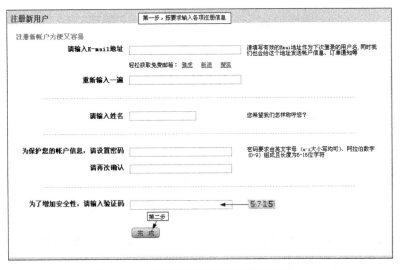

图 12-16　亚马逊网站"注册新用户"对话框

② 在地址栏中输入"https://www.amazon.cn",打开图 12-15 所示窗口。

③ 在图 12-15 所示的亚马逊网站中,单击"登录",打开图 12-17 所示对话框。

④ 在图 12-17 所示的"登录"对话框中,输入用户名和密码,单击"登录"按钮;完成用户登录的任务后,进入图 12-18 所示页面。

⑤ 在亚马逊网站窗口中,可以开始搜索自己需要购买的商品,如按照图 12-18 所示的步骤搜索图书;搜索结果如图 12-19 所示,单击要购买图书后面的"购买"按钮,将选中的商品加入购物车。

⑥ 在打开的图 12-20 所示的"我的购物车"窗口中,可以看到刚加入的商品。

⑦ 继续选择商品,直至购物完成。此时,应在

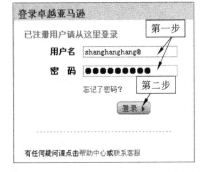

图 12-17　亚马逊网站的"登录"对话框

"我的购物车"窗口中,单击"进入结算中心"按钮,打开图 12-21 所示页面。

图 12-18　图书查找窗口

⑧ 在图 12-21 所示的购物流程与登录窗口的上部可以看到购物的流程,如图中表示现在所处的流程位置为"登录";注册后,即可跟随向导逐一完成购物过程。

图 12-19　图书购买窗口

图 12-20　"我的购物车"窗口

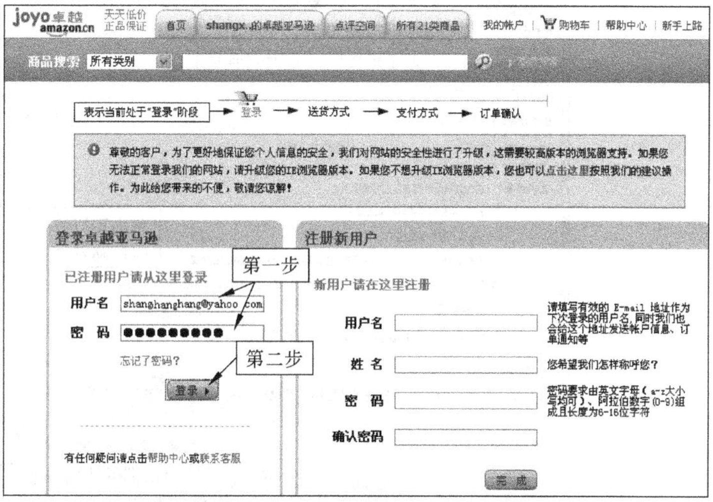

图 12-21　购物流程与登录窗口

⑨ 在各个交易过程窗口中,单击其中的"购物车",可以随时打开图 12-20 所示页面。

⑩ 在图 12-22 所示的"我的购物车"窗口中,可以修改已放入购物车中的商品,如删除所购商品,或者修改数量,之后,单击"进入结算中心"按钮,打开图 12-23 所示页面。

⑪ 在图 12-23 所示的"订单确认"窗口中,单击各个项目中的"修改"按钮,可以修改有关的信息,确认付款方式是否合适,最后单击"单击则确认购买"按钮。

⑫ 购物之后,需要了解发货状况时,消费者可以在所购物的网站查询订单状态,了解商品的配送状况。至此,已经完成此次购物流程。

图 12-22 "我的购物车"窗口

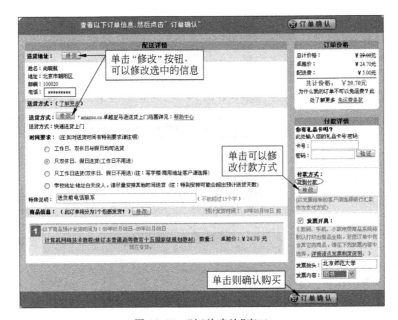

图 12-23 "订单确认"窗口

### 12.5.3 C2C方式网上购物应用

#### 1. C2C模式消费者的网上购物流程

不同的C2C网站在电子商务活动的每个环节的称谓可能有所不同,但是整体的安全交易流程如图12-24所示。C2C网站的安全性通常不如G2C高,因此,在C2C网站中购物前,应当仔细阅读网站的规定。为了买卖双方的利益,请务必按照图12-24所示流程进行,即选择一个具有第三方担保功能的平台进行交易;否则,如果是消费者先付款给商家,商品出现问题,则很难处理,如果是商家先将商品配送给消费者,货款也可能不能按时返还。

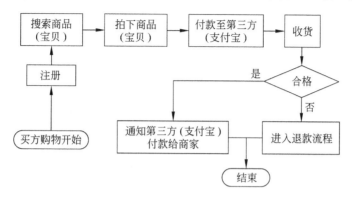

图 12-24　C2C 消费者网上购物的流程

### 2. C2C 消费者的网上购物应用

(1) 熟悉网站的购物流程

在网络上购物时,要熟悉网上购物的流程,一般网站都有详细的帮助和说明。下面仅以淘宝网为例,其他 C2C 可以参照进行。淘宝网的购物流程如下:

① 打开 IE 7.0 浏览器,在地址栏中输入“http://www.taobao.com”,打开图 12-7 所示窗口。

② 在图 12-7 所示的淘宝网窗口的右上角,单击“帮助”。或者在浏览器地址栏中直接输入“http://service.taobao.com/support/help.htm”,也可以打开图 12-25 所示窗口。

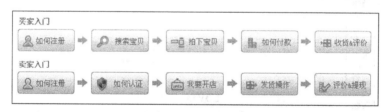

图 12-25　淘宝网的帮助窗口

(2) 注册 C2C 网站和第三方支付机构的两个账户

不同网站使用的、具有担保功能的第三方机构虽然不同,但是操作起来大同小异。因此,仅以淘宝网的购物为例,其主要步骤为:首先注册一个登录 C2C(淘宝)网站的用户账号,然后注册和开通具有第三方担保功能的支付(支付宝)账户,注意,这是两个不同的账户,为了购物的安全性,建议使用不同的用户名与密码。

注册淘宝网用户账户和支付宝用户账户流程如下:

① 打开 IE 7.0 浏览器,在地址栏中输入“http://www.taobao.com”。

② 在图 12-7 所示的淘宝网窗口的左上角,单击“免费注册”,打开图 12-26 所示窗口。

图 12-26　淘宝网的注册窗口

③ 在图 12-26 所示的淘宝网的注册窗口中选择注册方式,如选中"邮箱注册";之后,单击"点击进入"按钮打开图 12-27 所示窗口。

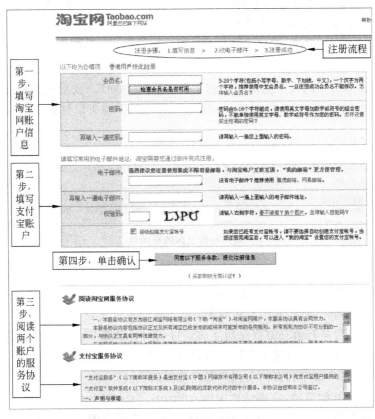

图 12-27　淘宝网的填写信息窗口

④ 在图 12-27 所示的填写注册信息窗口中，首先应了解注册流程，其次，在当前的填写信息步骤中，应仔细填写淘宝网用户账户信息和密码，输入支付宝账户名、密码和校验码，并仔细阅读"淘宝网服务协议"和"支付宝服务协议"，最后单击"同意"按钮，完成两个账户的填写信息阶段的任务。

⑤ 使用自己填写的支付宝的电子邮件账户，接收电子邮件。如果注册成功，将收到注册成功的电子邮件。如果已挑好商品，则可以随时单击"给账户充值"按钮，给支付宝账户进行充值；否则，建议在准备付款时，再将银行的钱划入支付宝账户。当然，也可以先充值少量的资金，以体验购物的便捷与灵活。

（3）安装购物的实时交易软件

成功开通购物网站（淘宝网）和第三方支付机构（支付宝）的用户账户后，为了与商户讨论价格，询问产品详细状况，还需要有一个实时交易的平台。在淘宝网这个实时交易平台的软件叫做阿里旺旺。在淘宝网下载和安装阿里旺旺软件的步骤如下：

① 打开 IE 7.0 浏览器，在地址栏中输入"http://www.taobao.com"。

② 在图 12-7 所示的淘宝网窗口的左上角，单击"请登录"。

③ 在图 12-28 所示的窗口中，单击"阿里旺旺"；或者，也可以在浏览器的地址栏中输入 http://www.taobao.com/wangwang。之后，在打开的"阿里旺旺-淘宝版"窗口中单击"买家专用"按钮；在打开的"阿里旺旺 2010 年买家专用"窗口中单击"立即下载"按钮，开始下载进程；下载后，单击"AliIM2010_taobao(6.30.06).exe"程序，跟随安装向导完成该软件的安装任务。由于不同版本的操作步骤是类似的，下面仅以"阿里旺旺 2008"为例进行介绍。

④ 安装完成后，通常会自动打开图 12-29 所示的"阿里旺旺"交流窗口，单击"添加好友"，可以添加交易商户或者是自己的好友。

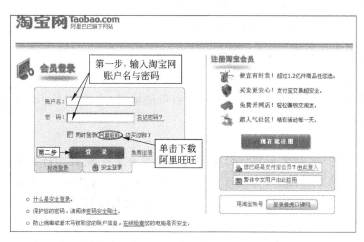

图 12-28　淘宝网-登录与进入阿里旺旺窗口

图 12-29　"阿里旺旺"
交流窗口

（4）在淘宝网搜索与拍下商品

在淘宝网购物的步骤如下：

① 打开 IE 7.0 浏览器，在地址栏中输入"http://www.taobao.com"。

② 在图 12-7 所示的淘宝网窗口的左上角，单击"请登录"，打开图 12-28 所示窗口，输入用户名和密码登录淘宝网。

③ 接下来，应当浏览和选中需要购买的宝贝，如图 12-30 所示。在图中，输入或选择所选商品的数量、尺寸、颜色等，然后单击左上角的"和我联系"按钮，同卖家在线确认所选宝贝的细节、价格等，最后单击"立即购买"按钮，打开图 12-31 所示窗口。

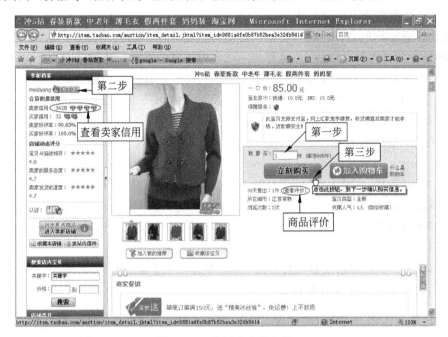

图 12-30　购买选中的宝贝

④ 在图 12-31 所示的生成订单窗口中，按照图中的步骤，完成订货表单的填写，之后，单击"确认无误，购买"按钮。

⑤ 在进入支付环节后，进入生成表单窗口，完成订货表单的填写，之后，单击"确认无误，购买"按钮，进入付款窗口。

**提示：**

- 在图 12-31 中，注意单击"和我联系"按钮，可随时在阿里旺旺上就商品的表单信息与卖家进行沟通；另外，在给卖家留言栏中，应尽量详细地填入尺寸、颜色和费用等详细信息，因为，在以后商品有问题时，这就是订货合同的依据。

- 如果在一家店铺要购买多件商品，应重复以上③～⑤步骤，拍下所有要购买的宝贝；之后，要提醒卖家合并邮寄，修改寄费；此外，很多店铺提供的赠品也是需要拍的，否则会认为自动放弃。

（5）付款到第三方担保机构

在 C2C 模式中，为了确保双方的利益，通常要先将货款支付到第三方担保机构。

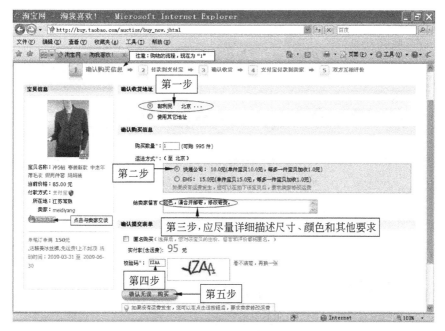

图 12-31 生成订单窗口

在淘宝网付款到第三方担保机构（支付宝）的步骤如下：

① 在淘宝网首页，依次选择"我的淘宝"→"已买到的宝贝"选项，打开图 12-32 所示的已买商品的订单列表，在列表中，用鼠标选择需要购买的项目，单击"合并付款"按钮，打开图 12-33 所示窗口。

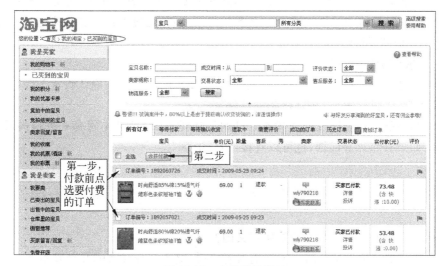

图 12-32 合并付款窗口

② 在图 12-33 所示的淘宝网的付款窗口中，如果支付宝余额足够支付，则应先单击交易名下部的"点击查看详细"，仔细核对订单是否正确，然后输入支付宝账户的支付密码，确认要付款后，单击"确认无误，付款"按钮。之后，跟随向导完成剩余的步骤。

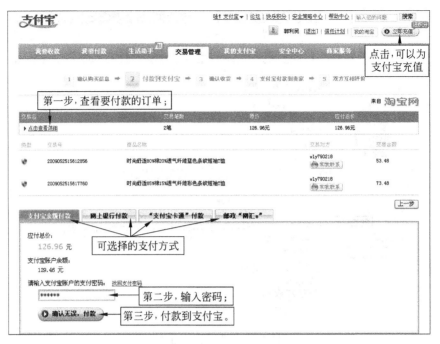

图 12-33　付款窗口

③ 完成后,再次打开图 12-32 所示的已买商品的订单列表,查看交易状态,应当变为"买家已付款"状态。此时,商品的交易状态为"确认收货"状态。

**说明**:如果在图 12-33 所示窗口中付款时,显示的支付宝账户的余额不足付所选的订单,可以单击右上角的"立即充值"按钮。直到为支付宝账户充值后,再完成合并支付的功能。当然,用户也可以采用图中显示的其他方式,如通过网上银行支付等进行支付。

（6）确认收货-付款到卖家-评价

在买家收到货后,有以下两种情况:

第一,商品符合店家的描述,以及自己的订货要求时,就应当"确认收货",并将支付到第三方的货款,支付给卖家,并对商品进行评价。

第二,当商品不符合店家的描述或自己的订货要求时,可以先同卖家进行沟通,再退款。当然,如果有照片等证据,也可以直接选择"退款"。

## 习题

1. 什么是电子商务? 电子商务是如何定义的?
2. 电子商务有哪几种类型? 对于普通消费者来说,电子商务又有哪几种基本类型?
3. 在网络上购书时,应用的是哪种类型? 这种类型的特点是什么?
4. 在电子商务网站购物时,应当注意哪些事项?
5. 电子商务的交易特征有哪些?
6. 请举实例说明,电子商务交易中涉及的主要技术有哪些?

7. 如何迅速获取分布在全国各地的网上商城和网上书店的网址？

8. 如何应用 B2C 网站在网上书店购书？在交易时,应当注意些什么？

9. 写出 3 个 B2C 网站的链接地址,以及网站的特点。

10. 登录 B2C 著名的电子产品购物网站京东商城,写出其购物流程。

11. 写出 3 个 C2C 网站的链接地址,以及网站的特点。

12. 写出在著名 C2C 网站淘宝网的购物流程。

13. 通过调查写出支付宝的作用及优点。

14. 电子商务系统由哪些部分组成？

15. 什么是物流？现代物流是由哪些部分组成的？

16. 什么是电子支付？它的作用是什么？

17. 电子商务中的常用的支付方式有哪几种？

18. 在电子支付中,第三方担保机构的作用是什么？

19. 如何进行网上安全购物？主要注意事项有哪些？

20. 什么是电子商务中的物流配送？

# 实训环境和条件

① 局域网网络环境。

② 接入 Internet 的条件,如 Modem、网卡、交换机,以及接入 ISP 的账户和密码。

③ 已安装 Windows XP/Vista/7 操作系统的计算机。

# 实训项目

### 1. 实训 1：认识电子商务的发展状况实训

(1) 实训目标

认识商务网站的类型,掌握各种商务网站的进入方法。

(2) 实训内容

使用百度网查询和总结以下内容:

① 输入“http://www.cnnic.net.cn/index.htm”,进入 CNNIC；了解最新的中国互联网络发展状况统计,查询我国在互联网进行网络购物的用户人数、网络购物使用率最高的 3 个城市、网络购物使用率和变化情况,以及网上支付使用率变化情况。

② 电子商务的主要分类,以及各种分类的应用特点。通过查询,请回答：在线网络购物中,是 C2C 模式还是 B2C 模式使用网上支付手段的比例更高？

③ 近期中国电子商务的有关统计数据,包括：网上购物的人数、当年各类电子商务的网上营业额、各类商务网站的数量、使用各种支付方法支付的比例等统计数据。

④ 什么是电子支付、电子货币、电子现金、电子支票。

**2. 实训 2：G2C 网站购物实训**

（1）实训目标

进入中国排名前 3 名的一个 G2C 网站，以货到付款的方式购买一本书。通过购物和应用实例，认识和掌握电子商务 G2C 网站购物的基本流程与方法。

（2）实训内容

① 写出购物流程。

② 截取购物（购买一本教材）中各个环节的界面，如注册、登录、购物、下订单、查询订单、收货、付款（现金或划卡）、评价。

**3. 实训 3：C2C 网站购物实训**

（1）实训目标

进入中国排名前 3 名的一个 C2C 网站，以第三方担保的支付方式购买一件商品。通过购物和应用实例，认识和掌握在 C2C 网站购物的基本流程与方法。

（2）实训内容

① 写出购物流程。

② 截取购物（购买一张电话充值卡）中各个环节的界面，如注册、登录、购物、下订单、付款到第三方担保、查询订单、收货、将货款支付给卖家，进行评价。

**4. 实训 4：网上购物和网上购书实训**

（1）实训目标

由"电子商务网站大全"定位网上商城（书店），并进行网上安全购物。

（2）实训内容

① 上网后，打开 IE 浏览器。在地址栏中输入"http://www.5566.net/"，单击首页的"中国图书网"。

② 在打开的"中国图书网"窗口中，单击"高级检索"按钮；右侧就会出现"图书检索（组合查找）"表格。在表格中，填写具体的查询条件，例如，作者姓名"尚晓航"，即可获得该网站所有关于该作者的书籍。

③ 选中要购买的书籍后，单击"购买"按钮，按照提示流程完成即可。

# 参 考 文 献

[1]  尚晓航主编.计算机网络技术基础(第三版).北京：高等教育出版社,2008.

[2]  尚晓航,安继芳编著.网络操作系统管理——Windows 篇.北京：中国铁道出版社,2009.

[3]  尚晓航,郭正昊编著.网络管理基础(第 2 版).北京：清华大学出版社,2008.

[4]  尚晓航编著.计算机局域网与 Windows 2000 实用教程.北京：清华大学出版社,2003.

[5]  吴功宜主编.计算机网络(第 2 版).北京：清华大学出版社,2007.

[6]  戴有炜等编著.Windows 2008 安装与管理指南.北京：科海电子出版社,2009.

[7]  戴有炜等编著.Windows 2008 网络专用指南.北京：科海电子出版社,2009.

[8]  赵乃真编著.电子商务技术与应用.北京：中国铁道出版社,2008.

# 高等院校计算机应用技术规划教材书目

## 基础教材系列

计算机基础知识与基本操作（第 3 版）
实用文书写作（第 2 版）
最新常用软件的使用——Office 2000
计算机办公软件实用教程——Office XP 中文版
常用办公软件（Windows 7，Office 2007）
计算机英语

## 应用型教材系列

QBASIC 语言程序设计
QBASIC 语言程序设计题解与上机指导
C 语言程序设计（第 2 版）
C 语言程序设计（第 2 版）学习辅导
C++程序设计
C++程序设计例题解析与项目实践
Visual Basic 程序设计（第 2 版）
Visual Basic 程序设计学习辅导（第 2 版）
Visual Basic 程序设计例题汇编
Java 语言程序设计（第 3 版）
Java 语言程序设计题解与上机指导（第 2 版）
Visual FoxPro 使用与开发技术（第 2 版）
Visual FoxPro 实验指导与习题集
Access 数据库技术与应用
Access 数据库技术应用教程
Internet 应用教程（第 3 版）
计算机网络技术与应用
网络互连设备实用技术教程
网络管理基础（第 2 版）
电子商务概论（第 2 版）
电子商务实验
商务网站规划设计与管理（第 2 版）
网络营销
电子商务应用基础与实训
网页编程技术（第 2 版）
网页制作技术（第 2 版）
实用数据结构（第 2 版）
多媒体技术及应用
计算机辅助设计与应用
3ds max 动画制作技术（第 2 版）
计算机安全技术
计算机组成原理（第 2 版）
计算机组成原理例题分析与习题解答（第 2 版）
计算机组成原理实验指导

微机原理与接口技术
MCS-51 单片机应用教程
应用软件开发技术
Web 数据库设计与开发
平面广告设计（第 2 版）
现代广告创意设计
网页设计与制作
图形图像制作技术
三维图形设计与制作
计算机网络管理案例教程
计算机网络与 Windows 教程（Windows 2008）

## 实训教材系列

常用办公软件综合实训教程（第 2 版）
C 程序设计实训教程
Visual Basic 程序设计实训教程
Access 数据库技术实训教程
SQL Server 2000 数据库实训教程
Windows 2000 网络系统实训教程
网页设计实训教程（第 2 版）
小型网站建设实训教程
网络技术实训教程
Web 应用系统设计与开发实训教程
图形图像制作实训教程

## 实用技术教材系列

Internet 技术与应用（第 2 版）
C 语言程序设计实用教程
C++程序设计实用教程
Visual Basic 程序设计实用教程
Visual Basic.NET 程序设计实用教程
Java 语言实用教程（第 2 版）
应用软件开发技术实用教程
数据结构实用教程
Access 数据库技术实用教程
网站编程技术实用教程（第 2 版）
网络管理基础实用教程
Internet 应用技术实用教程
多媒体应用技术实用教程
软件课程群组建设——毕业设计实例教程
软件工程实用教程
三维图形制作实用教程
Maya 基础与应用实用教程